实物图解电工电路 200 例

黄海平 黄 鑫 编著

科学出版社

北 京

内 容 简 介

　　本书旨在为广大电工技术人员服务，精选出200个电工常用电路，给出了电路的具体应用范围，并将电路的电气原理图与接线图一一对应，指导读者快速完成电路的现场接线，并从中学习电路接线的方法和技巧，举一反三，大大提高电工技术人员现场操作的速度和技能水平。

　　本书内容丰富、实用性强，非常适合作为广大电工技术人员及初级电工的参考用书，同时也适合各级院校电工、电子及相关专业师生参考阅读。

图书在版编目（CIP）数据

实物图解电工电路200例/黄海平，黄鑫 编著. —北京：科学出版社，2016.10

　ISBN 978-7-03-049850-2

　Ⅰ.实… Ⅱ.①黄… ②黄… Ⅲ.电路-图解 Ⅳ.TM13-64

　中国版本图书馆CIP数据核字（2016）第214926号

责任编辑：孙力维　杨　凯／责任制作：魏　谨
责任印制：张　倩／封面制作：杨安安
北京东方科龙图文有限公司　制作
http://www.okbook.com.cn

科学出版社　出版
北京东黄城根北街16号
邮政编码：100717
http://www.sciencep.com
新科印刷有限公司　印刷
科学出版社发行　各地新华书店经销

*

2016年10月第 一 版　　开本：787×1092　1/16
2016年10月第一次印刷　　印张：28
印数：1—4 000　　字数：646 000

定价：58.00元

（如有印装质量问题，我社负责调换）

前　言

对于广大电工技术人员和许多初级电工人员来说，识读电路的电气原理图并不难，但是在完成一个电路的现场实际接线，也就是进行现场实际操作时，往往会遇到一些困难。他们不知从何下手，不知如何把电气原理图转换成现场实际接线图，不知如何完成电工元器件的连接和设置。为此，笔者总结多年工作经验，结合目前电工操作领域的实际情况，精选出 200 个电工常用电路，将电路的电气原理图与实物接线图一一对应，指导读者快速完成电工电路的现场接线，并从中学习电路接线的方法和技巧，举一反三，大大提高电工技术人员现场操作的速度和技能水平。

本书电路原理介绍短小精悍，现场接线图采用元器件实物图片与图形符号结合的方式，使读者能更加直观地认识电路中采用的元器件，掌握电路的接线方法，逐步学会识读电路接线图，完成电路的现场实物接线。本书共 12 章，内容包括单向运转控制电路，可逆运转控制电路，制动控制电路，降压启动控制电路，重载设备启动控制电路，保护电路，供排水及水位控制电路，电动机顺序、轮流、间歇控制电路，定时控制电路，自动往返控制电路，电容补偿器应用电路以及其他控制电路。

本书图文并茂、通俗易懂、直观可查。适合各级院校电工、电子及相关专业师生参考阅读，同时也适合作为广大电工技术人员的参考资料。

本书在出版过程中，科学出版社的孙力维编辑做了大量工作，在此深表谢意！

本书在编写过程中，黄鑫、李志平、李燕、黄海静、李雅茜、李志安等同志参加了部分章节的编写工作，山东威海热电集团的黄鑫同志完成了全书照片拍摄及制图工作，在此表示衷心的感谢。

由于作者水平有限，编写时间仓促，书中不足之处在所难免，敬请专家同仁赐教，以便修订改之。

黄海平

2016 年 6 月于山东威海福德花园

目 录

电路 1　单向点动控制电路

✛ 应用范围

本电路多用于实现寸动作用的设备及场合，如车床的快速进给、纺织印染的布匹找头等。

✛ 工作原理（图1）

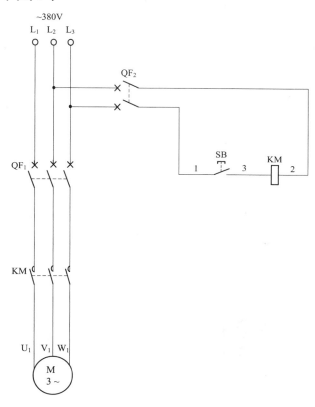

图1　单向点动控制电路原理图

从图1可以看出，只要按下点动按钮SB（1–3），交流接触器KM线圈得电吸合，其三相主触点闭合，电动机得电启动运转；松开按钮开关SB（1–3），交流接触器KM线圈断电释放，其三相主触点断开，电动机失电停止运转。

✛ 常见故障及排除方法

（1）断路器QF$_2$合不上。此故障可能原因为QF$_2$后端连接导线有破皮短路现象或断路器QF$_2$本身故障损坏。

（2）一按点动按钮SB，断路器QF$_2$就动作跳闸。此故障可能原因为交流接触器KM线圈烧毁短路。

（3）松开按钮SB后，交流接触器KM线圈仍吸合不释放，电动机仍运转。此故障有三种原因应分别处理。第一种：断开控制回路断路器QF₂，观察交流接触器KM是否有释放声音以及动作情况，若KM动作，一般为按钮开关SB短路了，更换按钮开关即可；第二种：交流接触器主触点熔焊，需更换交流接触器；第三种：交流接触器铁心极面有油污造成释放缓慢，处理方法很简单，将交流接触器拆开，用细砂纸或干布将铁心极面擦净即可。

（4）一按动按钮SB，主回路断路器QF₁就动作跳闸。可能原因是电动机出现故障；断路器QF₁自身有故障；主回路有接地现象；主回路导线短路。

（5）一按动按钮SB，电动机"嗡嗡"响，电动机不转动。可能原因是电源缺相，应检查QF₁、KM、FR及供电电源L₁、L₂、L₃，查找缺相处并加以排除。

（6）按动按钮SB无反应。可能原因为按钮SB损坏；交流接触器KM线圈断路；控制回路开路或导线脱落。

✦ 电路接线（图2）

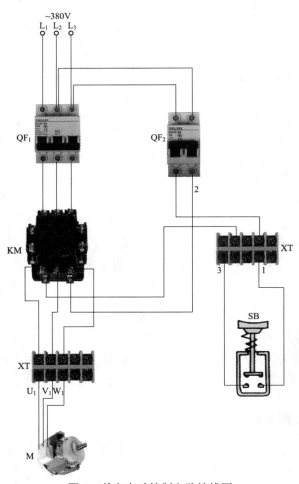

图 2　单向点动控制电路接线图

电路 2　单向点动二地控制电路

✦ 应用范围

本电路适用于生产线、纺织机械等行业。

✦ 工作原理（图3）

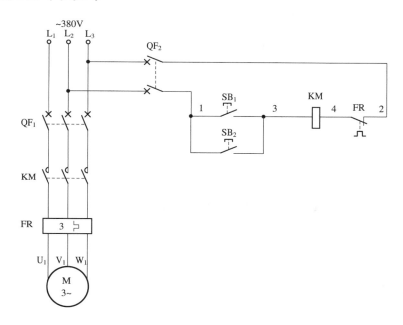

图3　单向点动二地控制电路原理图

点动时，任意按住点动按钮SB$_1$（一地）或SB$_2$（二地），其常开触点（1–3）闭合，接通交流接触器KM线圈回路电源，KM线圈得电吸合，KM三相主触点闭合，电动机得电启动运转。松开按钮SB$_1$或SB$_2$，其常开触点（1–3）断开，切断交流接触器KM线圈回路电源，KM线圈断电释放，KM三相主触点断开，电动机失电停止运转。

✦ 常见故障及排除方法

（1）按下点动按钮SB$_1$或SB$_2$后，交流接触器KM线圈一得电吸合，主回路断路器QF$_1$就跳闸断开。此故障原因为电动机绕组损坏或连接导线碰线故障。经检查，为电动机绕组损坏短路所致，更换损坏的电动机后故障排除。

（2）合上断路器QF$_1$、QF$_2$后，QF$_2$下端供电正常，但按下点动按钮SB$_1$或SB$_2$后无反应，交流接触器KM线圈不吸合动作。此故障原因为：交流接触器KM线圈损坏断路或连线脱落、热继电器FR常闭触点（2–4）过载动作未恢复或触点损坏或连线脱落。经检查，热继电器FR设置为手动方式，过载工作后未手动复位，手动复位后故障排除。

❖ 电路接线（图4）

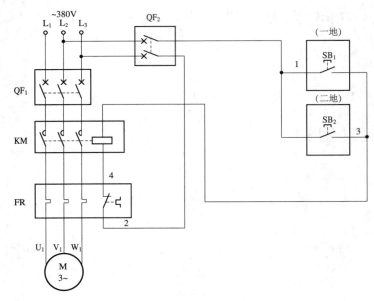

图4 单向点动二地控制电路接线图

电路 3 单向点动三地控制电路

❖ 应用范围

本电路适用于生产线、纺织机械等行业。

❖ 工作原理（图5）

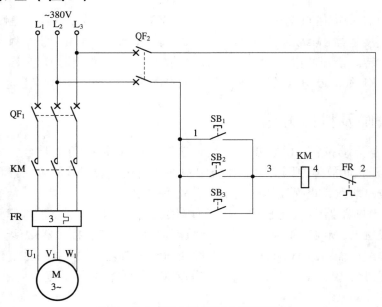

图5 单向点动三地控制电路原理图

点动时，任意按住点动按钮SB₁（一地）或SB₂（二地）或SB₃（三地）不放手，其常开触点（1-3）闭合，接通交流接触器KM线圈回路电源，KM线圈得电吸合，KM三相主触点闭合，电动机得电启动运转。松开按钮SB₁或SB₂或SB₃，其常开触点（1-3）断开，切断交流接触器KM线圈回路电源，KM线圈断电释放，KM三相主触点断开，电动机失电停止运转。按住点动按钮SB₁或SB₂或SB₃的时间即为电动机点动运转时间。

✤ 常见故障及排除方法

（1）按点动按钮SB₁或SB₂正常，按按钮SB₃无反应。此故障为点动按钮SB₃损坏或按钮SB₃的连线脱落所致。经检查为SB₃按钮上的3#线脱落，将导线接好，故障排除。

（2）按点动按钮SB₁或SB₃为点动运转状态；但按点动按钮SB₂后则不停止，电动机仍继续运转，需断开控制回路断路器QF₂后再合上，电动机又重新继续运转。此故障通常为按钮开关SB₂损坏所致。经检查确为此按钮损坏，更换新品后，故障排除。

✤ 电路接线（图6）

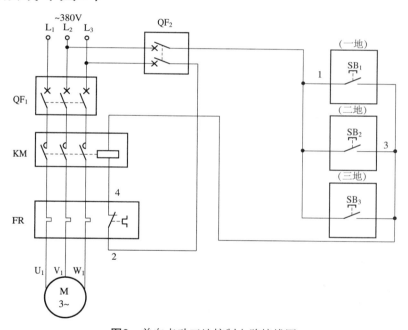

图6 单向点动三地控制电路接线图

电路 4 单向启动、停止控制电路

✦ 应用范围

本电路可用于任何场合以实现启动、停止功能。

✦ 工作原理（图7）

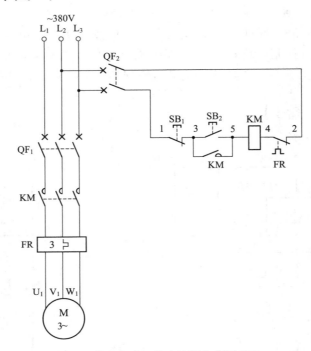

图7 单向启动、停止控制电路原理图

启动时，按下启动按钮SB$_2$（3-5），交流接触器KM线圈得电吸合，KM三相主触点闭合，电动机得电启动运转。

在交流接触器KM线圈得电吸合的同时，KM并联在启动按钮SB$_2$（3-5）上的辅助常开触点（3-5）闭合自锁，交流接触器KM线圈会在启动按钮SB$_2$（3-5）松开后，通过此自锁常开触点（3-5）形成回路，继续得电吸合工作，所以KM三相主触点仍闭合，因此电动机会继续连续运转。

✦ 常见故障及排除方法

（1）一合上控制回路断路器QF$_2$，交流接触器KM线圈就立即吸合，电动机启动运转。此故障可能原因为启动按钮SB$_2$短路，可更换按钮SB$_2$；接线错误，电源线1#线或自锁线3#线错接到端子5#线上了，可按电路图正确连接；KM交流接触器主触点熔焊，需更换交流接触器主触点；交流接触器KM铁心极面有油污、铁锈，使交流接触器延时释放（延时时间不一），拆开交流接触器将铁心极面处理干净即可；混线或碰线，将混线处或碰线处找到后并处理好。

（2）按下启动按钮SB$_2$，交流接触器KM线圈不吸合。此故障可能原因为按钮SB$_2$损坏，更换新品即可解决；控制导线脱落，需重新连接；停止按钮损坏或接触不良，应更换损坏按钮SB$_1$；热继电器FR常闭触点动作后未复位或损坏，可手动复位，若不行则更换新品；交流接触器KM线圈断路，需更换新线圈。

（3）按下停止按钮SB$_1$，交流接触器KM线圈不释放。遇到这种情况，可立即将控制回路断路器QF$_2$断开，再断开主回路断路器QF$_1$，检修控制回路，其原因可能是按钮SB$_1$损坏，此时需更换新品。另外交流接触器自身有故障也会出现上述问题，可参照故障（1）加以区分处理。

（4）电动机运转后不久，热继电器FR就动作跳闸。可能原因为电动机过载，应检查过载原因，并加以处理；热继电器损坏，应更换新品；热继电器整定电流过小，可重新整定至电动机额定电流。

（5）控制回路断路器QF$_2$合不上。可能原因为控制回路存在短路之处，需加以排除；断路器自身存在故障，更换新断路器即可。

（6）一启动电动机，主回路断路器QF$_1$就跳闸。可能原因为主回路交流接触器下端存在短路或接地故障，排除故障点即可。

（7）主回路断路器QF$_1$合不上。可参照故障（5）加以处理。

（8）电动机运转时冒烟且电动机外壳发烫，热继电器FR不动作。故障原因是电动机出现严重过载，热继电器损坏，更换新热继电器FR即可解决。有人会问，既然热继电器损坏，那么主回路断路器为什么不动作？原因很简单，电动机过载电流并没有超过断路器脱扣电流，所以断路器QF$_1$未动作。

（9）电动机不转或转动很慢，且伴有"嗡嗡"声。故障原因为电源缺相，应立即切断电源，找出缺相故障并加以排除。需提醒的是，遇到此故障时，千万不能在找到故障原因之前反复试车，否则很容易造成电动机绕组损坏。

（10）按动启动按钮SB$_2$，交流接触器KM线圈得电吸合，电动机运转；松开启动按钮SB$_2$，交流接触器KM线圈立即释放。此故障是缺少自锁。可能原因为交流接触器KM辅助常开触点损坏或接触不良（3#线与5#线之间），解决方法是调整或更换KM辅助常开触点；SB$_1$与SB$_2$接至KM辅助常开触点上的3#线脱落，连接好脱落线即可；SB$_2$与KM线圈接至KM辅助常开触点上的5#线脱落或断路，恢复脱落处，连接好断路点即可。

（11）按动启动按钮SB$_2$，交流接触器KM噪声很大。此故障原因为接触器短路环损坏；铁心极面生锈或有油污；接触器动、静铁心距离变大，请参见交流接触器常见故障排除方法进行排除。

✛ 电路接线（图8）

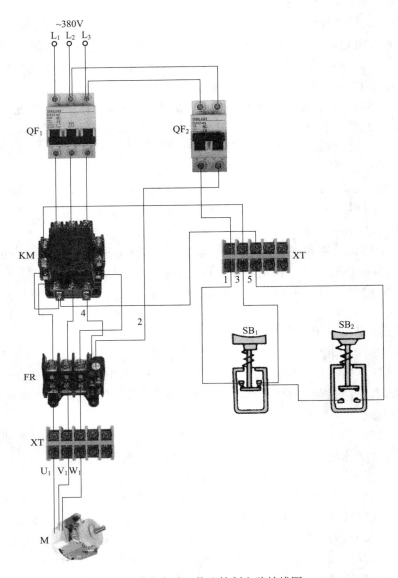

图8　单向启动、停止控制电路接线图

电路 5　单向启动、停止二地控制电路

❖ 应用范围

本电路适用于任何生产设备，如木材加工、纺织机械设备、生产线。

❖ 工作原理（图9）

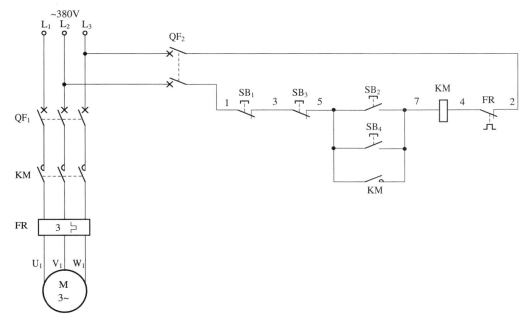

图9　单向启动、停止二地控制电路原理图

启动时，任意按下启动按钮SB$_2$（一地）、SB$_4$（二地），其常开触点（5-7）闭合，接通交流接触器KM线圈回路电源，KM线圈得电吸合且KM辅助常开触点（5-7）闭合自锁，KM三相主触点闭合，电动机得电启动运转。停止时，任意按下停止按钮SB$_1$（一地）、SB$_3$（二地），其常闭触点（1-3、3-5）断开，切断交流接触器KM线圈回路电源，KM线圈断电释放，KM三相主触点断开，电动机失电停止运转。

❖ 常见故障及排除方法

电动机无法停止运转。此故障原因有以下四种情况：一是交流接触器KM铁心极面脏而造成延时释放；二是交流接触器触点熔焊而断不开；三是控制回路导线1#线与5#线或7#线相碰在一起所致；四是KM机械部分卡住故障。以上情况可通过断、合QF$_2$来验证。若断开QF$_2$时，KM线圈也立即断电释放，则故障为三；若断开QF$_2$后，KM线圈不立即释放，延时后才释放，此故障为一；若断开QF$_2$时，有接触器释放声响，但电动机不停止运转，则故障为二；若断开QF$_2$时，无接触器释放声响，则故障为四。

✛ **电路接线（图10）**

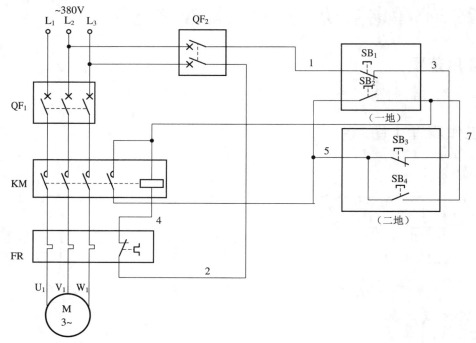

图10　单向启动、停止二地控制电路接线图

电路 6　单向启动、停止三地控制电路

✛ **应用范围**

本电路适用于任何生产设备，如木材加工、纺织机械设备、生产线。

✛ **工作原理（图11）**

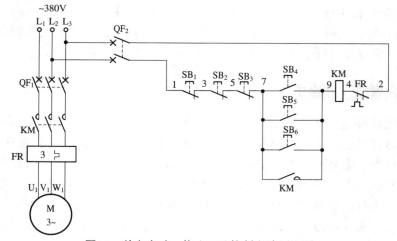

图11　单向启动、停止三地控制电路原理图

启动时，无论按下任意一只启动按钮SB$_4$（一地）、SB$_5$（二地）、SB$_6$（三地），接通交流接触器KM线圈回路电源，KM线圈得电吸合且KM辅助常开触点（7-9）闭合自锁，KM三相主触点闭合，电动机得电启动运转。停止时，任意按下一只停止按钮SB$_1$（一地）、SB$_2$（二地）、SB$_3$（三地），其常闭触点断开，切断交流接触器KM线圈回路电源，KM线圈断电释放，KM三相主触点断开，电动机失电停止运转。

✛ 常见故障及排除方法

（1）断路器QF$_2$合不上。将QF$_2$下端的导线去掉后仍合不上，说明QF$_2$有机械故障，需更换新品，故障即可排除。

（2）电动机启动运转约半小时后自动停机，故障原因为电动机过载或热继电器故障，以及热继电器整定电流不正确过小。

（3）停止时二地停止按钮SB$_2$操作无效。此故障为停止按钮SB$_2$损坏断不开或与按钮连线3#线、5#线碰在一起所致。经检查，按钮损坏，更换新品，故障排除。

✛ 电路接线（图12）

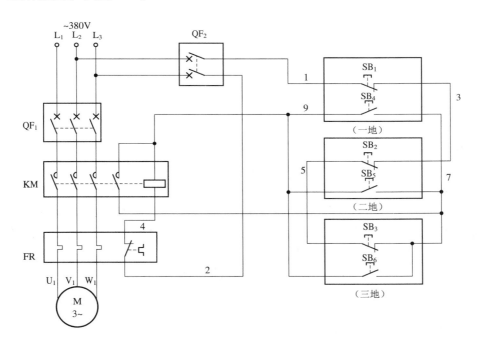

图12 单向启动、停止三地控制电路接线图

电路 7 单向启动、停止四地控制电路

✢ 应用范围

本电路适用于任何生产设备，如木材加工、纺织机械设备、生产线。

✢ 工作原理（图13）

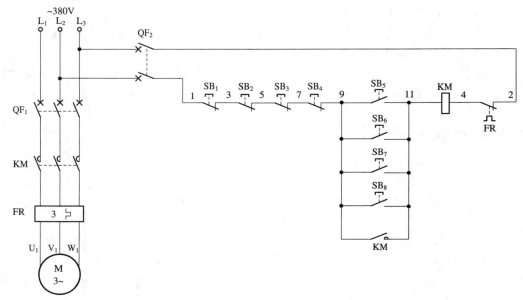

图13 单向启动、停止四地控制电路原理图

启动时，任意按下启动按钮SB₅（一地）、SB₆（二地）、SB₇（三地）、SB₈（四地），其常开触点（9-11）闭合，接通交流接触器KM线圈回路电源，KM线圈得电吸合且KM辅助常开触点（9-11）闭合自锁，KM三相主触点闭合，电动机得电启动运转。

停止时，任意按下停止按钮SB₁（一地）、SB₂（二地）、SB₃（三地）、SB₄（四地），其常闭触点断开，切断交流接触器KM线圈回路电源，KM线圈断电释放，KM三相主触点断开，电动机失电停止运转。

✢ 常见故障及排除方法

（1）电动机启动后不转，但发出"嗡嗡"响声。此故障为电源缺相所致。经检查为交流接触器KM三相主触点三相中有一相闭合不了，更换新品后故障排除。

（2）合上控制回路断路器QF₂后，QF₂下端有电，按启动按钮SB₅~SB₈均无效。此故障原因为：停止按钮SB₁或SB₂或SB₃或SB₄损坏或断线、交流接触器KM线圈损坏断路或断线、热继电器FR控制常闭触点（2-4）动作断开或损坏断线。经检查为一地停止按钮SB₁（1-3）连线脱落所致，恢复连线后，故障排除。

❖ 电路接线（图14）

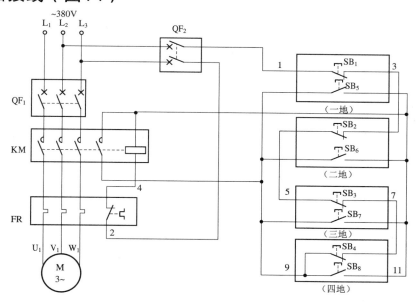

图14　单向启动、停止四地控制电路接线图

电路 8　五地控制的启动、停止电路

❖ 应用范围

　　本电路可用于任何场合，特别是庞大、加长的设备，如各种生产线、冶金、纺织等。

❖ 工作原理（图15）

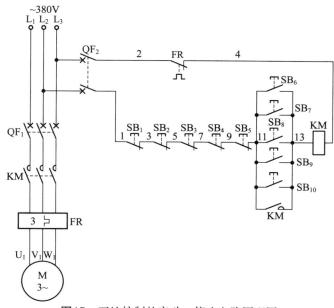

图15　五地控制的启动、停止电路原理图

（1）一地启动控制。按下一地启动按钮SB$_6$（11-13），交流接触器KM线圈得电吸合且KM辅助常开触点（11-13）闭合自锁，KM三相主触点闭合，电动机得电启动运转。

（2）一地停止控制。与一地启动按钮SB$_6$（11-13）配套的按钮SB$_1$（1-3）为一地停止按钮，按下一地停止按钮SB$_1$（1-3），交流接触器KM线圈就断电释放，KM三相主触点断开，电动机失电停止运转。

（3）两地启动控制。按下两地启动按钮SB$_7$（11-13），交流接触器KM线圈得电吸合且KM辅助常开触点（11-13）闭合自锁，KM三相主触点闭合，电动机得电启动运转。

（4）两地停止控制。与两地启动按钮SB$_7$（11-13）配套的按钮SB$_2$（3-5）为两地停止按钮，按下两地停止按钮SB$_2$（3-5），交流接触器KM线圈就断电释放，KM三相主触点断开，电动机失电停止运转。

（5）三地启动控制。按下三地启动按钮SB$_8$（11-13），交流接触器KM线圈得电吸合且KM辅助常开触点闭合（11-13）自锁，KM三相主触点闭合，电动机得电启动运转。

（6）三地停止控制。与三地启动按钮SB$_8$（11-13）配套的按钮SB$_3$（5-7）为三地停止按钮，按下三地停止按钮SB$_3$（5-7），交流接触器KM线圈就断电释放，KM三相主触点断开，电动机失电停止运转。

（7）四地启动控制。按下四地启动按钮SB$_9$（11-13），交流接触器KM线圈得电吸合且KM辅助常开触点（11-13）闭合自锁，KM三相主触点闭合，电动机得电启动运转。

（8）四地停止控制。与四地启动按钮SB$_9$（11-13）配套的按钮SB$_4$（7-9）为四地停止按钮，按下四地停止按钮SB$_4$（7-9），交流接触器KM线圈就断电释放，KM三相主触点断开，电动机失电停止运转。

（9）五地启动控制。按下五地启动按钮SB$_{10}$（11-13），交流接触器KM线圈得电吸合且KM辅助常开触点（11-13）闭合自锁，KM三相主触点闭合，电动机得电启动运转。

（10）五地停止控制。与五地启动按钮SB$_{10}$（11-13）配套的按钮SB$_5$（9-11）为五地停止按钮，按下五地停止按钮SB$_5$（9-11），交流接触器KM线圈就断电释放，KM三相主触点断开，电动机失电停止运转。

✤ 常见故障及排除方法

（1）有的位置按动启动按钮无效，说明这个位置的启动按钮损坏了。更换无法操作的按钮开关，电路即可恢复正常。

（2）按任意启动按钮均无效（控制电源正常）。发生此故障应重点检查停止按钮SB$_1$~SB$_5$是否断路、交流接触器KM线圈是否断路、热继电器FR常闭触点是否断路，找出故障点并排除故障。

✤ 电路接线（图16）

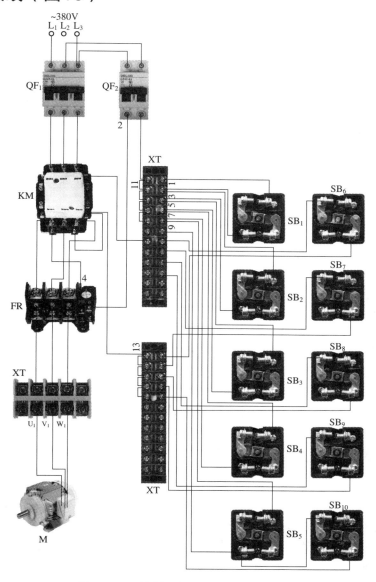

图16　五地控制的启动、停止电路接线图

电路 9　单按钮控制电动机启停电路（一）

✤ 应用范围

　　本电路较为复杂，可用于缺少按钮或仅用一只按钮实现的特殊场合，如消防、家用电器、车库门控制等。

✤ 工作原理（图17）

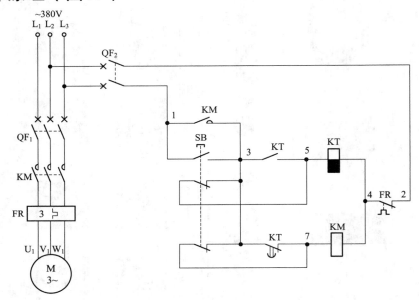

图17　单按钮控制电动机启停电路（一）原理图

　　奇次按下按钮SB，其两组常闭触点（3-5、3-7）断开，常开触点（1-3）闭合，使得交流接触器KM线圈得电吸合且KM辅助常开触点（1-3）闭合自锁，KM三相主触点闭合，电动机得电启动运转；松开按钮SB，其所有触点恢复原始状态，失电延时时间继电器KT线圈得电吸合，KT不延时瞬动常开触点（3-5）闭合，KT失电延时闭合的常闭触点（3-7）立即断开，为停止时（偶次按下按钮SB）允许SB常闭触点（3-7）断开、切断KM线圈回路电源，以及偶次操作做准备。

　　偶次按下按钮SB，其两组常闭触点（3-5、3-7）断开，常开触点（1-3）闭合，SB的一组常闭触点（3-7）断开，切断了交流接触器KM线圈回路电源，KM线圈断电释放，KM自锁辅助常开触点（1-3）断开，也切断了失电延时时间继电器KT线圈回路电源，KT线圈断电释放，并开始延时，KT失电延时闭合的常闭触点（3-7）恢复原始常闭状态。在KT的延时触点未恢复常闭期间，松开按钮SB，SB的一组常闭触点（3-7）能可靠断开，可以保证KM线圈可靠地断电释放，也就是说，电动机可靠地停止运转。在KM线圈断电释放时，KM三相主触点断开，电动机失电停止运转。

　　值得提醒的是，偶次按下按钮SB的时间不要超出KT的延时时间，否则KM会重新自动启动工作。也就是说，偶次按下按钮SB的操作为按下立即松开就行了。

✤ 常见故障及排除方法

（1）启动时，按动按钮SB无任何反应。用万用表测控制回路断路器QF₂下端电压正常，为交流380V。用短接法短接1#线与3#线，失电延时时间继电器KT线圈得电吸合，KM线圈无反应。松开按钮SB，KT线圈断电释放。再用短接法短接1#线与7#线，失电延时时间继电器KT和交流接触器KM线圈均得电吸合，松开按钮SB，KT和KM线圈仍然继续得电吸合。根据上述情况分析，故障部位出在失电延时时间继电器KT和失电延时闭合的常闭触点（3-7）上，只有此部分损坏才会造成上述故障现象。经检测也验证了此故障部位，更换新的失电延时时间继电器KT后，故障排除。

（2）启动时，按住按钮SB，交流接触器KM线圈得电吸合，松开按钮SB，交流接触器KM线圈断电释放，电动机点动运转。此故障原因可能为交流接触器KM的辅助常开触点（1-3）损坏闭合不了，不能对KM线圈进行自锁；另外，接在KM辅助常开触点上的1#线、3#线脱落也会出现上述问题。经检查是KM辅助常开触点损坏，不能自锁所致。更换KM辅助常开触点后，故障排除。

✤ 电路接线（图18）

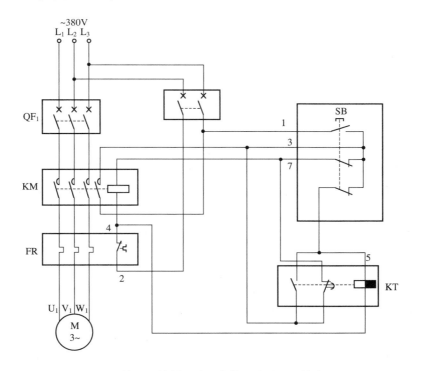

图18　单按钮控制电动机启停电路（一）接线图

电路 10　单按钮控制电动机启停电路（二）

✤ 应用范围

本电路较为复杂，可用于缺少按钮或仅用一只按钮实现的特殊场合，如消防、家用电器、车库门控制等。

✤ 工作原理（19）

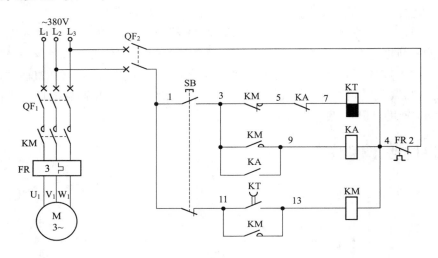

图19　单按钮控制电动机启停电路（二）原理图

启动时，按住按钮开关SB不放手，其一组常闭触点（1–11）先断开，起到互锁作用，同时SB的另一组常开触点（1–3）闭合，使失电延时时间继电器KT线圈得电吸合，KT失电延时断开的常开触点（11–13）立即闭合，以保证在松开按钮开关SB后，KT触点仍闭合1s后才断开，起到启动作用；松开被按住的按钮开关SB，其常闭触点（1–11）闭合，交流接触器KM线圈得电吸合且KM辅助常开触点（11–13）闭合自锁，SB的另一组常开触点（1–3）断开，失电延时时间继电器KT线圈断电释放，KT开始延时，经KT延时1s后，KT失电延时断开的常开触点（11–13）断开，启动过程结束。同时，KM三组主触点闭合，电动机得电启动运转。

停止时，可再次按下按钮开关SB，SB的一组常开触点（1–3）闭合，接通中间继电器KA线圈回路电源，KA线圈得电吸合且KA常开触点（3–9）闭合自锁，KA常闭触点（5–7）断开，以保证在KM辅助常闭触点（3–5）恢复常闭状态时，KT线圈回路不能得电工作；在按下SB的同时，SB的另一组常闭触点（1–11）断开，切断交流接触器KM线圈回路电源，KM线圈断电释放，KM三相主触点断开，电动机失电停止运转。松开按钮开关SB，SB的常闭触点（1–11）闭合，常开触点（1–3）断开，中间继电器KA线圈断电释放，KA触点恢复原始状态，为再次按下按钮开关SB启动电动机提供准备条件。

✤ 常见故障及排除方法

（1）电动机启动运转后，欲停止时还需等几分钟才能进行停止操作。从原理图可以看出，失电延时时间继电器的失电延时断开的常开触点（11-13）实际上相当于一个启动按钮，如果此常开触点延时时间调整得过长，就会造成电动机启动运转后，若欲立即停止而无法进行。经检查是失电延时时间继电器KT的延时时间设置得过长，将延时时间调整至2~3s后，故障排除。

（2）电动机启动运转正常，但偶次按动按钮SB，电动机无法停止运转，采用应急方法断开控制回路断路器QF₂，能使交流接触器KM线圈断电释放，KM三相主触点断开，电动机失电停止运转。从上述情况分析，故障原因为按钮SB的一组常闭触点（1-11）损坏。因按钮SB的常闭触点损坏断不开，也就无法切断交流接触器KM线圈回路电源，使电动机无法停止运转；另外，按钮SB两端的连接线1#线与11#线相碰也会出现上述故障现场。经检测是按钮损坏了，更换新按钮后，故障排除。

✤ 电路接线（20）

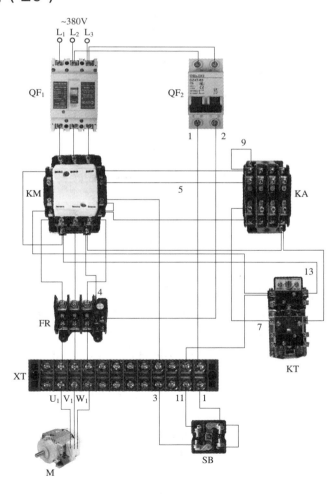

图20　单按钮控制电动机启停电路（二）接线图

电路 11 单按钮控制电动机启停电路（三）

✤ 应用范围

本电路较为复杂，可用于缺少按钮或仅用一只按钮实现的特殊场合，如消防、家用电器、车库门控制等。

✤ 工作原理（图21）

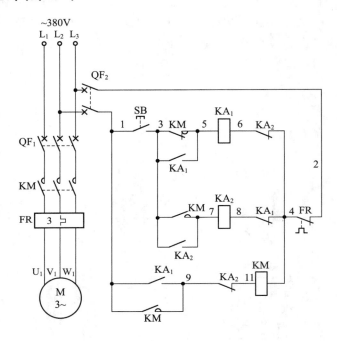

图21 单按钮控制电动机启停电路（三）原理图

启动时，按住按钮开关SB（1-3），中间继电器KA₁线圈得电吸合且KA₁常开触点（1-9）闭合，接通了交流接触器KM线圈回路电源，KM线圈得电吸合且KM辅助常开触点（1-9）闭合自锁，KM三相主触点闭合，电动机得电启动运转。在KM线圈得电吸合后，KM串接在KA₁线圈回路中的辅助常闭触点（3-5）断开，为偶次按下按钮开关SB（1-3）时禁止KA₁线圈回路工作做准备，KM串联在中间继电器KA₂线圈回路中的辅助常开触点（3-7）闭合，为偶次操作停止做准备。

松开按钮开关SB（1-3），中间继电器KA₁线圈断电释放，KA₁所有触点恢复原始状态，只有交流接触器KM线圈仍吸合自锁工作。

偶次按住按钮开关SB（1-3），中间继电器KA₂线圈在交流接触器KM辅助常开触点（3-7）（已闭合）的作用下得电吸合且KA₂常开触点（3-7）闭合自锁，KA₂串联在交流接触器KM线圈回路中的常闭触点（9-11）断开，切断了交流接触器KM线圈回路电源，KM线圈断电释放，KM三相主触点断开，电动机失电停止运转；松开按钮开关SB

（1–3），中间继电器KA$_2$线圈断电释放，KA$_2$所有触点恢复原始状态。

✦ 常见故障及排除方法

（1）按动按钮SB无任何反应（控制电源正常）。故障原因可能是按钮SB损坏；热继电器FR常闭触点接触不良或断路；交流接触器KM辅助常闭触点断路；中间继电器KA$_2$串联在KA$_1$线圈回路中的常闭触点断路；中间继电器KA$_1$线圈断路等，如图22所示。

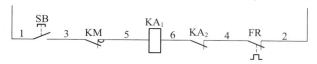

图22　故障回路一

从图22可以看出故障元器件较多，用测电笔检测后即可找出故障元器件并排除故障。

（2）按动按钮SB，中间继电器KA$_1$线圈得电吸合但交流接触器KM线圈不吸合。从图23可以看出，故障范围很小，可能造成此故障的只有3个元器件，即中间继电器KA$_1$常开触点闭合不了，中间继电器KA$_2$常闭触点断路，交流接触器KM线圈断路。

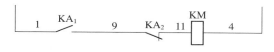

图23　故障回路二

（3）按动按钮SB，交流接触器KM不能自锁为点动。从图22可以看出，按动SB时，中间继电器KA$_1$线圈得电吸合动作了，其串联在交流接触器KM线圈回路中的常开触点KA$_1$闭合，从而使交流接触器KM线圈得电吸合动作，一旦松开按钮SB，中间继电器KA$_1$线圈就断电释放，其串联在交流接触器KM线圈回路中的常开触点KA$_1$就断开，交流接触器KM线圈也随着断电释放。从而进一步证明，故障为并联在中间继电器KA$_1$常开触点上的交流接触器KM辅助常开触点损坏而不能自锁所致，如图24所示。

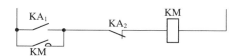

图24　故障回路三

（4）停止时按动按钮SB，中间继电器KA$_2$线圈不吸合，交流接触器KM线圈吸合不释放，不能停机，此故障回路如图25所示。故障原因可能是交流接触器KM辅助常开触点闭合不了；中间继电器KA$_2$线圈断路；中间继电器KA$_1$常闭触点断路。

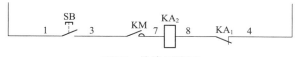

图25　故障回路四

（5）停止时，按动按钮SB，中间继电器KA$_2$线圈吸合动作，但切不断交流接触器KM线圈回路电源，不能停机。此故障原因为串联在交流接触器KM线圈回路中的KA$_2$常闭触点损坏断不开；交流接触器自身机械部分卡住或铁心极面有油污造成延时释放或触点部分粘连。

✦ 电路接线（图26）

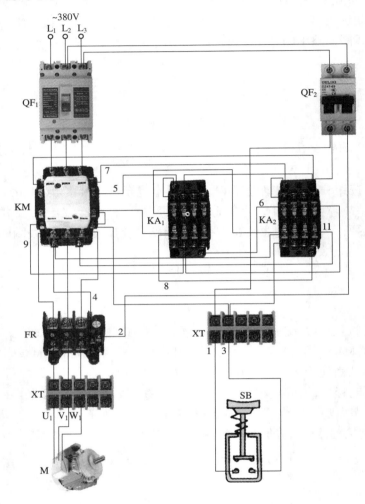

图26 单按钮控制电动机启停电路（三）接线图

电路 12　单按钮控制电动机启停电路（四）

✤ 应用范围

　　本电路较为复杂，可用于缺少按钮或仅用一只按钮实现的特殊场合，如消防、家用电器、车库门控制等。

✤ 工作原理（图27）

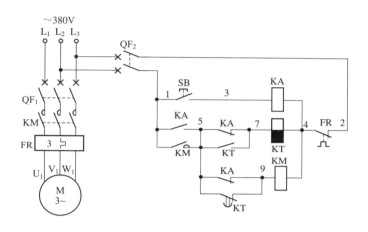

图27　单按钮控制电动机启停电路（四）原理图

　　奇次按动一下按钮SB（1-3），中间继电器KA线圈得电吸合，KA的两组常闭触点（5-7、5-9）均断开，KA的常开触点（1-5）闭合，使交流接触器KM线圈得电吸合且KM辅助常开触点（1-5）闭合自锁，KM三相主触点闭合，电动机得电启动运转。松开按钮SB（1-3），中间继电器KA线圈断电释放，KA所有触点恢复原始状态，此时失电延时时间继电器KT线圈在KA常闭触点（5-7）的作用下得电吸合且KT不延时瞬动常开触点（5-7）闭合自锁，KT失电延时闭合的常闭触点（5-9）立即断开，为偶次按下按钮SB（1-3）时，KA常闭触点（5-9）断开，切断交流接触器KM线圈回路电源提供条件。

　　偶次按动一下按钮SB（1-3），中间继电器KA线圈得电吸合，KA的两组常闭触点（5-7、5-9）断开，其中KA的一组常闭触点（5-9）断开，切断KM线圈回路电源，KM线圈断电释放，KM自锁触点（1-5）断开；KA的另一组常闭触点（5-7）断开，在KM自锁辅助常开触点（1-5）的作用下使KT线圈也断电释放且KT开始延时。同时，KM三相主触点断开，电动机失电停止运转。在KT延时时间内松开按钮SB（1-3），中间继电器KA线圈断电释放，其所有触点恢复原始状态。KT延时时间是保证在偶次按下SB时，KT失电延时闭合的常闭触点（5-9）恢复闭合的时间要大于KA常闭触点（5-9）的动作时间，使KM线圈能可靠动作。注意，偶次按下按钮SB（1-3）的时间必须小于KT的延时时间，否则会出现KM线圈重新得电吸合动作情况。

✣ 常见故障及排除方法

（1）奇次按动按钮SB，中间继电器KA线圈吸合，但交流接触器KM线圈不吸合。此故障原因为中间继电器KA的一组常开触点（1-5）损坏闭合不了，失电延时时间继电器KT的一组失电延时闭合的常闭触点（5-9）损坏闭合不了，与此电路相关的连接线1#线、5#线、9#线有脱落处。经检查为KT的一组失电延时闭合的常闭触点（5-9）损坏闭合不了，更换新的失电延时时间继电器后，故障排除。

（2）奇次按动按钮SB，电路无任何反应。用万用表交流电压挡测控制回路断路器下端电压为380V，正常。断开QF₂，用万用表欧姆挡测热继电器常闭触点（2-4），正常。用万用表欧姆挡测按钮SB（按下、松开两种状态），正常。用万用表欧姆挡测中间继电器KA线圈，阻值呈无穷大，为开路状态，说明KA线圈损坏断路了。当发现有一个器件损坏时，可先替换，再试之，看电路是否恢复正常，若恢复正常，说明上述故障由损坏的器件引起。经检测发现是中间继电器KA线圈损坏了，更换新的中间继电器后，电路恢复正常，故障排除。

✣ 电路接线（图28）

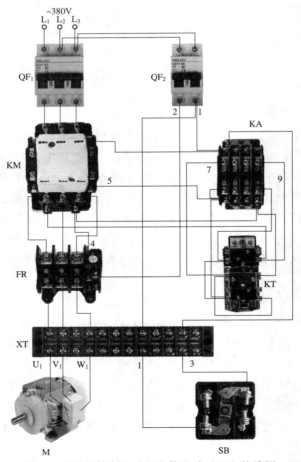

图28 单按钮控制电动机启停电路（四）接线图

电路 13　单按钮控制电动机启停电路（五）

✦ 应用范围

　　本电路较为复杂，可用于缺少按钮或仅用一只按钮实现的特殊场合，如消防、家用电器、车库门控制等。

✦ 工作原理（图29）

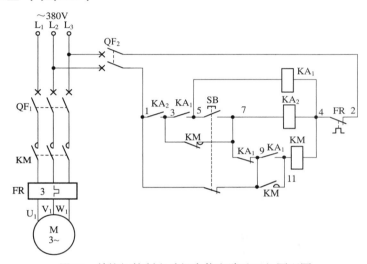

图29　单按钮控制电动机启停电路（五）原理图

　　启动时，奇次按下按钮SB，首先SB的一组常闭触点（1–9）断开，SB的另一组常开触点（5–7）闭合，接通了中间继电器KA₁线圈回路电源，KA₁线圈得电吸合且KA₁的一组常开触点（3–5）闭合自锁，KA₁的一组常闭触点（7–9）断开，KA₁的另一组常开触点（9–11）闭合；松开按钮SB，SB的一组常开触点（5–7）断开，SB的另一组常闭触点（1–9）闭合，交流接触器KM线圈得电吸合且KM辅助常开触点（9–11）闭合自锁，KM三相主触点闭合，电动机得电启动运转。

　　停止时，偶次按下按钮SB，SB的一组常闭触点（1–9）断开，切断交流接触器KM和中间继电器KA₂线圈回路电源，KM、KA₂线圈断电释放，KM三相主触点断开，电动机失电停止运转；松开按钮SB，中间继电器KA₂线圈又重新得电吸合，其常开触点（1–3）闭合，为下次启动电动机控制回路做准备。

✦ 常见故障及排除方法

　　（1）合上控制回路断路器QF₂后（QF₂下端有电），控制回路无任何反应。从原理图中可以看出，在合上QF₂后，中间继电器KA₂线圈应得电吸合，其常开触点（1–3）闭合自锁。而此时KA₂线圈不工作，故障原因为按钮SB的一组常闭触点（1–9）损坏闭合不了，中间继电器KA₁的一组常闭触点（7–9）损坏闭合不了，中间继电器KA₂线圈损坏断路了，热继电器FR控制常闭触点（2-4）损坏闭合不了或动作断开，与此电路相关的1#线、7#线、9#线、4#线、2#线有脱落处。经检测是中间继电器KA₁的一组常闭触点（7-9）损坏断路了，更换一只新的中间继电器KA₁后送电试之，中间继电器KA₂线圈立即得电吸合，说明判断的故障部位是准确的，故障排除。

（2）一合上控制回路断路器QF₂后，中间继电器KA₂线圈瞬间吸合一下后立即释放，而交流接触器KM线圈吸合动作。从电路原理可知，此时应该是中间继电器KA₂线圈得电吸合且KA₂常开触点（1-3）闭合自锁才对，不应该出现交流接触器KM线圈得电吸合。造成此故障的原因可能是中间继电器KA₁的触点（9-11）闭合了，或者交流接触器KM的一组常开触点（9-11）损坏断不开。送电观察中间继电器KA₁线圈并未吸合工作，说明相关电路没有问题，重点检查上述两个并联在一起的触点（9-11）。经检查是中间继电器KA₁的常开触点（9-11）损坏断不开所致。更换一只新的中间继电器后，故障排除。

✣ 电路接线（图30）

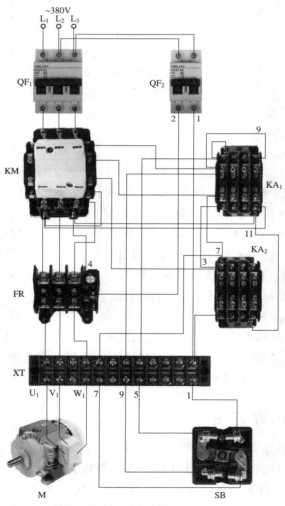

图30　单按钮控制电动机启停电路（五）接线图

电路 14　单按钮控制电动机启停电路（六）

✦ 应用范围

　　本电路较为复杂，可用于缺少按钮或仅用一只按钮实现的特殊场合，如消防、家用电器、车库门控制等。

✦ 工作原理（图31）

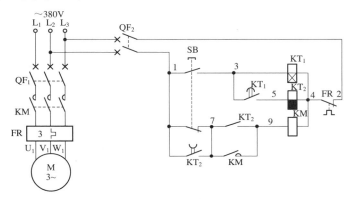

图31　单按钮控制电动机启停电路（六）原理图

　　启动时，长时间按下按钮SB，SB的一组常闭触点（1–7）断开，SB的另一组常开触点（1–3）闭合，接通得电延时时间继电器KT$_1$线圈回路电源，KT$_1$线圈得电吸合，KT$_1$开始延时。经KT$_1$一段时间延时后，KT$_1$得电延时闭合的常开触点（3–5）闭合，接通了失电延时时间继电器KT$_2$线圈回路电源，KT$_2$线圈得电吸合，KT$_2$失电延时断开的常开触点（1–7）立即闭合，KT$_2$失电不延时瞬动常开触点（7–9）闭合，接通了交流接触器KM线圈回路电源，KM线圈得电吸合且KM辅助常开触点（7–9）闭合自锁，KM三相主触点闭合，电动机得电启动运转。松开被按下的按钮SB，得电延时时间继电器KT$_1$和失电延时时间继电器KT$_2$线圈均断电释放，KT$_1$得电延时闭合的常开触点（3–5）断开，KT$_2$开始延时，KT$_2$失电不延时瞬动常开触点（7–9）断开，为下次停止提供条件，KT$_2$失电延时断开的常开触点（1–7）仍处于闭合状态，以保证在松开按钮SB后不至于使KM线圈回路断路。经KT$_2$一段时间（2s）延时后，KT$_2$失电延时断开的常开触点（1–7）断开，为再次按下按钮SB停止电动机控制回路做准备。

　　停止时，短时间（或瞬时）按下按钮SB，SB的一组常开触点（1–3）虽然闭合，使得电延时时间继电器KT$_1$线圈得电吸合并开始延时，但KT$_1$的触点（3–5）得电延时闭合的时间比瞬时按下SB的时间长，无法将KT$_2$线圈回路接通，所以启动回路无效。与此同时，SB的另一组常闭触点（1–7）断开，切断了交流接触器KM线圈回路电源，KM线圈断电释放，KM三相主触点断开，电动机失电停止运转。

✦ 常见故障及排除方法

　　（1）启动时，长时间按下按钮SB，电动机能启动运转，但松开按钮SB后，电动机立即失电停止运转，成点动控制了。从电路原理分析，故障原因为失电延时时间继电器KT_2的失电延时断开的常开触点（1–7）断路损坏，或者KT_2延时时间过短，小于按钮SB的复位时间，所以保证不了在松开按钮SB时，KT_2失电延时断开的常开触点（1–7）仍处于闭合状态，这就是造成点动控制的原因；另外，按钮SB的一组常闭触点（1–7）断路损坏，也会出现上述故障现象。经检测，为失电延时时间继电器KT_2的延时时间设置过短，重新设置（2s以上）后，故障排除。

（2）启动时，长时间按住按钮SB无效（超出设定时间数倍），电动机不转。按住按钮SB时观察配电箱内时间继电器KT_1的动作情况，若得电延时时间继电器KT_1线圈不吸合，且连接线3#线与4#线之间的电压为380V（用万用表检测），说明KT_1线圈断路损坏了。若得电延时时间继电器KT_1线圈能得电吸合，失电延时时间继电器KT_2线圈也能得电吸合，但交流接触器KM线圈不吸合，电动机还是不转，此时若用螺丝刀顶一下交流接触器KM顶部的可动部分，假如这时交流接触器KM线圈得电吸合且能自锁，则故障范围缩小到失电延时时间继电器KT_2的不延时瞬动常开触点（7–9）上。经检查，证实此不延时瞬动常开触点（7–9）损坏。更换一只新的失电延时时间继电器后，故障排除。

✦ 电路接线（图32）

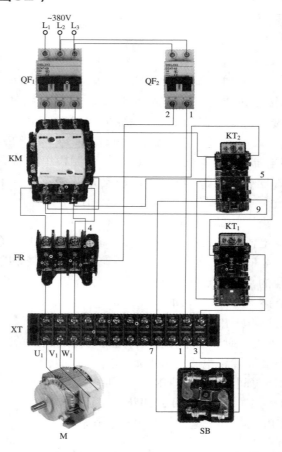

图32　单按钮控制电动机启停电路（六）接线图

电路 15　单按钮控制电动机启停电路（七）

❖ 应用范围

　　本电路较为复杂，可用于缺少按钮或仅用一只按钮实现的特殊场合，如消防、家用电器、车库门控制等。

❖ 工作原理（图33）

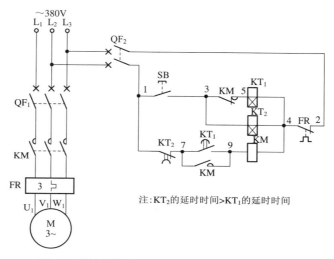

图33　单按钮控制电动机启停电路（七）原理图

　　启动时，长时间按下按钮SB（1–3），按下的时间要大于KT_1的延时时间，但不能超出KT_2的延时时间，此时，得电延时时间继电器KT_1、KT_2线圈均得电吸合且KT_1、KT_2开始延时。注意：KT_2的延时时间比KT_1长一倍。经KT_1一段时间延时后（3s），KT_1得电延时闭合的常开触点（7–9）闭合，接通了交流接触器KM线圈回路电源，KM线圈得电吸合且KM辅助常开触点（7–9）闭合自锁，KM三相主触点闭合，电动机得电启动运转。同时，KM串联在KT_1线圈回路中的辅助常闭触点（3–5）断开，使KT_1线圈断电释放，KT_1得电延时闭合的常开触点（7–9）恢复原始状态。松开按钮SB（1–3），得电延时时间继电器KT_2线圈断电释放，启动过程结束。

　　停止时，长时间按下按钮SB（1–3），按下的时间要大于KT_2的延时时间，此时，得电延时时间继电器KT_2线圈得电吸合且KT_2开始延时。经KT_2一段时间（6s）延时后，KT_2得电延时断开的常闭触点（1–7）断开，切断了交流接触器KM线圈回路电源，KM线圈断电释放，KM三相主触点断开，电动机失电停止运转。松开按钮SB（1–3），得电延时时间继电器KT_2线圈断电释放，KT_2得电延时断开的常闭触点（1–7）恢复常闭，为下次启动控制做准备。至此，完成停止操作。

✛ 常见故障及排除方法

（1）启动时，长时间按住按钮SB无效，电动机不运转。在按住按钮SB的同时，得电延时时间继电器KT₁和KT₂线圈均得电吸合。根据上述故障现象，结合电气原理图分析，此故障原因为得电延时时间继电器KT₁的得电延时闭合的常开触点（7–9）损坏闭合不了，得电延时时间继电器KT₂的得电延时断开的常闭触点（1–7）断路损坏，交流接触器KM线圈断路损坏，与此电路相关的1#线、7#线、9#线、4#线有脱落处。经检查为4#线脱落了，恢复正确接线后，故障排除。

（2）停止时，长时间按住按钮SB无效，电动机不停止。按住按钮SB时，得电延时时间继电器KT₂线圈也得电吸合。根据上述情况分析，故障出在KT₂得电延时断开的常闭触点（1–7）上，或者出在1#线与7#线碰线处，或者出在交流接触器KM铁心极面有油污造成延时释放。经检查为得电延时时间继电器KT₂的得电延时断开的常闭触点（1–7）损坏，更换一只新的得电延时时间继电器后，故障排除。

✛ 电路接线（图34）

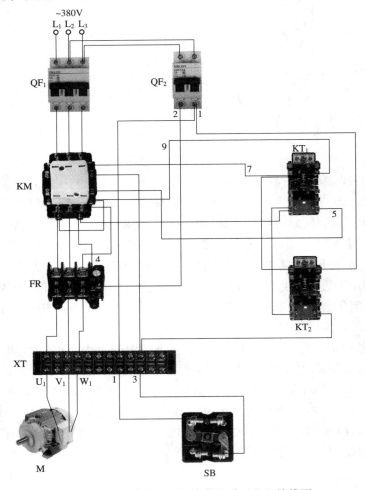

图34 单按钮控制电动机启停电路（七）接线图

电路 16 单按钮控制电动机启停电路（八）

✦ 应用范围

本电路较为复杂，可用于缺少按钮或仅用一只按钮实现的特殊场合，如消防、家用电器、车库门控制等。

✦ 工作原理（35）

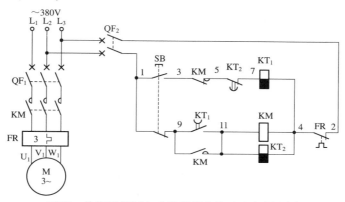

图35 单按钮控制电动机启停电路（八）原理图

奇次按下按钮SB，首先SB的一组常闭触点（1–9）断开，切断交流接触器KM和失电延时时间继电器KT₂线圈回路电源，使KM和KT₂先不能得电工作；SB的另一组常开触点（1–3）闭合，接通了失电延时时间继电器KT₁线圈回路电源，KT₁线圈得电吸合，KT₁失电延时断开的常开触点（9–11）立即闭合，为接通交流接触器KM和失电延时时间继电器KT₂线圈回路电源做准备。松开按下的按钮SB，SB的一组常开触点（1–3）断开，切断失电延时时间继电器KT₁线圈回路电源，KT₁开始延时；SB的另一组常闭触点（1–9）闭合，此时KM和KT₂圈均得电吸合且KM辅助常开触点（9–11）闭合自锁，KM三相主触点闭合，电动机得电启动运转。与此同时，KM辅助常闭触点（3–5）、KT₂失电延时闭合的常闭触点（5–7）立即断开，起互锁作用。经KT₁一段时间延时后，KT₁失电延时断开的常开触点（9–11）断开，启动结束。

偶次按下按钮SB，SB的一组常闭触点（1–9）断开，切断交流接触器KM和失电延时时间继电器KT₂线圈回路电源，KM和KT₂线圈断电释放，KT₂开始延时。KM三相主触点断开，电动机失电停止运转。经KT₂一段时间延时后，KT₂失电延时闭合的常闭触点（5–7）闭合，以保证在KT₂延时时间内SB恢复原始状态。需注意的是，偶次按下再松开按钮SB的时间必须小于KT₂的延时时间，否则KT₂失电延时闭合的常闭触点（5–7）闭合，电动机将会自动启动工作。

✦ 常见故障及排除方法

（1）启动时，奇次按下按钮SB后，失电延时时间继电器KT₁线圈吸合动作，但交流接触器KM和失电延时时间继电器KT₂线圈不吸合，电动机不能启动运转。先说明一下，若失电延时时间继电器KT₁线圈能吸合动作，说明KT₁线圈回路工作正常。用螺丝刀顶一下交流接触器KM顶部可动部分，若交流接触器KM以及失电延时时间继电器KT₂线圈能得电吸合且KM辅助常开触点（9—11）闭合自锁，那么此故障范围就缩小了，也就是说，故障为KT₁失电延时断开的常开触点（9—11）闭合不了，或与此电路相关的9#线、11#线脱落所致。经检查是KT₁失电延时断开的常开触点（9—11）损坏，更换新的失电延时时间继电器后，故障排除。

（2）奇次按下按钮SB启动正常，偶次按下按钮SB不能停机。从配电盘内器件动作情况看，在奇次启动松开SB后，交流接触器KM和失电延时时间继电器KT₂线圈仍得电吸合，此时断开控制回路断路器QF₂后，KM和KT₂线圈同时断电释放，将QF₂合上，KT₁、KM、KT₂线圈均不动作。从以上器件的动作情况看，故障点是按钮SB的一组常闭触点（1—9）损坏断不开，或者连接线1#线、9#线脱落相碰了。经检查，确定为按钮SB损坏，更换新按钮后，故障排除。

✛ 电路接线（图36）

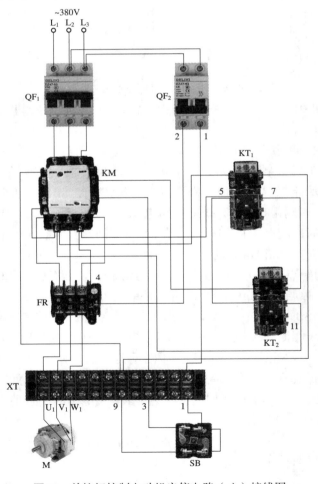

图36 单按钮控制电动机启停电路（八）接线图

电路 17　单按钮控制电动机启停电路（九）

✤ 应用范围

　　本电路较为复杂，可用于缺少按钮或仅用一只按钮实现的特殊场合，如消防，家用电器、车库门控制等。

✤ 工作原理（图37）

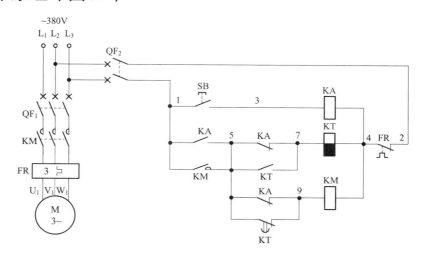

图37　单按钮控制电动机启停电路（九）原理图

　　奇次按下按钮SB（1－3），中间继电器KA线圈得电吸合，KA的两组常闭触点（5－7、5－9）均断开，KA的常开触点（1－5）闭合，使交流接触器KM线圈得电吸合且KM辅助常开触点（1－5）闭合自锁，KM三相主触点闭合，电动机得电启动运转。松开按钮SB（1－3），中间继电器KA线圈断电释放，KA所有触点恢复原始状态，此时失电延时时间继电器KT线圈在KA常闭触点（5－7）的作用下得电吸合且KT不延时瞬动常开触点（5－7）闭合自锁，KT失电延时闭合的常闭触点（5－9）立即断开，为偶次按下按钮SB（1－3）时KA常闭触点（5－9）断开、切断交流接触器KM线圈回路提供条件。

　　偶次按下按钮SB（1－3），中间继电器KA线圈得电吸合，KA的两组常闭触点（5－7、5－9）断开，其中KA的一组常闭触点（5－9）断开，切断KM线圈回路电源，KM线圈断电释放，KM自锁触点（1－5）断开；KA的另一组常闭触点（5－7）断开，在KM自锁辅助常开触点（1－5）的作用下使KT线圈也断电释放且KT开始延时，与此同时，KM三相主触点断开，电动机失电停止运转。在KT延时时间内松开按钮SB（1－3），中间继电器KA线圈断电释放，其所有触点恢复原始状态。KT的延时时间是保证在偶次按下SB时，KT失电延时闭合的常闭触点（5－9）恢复闭合的时间要大于KA常闭触点（5－9）的动作时间，使KM线圈能可靠动作。注意，偶次按下按钮SB（1－3）的时间必须小于KT的延时时间，否则会出现KM线圈重新得电吸合动作的情况。

❖ 常见故障及排除方法

（1）奇次按下按钮SB（1–3）后，中间继电器KA线圈得电吸合，交流接触器KM线圈得电吸合，KM三相主触点闭合，电动机得电启动运转；但松开按钮SB后，中间继电器KA和交流接触器KM线圈均断电释放，KM三相主触点断开，电动机失电停止运转。从电路原理分析，在奇次按下按钮SB后，中间继电器KA和交流接触器KM线圈均得电吸合且KM辅助常开触点（1–5）闭合自锁，说明故障原因就是KM线圈回路无自锁，另外，也可能是失电延时时间继电器KT的失电延时闭合的常闭触点（5–9）损坏断路了，以及与此电路相关的1#线、5#线、9#线脱落有关。经检查为交流接触器KM辅助常开触点（1–5）损坏闭合不了，无法形成自锁回路所致。更换KM辅助常开触点后，故障排除。

（2）偶次按下按钮SB后，交流接触器KM和失电延时时间继电器KT线圈均不能断电释放，电动机仍得电继续运转，不能停止工作。从电气原理图看，此故障原因为KT的一组失电延时闭合的常闭触点（5–9）损坏断不开，或5#线与9#线相碰在一起短接了。经检查是KT失电延时闭合的常闭触点损坏了，更换新的失电延时时间继电器后，故障排除。

❖ 电路接线（图38）

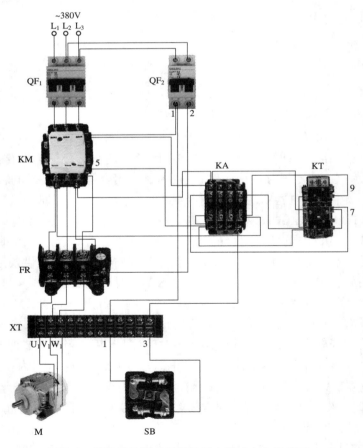

图38 单按钮控制电动机启停电路（九）接线图

电路 18　单按钮控制电动机启停电路（十）

✦ 应用范围

　　本电路较为复杂，可用于缺少按钮或仅用一只按钮实现的特殊场合，如消防、家用电器、车库门控制等。

✦ 工作原理（图39）

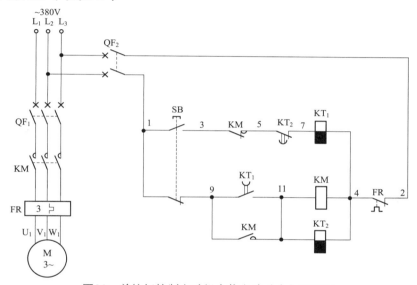

图39　单按钮控制电动机启停电路（十）原理图

　　奇次按下按钮SB，SB的一组常闭触点（1-9）断开，切断交流接触器KM和失电延时时间继电器KT$_2$线圈回路电源，使KM和KT$_2$不能得电工作；SB的另一组常开触点（1-3）闭合，接通了失电延时时间继电器KT$_1$线圈回路电源，KT$_1$线圈得电吸合，KT$_1$失电延时断开的常开触点（9-11）立即闭合，为接通交流接触器KM和失电延时时间继电器KT$_2$线圈回路电源做准备。松开按下的按钮SB，SB的一组常开触点（1-3）断开，切断失电延时时间继电器KT$_1$线圈回路电源，KT$_1$开始延时；SB的另一组常闭触点（1-9）闭合，此时KM和KT$_2$线圈均得电吸合且KM辅助常开触点（9-11）闭合自锁，KM三相主触点闭合，电动机得电启动运转。同时，KM辅助常闭触点（3-5）、KT$_2$失电延时闭合的常闭触点（5-7）立即断开，起互锁作用。经KT$_1$一段时间延时后，KT$_1$失电延时断开的常开触点（9-11）断开，启动结束。KT$_1$的延时时间是保证松开按钮SB时，电路中KM线圈仍然吸合工作。

　　偶次按下按钮SB，SB的一组常闭触点（1-9）断开，切断交流接触器KM和失电延时时间继电器KT$_2$线圈回路电源，KM和KT$_2$线圈断电释放，KT$_2$开始延时。KM三相主触点断开，电动机失电停止运转。经KT$_2$一段时间延时后，KT$_2$失电延时闭合的常闭触点（5-7）闭合，以保证在KT$_2$延时时间内SB恢复原始状态。需注意的是，偶次按下再松开按钮SB的时间必须小于KT$_2$的延时时间，否则KT$_2$失电延时闭合的常闭触点（5-7）闭合，电动机将会自动启动工作。

✦ 常见故障及排除方法

（1）奇次按下按钮SB，失电延时时间继电器KT₁线圈能得电吸合，但松开按钮SB后，交流接触器KM和失电延时时间继电器KT₂线圈均不能吸合。从电气原理图上看，上述两只线圈是并联的，同时损坏的概率很小，可以先不考虑。可先用螺丝刀顶一下交流接触器KM顶部的可动部分，此时交流接触器KM线圈得电吸合且能自锁（9-11），同时失电延时时间继电器KT₂线圈也得电吸合。根据以上情况分析，故障最有可能是失电延时时间继电器KT₁的失电延时断开的常开触点（9-11）损坏闭合不了所致。经检查，证实了上述判断，更换一只新的失电延时时间继电器后，故障排除。

（2）奇次按下按钮SB，失电延时时间继电器KT₁线圈无反应。用螺丝刀顶一下交流接触器KM顶部的可动部分，此时交流接触器KM和失电延时时间继电器KT₂线圈均得电吸合，且KM辅助常开触点（9-11）也能闭合自锁。根据以上情况分析，故障出在KT₁线圈回路。也就是说，按钮SB常开触点（1-3）损坏，交流接触器KM的辅助常闭触点（3-5）损坏，失电延时时间继电器KT₂的失电延时闭合的常闭触点（5-7）损坏，失电延时时间继电器KT₁线圈损坏，以及与此电路相关的1#线、3#线、5#线、7#线、4#线有脱落处。经检查为交流接触器KM的辅助常闭触点（3-5）断路损坏，更换一只新的交流接触器后，故障排除。

✦ 电路接线（图40）

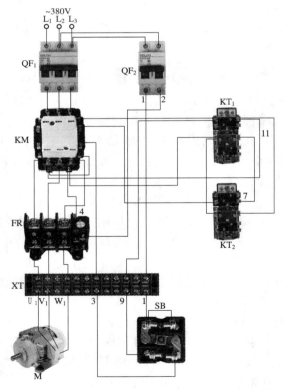

图40 单按钮控制电动机启停电路（十）接线图

电路 19　单按钮控制电动机启停电路（十一）

✤ 应用范围

　　本电路较为复杂，可用于缺少按钮或仅用一只按钮实现的特殊场合，如消防、家用电器、车库门控制等。

✤ 工作原理（图41）

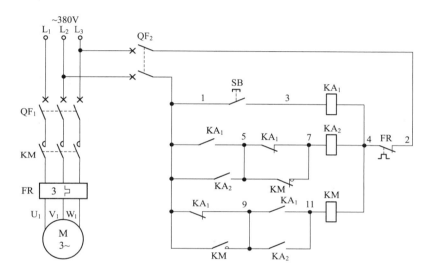

图41　单按钮控制电动机启停电路（十一）原理图

　　启动时，按下按钮SB（1–3），中间继电器KA₁、KA₂线圈得电吸合且KA₂常开触点闭合自锁KA₂线圈回路，松开按钮SB（1–3），中间继电器KA₁线圈断电释放，KA₁触点恢复原始状态，KA₁常闭触点（1–9）闭合，交流接触器KM线圈得电吸合且KM辅助常开触点（1–9）闭合自锁，KM辅助常闭触点（5–7）断开，为停止时能通过KA₁常闭触点（5–7）的作用使KA₂线圈断电释放做准备。此时，交流接触器KM三相主触点闭合，电动机得电启动运转。

　　停止时，再次按下按钮SB（1–3），中间继电器KA₁线圈得电吸合，KA₁常闭触点（5–7）断开，切断中间继电器KA₂线圈回路电源，KA₂线圈断电释放，KA₂所有触点恢复原始状态，虽然KA₂常开触点（9–11）断开，但在KA₂常开触点（9–11）未断开前，KA₁并联在KA₂常开触点（9–11）上的常开触点（9–11）先闭合，使交流接触器KM线圈继续得电吸合；只有松开被按下的按钮SB（1–3）后，中间继电器KA₁线圈断电释放，KA₁所有触点恢复原始状态，KA₁常开触点（9–11）断开，切断交流接触器KM线圈回路电源，KM线圈断电释放，KM三相主触点断开，电动机才失电停止运转。

　　本电路的特点是：奇次按下按钮SB后再松开，电动机得电启动运转；偶次按下按钮SB后再松开，电动机失电停止运转。

✦ 常见故障及排除方法

（1）合上控制回路断路器QF₂，QF₂下端有电正常。奇次按下按钮SB（1-3）时，中间继电器KA₁线圈不吸合，用短接线将1#线与3#线短接起来，试之，中间继电器KA₁线圈还是不吸合，再用短接线将2#线与4#线短接起来，试之，中间继电器KA₁线圈还是不吸合，最后断定是中间继电器KA₁线圈损坏断路。经检查，确为中间继电器KA₁线圈断路损坏，更换新品，故障排除。

（2）奇次按下按钮SB，中间继电器KA₁、KA₂线圈均得电吸合，松开被按下的按钮SB后，中间继电器KA₁线圈断电释放，中间继电器KA₂线圈仍然吸合工作，但交流接触器KM线圈不能得电吸合。根据原理分析，在奇次按下按钮时，倘若按钮SB按下又松开，由于中间继电器KA₂的一组常闭触点（9-11）闭合了，此时交流接触器KM线圈应该得电吸合且KM辅助常开触点（1-9）闭合自锁才对。用短接线将9#线与11#线短接一下，若此时交流接触器KM线圈能得电吸合且KM辅助常开触点（1-9）能闭合自锁，说明故障是由中间继电器KA₂的一组常开触点（9-11）损坏闭合不了所致。经检查，是中间继电器KA₂常开触点（9-11）损坏，由于中间继电器上的相同触点较多，有很多闲置的，可将9#线、11#线拆下调至中间继电器闲置的常开触点上即可，故障排除。

✦ 电路接线（图42）

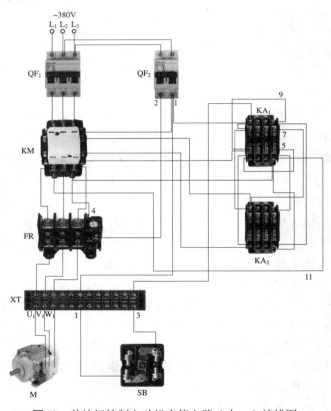

图42 单按钮控制电动机启停电路（十一）接线图

电路 20　单按钮控制电动机启停电路（十二）

✦ 应用范围

　　本电路较为简单，可用于缺少按钮或仅用一只按钮实现的特殊场合，如消防、家用电器、车库门控制等。

✦ 工作原理（图43）

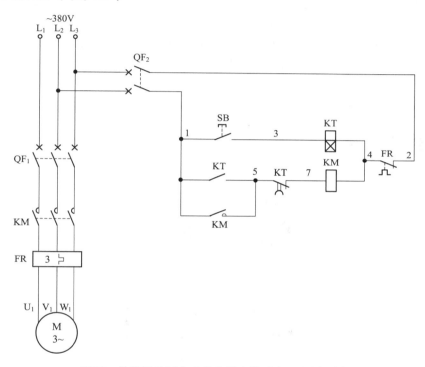

图43　单按钮控制电动机启停电路（十二）原理图

　　短时间内按下按钮SB（1-3），即按下按钮SB（1-3）后就松开，得电延时时间继电器KT线圈得电吸合后又断电释放，KT不延时瞬动常开触点（1-5）闭合后又断开，接通了交流接触器KM线圈回路电源，KM线圈得电吸合且KM辅助常开触点（1-5）闭合自锁，KM三相主触点闭合，电动机得电启动运转。

　　当电动机启动运转后，欲停止时，则长时间（3s以上）按住按钮SB（1-3），得电延时时间继电器KT线圈得电吸合且开始延时，KT不延时瞬动常开触点（1-5）闭合，此触点在停止时即使闭合也无效。经KT一段时间延时后（3s以上），KT得电延时断开的常闭触点（5-7）断开，切断了交流接触器KM线圈回路电源，KM线圈断电释放，KM三相主触点断开，电动机失电停止运转；当电动机停止运转后，松开按钮开关SB（1-3）即可。实际上，按下按钮SB的时间要大于KT的延时时间方可实现停止。

✛ 常见故障及排除方法

（1）按下按钮SB，得电延时时间继电器KT线圈能得电吸合，但交流接触器KM线圈不吸合，电动机不运转。可用短接法试之，若将1#线与5#线短接一下，此时，交流接触器KM线圈能得电吸合且KM辅助常开触点（1–5）能闭合自锁，说明故障原因为得电延时时间继电器KT的一组不延时瞬动常开触点（1–5）损坏闭合不了。经检查，确为得电延时时间继电器KT的这组不延时瞬动常开触点损坏，更换一只新的得电延时时间继电器后，试之，故障排除。

（2）长时间按下按钮SB，得电延时时间继电器KT线圈得电吸合，按下按钮SB的时间超出设置时间，电动机仍运转，不能停机。根据上述故障现象结合原理图看，最可能的故障部位是KT得电延时断开的常闭触点（5–7）断不开。经检查，为得电延时时间继电器损坏，所以不能延时，此得电延时断开的常闭触点不能断开，也就无法切断交流接触器KM线圈回路电源，KM线圈无法断电释放，KM三相主触点仍闭合，电动机就不会停止工作而仍然继续运转了。断开控制回路断路器QF$_2$后，更换同型号得电延时时间继电器后，再合上QF$_2$，故障排除。

✛ 电路接线（图44）

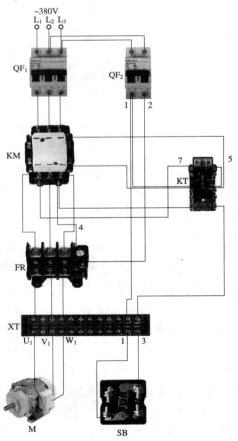

图44　单按钮控制电动机启停电路（十二）接线图

电路 21 单按钮控制电动机启停电路（十三）

✦ 应用范围

　　本电路较为复杂，可用于缺少按钮或仅用一只按钮实现的特殊场合，如消防、家用电器、车库门控制等。

✦ 工作原理（图45）

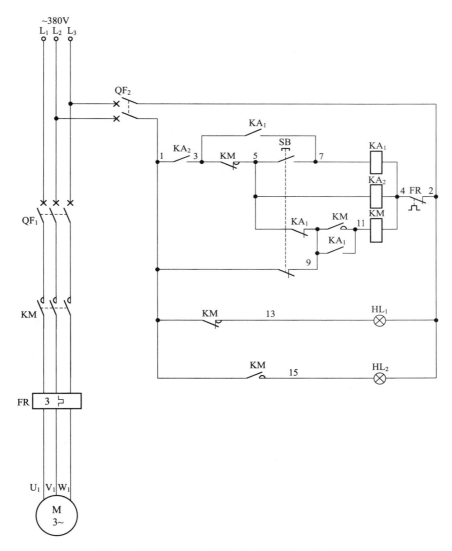

图45　单按钮控制电动机启停电路（十三）原理图

　　合上断路器QF_1、QF_2，指示灯HL_1亮，说明电源正常；中间继电器KA_2线圈通过按钮SB的一组常闭触点（1-9）→KA_1常闭触点（5-9）→KA_2自身线圈→FR常闭触点

（2-4）形成回路，KA$_2$线圈得电吸合且KA$_2$常开触点（1-3）闭合自锁，为电路转换做准备。

启动时，按下按钮SB不松手，SB的一组常闭触点（1-9）断开，先限制交流接触器KM线圈吸合，同时SB的另一组常开触点（5-7）闭合，中间继电器KA$_1$线圈得电吸合且KA$_1$常开触点（3-7）闭合自锁，KA$_1$常闭触点（5-9）断开，KA$_1$常开触点（9-11）闭合，为KM线圈得电吸合做准备。此时松开被按下的按钮SB，SB的一组常开触点（5-7）断开，SB的另一组常闭触点（1-9）闭合，使得交流接触器KM线圈得电吸合且KM辅助常开触点（9-11）闭合自锁，KM辅助常闭触点（3-5）断开，切断中间继电器KA$_1$、KA$_2$线圈的回路电源，KA$_1$、KA$_2$线圈均断电释放，KA$_1$、KA$_2$各自的触点全部恢复原始状态，为电路停止控制做准备。此时，KM三相主触点闭合，电动机得电启动运转。同时KM辅助常闭触点（1-13）断开，指示灯HL$_1$灭，KM辅助常开触点（1-15）闭合，指示灯HL$_2$亮，说明电动机已得电启动运转了。

从原理图中可以清晰地分析出，电源L$_2$经过断路器QF$_2$→按钮SB的一组常闭触点（1-9）→KM已闭合的自锁辅助常开触点（9-11）→KM线圈→热继电器FR常闭触点（2-4）→QF$_2$→电源L$_3$形成回路。所以，停止时只需再次按下按钮SB，SB的一组常闭触点（1-9）断开，切断交流接触器KM线圈回路电源使其断电释放，KM三相主触点断开，电动机失电停止运转。同时KM辅助常开触点（1-15）断开，指示灯HL$_2$灭，KM辅助常闭触点（1-13）闭合，指示灯HL$_1$亮，说明电动机已停止运转了。

当交流接触器KM线圈断电释放后，KM所有触点恢复原始状态，为再次按下按钮SB进行启动操作做准备，从而完成单按钮对电动机进行启停控制。

✛ 常见故障及排除方法

（1）合上控制回路断路器QF$_2$，电源及停止指示灯HL$_1$亮，当电动机启动运转后，HL$_1$仍然点亮着，HL$_2$点亮。从电气原理图可以看出，当电路有电时，电源及停止指示灯HL$_1$亮，当电动机启动运转后，HL$_1$应熄灭，而HL$_2$运转指示灯点亮。从故障现象看，HL$_1$工作不正常的原因有两个，一是交流接触器KM的一组辅助常闭触点（1-13）损坏断不开了，二是与此电路相关的1#线与13#线碰在一起了。经检查是1#线与13#线碰线了，恢复接线后，故障排除。

（2）按下按钮SB时无反应。观察配电箱面板及箱内元器件的动作情况，综合分析。首先看电源指示灯亮，说明控制回路有电。不用按下按钮SB时，中间继电器KA$_2$线圈应一通电就得电吸合，而出现此故障时，KA$_2$线圈是不工作的。用短接法试之，将1#线与5#线相碰，中间继电器KA$_2$线圈得电吸合，说明KA$_2$线圈是完好的；再用短接线将1#线与9#线相碰，结果中间继电器KA$_2$线圈也能得电吸合，说明中间继电器KA$_1$的这组常闭触点（5-9）也是好的；再用短接线将1#线与9#线相碰，中间继电器KA$_2$线圈就不吸合了，说明按钮SB的这组常闭触点（1-9）损坏断路了。经检查，确为按钮常闭触点损坏。更换新的按钮后，故障排除。

✦ 电路接线（图46）

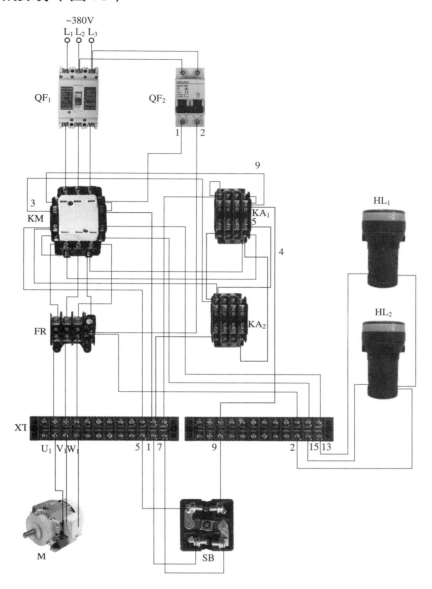

图46　单按钮控制电动机启停电路（十三）接线图

电路 22 启动、停止、点动混合控制电路（一）

✦ 应用范围

本电路为常用电路，应用很广泛，如机械加工车床、纺织机械、各种生产设备。

✦ 工作原理（图47）

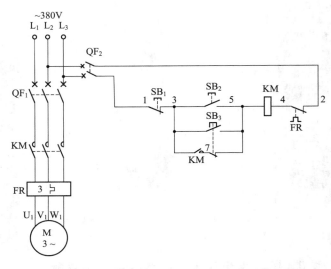

图47 启动、停止、点动混合控制电路（一）原理图

启动时，按下启动按钮SB₂（3-5），交流接触器KM线圈得电吸合且KM辅助常开触点（3-7）与点动按钮SB₃的一组常闭触点（5-7）串联组成自锁回路，KM三相主触点闭合，电动机得电启动运转，拖动设备开始工作。

停止时，按下停止按钮SB₁（1-3），切断交流接触器KM线圈回路电源，KM线圈断电释放，KM三相主触点断开，电动机失电停止运转，拖动设备停止工作。

点动时，按下点动按钮SB₃，SB₃的一组常闭触点（5-7）断开，解除自锁；SB₃的另一组常开触点（3-5）闭合，交流接触器KM线圈得电吸合，KM三相主触点闭合，电动机得电启动运转，拖动设备开始工作。松开点动按钮SB₃，交流接触器KM线圈断电释放，KM三相主触点断开，电动机失电停止运转，拖动设备停止工作。

✦ 常见故障及排除方法

（1）按下启动按钮SB₂，交流接触器KM线圈吸不住。可能原因是：供电电压低，需要测量并恢复供电电压；交流接触器动、静铁心距离相差太大（此故障会有很大的电磁噪声，应加以区分并分别排除故障），可通过在静铁心下面垫纸片的方式来调整动、静铁心之间的距离，排除相应故障。

（2）一合上控制回路断路器QF₂，交流接触器KM线圈就吸合。此时可用一只手按下停止按钮SB₁不放，再用另一只手轻轻按住点动按钮SB₃（注意不要用力按到底），再将停止按钮SB₁松开。若此时交流接触器线圈不吸合，再将点动按钮SB₃松开；若交流接触器KM线圈吸合了，此故障为点动按钮SB₃接线错误。最常见的是SB₃的一组常闭触点本应与KM辅助常开自锁触点相串联再并联在SB₂按钮开关上，而上述故障出现时SB₃的一组常闭触点、KM辅助常开自锁触点及SB₃常开触点、SB₂常开触点全部并联起来了。由于SB₃常闭触点的作用，一送电，交流接触器KM线圈回路就得电工作。应断开控制回路断路器QF₂，对照图纸恢复接线，排除故障。

✤ 电路接线（图48）

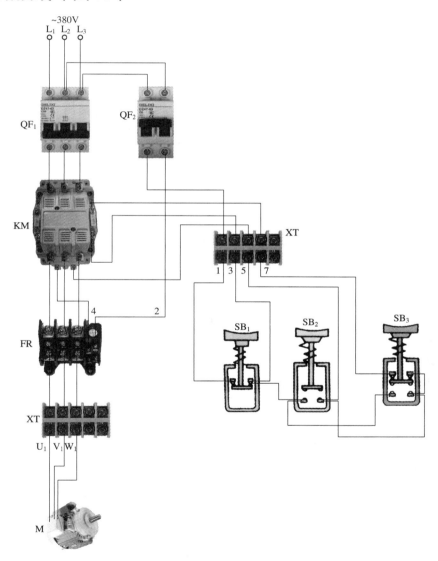

图48　启动、停止、点动混合控制电路（一）接线图

电路 23 启动、停止、点动混合控制电路（二）

✛ 应用范围

本电路为常用电路，应用很广泛，如机械加工车床、纺织机械、各种生产设备。

✛ 工作原理（图49）

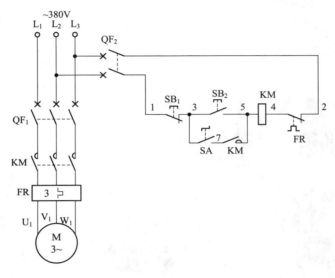

图49 启动、停止、点动混合控制电路（二）原理图

启动时，将转换开关SA（3–7）合上，接通自锁回路，为自锁回路工作做准备。按下启动按钮SB$_2$（3–5），交流接触器KM线圈得电吸合且KM辅助常开触点（5–7）闭合自锁，KM三相主触点闭合，电动机得电启动运转，拖动设备开始工作。

停止时，按下停止按钮SB$_1$（1–3），交流接触器KM线圈断电释放，KM三相主触点断开，电动机失电停止运转，拖动设备停止工作。

点动时，将转换开关SA（3–7）断开，切断自锁回路，解除自锁。按下启动按钮SB$_2$（3–5），交流接触器KM线圈得电吸合，KM三相主触点闭合，电动机得电启动运转，拖动设备开始工作；松开启动按钮SB$_2$（3–5），交流接触器KM线圈断电释放，KM三相主触点断开，电动机失电停止运转，拖动设备点动停止工作。

✛ 常见故障及排除方法

（1）按下启动按钮SB$_2$，交流接触器KM线圈无反应。可能原因是：启动按钮SB$_2$损坏或接触不良；启动按钮SB$_2$上的3#线或5#线脱落；停止按钮SB$_1$损坏或接触不良；停止按钮SB$_1$上的1#线或3#线脱落；交流接触器KM线圈损坏开路或连线掉线；热继电器FR常闭触点过载动作未复位（设置在手动复位状态）或损坏或连线脱落。上述情况可根据实际现场故障对号入座并加以排除，即导线脱落的应连接好，元器件损坏的或接触不良的应更换。

（2）长动变为点动。此故障为缺少自锁造成。可能原因是：转换开关SA损坏开路了；转换开关SA与交流接触器KM辅助常开自锁触点上的7#连线脱落；转换开关与停止按钮SB₁、启动按钮SB₂上的3#线脱落；交流接触器KM辅助常开自锁触点损坏或自锁触点上的5#线或7#线脱落。上述情况可根据实际现场故障对号入座并加以排除，即导线脱落的应连接好，元器件损坏的或接触不良的应更换。

（3）电动机过载，热继电器FR不动作。可能原因是：热继电器控制常闭触点FR接线错误即未接在交流接触器KM线圈回路中，起不到保护作用，应恢复正确接线；热继电器FR电流整定值远远大于电动机额定电流值，使热继电器不能正常动作，应调整至电动机额定电流值；在电动机过载时，恰好交流接触器KM主触点熔焊或交流接触器KM铁心极面有油污粘连而造成延时释放现象，此时虽然热继电器FR常闭触点已动作断开了，但交流接触器主触点因上述原因仍然闭合，电动机过载继续运转，解决方法是立即切断主回路电源，并根据现场实际故障情况更换或修理交流接触器；热继电器FR损坏不能正常工作时，应更换一只同型号规格的热继电器。

（4）按下停止按钮SB₁，电动机不停止。可能原因是：停止按钮SB₁损坏短路而不能断开控制回路，应更换新品；交流接触器自身机械卡住故障或交流接触器铁心极面有油污粘连缓慢释放或交流接触器三相主触点熔焊，此时应立即切断主回路断路器QF₁，对交流接触器进行修理或更换新品；按钮开关上的1#电源线与5#启动线搭接短路，此时应恢复正常接线。

（5）没有点动设置。无论转换开关SA设置在什么状态，均为长动（即自锁状态），而没有点动功能。此故障原因是转换开关SA已短路损坏，处理方法很简单，更换一只相同的新品转换开关即可。

（6）控制回路断路器QF₂送不上。其故障原因是下端有短路问题存在，应根据实际故障情况用万用表逐点检查并排除。

（7）一按下启动按钮SB₂，控制回路断路器QF₂就跳闸。此故障原因是交流接触器线圈烧毁后短路或5#线脱落搭接至接触器线圈KM的另一端电源线上了，应根据实际情况更换线圈或恢复正确接线。

✤ 电路接线（图50）

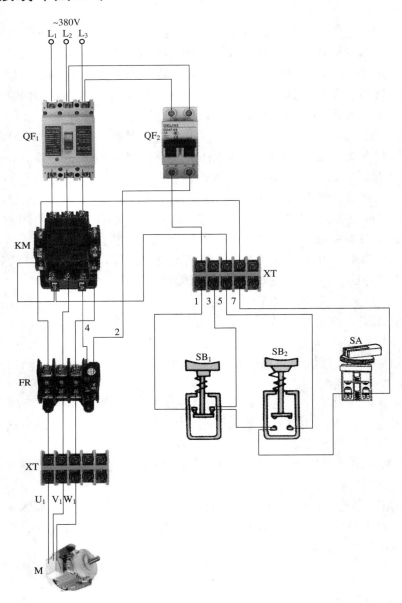

图50 启动、停止、点动混合控制电路（二）接线图

电路 24　启动、停止、点动混合控制电路（三）

✤ 应用范围

本电路为常用电路，应用很广泛，如机械加工车床、纺织机械、各种生产设备。

✤ 工作原理（图51）

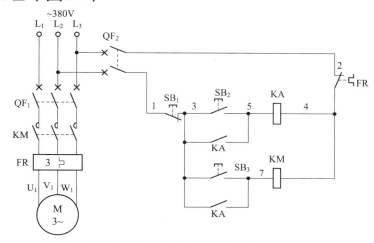

图51　启动、停止、点动混合控制电路（三）原理图

启动时，按下启动按钮SB₂（3-5），中间继电器KA线圈得电吸合且KA的一组常开触点（3-5）闭合自锁，KA的另一组常开触点（3-7）闭合，接通交流接触器KM线圈回路电源，KM线圈得电吸合，KM三相主触点闭合，电动机得电启动运转，拖动设备开始工作。

停止时，按下停止按钮SB₁（1-3），中间继电器KA线圈断电释放，KA的两组常开触点（3-5、3-7）均断开，切断了交流接触器KM线圈回路电源，KM线圈断电释放，KM三相主触点断开，电动机失电停止运转，拖动设备停止工作。

点动时，按下点动按钮SB₃（3-7），交流接触器KM线圈得电吸合，KM三相主触点闭合，电动机得电启动运转，拖动设备开始工作；松开点动按钮SB₃（3-7），交流接触器KM线圈断电释放，KM三相主触点断开，电动机失电停止运转，拖动设备点动停止工作。

✤ 常见故障及排除方法

（1）按下启动按钮SB₂，中间继电器KM线圈吸合且自锁，但交流接触器KM线圈无反应不吸合。此故障可通过按点动按钮SB₃来快速简单地判断。若按下点动按钮SB₃时交流接触器KM线圈吸合，松开点动按钮SB₃时交流接触器KM线圈立即断电释放，那么此故障为与点动按钮SB₃并联的中间继电器KA常开触点损坏或接线脱落；若按动点动按钮SB₃，交流接触器KM线圈无反应，则可能是交流接触器KM线圈断路或连线脱落，可用万用表进行测量，找出故障点并加以排除。

（2）按动启动按钮SB₂或点动按钮SB₃均为启动现象。此故障是5#线与7#线混线短路所致，如图52中虚线所示。这样，无论按下启动按钮SB₂还是点动按钮SB₃，均能使中间继电器KA、交流接触器KM线圈得电吸合且自锁，从而出现上述问题。用万用表找出故障点并排除。

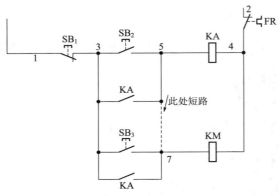

图52 故障现象一

（3）按动启动按钮SB₂或点动按钮SB₃均为点动现象，自锁回路消失。此故障有两个原因：一是最容易出现的故障，即与启动按钮SB₂并联的中间继电器KA常开触点损坏或接触不良，用万用表检查后更换掉即可；二是电路中同时出现两种故障时才会出现上述现象，即中间继电器KA线圈断路不能吸合，另外5#线与7#线短路了，同样会导致不论按下启动按钮SB₂还是点动按钮SB₃均为点动操作，如图53所示。

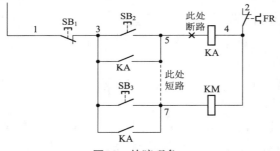

图53 故障现象二

（4）电动机运转时按下停止按钮SB₁，中间继电器KA线圈断电释放，但交流接触器KM仍然工作，电动机不能停止运转，经过一段时间后（时有时无，时间不一样），交流接触器KM自行释放，电动机停止运转。根据上述情况分析，此故障为交流接触器KM自身动、静铁心极面有油污或生锈而造成释放缓慢所致。可将此交流接触器拆开，清理动、静铁心极面或更换新品。

（5）按下启动按钮SB₂无反应，按下点动按钮SB₃正常。此故障有两种原因：一是启动按钮SB₂损坏，可用尖嘴钳或导线将启动按钮3#线、5#线短路一下，若此时中间继电器KA线圈吸合且自锁，则可判定按钮SB₂损坏，更换新按钮即可；二是将启动按钮3#线、5#线短路后无反应，基本上判定故障原因为中间继电器KA线圈断路或连线脱落，可用万用表检查并加以排除。

（6）一合上控制回路断路器QF₂，电动机就运转。此故障主要是点动按钮SB₃短路损坏所致。从图54中虚线部分可以看出，若SB₃短路了，那么一合上QF₂，交流接触器

KM线圈就吸合，电动机势必得电运转；一断开QF₂，交流接触器KM线圈也随着断电释放（说明不是交流接触器主触点熔焊现象），从而证明判断是正确的，可用万用表或试电笔对此部分进行检查排除故障。

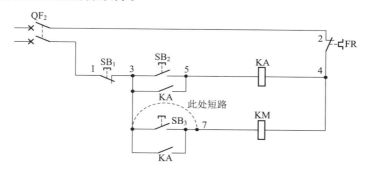

图54 故障现象三

✤ 电路接线（图55）

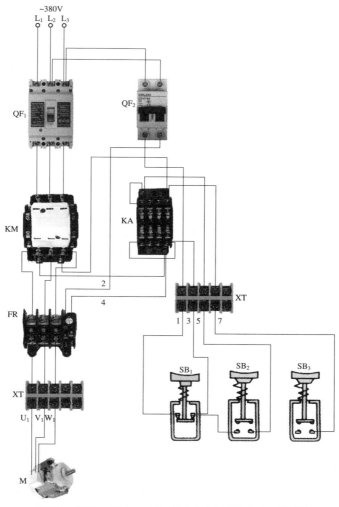

图55 启动、停止、点动混合控制电路（三）接线图

电路 25 启动、停止、点动混合控制电路（四）

✦ 应用范围

本电路为常用电路，应用很广泛，如机械加工车床、纺织机械、各种生产设备。

✦ 工作原理（图56）

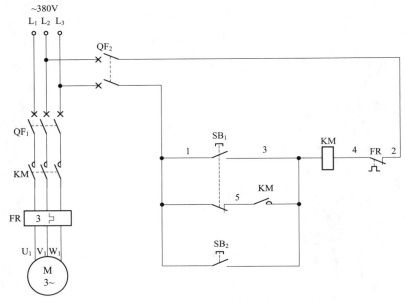

图56 启动、停止、点动混合控制电路（四）原理图

启动时，按下启动按钮SB_2（1-3），交流接触器KM线圈得电吸合且KM辅助常开触点（3-5）闭合自锁，KM三相主触点闭合，电动机得电启动运转。

点动时，按下点动按钮SB_1，SB_1的一组常闭触点（1-5）断开，切断交流接触器KM的自锁回路，使KM自锁回路断开而不能自锁；SB_1的另一组常开触点（1-3）闭合，使交流接触器KM线圈得电吸合，KM三相主触点闭合，电动机得电启动运转。松开点动按钮SB_1，其触点恢复原始状态，KM线圈断电释放，KM三相主触点断开，电动机失电停止运转。按下点动按钮SB_1的时间即电动机点动运转的时间。在按下启动按钮SB_2后，电动机为连续运转工作状态，需停止时，可通过轻轻按一下点动按钮SB_1来实现。因为轻轻按下按钮SB_1时，其常闭触点先断开，切断交流接触器KM的自锁回路，使KM线圈断电释放，KM三相主触点断开，电动机失电停止运转；而按钮SB_1的常开触点因有一定行程，所以轻轻按下时，还不会将此常开触点接通，从而实现停止操作。即使将SB_1按到底了也不要紧，只要立即松开SB_1，电动机就会失电停止运转了。

✦ 常见故障及排除方法

（1）按下点动按钮SB_1或启动按钮SB_2时，均为点动操作。此故障原因为交流接触器

KM线圈回路没有自锁。断开主回路断路器QF₁、控制回路断路器QF₂，用万用表欧姆挡测交流接触器KM的辅助常开触点通断情况，可同时用螺丝刀顶住交流接触器KM顶部的可动部分，使交流接触器所有触点动作，若此时KM的辅助常开触点为断路状态，则说明KM辅助常开触点（3–5）损坏了，所以没有自锁功能。更换新的辅助常开触点后，合上QF₁、QF₂，按下启动按钮SB₂，试之，交流接触器KM线圈得电吸合且KM辅助常开触点（3–5）也能闭合自锁，KM三相主触点闭合，电动机得电连续运转，故障排除。

（2）按下点动按钮SB₁或启动按钮SB₂，均为启动操作，交流接触器KM线圈均能得电吸合自锁，电动机为连续运转状态。当出现上述故障后，欲停止时，按下点动按钮SB₁停机（此按钮有两个作用，一是点动操作，二是停止操作）操作无效。通过对上述这两个故障现象合并进行分析，问题出在点动兼停止按钮SB₁的常闭触点（1–5）上，倘若SB₁常闭触点损坏断不开，就会在按下点动按钮SB₁时，因SB₁的常闭触点损坏始终接通，无法切断KM的自锁回路，所以点动操作变为启动操作；而需停止时，按下点动兼停止按钮SB₁，因SB₁常闭触点损坏始终接通，也无法切断KM的自锁回路，即无法切断KM线圈回路电源，所以交流接触器KM线圈会仍然吸合，电动机也不能停止运转。经检查，确为按钮SB₁常闭触点损坏，更换新的按钮后，故障排除。

✦ 电路接线（图57）

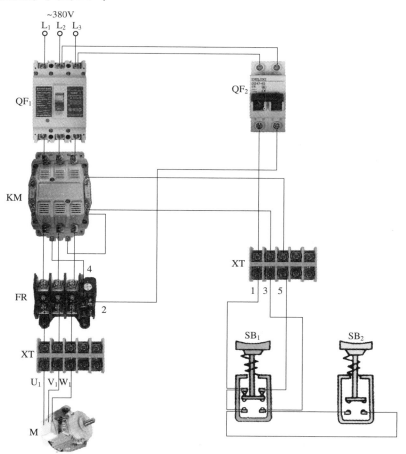

图57　启动、停止、点动混合控制电路（四）接线图

电路 26　启动、停止、点动混合控制电路（五）

✦ 应用范围

本电路为常用电路，应用很广泛，如机械加工车床、纺织机械、各种生产设备。

✦ 工作原理（图58）

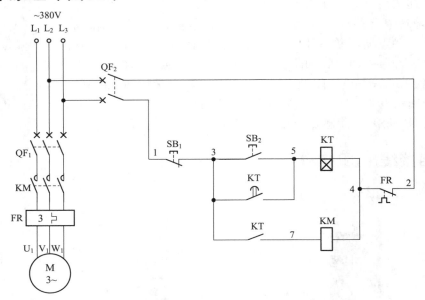

图58　启动、停止、点动混合控制电路（五）原理图

短时间按住启动按钮SB_2（3-5）（未超出KT的设定延时时间），得电延时时间继电器KT线圈得电吸合，KT开始延时，KT不延时瞬动常开触点（3-7）闭合，交流接触器KM线圈得电吸合，KM三相主触点闭合，电动机得电启动运转；在KT的延时时间内，松开按钮SB_2（3-5），KM线圈断电释放，KM三相主触点断开，电动机失电停止运转。按下按钮SB_2（3-5）的时间也就是电动机的点动运转时间。

长时间按住启动按钮SB_2（3-5）不放，KT线圈得电吸合并开始延时，KT不延时瞬动常开触点（3-7）闭合，KM线圈得电吸合，KM三相主触点闭合，电动机得电启动运转。经KT一段时间延时后，KT得电延时闭合的常开触点（3-5）闭合，将KT线圈回路自锁起来，电动机连续运转，此时松开按钮SB_2（3-5）即可。

✦ 常见故障及排除方法

（1）启动时，长时间按住启动按钮SB_2，得电延时时间继电器KT线圈得电吸合，交流接触器KM线圈得电吸合，电动机启动运转。松开启动按钮后，KT、KM线圈同时断电释放，电动机失电停止运转。本应该是启动操作变为点动操作了。从电气原理图中可以看出，交流接触器KM线圈工作是通过KT的不延时瞬动常开触点（3-7）控制的，也就是说，只有KT线圈长期通电工作，才能保证KM线圈长期得电吸合工作。通过上述分析可知，只有KT得电延时闭合的常开触点（3-5）损坏闭合不了，或者3#线、5#线脱落才会出现上述问题。经检查，是得电延时时间继电器KT自身损坏而不延时造成的。更换新的得电延时时间继电器后，故障排除。

（2）合上控制回路断路器QF₂后，不用按启动按钮SB₂（3-5），交流接触器KM线圈就立即得电吸合工作，电动机马上运转起来。从现场配电箱处看到，得电延时时间继电器KT不工作，断开QF₂后，KT线圈能断电释放，电动机停止运转，说明故障为KT不延时闭合的常开触点（3-7）损坏无法断开所致。经检查，确定分析是正确的。更换新的得电延时时间继电器后，故障排除。

✦ 电路接线（图59）

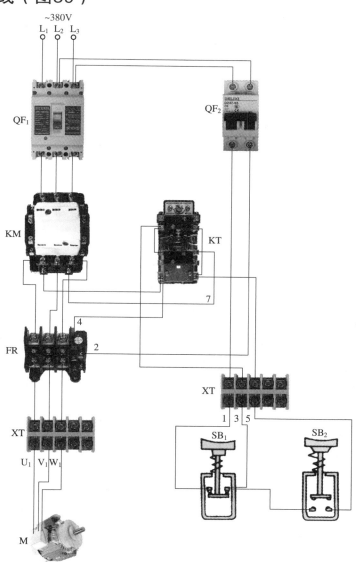

图59　启动、停止、点动混合控制电路（五）接线图

电路 27 启动、停止、点动混合控制电路（六）

✦ 应用范围

本电路为常用电路，应用很广泛，如机械加工车床、纺织机械、各种生产设备。

✦ 工作原理（图60）

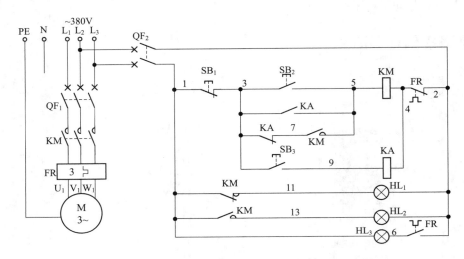

图60 启动、停止、点动混合控制电路（六）原理图

启动时，按下启动按钮SB$_2$（3-5），交流接触器KM线圈得电吸合且KM辅助常开触点（5-7）闭合自锁［此时由于中间继电器KA线圈未吸合，所以KA常闭触点（3-7）仍处于闭合状态］，KM三相主触点闭合，电动机得电连续运转工作；同时KM辅助常闭触点（1-11）断开，指示灯HL$_1$灭，KM辅助常开触点（1-13）闭合，指示灯HL$_2$亮，说明电动机已运转工作。

点动时，按下点动按钮SB$_3$（3-9），中间继电器KA线圈得电吸合，KA串联在交流接触器KM辅助常开自锁触点（5-7）回路中的常闭触点（3-7）断开，使KM自锁回路断开而不能自锁；同时，KA常开触点（3-5）闭合，接通了交流接触器KM线圈回路电源，KM三相主触点闭合，电动机得电运转工作。松开点动按钮SB$_3$（3-9），中间继电器KA线圈断电释放，KA常开触点（3-5）恢复常开状态，KA常闭触点（3-7）恢复常闭状态，交流接触器KM线圈断电释放，KM三相主触点断开，电动机失电停止运转。按住点动按钮SB$_3$（3-9）的时间就是电动机点动运转时间。

停止时，按下停止按钮SB$_1$（1-3），交流接触器KM线圈断电释放，KM三相主触点断开，电动机失电停止运转；同时KM辅助常开触点（1-13）断开，指示灯HL$_2$灭，KM辅助常闭触点（1-11）闭合，指示灯HL$_1$亮，说明电动机已停止运转。

✦ 常见故障及排除方法

（1）电动机运转过程中自动停止，过载指示灯HL₃点亮。通过上述情况分析，故障比较清晰，原因是电动机出现过载，热继电器FR动作了。经检查，测量电动机工作电流在正常值内，热继电器不应该动作跳闸；再仔细检查发现，热继电器电流整定值设定过小，出现误动作。重新设定热继电器电流至电动机额定电流值，故障排除。

（2）合上控制回路断路器QF₂后，运转指示灯HL₂亮。当按下启动按钮SB₂后，运转指示灯HL₂灭，电源兼停止指示灯HL₁亮。从上述故障情况看，HL₁、HL₂两只指示灯可能出现接线错误，也就是说，电源兼停止指示灯HL₁应在合上断路器QF₂时，在电动机运转时，此灯应熄灭。而运转指示灯HL₂则是在电动机运转时亮，所以从电路原理图中可以看出，故障原因为11#线与13#线接错了，颠倒了，恢复正确接线后，故障排除。

✦ 电路接线（图61）

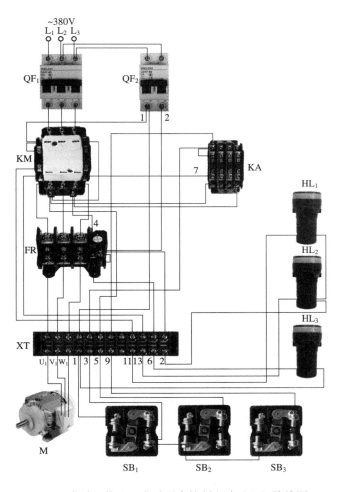

图61　启动、停止、点动混合控制电路（六）接线图

电路 28 启动、停止、点动混合控制电路（七）

✤ 应用范围

本电路为常用电路，应用很广泛，如机械加工车床、纺织机械、各种生产设备。

✤ 工作原理（图62）

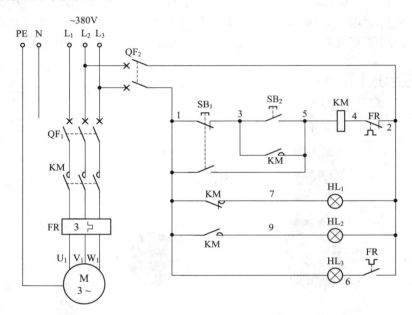

图62 启动、停止、点动混合控制电路（七）原理图

启动时，按下启动按钮SB₂（3-5），交流接触器KM线圈得电吸合，KM辅助常开触点（3-5）闭合自锁，KM三相主触点闭合，电动机得电连续运转工作；同时KM辅助常闭触点（1-7）断开，指示灯HL₁灭，KM辅助常开触点（1-9）闭合，指示灯HL₂亮，说明电动机已运转工作。

点动时，将停止按钮SB₁按到底，此时SB₁的一组常闭触点（1-3）断开，切断了KM线圈的自锁回路，同时SB₁的另一组常开触点（1-5）闭合，接通了交流接触器KM线圈回路电源，KM线圈得电吸合，KM三相主触点闭合，电动机得电运转工作；松开停止按钮SB₁，其常开触点（1-5）断开，常闭触点（1-3）闭合，交流接触器KM线圈断电释放，KM三相主触点断开，电动机失电停止运转。按住按钮SB₁的时间即电动机点动运转的时间。

停止时，轻轻按下停止按钮SB₁，SB₁常闭触点（1-3）断开，切断了交流接触器KM线圈回路电源，KM线圈断电释放，KM三相主触点断开，电动机失电停止运转；同时，KM辅助常开触点（1-9）恢复常开状态，指示灯HL₂灭，KM辅助常闭触点（1-7）恢复常闭状态，指示灯HL₁亮，说明电动机已停止运转了。

✤ 常见故障及排除方法

（1）按下启动按钮SB$_2$时，启动操作正常；按下点动兼停止按钮SB$_1$时，点动操作变为启动操作，无法进行点动操作及停止操作。通过上述故障现象分析，点动兼停止按钮SB$_1$的一组常闭触点（1–3）损坏断不开。经检查，确为此按钮的一组常闭触点损坏粘连在一起断不开。更换新的按钮后，故障排除。

（2）合上控制回路断路器QF$_2$，电源兼停止指示灯HL$_1$、运转指示灯HL$_2$均被点亮。无论启动还是停止操作均正常，只是指示灯HL$_1$、HL$_2$指示状态不对，不应该全亮，而应该是停止时HL$_1$亮，运转时HL$_2$亮。从上述故障情况看，应该是7#线与9#线碰在一起了。经检查，发现7#线、9#线绝缘皮被箱门挤破了，发生短路。将7#线和9#线分开，分别用绝缘胶布包好，故障排除。

✤ 电路接线（图63）

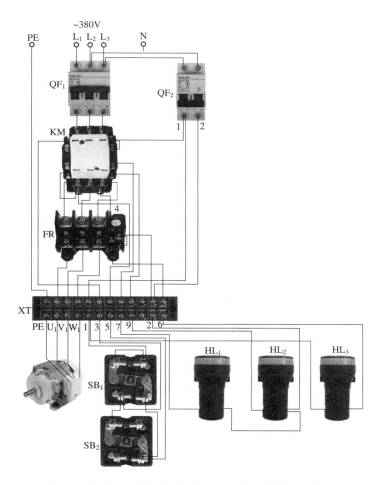

图63 启动、停止、点动混合控制电路（七）接线图

电路 29　启动、停止、点动混合控制电路（八）

✤ 应用范围

本电路为常用电路，应用很广泛，如机械加工车床、纺织机械、各种生产设备。

✤ 工作原理（64）

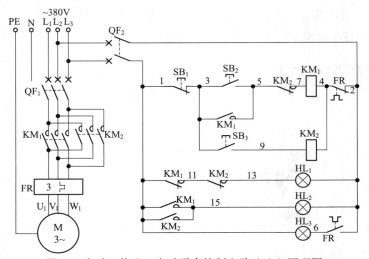

图64　启动、停止、点动混合控制电路（八）原理图

启动时，按下启动按钮SB$_2$（3-5），交流接触器KM$_1$线圈得电吸合且KM$_1$辅助常开触点（3-5）闭合自锁，KM$_1$三相主触点闭合，电动机得电连续运转工作。同时KM$_1$辅助常闭触点（1-11）断开，指示灯HL$_1$灭，KM$_1$辅助常开触点（1-15）闭合，指示灯HL$_2$亮，说明电动机已启动运转了。

点动时，按下点动按钮SB$_3$（3-9），交流接触器KM$_2$线圈得电吸合，KM$_2$三相主触点闭合，电动机得电启动运转，同时KM$_2$辅助常闭触点（11-13）断开，指示灯HL$_1$灭，KM$_2$辅助常开触点（1-15）闭合，指示灯HL$_2$亮；松开点动按钮SB$_3$（3-9），交流接触器KM$_2$线圈断电释放，KM$_2$三相主触点断开，电动机失电停止运转，同时KM$_2$辅助常开触（1-15）断开，指示灯HL$_2$灭，KM$_2$辅助常闭触点（11-13）闭合，指示灯HL$_1$亮，从而完成点动操作。按住点动按钮SB$_3$的时间即为电动机断续运转时间。

✤ 常见故障及排除方法

（1）启动、点动操作均正常，但点动时指示灯HL$_2$不亮。从电气原理图中可以看出，启动、点动指示为同一只指示灯HL$_2$。也就是说，启动时，交流接触器KM$_1$的一组辅助常开触点（1-15）闭合，使指示灯HL$_2$点亮；点动时，交流接触器KM$_2$的一组辅助常开触点（1-15）闭合，也使指示灯HL$_2$点亮。通过以上分析可知，故障出在交流接触器KM₂的这组辅助常开触点（1-15）上，其损坏闭合不了了。经检查，确认是这组触点的故障，更换新的辅助常开触点后，故障排除。

（2）启动时正常；点动时，电动机"嗡嗡"响，不转。点动时，电动机"嗡嗡"响，说明主回路交流接触器KM₂三相主触点中有一相损坏闭合不了。经检查是KM₂三相主触点中的一相下端连接线松动脱落所致。将脱落的连接线恢复，故障排除。

✤ 电路接线（图65）

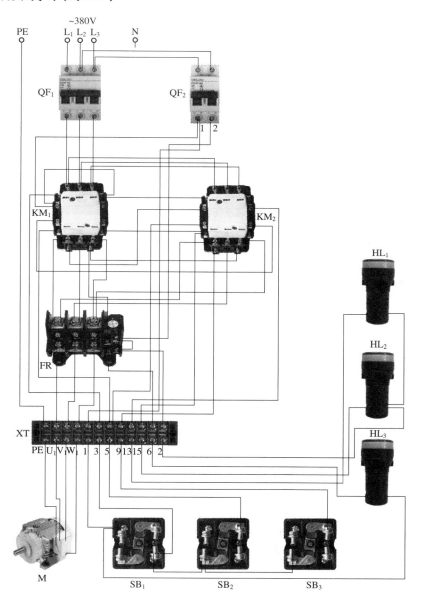

图65 启动、停止、点动混合控制电路（八）接线图

电路 30 启动、停止、点动混合控制电路（九）

✤ 应用范围

本电路为常用电路，应用很广泛，如机械加工车床、纺织机械、各种生产设备。

✤ 工作原理（图66）

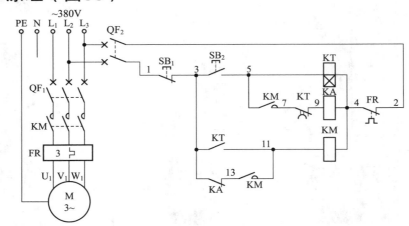

图66 启动、停止、点动混合控制电路（九）原理图

按下启动按钮SB₂（3–5），得电延时时间继电器KT线圈得电吸合，KT不延时瞬动常开触点（3–11）闭合，接通了交流接触器KM线圈回路电源，KM线圈得电吸合，KM辅助常开触点（5–7、11–13）均闭合，KM辅助常开触点（5–7）闭合，接通了中间继电器KA线圈回路电源，KA线圈得电吸合，KA常闭触点（3–13）断开，切断了KM自锁回路，KM三相主触点闭合，电动机得电启动运转；松开启动按钮SB₂（3–5），得电延时时间继电器KT、中间继电器KA线圈均断电释放，KT不延时瞬动常开触点（3–11）恢复常开，KA常闭触点（3–13）恢复常闭，交流接触器KM线圈断电释放，KM三相主触点断开，电动机失电停止运转，从而实现点动控制。

按下启动按钮SB₂（3–5）不松手，得电延时时间继电器KT、交流接触器KM、中间继电器KA线圈相继得电吸合动作，KT开始延时。经KT一段时间延时（3s）后，松开启动按钮SB₂（3–5），KT线圈断电释放，由于经KT延时后，KT得电延时断开的常闭触点（7–9）在松开按钮前已断开，切断了中间继电器KA线圈回路电源，KA线圈断电释放，KA常闭触点（3–13）恢复常闭，为KM自锁回路提供条件，此时KM线圈在KA常闭触点（3–13）、KM辅助常开触点（11–13）的作用下自锁工作，KM三相主触点仍然闭合，电动机得电连续运转工作。

停止时，按下停止按钮SB₁（1–3），交流接触器KM线圈断电释放，KM三相主触点断开，电动机失电停止运转。

本电路中按钮SB₂有两种作用：按下按钮SB₂的时间小于3s时为点动操作；按下按钮SB₂的时间大于3s时为连续运转操作。

✤ 常见故障及排除方法

（1）电动机启动运转后，偶次长时间按住按钮SB时，电动机无法停止运转。从配电箱内元器件动作情况看，在偶次按住SB时，得电延时时间继电器KT线圈得电吸合，超出设定时间后，中间继电器KA线圈不吸合工作。从电气原理图中可以看出，只有中间继电器KA线圈得电吸合后，KA的常开触点（3-13）才能断开，切断交流接触器KM线圈回路电源，KM三相主触点断开，电动机才能失电停止运转。故障部位应重点检查中间继电器KA线圈回路中的两个器件的触点，即交流接触器KM的辅助常开触点（5-7）和得电延时时间继电器KT得电延时断开的常闭触点（7-9）。经检查为交流接触器KM的辅助常开触点（5-7）损坏闭合不了所致。更换新的辅助常开触点后，故障排除。

（2）奇次按下按钮SB时，得电延时时间继电器KT线圈能得电吸合，但交流接触器KM线圈不能得电吸合。从电气原理图可以看出，若得电延时时间继电器KT能得电吸合，那么KT的不延时瞬动常开触点（3-11）损坏闭合不了就会造成交流接触器KM线圈不能得电吸合，顺便说一下，KM自身线圈损坏以及相关连接线3#线、4#线、11#线脱落断线也会造成交流接触器KM线圈不工作。经检查，是3#线松动脱落而致。重新接好3#线，故障排除。

✤ 电路接线（图67）

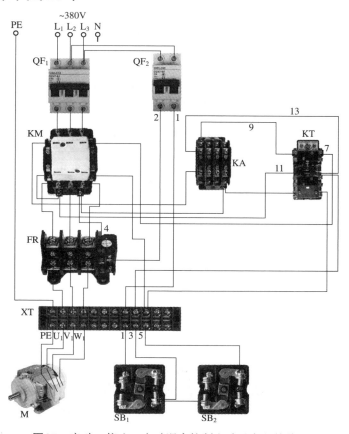

图67　启动、停止、点动混合控制电路（九）接线图

电路 31 启动、停止、点动混合控制电路（十）

✛ 应用范围

本电路为常用电路，应用很广泛，如机械加工车床、纺织机械、各种生产设备。

✛ 工作原理（图68）

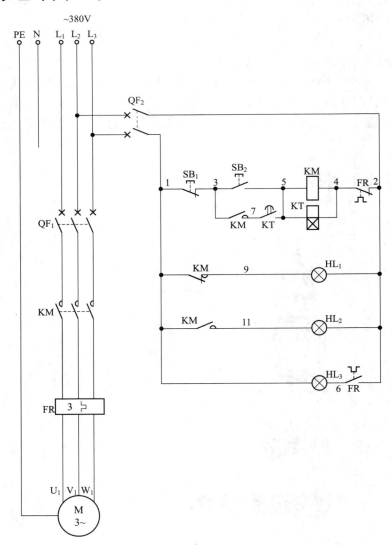

图68 启动、停止、点动混合控制电路（十）原理图

点动时，按下按钮开关SB₂（3-5），交流接触器KM线圈得电吸合，同时得电延时时间继电器KT线圈也得电吸合并开始延时，KM三相主触点闭合，电动机通入三相交流380V电源而运转工作。虽然交流接触器KM辅助常开触点（3-7）闭合，由于KM辅助常

开触点（3–7）与得电延时时间继电器KT得电延时闭合的常开触点（5–7）串联共同自锁，而按下按钮开关SB₂（3–5）的时间在得电延时时间继电器KT的设定延时时间（假定为5s）内，KT得电延时闭合的常开触点（5–7）仍处于断开状态，使KM线圈不能自锁，所以松开按钮SB₂（3–5）后，交流接触器KM线圈断电释放，KM三相主触点断开，电动机失电停止运转。也就是说，在设定的延时时间内（5s内），操作按钮开关SB₂（3–5）为点动操作。同时，由于KM辅助常闭触点、常开触点的动作而使相应的指示灯工作，指示出电路的工作状态来。

启动时，可按住按钮开关SB₂（3–5）5s以上（此时间可根据实际工作需要而定），交流接触器KM和得电延时时间继电器KT线圈均得电吸合且KM辅助常开触点（3–7）闭合，KT开始延时。经KT一段时间延时后，KT得电延时闭合的常开触点（5–7）闭合，与已闭合的KM辅助常开触点（5–7）共同组成自锁回路，KM三相主触点闭合，电动机得电连续运转工作。同时，KM辅助常闭触点（1–9）断开，指示灯HL₁灭，KM辅助常开触点（1–11）闭合，指示灯HL₂亮，说明电动机已得电运转了。

停止时，只需按下停止按钮SB₁（1–3），交流接触器KM和得电延时时间继电器KT线圈均断电释放，KM三相主触点断开，电动机失电停止运转；同时KM辅助常开触点（1–11）恢复常开状态，指示灯HL₂灭，KM辅助常闭触点（1–9）恢复常闭状态，指示灯HL₁亮，说明电动机已停止运转。

✢ 常见故障及排除方法

（1）无论短时间或长时间（超出KT的设置时间）按下启动、点动按钮SB₂，均为点动操作。在需启动时，长时间按住启动、点动按钮SB₂（3–5）不放手，此时观察配电箱内元器件动作情况。若交流接触器KM和得电延时时间继电器KT线圈均能得电吸合，超出KT设置时间后，KM和KT线圈回路就是不能自锁，松开启动、点动按钮SB₂，KM和KT线圈就断电释放。从上述故障现象结合电气原理图分析可知，故障原因为交流接触器KM的辅助常开触点（5–7）损坏闭合不了，得电延时时间继电器KT得电延时闭合的常开触点（5–7）损坏不能延时闭合，KT器件损坏，与此相关的连接线3#线、5#线、7#线脱落断路。经检查，是得电延时时间继电器KT得电延时闭合的常开触点损坏闭合不了所致。更换新的得电延时时间继电器KT，故障排除。

（2）过载指示灯HL₃一直亮着。在指示灯HL₃点亮时，电动机启动、停止工作正常。根据上述情况结合电气原理图分析，一是过载保护热继电器FR的一组常闭触点（2–6）损坏连在一起了，二是2#线与6#线碰在一起了。经检查，是2#线脱落碰在6#线上所致。恢复正确接线后，指示灯HL₃灭，故障排除。

❖ **电路接线（图69）**

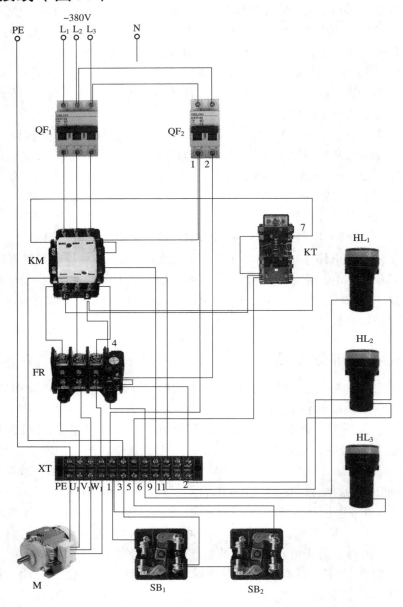

图69 启动、停止、点动混合控制电路（十）接线图

电路 32 启动、停止、点动混合控制电路（十一）

✦ 应用范围

本电路为常用电路，应用很广泛，如机械加工车床、纺织机械、各种生产设备。

✦ 工作原理（图70）

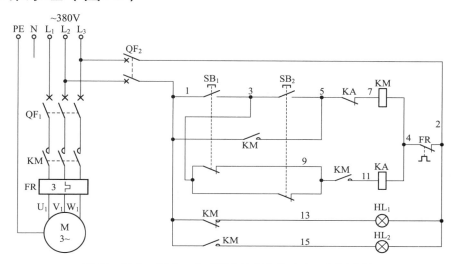

图70 启动、停止、点动混合控制电路（十一）原理图

启动时，必须同时按下按钮SB$_1$、SB$_2$，SB$_1$、SB$_2$并联在一起的一组常闭触点（3–9）均断开，避免中间继电器KA线圈在交流接触器KM线圈得电吸合后，其辅助常开触点（9–11）闭合，接通KA线圈回路电源，使KA常闭触点（5–7）断开而切断KM线圈回路电源。也就是说，SB$_1$、SB$_2$并联在一起的常闭触点（3–9）都断开，使KA线圈无法得电工作，KA串联在KM线圈回路的常闭触点（5–7）也就使得KM线圈起不了作用。此时，SB$_1$、SB$_2$的另一组常开触点（1–3、3–5）闭合且串联起来共同组成与门电路，使交流接触器KM线圈得电吸合且KM辅助常开触点（1–5）闭合自锁，KM三相主触点闭合，电动机得电启动运转工作。在KM线圈得电吸合的同时，KM串联在KA线圈回路中的辅助常开触点（9–11）闭合，为停止做准备。同时KM辅助常闭触点（1–13）断开，指示灯HL$_1$灭，KM辅助常开触点（1–15）闭合，指示灯HL$_2$亮，说明电动机运转工作了。

电动机运转后，任意按下按钮开关SB$_1$或SB$_2$（这里假设按下SB$_1$），SB$_1$的一组常开触点（1–3）闭合，使电源通过SB$_2$并联在SB$_1$常闭触点（3–9）上的另一组常闭触点（3–9）形成回路，使中间继电器KA线圈得电吸合，KA串联在交流接触器KM线圈回路中的常闭触点（5–7）断开，切断了交流接触器KM线圈回路电源，KM辅助常开触点（1–5）断开，解除自锁，KM三相主触点断开，电动机失电停止运转。同时指示灯HL$_2$灭、HL$_1$亮，说明电动机已停止运转了。假如按下SB$_2$，那么SB$_2$的一组常开触点

（3–5）闭合，使电源通过SB_1并联在SB_2常闭触点（3–9）上的另一组常闭触点（3–9）形成回路，也会使中间继电器KA线圈得电吸合，KA串联在交流接触器KM线圈回路中的常闭触点（5–7）断开，切断了交流接触器KM线圈回路电源，KM辅助常开触点（1–5）断开，解除自锁，KM三相主触点断开，电动机将失电停止运转。同时指示灯HL_2灭、HL_1亮，说明电动机已停止运转了。也就是说，在电动机运转后，若想使其停止运转，按下SB_1或SB_2中的任何一只按钮，都会使交流接触器KM线圈断电释放，其三相主触点断开，电动机失电停止运转。

先按住SB_1、SB_2中的任意一只按钮不放手，再点动操作另一只按钮，将会完成点动控制。倘若先按下按钮SB_1不放，SB_1的一组常闭触点（3–9）首先断开，SB_1的一组常开触点（1–3）闭合，为再按下另一只按钮SB_2使KM线圈工作做准备。此时再按下另一只按钮SB_2，SB_2的一组常闭触点（3–9）也断开，防止KA线圈得电而切断KM线圈回路电源；SB_2的另一组常开触点（3–5）也闭合，与早已闭合的SB_1常开触点（1–3）形成回路，接通KM线圈回路电源，KM三相主触点闭合，电动机得电启动运转工作。松开按钮开关SB_2时，虽然SB_2的一组常开触点（3–5）断开，但无法切断KM的自锁回路电源，电动机会继续运转，但此时SB_2的另一组常闭触点（3–9）恢复常闭，与仍处于按下状态的常开触点（1–3）、已闭合的KM辅助常开触点（9–11）共同作用，使KA线圈得电吸合，KA串联在KM线圈回路中的常闭触点（5–7）断开，使KM线圈断电释放，其三相主触点断开，电动机失电停止运转。也就是说，倘若按下按钮开关SB_1不松手，再按下或松开另一只按钮开关SB_2时，按下SB_2按钮开关的时间就是电动机点动运转时间，从而完成点动控制。

由于本电路简单，倘若先按下SB_2不松手，再按下另一只按钮开关SB_1，通过SB_1的闭合与断开也能进行点动控制，这里不再赘述，请读者自行分析。

✥ 常见故障及排除方法

（1）当电动机启动运转后，任意按下SB_1或SB_2，电动机都无法停止运转。根据电气原理图分析，此故障原因为交流接触器KM辅助常开触点（9–11）损坏闭合不了，中间继电器KA常开触点（5–7）损坏断不开，中间继电器KA线圈损坏无法吸合，交流接触器KM机械部分卡住或交流接触器KM三相主触点熔焊断不开，相关连接线3#线、9#线、11#线、4#线有断线或脱落处。经检查，是中间继电器KA线圈断路损坏所致。更换KA线圈后，故障排除。

（2）同时按下按钮SB_1和SB_2后，交流接触器KM线圈得电吸合但无自锁，成为点动操作了。此故障原因为，交流接触器KM的辅助常开触点（1–5）闭合不了，没有自锁；与此电路相关的连接线1#线、5#线脱落。经检查，连接线5#线脱落了。重新接好脱落的5#线，故障排除。

❖ 电路接线（图71）

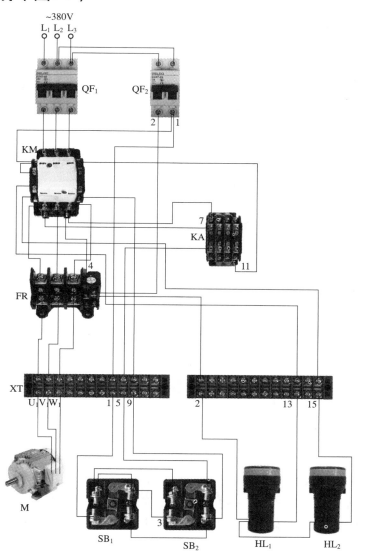

图71　启动、停止、点动混合控制电路（十一）接线图

电路 33 启动、停止、点动混合控制电路（十二）

✤ 应用范围

本电路为常用电路，应用很广泛，如机械加工车床、纺织机械、各种生产设备。

✤ 工作原理（图72）

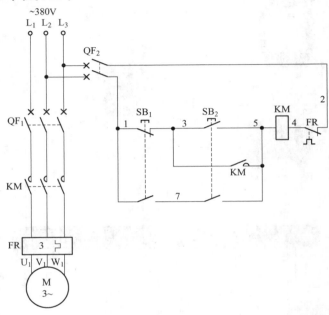

图72 启动、停止、点动混合控制电路（十二）原理图

启动时，按下启动按钮SB₂，SB₂的一组常开触点（3-5）闭合，交流接触器KM线圈得电吸合，KM辅助常开触点（3-5）闭合自锁，KM三相主触点闭合，电动机得电启动运转。

停止时，轻轻按下停止按钮SB₁，其常闭触点（1-3）断开，交流接触器KM线圈断电释放，KM三相主触点断开，电动机失电停止运转。

点动时，必须先将停止按钮SB₁按到底，SB₁的一组常闭触点（1-3）断开，切断交流接触器KM线圈自锁回路，SB₁的另一组常开触点（1-7）闭合，为点动做好准备；此时按下按钮开关SB₂，SB₂的另一组常开触点（5-7）闭合，交流接触器KM线圈得电吸合，KM三相主触点闭合，电动机得电启动运转；松开按钮开关SB₂和SB₁或先松开SB₂后松开SB₁（注意，必须先松开SB₂后再松开SB₁，否则会出现再启动运转问题），交流接触器KM线圈断电释放，KM三相主触点断开，电动机失电停止运转，从而完成点动控制。

电路中停止按钮SB₁有两种作用：轻轻按下时为停止控制；将SB₁先按到底，再按动启动按钮开关SB₂可实现点动控制。启动按钮SB₂也有两种作用：只按下按钮开关SB₂时为连续运转启动控制；同时按下停止按钮SB₁和启动按钮SB₂时为点动控制。

✦ 常见故障及排除方法

（1）电动机启动、停止控制均正常。但同时按下两只按钮SB₁和SB₂时，无法进行点动操作。从电气原理图中可以看出，故障原因为停止按钮SB₁的一组常开触点（1–7）损坏闭合不了，启动按钮SB₂的一组常开触点（5–7）损坏闭合不了，与此相关的1#线、5#线、7#线脱落、断路。经检查是停止按钮SB₁的一组常开触点（1–7）损坏闭合不了所致，更换新的按钮后，故障排除。

（2）同时按下两只按钮SB₁和SB₂时，点动操作正常。而启动操作后，按下停止按钮SB₁时，电动机无法停止运转。此故障为停止按钮SB₁的一组常闭触点（1–3）损坏断不开，1#线与3#线相碰短接。经检查是停止按钮SB₁的一组常闭触点损坏断不开所致。更换新的停止按钮后，故障排除。

✦ 电路接线（图73）

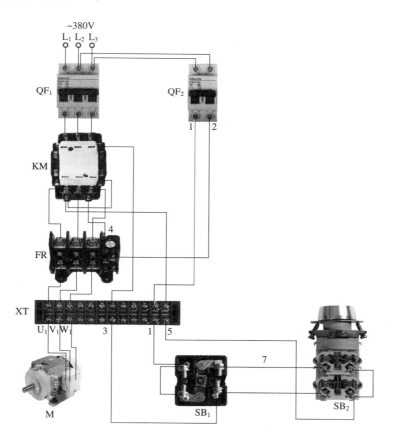

图73 启动、停止、点动混合控制电路（十二）接线图

电路 34 启动、停止、点动混合控制电路（十三）

✧ 应用范围

本电路为常用电路，应用很广泛，如机械加工车床、纺织机械、各种生产设备。

✧ 工作原理（图74）

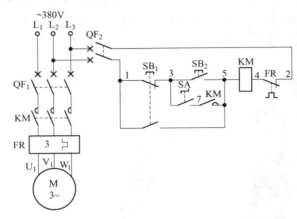

图74 启动、停止、点动混合控制电路（十三）原理图

合上转换开关SA，其常开触点（3-7）闭合，为交流接触器KM线圈回路自锁提供条件。按下启动按钮SB₂（3-5），交流接触器KM线圈得电吸合且KM辅助常开触点（5-7）闭合自锁，KM三相主触点闭合，电动机得电启动连续运转。

停止时，按下停止按钮SB₁，其常闭触点（1-3）断开，交流接触器KM线圈断电释放，KM三相主触点断开，电动机失电停止运转。断开转换开关SA，其常开触点（3-7）恢复常开状态，同样也可以代替停止按钮SB₁对电动机进行停止控制，当转换开关SA断开时，切断了交流接触器KM线圈回路电源，KM线圈断电释放，KM三相主触点断开，电动机失电停止运转。

本例有两种点动方式：

（1）无论转换开关SA（3-7）处于何种状态，只要将停止按钮SB₁按到底，SB₁的一组常闭触点（1-3）断开，切断交流接触器KM线圈的自锁回路；SB₁的另一组常开触点（1-5）闭合，接通交流接触器KM线圈回路电源，KM线圈得电吸合，KM三相主触点闭合，电动机得电启动运转；松开停止按钮SB₁，其常开触点（1-5）断开，交流接触器KM线圈断电释放，KM三相主触点断开，电动机失电停止运转，从而实现点动控制。按住停止按钮的时间就是电动机点动运转的时间。

（2）转换开关SA（3-7）处于断开状态，切断交流接触器KM线圈的自锁回路，使其不能形成自锁。此时按下启动按钮SB₂（3-5），交流接触器KM线圈得电吸合，KM三相主触点闭合，电动机得电启动运转；松开启动按钮SB₂（3-5），交流接触器KM线圈断电释放，KM三相主触点断开，电动机失电停止运转，从而完成点动控制。

电路中，停止按钮SB$_1$有两种作用：轻轻按下时为停止控制；将此按钮按到底时为点动控制。启动按钮SB$_2$也有两种作用：在断开转换开关SA时为点动控制；在闭合转换开关SA时为连续运转控制。

✦ 常见故障及排除方法

（1）启动时，按下启动按钮SB$_2$为点动操作。将转换开关SA拨至"启动"位置，但也是"点动"操作。此故障原因为转换开关SA损坏闭合不了，交流接触器KM辅助常开触点（5–7）损坏闭合不了，与此电路相关的3#线、5#线、7#线有脱落或断路现象。经检查，为转换开关SA损坏闭合不了所致。更换新的转换开关SA后，电路恢复自锁功能，故障排除。

（2）将停止按钮SB$_1$按到底时，无法进行点动操作。从电路原理图可以看出，停止按钮SB$_1$的一组常开触点（1–5）损坏闭合不了，或1#线、5#线脱落断线，均会出现上述故障。经检查是停止按钮SB$_1$常开触点上的5#线脱落所致。更换新的停止按钮SB$_1$后，点动操作正常，故障排除。

✦ 电路接线（图75）

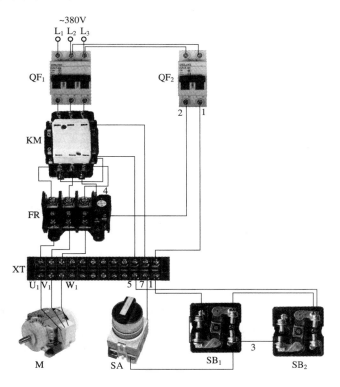

图75 启动、停止、点动混合控制电路（十三）接线图

电路 35 启动、停止、点动混合控制电路（十四）

✦ 应用范围

本电路为常用电路，应用很广泛，如机械加工车床、纺织机械、各种生产设备。

✦ 工作原理（图76）

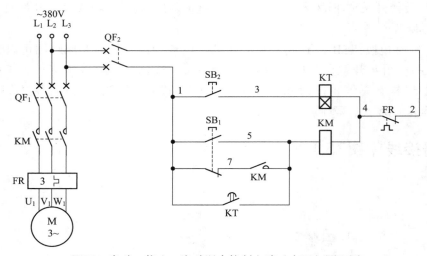

图76 启动、停止、点动混合控制电路（十四）原理图

点动时，可随意按下点动按钮SB$_1$不放手，SB$_1$的一组串联在KM自锁回路中的常闭触点（1—7）断开，切断KM的自锁回路，使KM线圈不能自锁；同时SB$_1$的另一组常开触点（1—5）闭合，接通交流接触器KM线圈回路电源，KM线圈得电吸合，KM三相主触点闭合，电动机得电启动运转。松开被按下的点动按钮SB$_1$，交流接触器KM线圈断电释放，KM三相主触点断开，电动机失电停止运转，从而实现点动操作。按下按钮SB$_1$的时间即电动机的断续（点动）运转时间。

启动时，长时间按住启动按钮SB$_2$（1—3），也就是说按下按钮SB$_2$的时间要大于KT的设定延时时间，得电延时时间继电器KT线圈得电吸合并开始延时。注意在按下按钮SB$_2$到KT延时时间结束前，电动机处于停止运转状态。经KT一段时间延时（5s）后，KT得电延时闭合的常开触点（1—5）闭合，接通交流接触器KM线圈回路电源，KM线圈得电吸合且KM辅助常开触点（5—7）闭合自锁，KM三相主触点闭合，电动机得电启动连续运转。此时可松开被按下的启动按钮SB$_2$（1—3），得电延时时间继电器KT线圈断电释放，KT得电延时闭合的常开触点（1—5）恢复原始常开状态，为停止操作做准备。

停止时，轻轻按下点动按钮SB$_1$，SB$_1$的一组串联在KM线圈自锁回路中的常闭触点（1—7）断开，切断了交流接触器KM线圈回路电源，KM线圈断电释放，KM三相主触点断开，电动机失电停止运转。

✣ 常见故障及排除方法

（1）按下点动按钮SB₁时，点动操作正常；长时间按下启动按钮SB₂时，也为点动操作。从上述故障情况分析，原因为点动按钮SB₁的一组常闭触点（1–7）损坏断路闭合不了，交流接触器KM的辅助常开触点（5–7）损坏闭合不了，与此电路相关的1#线、5#线、7#线有断路或脱落现象。经检查，是接在停止按钮SB₁常闭触点一端的7#线松动脱落所致。重新接好7#线后，自锁回路恢复正常，故障排除。

（2）一按下启动按钮SB₂后，电动机就立即启动运转，不需要长时间按住启动按钮SB₂，而短时间按下点动按钮SB₁时为点动操作；长时间按下点动按钮SB₁后为自锁启动运转，一旦电动机启动运转后，再按点动兼停止按钮SB₁时无效。从上述情况及电气原理图分析可知，故障原因为3#线与5#线碰到一起了。经检查，确为3#线与5#线相碰。将相碰的3#线与5#线处理好后，故障排除。

✣ 电路接线（图77）

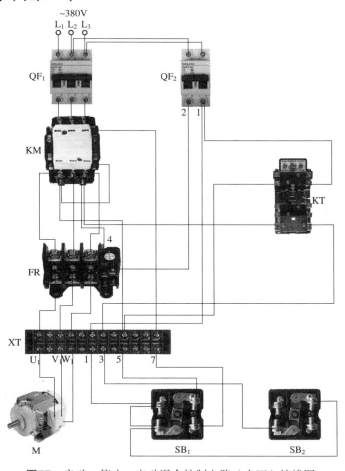

图77　启动、停止、点动混合控制电路（十四）接线图

电路 36　启动、停止、点动混合控制电路（十五）

✤ 应用范围

本电路为常用电路，应用很广泛，如机械加工车床、纺织机械、各种生产设备。

✤ 工作原理（图78）

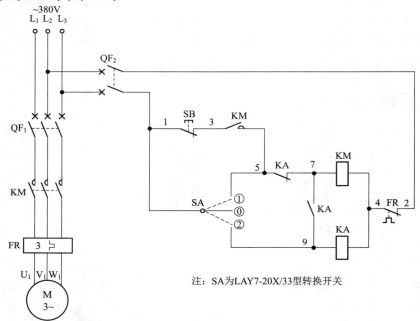

注：SA为LAY7-20X/33型转换开关

图78　启动、停止、点动混合控制电路（十五）原理图

点动时，将SA扳向②位置（1-9）不放手，中间继电器KA线圈得电吸合，KA常闭触点（5-7）断开，切断交流接触器KM线圈的自锁回路，KA常开触点（7-9）闭合，接通KM线圈回路电源，KM线圈得电吸合，KM三相主触点闭合，电动机得电启动运转；松开转换开关SA，SA自动回到停止位置上，此时SA触点（1-9）断开，中间继电器KA线圈断电释放，KA常开触点（7-9）断开，切断交流接触器KM线圈回路电源，KM线圈断电释放，KM三相主触点断开，电动机失电停止运转。扳动SA转换开关的时间即电动机的点动运转时间。

启动时，将转换开关SA扳至①位置（1-5）后松开，交流接触器KM线圈得电吸合且KM辅助常开触点（3-5）闭合自锁，KM三相主触点闭合，电动机得电启动运转。

停止时，按下停止按钮SB（1-3），切断交流接触器KM线圈回路电源，KM线圈断电释放，KM三相主触点断开，电动机失电停止运转。

✤ 常见故障及排除方法

（1）无论将可复位式转换开关SA置于"①"点动操作位置后松开，还是置于

"②"启动操作位置后松开，交流接触器KM、中间继电器KA线圈均无反应。用螺丝刀顶一下交流接触器KM顶部可动部分后，KM线圈能得电吸合并自锁；用螺丝刀顶一下中间继电器KA顶部可动部分后，交流接触器KM线圈也得电吸合，但无自锁，为点动控制。从以上情况结合电气原理图进行分析，故障为可复位式转换开关SA损坏闭合不了，SA上的1#线脱落，SA上的5#线、9#线同时脱落。经检查是可复位式转换开关SA上的1#线脱落所致。将脱落的1#线正确接好后，点动、启动操作一切正常，故障排除。

（2）无论将可复位式转换开关SA置于"①"点动还是"②"启动位置，均为启动操作。观察配电箱内的元器件动作情况，也可了解故障所在。SA置于"①"位置时，交流接触器KM线圈得电吸合且自锁；SA置于"②"位置时，中间继电器KA线圈先得电吸合后交流接触器KM线圈也得电吸合且KM自锁，松开SA后，中间继电器KA线圈断电释放。通过以上情况结合电气原理图分析，故障出在中间继电器KA的常闭触点（5–7）损坏断不开。经检查确为KA常闭触点损坏，更换新的中间继电器KA后，故障排除。

✧ 电路接线（图79）

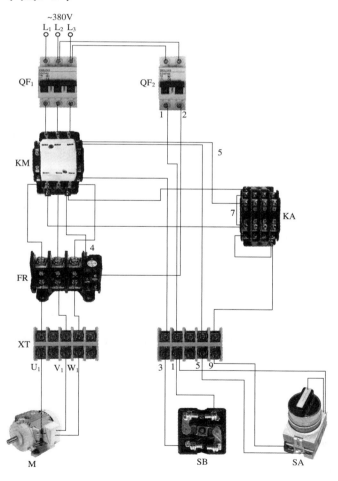

图79 启动、停止、点动混合控制电路（十五）接线图

电路 37　启动、停止、点动混合控制电路（十六）

✛ 应用范围

本电路为常用电路，应用很广泛，如机械加工车床、纺织机械、各种生产设备。

✛ 工作原理（图80）

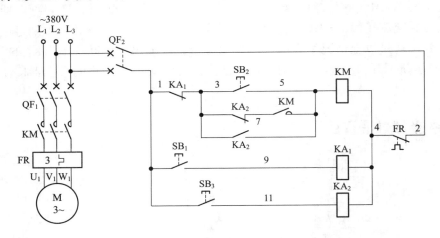

图80　启动、停止、点动混合控制电路（十六）原理图

点动时，按住点动按钮SB$_3$（1–11）不放手，中间继电器KA$_2$线圈得电吸合，KA$_2$的一组常闭触点（3–7）断开，切断KM的自锁回路，使KM线圈回路不能自锁；KA$_2$的另一组常开触点（3–5）闭合，接通交流接触器KM线圈回路电源，KM线圈得电吸合，KM三相主触点闭合，电动机得电启动运转。松开被按住的点动按钮SB$_3$（1–11），中间继电器KA$_2$线圈断电释放，KA$_2$常开触点（3–5）恢复常开，切断了交流接触器KM线圈回路电源，KM线圈断电释放，KM三相主触点断开，电动机失电停止运转，从而实现点动操作。按下点动按钮SB$_3$的时间即点动操作时间，也就是电动机的断续运转时间。

启动时，按下启动按钮SB$_2$（3–5），交流接触器KM线圈得电吸合且KM辅助常开触点（5–7）闭合自锁，KM三相主触点闭合，电动机得电启动连续运转。

停止时，按下停止按钮SB$_1$（1–9），中间继电器KA$_1$线圈得电吸合，KA$_1$串联在交流接触器KM线圈回路中的常闭触点（1–3）断开，切断了交流接触器KM线圈回路电源，KM线圈断电释放，KM三相主触点断开，电动机失电停止运转。松开停止按钮SB$_1$（1–9），中间继电器KA$_1$线圈断电释放，KA$_1$常闭触点（1–3）恢复常闭，为电路重新启动工作做准备。

✛ 常见故障及排除方法

（1）按启动按钮SB$_2$，电动机启动运转正常；按点动按钮SB，电动机点动运转正常；按停止按钮SB$_1$，中间继电器KA$_1$线圈得电吸合，但电动机不能停止运转。从上述情况分析，故障应出在中间继电器KA₁的常闭触点（1-3）上，因为此常闭触点（1-3）断不开，就无法切断交流接触器KM线圈回路电源，KM线圈仍然得电继续吸合，所以，电动机无法停止运转。经检查，确为中间继电器KA的常闭触点损坏所致。更换新的中间继电器KA后，故障排除。

（2）启动、停止操作正常，但点动时，中间继电器KA₂线圈能得电吸合，点动变为启动操作，也就是说，按启动按钮SB₂和点动按钮SB₃均为启动操作。从上述情况看，按点动按钮SB₃时，中间继电器KA₂线圈得电吸合，KA₂的一组常开触点（3-5）能闭合，接通交流接触器KM线圈回路电源，但KA₂的一组常闭触点（3-7）因损坏无法断开，也就无法切断KM线圈自锁回路，所以此故障原因为KA₂的一组常闭触点（3-7）损坏。经检查，认定故障确切，更换新的中间继电器后，故障排除。

✛ 电路接线（图81）

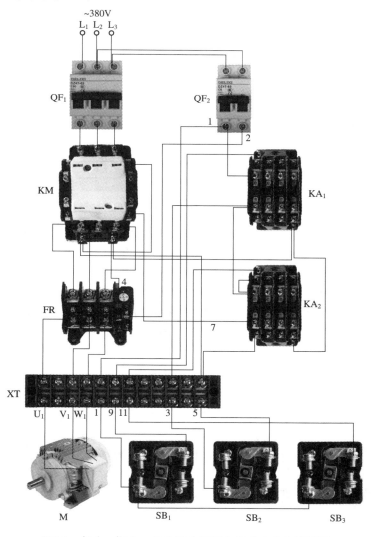

图81　启动、停止、点动混合控制电路（十六）接线图

电路 38　启动、停止、点动混合控制电路（十七）

✥ 应用范围

本电路为常用电路，应用很广泛，如机械加工车床、纺织机械、各种生产设备。

✥ 工作原理（图82）

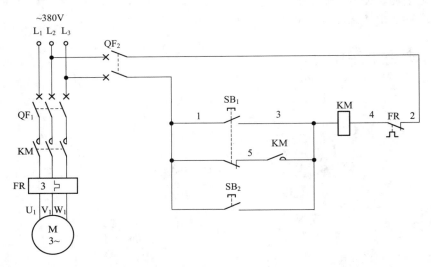

图82　启动、停止、点动混合控制电路（十七）原理图

启动时，按下启动按钮SB_2（1–3），交流接触器KM线圈得电吸合且KM辅助常开触点（3–5）闭合自锁，KM三相主触点闭合，电动机得电启动运转。

点动时，按下点动按钮SB_1，SB_1的一组常闭触点（1–5）断开，切断交流接触器KM的自锁回路，使KM自锁回路断开而不能自锁；SB_1的另一组常开触点（1–3）闭合，使交流接触器KM线圈得电吸合，KM三相主触点闭合，电动机得电启动运转。松开点动按钮SB_1，其触点恢复原始状态，KM线圈断电释放，KM三相主触点断开，电动机失电停止运转，为点动控制。按下点动按钮SB_1的时间即电动机点动运转的时间。

在按下启动按钮SB_2后，电动机为连续运转工作状态。需停止时，可通过轻轻按一下点动按钮SB_1来实现。因为轻轻按下按钮SB_1时，其常闭触点先断开，切断KM的自锁回路，使KM线圈断电释放，KM三相主触点断开，电动机失电停止运转；而按钮SB_1的常开触点因有一行程，所以轻轻按下时，还不会将此常开触点接通，从而实现停止操作。即使将SB_1按到底了也不要紧，只要立即松开SB_1，电动机就会失电停止运转了。

✥ 常见故障及排除方法

（1）点动操作正常，但启动操作无反应。从电气原理图上可以看出，若点动正常，那么启动按钮SB_2损坏闭合不了，启动按钮SB_2上的1#线、3#线脱落，均会使启动操作无法完成。经检查，是启动按钮SB₂的3#线松动脱落所致。重新将3#线接好，启动操作正常，故障排除。

（2）启动操作正常，而点动操作也变为启动操作。从原理图中可以看出，SB₁按钮有两个作用：一是点动操作，二是停止操作。电路中只有按钮SB₁的一组常闭触点（1–5）损坏断不开，无法切断交流接触器KM的自锁回路，才会使点动按钮SB₁的点动操作变为启动操作。经检查，确为点动兼停止按钮SB₁的常闭触点损坏。更换新的点动兼停止按钮SB₁后，故障排除。

✛ 电路接线（图83）

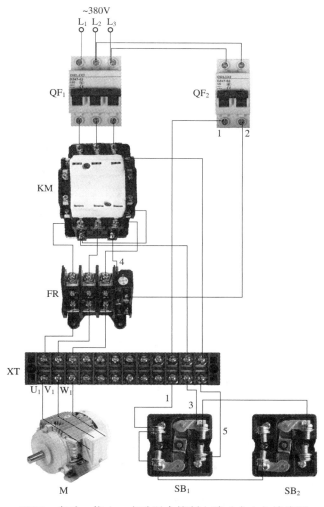

图83　启动、停止、点动混合控制电路（十七）接线图

电路 39 启动、停止、点动混合控制电路（十八）

✤ 应用范围

本电路为常用电路，应用很广泛，如机械加工车床、纺织机械、各种生产设备。

✤ 工作原理（图84）

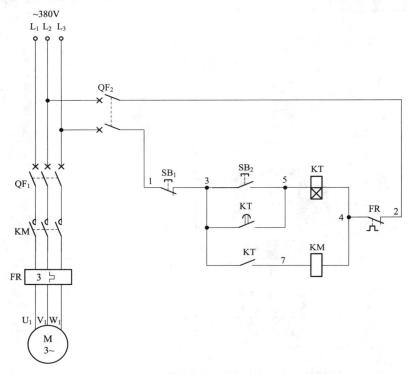

图84 启动、停止、点动混合控制电路（十八）原理图

短时间按住启动按钮SB$_2$（3–5）（未超出KT的设定延时时间），得电延时时间继电器KT线圈得电吸合，KT开始延时，KT不延时瞬动常开触点（3–7）闭合，交流接触器KM线圈得电吸合，KM三相主触点闭合，电动机得电启动运转；在KT的延时时间内，松开按钮SB$_2$（3–5），KM线圈断电释放，KM三相主触点断开，电动机失电停止运转。按下按钮SB$_2$（3–5）的时间也就是电动机的点动运转时间。

长时间按住启动按钮SB$_2$（3–5）不放，KT线圈得电吸合并开始延时，KT不延时瞬动常开触点（3–7）闭合，KM线圈得电吸合，KM三相主触点闭合，电动机得电启动运转。经KT一段时间延时后，KT得电延时闭合的常开触点（3–5）闭合，将KT线圈回路自锁起来，电动机连续运转，此时松开按钮SB$_2$（3–5）即可。

✤ 常见故障及排除方法

（1）按下点动及启动按钮SB$_2$时，点动操作正常，但长时间按住点动及启动按钮SB₂时，仍然为点动操作，无法实现自锁。从电路原理图可以看出，只要长时间按住按钮SB₂，那么得电延时时间继电器KT线圈就会得电吸合，KT不延时瞬动常开触点（3–7）就会闭合，交流接触器KM线圈得电吸合，KM三相主触点闭合，电动机得电启动运转。经过KT一段时间延时后，KT得电延时闭合的常开触点（3–5）闭合，才会将KT自身线圈回路自锁起来，这样，KM线圈也就会在KT不延时瞬动常开触点（3–7）的作用下继续得电吸合，所以电动机会继续连续运转工作。从上述情况分析，故障原因为KT得电延时闭合的常开触点（3–5）损坏闭合不了，与此触点相关的3#线、5#线有脱落现象。经检查，为3#线脱落所致，重新接好3#线，启动控制正常，故障排除。

（2）按下启动及点动按钮SB₂，得电延时时间继电器KT线圈得电吸合，但交流接触器KM线圈不吸合，电动机不运转。若得电延时时间继电器KT线圈吸合工作，那么故障点就会出在KT不延时瞬动常开触点（3–7）损坏闭合不了，交流接触器KM线圈损坏断路，与此电路相关的3#线、4#线、7#线有脱落现象。经检查，为交流接触器KM线圈一端的7#线脱落所致。重新接好7#线后，点动及启动操作均正常，故障排除。

✦ 电路接线（图85）

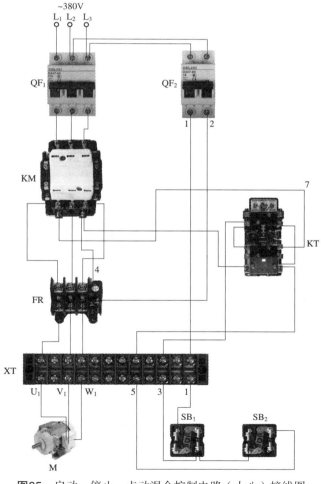

图85 启动、停止、点动混合控制电路（十八）接线图

电路 40 单向启动、停止、点动二地控制电路（一）

✛ 应用范围

本电路适用于任何控制场合。

✛ 工作原理（图86）

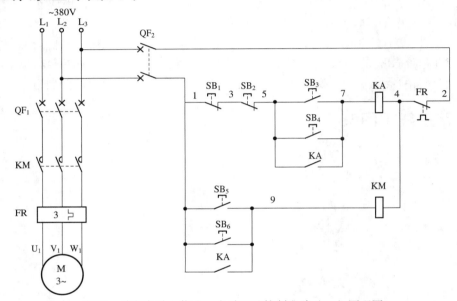

图86 单向启动、停止、点动二地控制电路（一）原理图

图86中，SB$_3$为一地启动按钮、SB$_1$为一地停止按钮、SB$_5$为一地点动按钮；SB$_4$为二地启动按钮、SB$_2$为二地停止按钮、SB$_6$为二地点动按钮。

启动时，任意按下启动按钮SB$_3$或SB$_4$，其常开触点（5-7）闭合，接通中间继电器KA线圈回路电源，KA线圈得电吸合且KA的一组常开触点（5-7）闭合自锁，KA的另一组常开触点（1-9）闭合，接通交流接触器KM线圈回路电源，KM线圈得电吸合，KM三相主触点闭合，电动机得电启动运转。

停止时，任意按下停止按钮SB$_1$或SB$_2$，其常闭触点（1-3或3-5）断开，切断中间继电器KA线圈回路电源，KA线圈断电释放，KA的一组常开触点（5-7）断开，解除自锁；KA的另一组常开触点（1-9）断开，切断交流接触器KM线圈回路电源，KM线圈断开释放，KM三相主触点断开，电动机失电停止运转。

点动时，任意按住点动按钮SB$_5$或SB$_6$不松手，其常开触点（1-9）闭合，接通交流接触器KM线圈回路电源，KM线圈得电吸合，KM三相主触点闭合，电动机得电启动运转；松开按住的点动按钮SB$_5$或SB$_6$，其常开触点（1-9）断开，切断交流接触器KM线圈回路电源，KM线圈断电释放，KM三相主触点断开，电动机失电停止运转。按下点动按钮SB$_5$或SB$_6$的时间即为电动机的点动运转时间。

✤ 常见故障及排除方法

　　（1）点动正常，启动时也为点动操作。此故障为中间继电器KA常开自锁触点（5–7）损坏或相关5#线、7#线脱落所致。经检查，是KA常开触点上的5#线脱落，恢复接线后，故障排除。

　　（2）点动正常，但按启动按钮SB$_3$、SB$_4$时，中间继电器KA线圈也吸合动作，而交流接触器线圈不吸合动作，电动机不启动运转。根据以上情况分析，故障出在并联在点动按钮SB$_5$、SB$_6$上的KA常开触点（1–9）损坏或1#线、9#线脱落造成的。经检查，KA常开触点（1–9）损坏，更换新品后，故障排除。

　　（3）点动正常，启动也正常，但按停止按钮SB$_1$或SB$_2$均无效，不能停机。从上述情况分析，两只按钮同时损坏的可能性不大，通常为1#线碰触到5#线上了。经检查，的确是1#线脱落后碰触到5#线上了，恢复接线后，故障排除。

✤ 电路接线（图87）

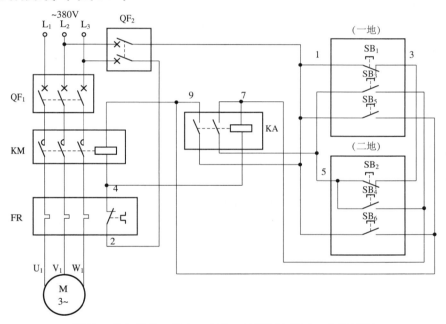

图87　单向启动、停止、点动二地控制电路（一）接线图

电路 41 单向启动、停止、点动二地控制电路（二）

✦ 应用范围

本电路适用于任何控制场合。

✦ 工作原理（图88）

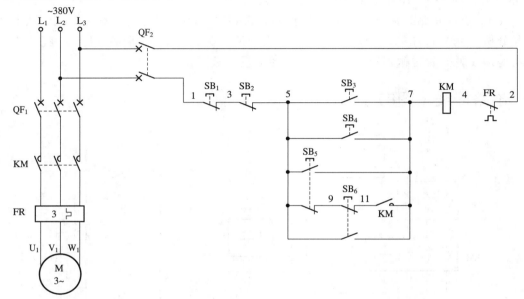

图88 单向启动、停止、点动二地控制电路（二）原理图

图88中，SB_3、SB_1、SB_5为一地启动、停止、点动按钮；SB_4、SB_2、SB_6为二地启动、停止、点动按钮。

启动时，任意按下启动按钮SB_3或SB_4，其常开触点（5-7）闭合，接通交流接触器KM线圈回路电源，KM线圈得电吸合且KM辅助常开触点（7-11）闭合自锁，KM三相主触点闭合，电动机得电启动运转。

停止时，任意按下停止按钮SB_1、SB_2，其常闭触点（1-3或3-5）断开，切断交流接触器KM线圈回路电源，KM线圈断电释放，KM三相主触点断开，电动机失电停止运转。

点动时，任意按下点动按钮SB_5或SB_6不松手，首先其常闭触点（5-9或9-11）断开，切断交流接触器KM的自锁回路，使其不能自锁；然后SB_5或SB_6的另一组常开触点（5-7、5-7）闭合，接通交流接触器KM线圈回路电源，KM线圈得电吸合，KM三相主触点闭合，电动机得电启动运转。此时，虽然KM的一组辅助常开触点（7-11）闭合了，但因自锁回路已被切断，无法形成自锁回路，所以只能实现点动操作。松开被按住的点动按钮SB_5或SB_6，其各自的所有触点恢复原始状态，SB_5或SB_6各自的常开触点（5-7、5-7）断开，切断交流接触器KM线圈回路电源，KM线圈断电释放，KM三相主触点断开，电动机失电停止运转。按住点动按钮SB_5或SB_6的时间长短，即为电动机点动运转时间。

⊹ 常见故障及排除方法

（1）按下点动按钮SB$_6$为点动操作，但按下另一处点动按钮SB$_5$为启动操作。根据电路原理分析可知，此故障原因为点动按钮SB$_5$的一组常闭触点（5-9）损坏断不开，或5#线与9#线碰触所致。经检查，为SB$_5$的一组常闭触点（5-9）损坏，更换一只新的按钮后，故障排除。

（2）按下任意一只按钮SB$_3$、SB$_4$、SB$_5$、SB$_6$均为启动操作，也就是说，原来的SB$_5$、SB$_6$为点动操作也改为启动操作了。此故障原因为5#线与11#线碰触在一起了。经检查，的确是5#线与11#线碰触在一起了。恢复接线后，电路工作正常。

⊹ 电路接线（图89）

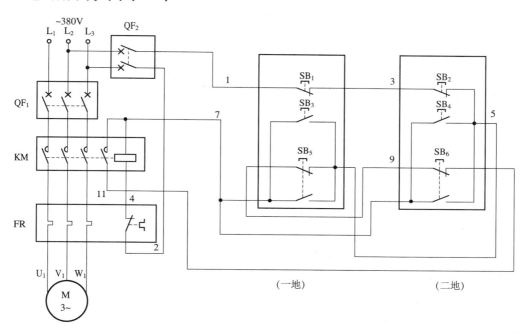

图89　单向启动、停止、点动二地控制电路（二）接线图

电路 42　单向启动、停止、点动三地控制电路（一）

✥ 应用范围

本电路适用于任何控制场合。

✥ 工作原理（图90）

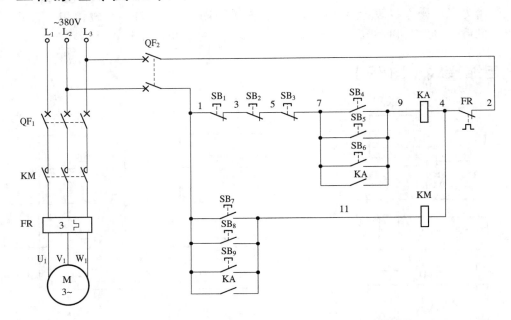

图90　单向启动、停止、点动三地控制电路（一）原理图

图90中，SB_4、SB_1、SB_7为一地启动、停止、点动按钮；SB_5、SB_2、SB_8为二地启动、停止、点动按钮；SB_6、SB_3、SB_9为三地启动、停止、点动按钮。

启动时，按下任意一只启动按钮SB_4或SB_5或SB_6，其常开触点（7-9）闭合，接通中间继电器KA线圈回路电源，KA线圈得电吸合且KA的一组常开触点（7-9）闭合自锁；KA的另一组常开触点（1-11）闭合，接通了交流接触器KM线圈回路电源，KM线圈得电吸合，KM三相主触点闭合，电动机得电启动运转。

停止时，按下任意一只停止按钮SB_1或SB_2或SB_3，其各自的一组常闭触点（1-3或3-5或5-7）断开，切断中间继电器KA线圈回路电源，KA线圈断电释放，KA的一组常开触点（7-9）断开，解除自锁作用；KA的另一组常开触点（1-11）断开，切断交流接触器KM线圈回路电源，KM线圈断电释放，KM三相主触点断开，电动机失电停止运转。

点动时，按住任意一只点动按钮SB_7或SB_8或SB_9，其常开触点（1-11）闭合，接通交流接触器KM线圈回路电源，KM线圈得电吸合，KM三相主触点闭合，电动机得电启动运转。松开被按住的任意一只点动按钮SB_7或SB_8或SB_9，其常开触点（1-11）断开，切断交流接触器KM线圈回路电源，KM线圈断电释放，KM三相主触点断开，电动机失电停止运转。按住点动按钮的时间即为电动机点动运转时间。

✤ 常见故障及排除方法

（1）点动时，按下点动按钮SB₇或SB₈正常；可按下按钮SB₉后，即使松开按钮，交流接触器KM仍继续吸合一段时间后才断电释放。根据上述情况分析，因点动按钮SB₇、SB₈、SB₉是并联在一起的，而且SB₇、SB₈操作正常，交流接触器KM也无问题，说明是点动按钮SB₉自身故障引起。笔者在实际工作中发现有的按钮开关在操作时会出现卡住或卡住后慢慢自行恢复现象。经检查，此故障是点动按钮开关卡住后慢慢自行恢复导致的，更换一只新品后，故障排除。

（2）启动、点动全部无反应。说明中间继电器KA、交流接触器KM线圈均不吸合动作。用试电笔测量控制回路断路器QF₂的下端有电，用试灯试之，试灯亮，说明控制回路有电，正常。从原理图中可以分析得出，故障原因为1#线脱落或2#线脱落或4#线脱落，或热继电器FR控制常闭触点（2-4）过载动作后未复位或损坏。经检查，是2#线松动未拧紧所致，此线拧紧后，故障排除。顺便说一下，此电路中KA、KM线圈同时出现断路的现象不易发生，可不考虑此类故障。

✤ 电路接线（图91）

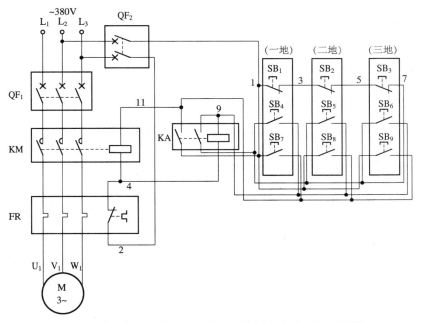

图91　单向启动、停止、点动三地控制电路（一）接线图

电路 43 单向启动、停止、点动三地控制电路（二）

✛ 应用范围

本电路适用于任何控制场合。

✛ 工作原理（图92）

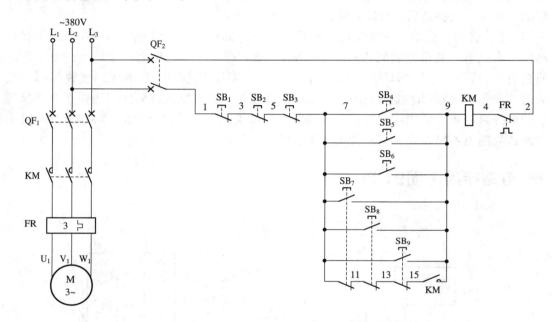

图92 单向启动、停止、点动三地控制电路（二）原理图

图92中，SB_4、SB_1、SB_7为一地启动、停止、点动按钮；SB_5、SB_2、SB_8为二地启动、停止、点动按钮；SB_6、SB_3、SB_9为三地启动、停止、点动按钮。

启动时，任意按下启动按钮SB_4或SB_5或SB_6，其常开触点（7-9）闭合，接通交流接触器KM线圈回路电源，KM线圈得电吸合且KM辅助常开触点（9-15）闭合自锁，KM三相主触点闭合，电动机得电启动运转。

停止时，任意按下停止按钮SB_1或SB_2或SB_3，其常闭触点（1-3或3-5或5-7）断开，切断交流接触器KM线圈回路电源，KM线圈断电释放，KM三相主触点断开，电动机失电停止运转。

点动时，任意按住点动按钮SB_7或SB_8或SB_9不松手，其任意的一组常闭触点（7-11或11-13或13-15）断开，切断交流接触器KM的自锁回路；其任意的一组常开触点（7-9或7-9或7-9）闭合，接通交流接触器KM线圈回路电源，KM线圈得电吸合，KM三相主触点闭合，电动机得电启动运转。此时虽然KM辅助常开触点（9-15）闭合，但自锁回路已被SB_7或SB_8或SB_9各自的一组常闭触点（7-11或11-13或13-15）切除，所以在点动时闭合无效。松开已被按下的点动按钮SB_7或SB_8或SB_9，其各自的所有触点全部恢复原始状态，其常开触点（7-9或7-9或7-9）断开，切断交流接触器KM线圈回路电源，KM线圈断电释放，KM三相主触点断开，电动机失电停止运转。按住点动按钮SB$_7$或SB$_8$或SB$_9$的时间即为电动机的点动运转时间。

✛ 常见故障及排除方法

（1）按下启动按钮SB$_4$或SB$_5$或SB$_6$时，控制回路工作正常，按下点动按钮SB$_7$或SB$_8$或SB$_9$时，控制回路也工作正常，但是，电动机不运转，无反应。此故障原因为主回路断路器QF$_1$动作跳闸、交流接触器KM三相主触点中有两相损坏接触不上、热继电器FR热元件损坏、电动机绕组烧毁断路以及各器件上的相关连接松动等。经检查，为交流接触器KM三相主触点损坏所致。更换新品后，故障排除。

（2）合上主回路断路器QF$_1$，正常，合上控制回路断路器QF$_2$也正常，均能合上。但是，无论按下任意一只启动按钮SB$_4$或SB$_5$或SB$_6$，还是按下任意一只点动按钮SB$_7$或SB$_8$或SB$_9$时，控制回路断路器QF$_2$都会动作跳闸。从原理图上分析，此故障只有两个原因：一是交流接触器KM线圈损坏短路，二是2#线与9#线相碰。经检查，为KM线圈烧毁而致。更换新品后，故障排除。

✛ 电路接线（图93）

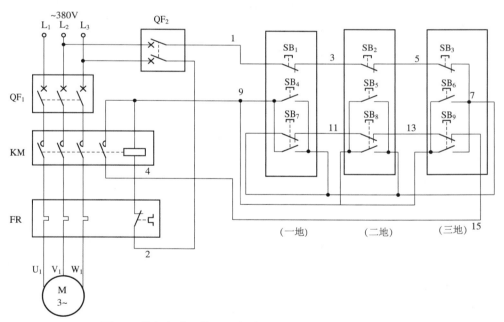

图93　单向启动、停止、点动三地控制电路（二）接线图

电路 44　单向启动、停止、点动四地控制电路（一）

✛ 应用范围

本电路适用于任何控制场合。

✛ 工作原理（图94）

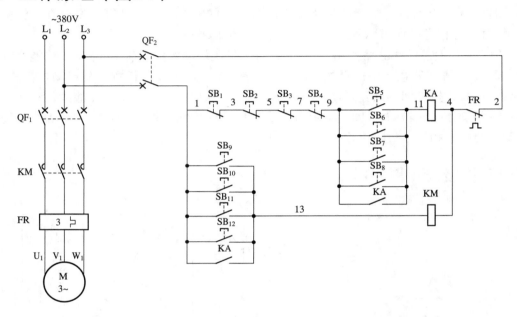

图94　单向启动、停止、点动四地控制电路（一）原理图

图94中，SB_5、SB_1、SB_9 为一地启动、停止、点动按钮；SB_6、SB_2、SB_{10} 为二地启动、停止、点动按钮；SB_7、SB_3、SB_{11} 为三地启动、停止、点动按钮；SB_8、SB_4、SB_{12} 为四地启动、停止、点动按钮。

启动时，任意按下启动按钮 SB_5 或 SB_6 或 SB_7 或 SB_8，其常开触点（9–11）闭合，接通中间继电器 KA 线圈回路电源，KA 线圈得电吸合且 KA 的一组常开触点（9–11）闭合自锁；KA 的另一组常开触点（1–13）闭合，接通交流接触器 KM 线圈回路电源，KM 线圈得电吸合，KM 三相主触点闭合，电动机得电启动运转。

停止时，任意按下停止按钮 SB_1 或 SB_2 或 SB_3 或 SB_4，其常闭触点（1–3、3–5、5–7、7–9）断开，切断中间继电器 KA 线圈回路电源，KA 线圈断电释放，KA 的一组常开触点（9–11）断开，解除自锁；KA 的另一组常开触点（1–13）断开，切断交流接触器 KM 线圈回路电源，KM 线圈断电释放，KM 三相主触点断开，电动机失电停止运转。

点动时，任意按住点动按钮 SB_9 或 SB_{10} 或 SB_{11} 或 SB_{12} 不放手，其常开触点（1–13）闭合，接通交流接触器 KM 线圈回路电源，KM 线圈得电吸合，KM 三相主触点闭合，电动机得电启动运转；松开被按住的点动按钮 SB_9 或 SB_{10} 或 SB_{11} 或 SB_{12}，其常开触点（1–13）

断开，切断交流接触器KM线圈回路电源，KM线圈断电释放，KM三相主触点闭合，电动机失电停止运转。按住点动按钮SB₉或SB₁₀或SB₁₁或SB₁₂的时间长短，即为电动机点动运转时间。

✦ 常见故障及排除方法

（1）合上控制回路断路器QF₂时，一合即跳。拆下控制回路断路器QF₂下端引出线，还是一合即跳。从上述情况分析，此故障为断路器QF₂自身故障所致。更换新断路器后，故障排除。

（2）电动机能运转，但运转十几分钟后就过载停机了。用钳形电流表测电动机三相电流均很正常，没有超载情况。根据上述情况分析，故障原因很可能是热继电器FR损坏或电流设置过小。经检查，为热继电器FR电流设置过小所致。调整设置电流后，故障排除。

✦ 电路接线（图95）

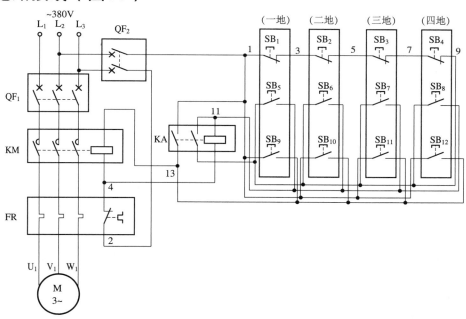

图95　单向启动、停止、点动四地控制电路（一）接线图

电路 45 单向启动、停止、点动四地控制电路（二）

✣ 应用范围

本电路适用于任何控制场合。

✣ 工作原理（图96）

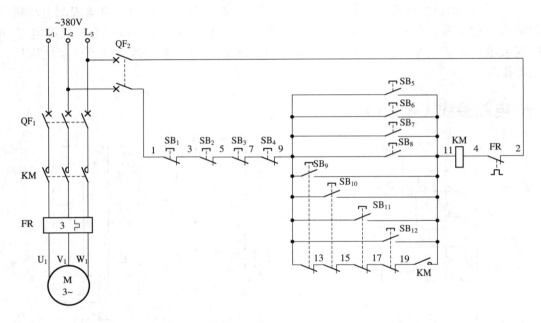

图96 单向启动、停止、点动四地控制电路（二）原理图

图96中，SB_1为一地停止按钮；SB_2为二地停止按钮；SB_3为三地停止按钮；SB_4为四地停止按钮。SB_5为一地启动按钮；SB_6为二地启动按钮；SB_7为三地启动按钮；SB_8为四地启动按钮。SB_9为一地点动按钮；SB_{10}为二地点动按钮；SB_{11}为三地点动按钮；SB_{12}为四地点动按钮。

启动时，任意按下启动按钮SB_5~SB_8，其常开触点（9–11）闭合，接通交流接触器KM线圈回路电源，KM线圈得电吸合且KM辅助常开触点（9–11）闭合自锁，KM三相主触点闭合，电动机得电启动运转。

停止时，任意按下停止按钮SB_1~SB_4，其常闭触点（1–3或3–5或5–7或7–9）断开，切断交流接触器KM线圈回路电源，KM线圈断电释放，KM三相主触点断开，电动机失电停止运转。

点动时，任意按住点动按钮SB_9~SB_{12}，其一组常闭触点（9–13或13–15或15–17或17–19）断开，切断交流接触器KM线圈的自锁回路，实现点动控制。在按住点动按钮SB_9~SB_{12}的同时，其一组常开触点（9–11）闭合，接通交流接触器KM线圈回路电源，

KM线圈得电吸合，此时KM辅助常开触点（11-19）闭合无效，KM三相主触点闭合，电动机得电启动运转。松开被按住的点动按钮SB$_9$~SB$_{12}$，其触点恢复原始状态，SB$_9$~SB$_{12}$常开触点（9-11）断开，切断交流接触器KM线圈回路电源，KM线圈断电释放，KM三相主触点断开，电动机失电停止运转。按住点动按钮SB$_9$~SB$_{12}$的时间长短即为电动机点动运转时间。

✛ 常见故障及排除方法

（1）按启动按钮SB$_5$、SB$_7$、SB$_8$正常，按SB$_6$无反应。此故障原因为SB$_6$启动按钮损坏闭合不了，或与此按钮相关的9#线、11#线脱落。经检查为11#线松动所致。将11#线松动处拧紧后，试之，故障排除。

（2）按启动、点动按钮全为点动操作。此故障原因为交流接触器KM线圈回路的自锁触点（11-19）损坏，或与此自锁触点相关的11#线、19#线脱落。经检查为交流接触器KM自锁触点损坏闭合不了，更换新的辅助常开触点后，故障排除。

✛ 电路接线（图97）

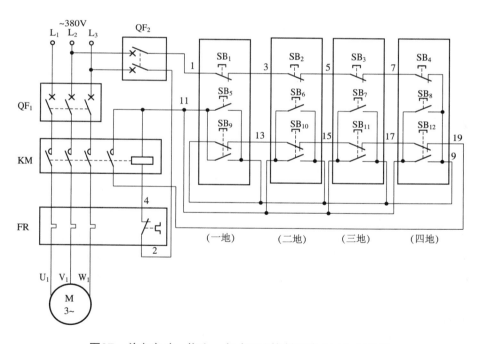

图97　单向启动、停止、点动四地控制电路（二）接线图

电路 46　单向启动、停止、点动五地控制电路（一）

✦ 应用范围

本电路适用于任何控制场合。

✦ 工作原理（图98）

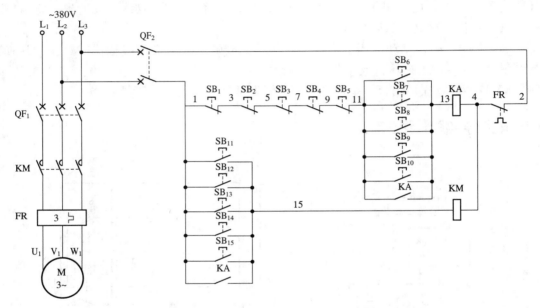

图98　单向启动、停止、点动五地控制电路（一）原理图

　　启动时，任意按下五个地方的启动按钮 SB_6 或 SB_7 或 SB_8 或 SB_9 或 SB_{10}，其常开触点（11–13）闭合，接通中间继电器 KA 线圈回路电源，KA 线圈得电吸合且 KA 的一组常开触点（11–13）闭合自锁；KA 的另一组常开触点（1–15）闭合，接通交流接触器 KM 线圈回路电源，KM 线圈得电吸合，KM 三相主触点闭合，电动机得电启动运转。

　　停止时，任意按下五个地方的停止按钮 SB_1 或 SB_2 或 SB_3 或 SB_4 或 SB_5，其常闭触点（1–3）或（3–5）或（5–7）或（7–9）或（9–11）断开，切断中间继电器 KA 线圈回路电源，KA 线圈断电释放，KA 的一组自锁触点（11–13）断开，解除自锁；KA 的另一组常开触点（1–15）断开，切断交流接触器 KM 线圈回路电源，KM 线圈断电释放，KM 三相主触点断开，电动机失电停止运转。

　　点动时，任意按住五个地方的点动按钮 SB_{11} 或 SB_{12} 或 SB_{13} 或 SB_{14} 或 SB_{15}，其常开触点（1–15）闭合，接通交流接触器 KM 线圈回路电源，KM 线圈得电吸合，KM 三相主触点闭合，电动机得电启动运转。松开被按住的点动按钮 SB_{11} 或 SB_{12} 或 SB_{13} 或 SB_{14} 或 SB_{15}，其常开触点（1–15）断开，切断交流接触器 KM 线圈回路电源，KM 线圈断电释放，KM 三相主触点断开，电动机失电停止运转。按住点动按钮 SB_{11}~SB_{15} 的时间长短即为电动机点动运转时间。

✛ 常见故障及排除方法

（1）按点动按钮SB$_{11}$~SB$_{15}$，交流接触器KM线圈得电吸合，电动机点动运转正常。按任意启动按钮SB$_6$~SB$_{10}$，中间继电器KA线圈吸合且能自锁，但交流接触器KM线圈不吸合，电动机不运转。此故障现象可能是由并联在点动按钮SB$_{11}$~SB$_{15}$两端的KA常开触点（1–15）损坏闭合不了或与此相关的1#线、15#线脱落所致。经检查，是KA常开触点（1–15）损坏所致。更换新品后，故障排除。

（2）按启动按钮SB$_6$~SB$_{10}$时，控制回路断路器QF$_2$动作跳闸。此故障原因为交流接触器KM线圈短路损坏，或13#线与2#线、13#线与4#线相碰。经检查，确为13#线与2#线碰在一块了。恢复接线后，故障排除。

✛ 电路接线（图99）

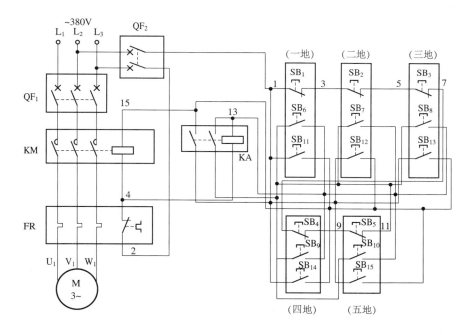

图99　单向启动、停止、点动五地控制电路（一）接线图

电路 47　单向启动、停止、点动五地控制电路（二）

✤ 应用范围

本电路适用于任何控制场合。

✤ 工作原理（图100）

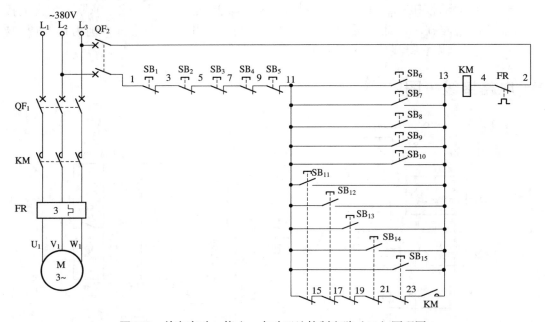

图100　单向启动、停止、点动五地控制电路（二）原理图

图100中，SB_6为一地启动按钮，SB_{11}为一地点动按钮，SB_1为一地停止按钮；SB_7为二地启动按钮，SB_{12}为二地点动按钮，SB_2为二地停止按钮；SB_8为三地启动按钮，SB_{13}为三地点动按钮，SB_3为三地停止按钮；SB_9为四地启动按钮，SB_{14}为四地点动按钮，SB_4为四地停止按钮；SB_{10}为五地启动按钮，SB_{15}为五地点动按钮，SB_5为五地停止按钮。

启动时，任意按下一地~五地启动按钮SB_6~SB_{10}，其常开触点（11-13）闭合，接通交流接触器KM线圈回路电源，KM线圈得电吸合且KM辅助常开触点（13-23）闭合自锁，KM三相主触点闭合，电动机得电启动运转，从而实现五个地方的任意启动。

点动时，任意按下一地~五地点动按钮SB_{11}~SB_{15}不放手，其各自的常闭触点［一地（11-15）、二地（15-17）、三地（17-19）、四地（19-21）、五地（21-23）］断开，切断KM自锁回路，使KM线圈不能自锁，实现点动操作。在任意按下一地~五地点动按钮SB_{11}~SB_{15}时，其各自的常开触点（11-13）闭合，接通交流接触器KM线圈回路电源，KM线圈得电吸合，KM三相主触点闭合，电动机得电启动运转。松开被按下的启动按钮SB_{11}~SB_{15}，其触点恢复原始状态，SB_{11}~SB_{15}常开触点（11-13）断开，切断交流接触器KM线圈回路电源，KM线圈断电释放，KM三相主触点断开，电动机失电停止运转，从而实现点动控制。按住点动按钮SB$_{11}$~SB$_{15}$的时间长短即为电动机点动运转时间。

　　停止时，任意按下一地停止按钮SB$_1$（1–3）或二地停止按钮SB$_2$（3–5）或三地停止按钮SB$_3$（5–7）或四地停止按钮SB$_4$（7–9）或五地停止按钮SB$_5$（9–11），其各自的常闭触点（1–3或3–5或5–7或7–9或9–11）断开，切断交流接触器KM线圈回路电源，KM线圈断电释放，KM三相主触点断开，电动机失电停止运转。

✤ 常见故障及排除方法

　　（1）按所有启动按钮SB$_6$~SB$_{10}$或所有点动按钮SB$_{11}$~SB$_{15}$均无反应，交流接触器线圈不工作。用螺丝刀顶一下交流接触器KM的可动部分，KM能吸合自锁，电动机得电运转，按停止按钮SB$_1$~SB$_5$均能将其停止下来。根据上述故障分析，启动按钮SB$_6$~SB$_{10}$、点动按钮SB$_{11}$~SB$_{15}$都损坏的可能性很小，极有可能是11#线、13#线的公共连接处断线或脱落。经检查，是11#线脱落，造成所有启动按钮及所有点动按钮不工作。恢复11#线后，故障排除。

　　（2）按所有启动按钮SB$_6$~SB$_{10}$或所有点动按钮SB$_{11}$~SB$_{15}$均无反应，交流接触器线圈不工作，用万用表测控制回路断路器QF$_2$下端电源380V正常。用螺丝刀顶一下交流接触器KM的可动部分，KM线圈不能吸合。此故障原因可能是停止按钮SB$_1$（1–3）、SB$_2$（3–5）、SB$_3$（5–7）、SB$_4$（7–9）、SB$_5$（9–11）损坏，交流接触器KM线圈断路，热继电器FR过载动作了或触点损坏闭合不了，以及相关连接线1#线、3#线、5#线、7#线、9#线、11#线、13#线、2#线、4#线脱落。经检查是三地停止按钮SB$_3$上的7#线脱落所致。将7#线正确接好后，故障排除。

✤ 电路接线（图101）

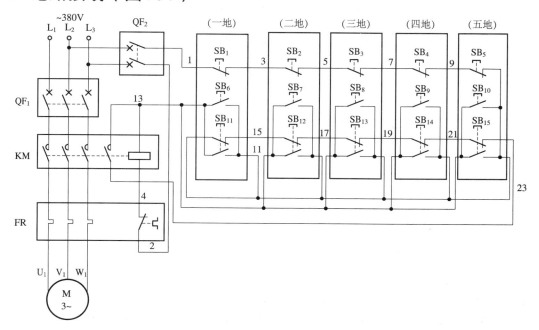

图101　单向启动、停止、点动五地控制电路（二）接线图

电路 48　可逆点动与启动混合控制电路（一）

✦ 应用范围

本电路可应用于各种正反转控制的生产机械设备。

✦ 工作原理（图102）

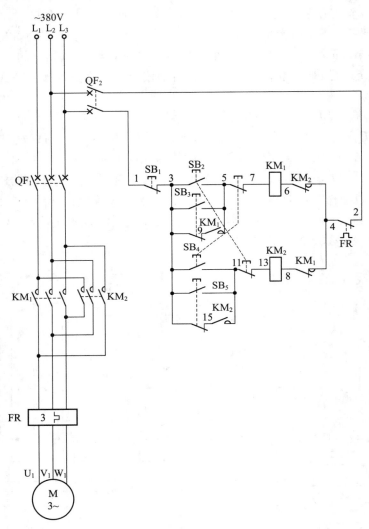

图102　可逆点动与启动混合控制电路（一）原理图

正转启动时，按下正转启动按钮SB₂，SB₂的一组串联在交流接触器KM₂线圈回路中的常闭触点（11–13）断开，起到按钮常闭触点互锁作用，同时，SB₂的另一组常开触点（3–5）闭合，交流接触器KM₁线圈得电吸合且KM₁辅助常开触点（5–9）闭合自锁，KM₁三相主触点闭合，电动机得电正转连续运转。在KM₁线圈得电吸合时，KM₁串联在交流接触器KM_2线圈回路中的辅助常闭触点（4-8）断开，起到接触器常闭触点互锁作用。

正转停止时，按下停止按钮SB_1（1-3），交流接触器KM_1线圈断电释放，KM_1三相主触点断开，电动机失电正转停止运转。正转点动时，按下正转点动按钮SB_3，SB_3的一组常闭触点（3-9）断开，切断交流接触器KM_1的自锁回路，使其不能自锁，同时SB_3的另一组常开触点（3-5）闭合，接通正转交流接触器KM_1线圈回路电源，KM_1线圈得电吸合，KM_1三相主触点闭合，电动机得电正转启动运转；松开正转点动按钮SB_3，正转交流接触器KM_1线圈断电释放，KM_1三相主触点断开，电动机失电停止运转，从而完成正转点动工作。

反转启动时，按下反转启动按钮SB_4，SB_4的一组串联在交流接触器KM_1线圈回路中的常闭触点（5-7）断开，起到按钮常闭触点互锁作用，同时SB_4的另一组常开触点（3-11）闭合，交流接触器KM_2线圈得电吸合且KM_2辅助常开触点（11-15）闭合自锁，KM_2三相主触点闭合，电动机得电反转连续运转。在KM_2线圈得电吸合时，KM_2串联在交流接触器KM_1线圈回路中的辅助常闭触点（4-6）断开，起到接触器常闭触点互锁作用。

反转停止时，按下停止按钮SB_1（1-3），交流接触器KM_2线圈断电释放，KM_2三相主触点断开，电动机失电反转停止运转。反转点动时，按下反转点动按钮SB_5，SB_5的一组常闭触点（3-15）断开，切断交流接触器KM_2的自锁回路，使其不能自锁，同时SB_5的另一组常开触点（3-11）闭合，接通反转交流接触器KM_2线圈回路电源，KM_2线圈得电吸合，KM_2三相主触点闭合，电动机得电反转启动运转；松开反转点动按钮SB_5，反转交流接触器KM_2线圈断电释放，KM_2三相主触点断开，电动机失电停止运转，从而完成反转点动工作。

✦ 常见故障及排除方法

（1）正转启动运转正常，但正转无点动。从原理图分析，故障为正转点动按钮SB_3常开触点损坏所致。因正转点动按钮SB_3不起作用，使交流接触器KM_1线圈不动作，从而出现无点动状态。检查正转点动按钮SB_3常开触点是否正常，若不正常，更换同型号按钮即可。

（2）正转启动操作时为点动状态。从电路分析，此故障为正转点动按钮SB_3常闭触点损坏、正转交流接触器KM_1辅助常开自锁触点损坏闭合不了所致。因点动按钮SB_3常闭触点与交流接触器KM_1辅助常开自锁触点串联在一起，所以上述两个电气元件任意一处出现断路均会造成无法自锁，使电路为点动状态。

检修此故障非常简单，若怀疑SB_3有故障，可用短接法。短接按钮SB_3常闭触点后，按下按钮SB_2，电路即能正常工作，从而证明按钮SB_3有故障，此时更换按钮SB_3即可。至于自锁触点KM_1损坏，也可以用短接法试之（但要注意安全，最好断开主回路断路器QF_1，以保证电动机不能运转，从而保证操作者安全）。若短接交流接触器KM_1自锁常开触点后，交流接触器KM_1线圈能得电吸合动作，则故障为KM_1自锁常开触点损坏，更换新品即可。

✤ 电路接线（图103）

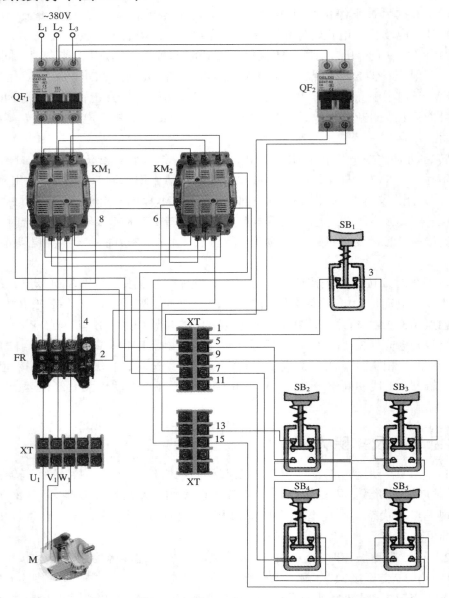

图103 可逆点动与启动混合控制电路（一）接线图

电路 49　可逆点动与启动混合控制电路（二）

✤ 应用范围

本电路可应用于各种正反转控制的生产机械设备。

✤ 工作原理（图104）

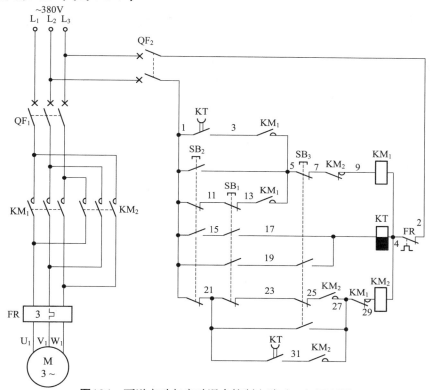

图104　可逆点动与启动混合控制电路（二）原理图

正转点动时，按下按钮SB$_2$不放手，SB$_2$的一组常闭触点（1–11）断开，切断自锁回路；SB$_2$的另一组常开触点（1–5）闭合，使交流接触器KM$_1$线圈得电吸合，KM$_1$三相主触点闭合，电动机得电正转启动运转。松开按钮SB$_2$，KM$_1$线圈断电释放，KM$_1$三相主触点断开，电动机失电正转停止运转，至此完成正转点动控制。

正转启动连续运转时，同时按下按钮SB$_1$和SB$_2$，SB$_2$的一组常开触点（1–5）闭合，接通了交流接触器KM$_1$线圈回路电源，KM$_1$线圈得电吸合，SB$_2$的另一组常闭触点（1–11）断开，使其不能自锁，KM$_1$的两组辅助常开触点（3–5、5–13）均闭合，为后续自锁做准备。因SB$_1$、SB$_2$均被按下，SB$_1$和SB$_2$串联的两组常开触点（1–15、15–17）闭合，接通了失电延时时间继电器KT线圈回路电源，KT线圈得电吸合，KT失电延时断开的常开触点（1–3）立即闭合，与早已闭合的KM$_1$辅助常开触点（3–5）组成临时过渡自锁回路，将KM$_1$线圈回路自锁起来，这样，KM$_1$三相主触点闭合，电动机得电正转启动运转。松开被按下的按钮SB₁和SB₂，SB₂的一组常闭触点（1–11）闭合，与早已闭合的KM₁辅助常开触点（5–13）组成运转后的自锁回路，此时KM₁线圈回路实际上具有两条自锁回路。在松开按钮SB₁和SB₂的同时，失电延时时间继电器KT线圈断电释放并开始延时，经过KT一段时间延时（2s）后，KT失电延时断开的常开触点（1–3）断开，将KM₁线圈的一路临时过渡自锁回路切除。至此，完成正转启动连续运转控制。

反转点动及反转启动连续运转控制过程与正转类似，请读者自行分析。

✛ 常见故障及排除方法

（1）同时按下SB₁和SB₂时，只有正转交流接触器KM₁线圈得电工作。此故障原因为点动按钮SB₂串联在KM₁自锁回路中的常闭触点（1–11）损坏断不开造成的。经检查，确为SB₂常闭触点损坏。更换新的点动按钮SB₂后，点动操作正常，故障排除。

（2）同时按下按钮SB₁和SB₂，启动操作变为点动操作了。现场查看KT线圈是否得电吸合，若KT线圈能得电吸合，则故障为失电延时时间继电器KT的一组失电延时断开的常开触点（1–3）损坏闭合不了，交流接触器KM₁辅助常开触点（3–5）损坏闭合不了，KT器件自身损坏，与此电路相关的1#线、3#线、5#线有松动脱落现象。经检查是接在KM₁自锁常开触点（3–5）上的3#线松动脱落。将3#线重新接好后，故障排除。

✛ 电路接线（图105）

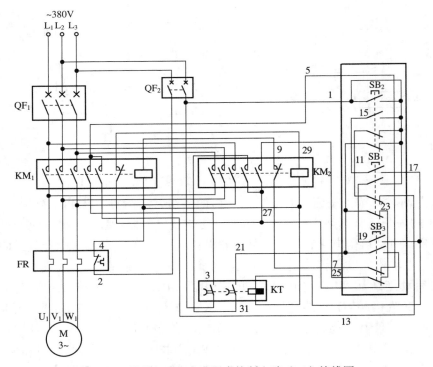

图105 可逆点动与启动混合控制电路（二）接线图

电路 50　可逆启动、停止、点动三地控制电路

✛ 应用范围

本电路适用于任何控制场合使用。

✛ 工作原理（图106）

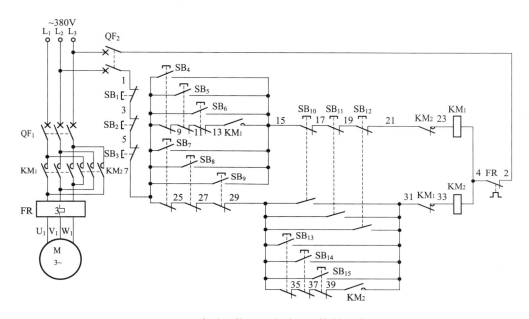

图106　可逆启动、停止、点动三地控制电路原理图

图106中，SB_4、SB_7、SB_{10}、SB_{13}、SB_1为一地正转启动、正转点动、反转启动、反转点动、停止按钮；SB_5、SB_8、SB_{11}、SB_{14}、SB_2为二地正转启动、正转点动、反转启动、反转点动、停止按钮；SB_6、SB_9、SB_{12}、SB_{15}、SB_3为三地正转启动、正转点动、反转启动、反转点动、停止按钮。

正转启动时，任意按下正转启动按钮SB_7~SB_9，其常闭触点（7–25或25–27或27–29）断开，切断反转回路，起互锁作用；其常开触点（7–15）闭合，接通正转交流接触器KM_1线圈回路电源，KM_1线圈得电吸合且KM_1辅助常开触点（13–15）闭合自锁；KM_1辅助常闭触点（31–33）断开，起互锁作用；KM_1三相主触点闭合，电动机得电正转启动运转。

正转点动时，任意按住正转点动按钮SB_4~SB_6，其常闭触点（7–9、9–11、11–13）断开，切断正转自锁回路；其常开触点（7–15）闭合，接通正转交流接触器KM_1线圈回路电源，KM_1线圈得电吸合，KM_1辅助常闭触点（31–33）断开，起互锁作用；KM_1辅助常开触点（13–15）闭合，此时为点动操作，闭合无效；KM_1三相主触点闭合，电动机得电正转启动运转。松开被按住的正转点动按钮SB_4~SB_6，所有触点恢复原始状态，其

常开触点（7-15）断开，切断正转交流接触器KM₁线圈回路电源，KM₁线圈断电释放，KM₁辅助常开触点（13-15）断开；KM₁三相主触点断开，电动机失电正转停止运转。与此同时，KM₁辅助常闭触点（31-33）闭合，解除互锁。按住SB₄~SB₆点动按钮的时间长短即为电动机正转运转时间。

反转启动、点动控制与正转类似，请读者自行分析。

✛ 常见故障及排除方法

（1）按下正转启动按钮后不长时间，交流接触器KM₁线圈就发出异味还冒烟。此故障原因为接触器线圈质量不好、使用的接触器线圈与电源电压不符。经检查交流接触器线圈是220V，所以接到380V电源上后冒烟烧毁。更换380V线圈后，故障排除。

（2）按下正转或反转按钮后，均为正转运转。此故障原因是主回路反转交流接触器KM₂三相主触点有两相未倒相。将接线倒相后，故障排除。

✛ 电路接线（图107）

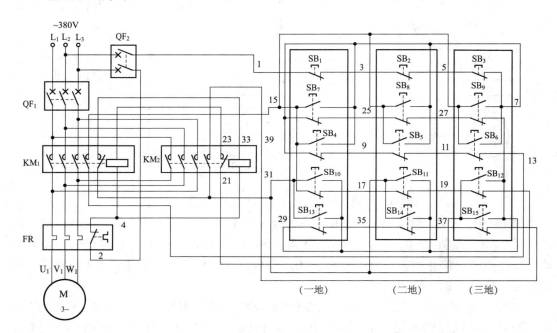

图107 可逆启动、停止、点动三地控制电路接线图

电路 51　可逆启动、停止、点动四地控制电路

✣ 应用范围

本电路适用于任何控制场合使用。

✣ 工作原理（图108）

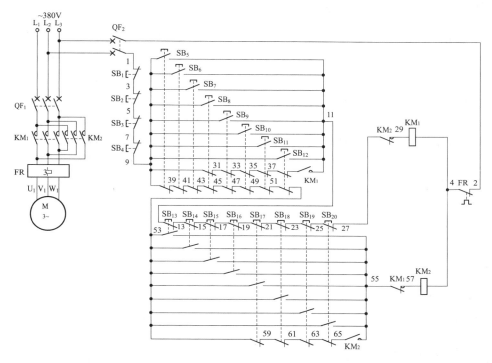

图108　可逆启动、停止、点动四地控制电路原理图

正转启动时，任意按下正转启动按钮SB$_5$或SB$_6$或SB$_7$或SB$_8$，SB$_5$的一组常闭触点（9–39）或SB$_6$的一组常闭触点（39–41）或SB$_7$的一组常闭触点（41–43）或SB$_8$的一组常闭触点（43–45）断开，切断反转交流接触器KM$_2$线圈回路电源，起互锁作用；在任意按下正转启动按钮SB$_5$或SB$_6$或SB$_7$或SB$_8$的同时，SB$_5$或SB$_6$或SB$_7$或SB$_8$的另一组常开触点（9–11、9–11、9–11、9–11）闭合，接通正转交流接触器KM$_1$线圈回路电源，KM$_1$线圈得电吸合且KM$_1$辅助常开触点（11–37）闭合自锁，KM$_1$三相主触点闭合，电动机得电正转启动运转。与此同时，KM$_1$辅助常闭触点（55–57）断开，起互锁作用。

正转点动时，任意按住正转点动按钮SB$_9$或SB$_{10}$或SB$_{11}$或SB$_{12}$不松手，SB$_9$的一组常闭触点（9–31）或SB$_{10}$的一组常闭触点（31–33）或SB$_{11}$的一组常闭触点（33–35）或SB$_{12}$的一组常闭触点（35–37）断开，切断正转交流接触器KM$_1$的自锁回路，使其不能形成自锁回路，实现正转点动控制；在任意按住正转点动按钮SB$_9$或SB$_{10}$或SB$_{11}$或SB$_{12}$不松手的同时，其常开触点（9–11或9–11或9–11或9–11）闭合，接通正转交流接触器

KM₁线圈回路电源，KM₁线圈得电吸合，KM₁三相主触点闭合，电动机得电正转启动运转。松开被按住的正转点动按钮SB₉或SB₁₀或SB₁₁或SB₁₂，其所有触点恢复原始状态，其常开触点（9–11或9–11或9–11或9–11）断开，切断正转交流接触器KM₁线圈回路电源，KM₁线圈断电释放，KM₁三相主触点断开，电动机失电正转停止运转，从而实现正转点动运转。任意按住正转点动按钮SB₉或SB₁₀或SB₁₁或SB₁₂的时间长短即为正转点动运转时间。

反转启动及反转点动控制与正转类似，请读者自行分析。

✛ 常见故障及排除方法

（1）正转启动、点动停止全部正常，但反转启动也成为反转点动了。此故障范围在53#线与55#线之间，也就是说，SB₁₇~SB₂₀的任意一组常闭触点损坏或53#线脱落或55#线脱落或KM₂自锁触点损坏均会出现上述故障。经检查，是SB₂₀的常闭触点（63–65）损坏，更换新品，故障排除。

（2）正转启动后，按停止无效，无法停机；按正转点动后，电动机不停止仍继续运转，过几分钟后电动机自动停止运转。反复试之多次，情况基本相同。此故障是正转交流接触器KM₁铁心极面有油污造成其延缓释放所致。经检查，确为此故障，更换新品，故障排除。

✛ 电路接线（图109）

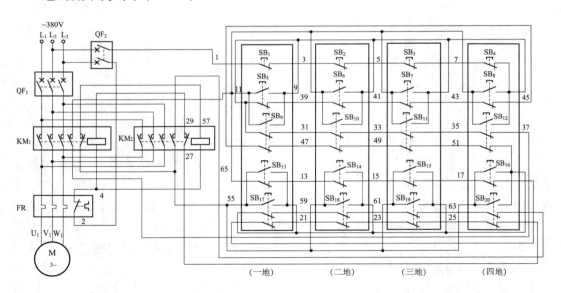

图109 可逆启动、停止、点动四地控制电路接线图

电路 52 　甲乙两地同时开机控制电路

✤ 应用范围

本电路适用于任何要求两地同时开机的控制设备，如较长的生产线。

✤ 工作原理（图110）

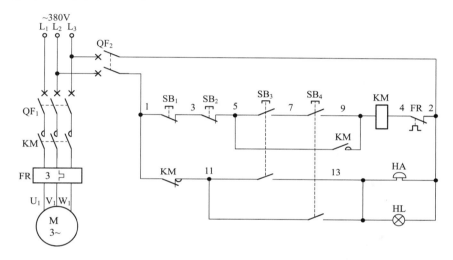

图110 　甲乙两地同时开机控制电路原理图

在甲地按下启动按钮SB₃不放手，SB₃的一组常开触点（5-7）闭合，为乙地启动时按下启动按钮SB₄同时开机做准备；SB₃的另一组常开触点（11-13）闭合，接通预警电铃HA、预警灯HL回路电源，预警电铃HA响，预警灯HL亮，以告知乙地需同时开机。当乙地听到或看到甲地发出的预警信号后，按下乙地启动按钮SB₄，SB₄的一组常开触点（7-9）闭合。SB₃、SB₄的两组常开触点（5-7、7-9）均闭合时，接通交流接触器KM线圈回路电源，交流接触器KM线圈得电吸合且KM辅助常开触点（5-9）闭合自锁，KM三相主触点闭合，电动机得电启动运转。

停止时，任意按下停止按钮SB₁或SB₂，其常闭触点（1-3或3-5）断开，切断交流接触器KM线圈回路电源，KM线圈断电释放，KM三相主触点断开，电动机失电停止运转。

✤ 常见故障及排除方法

（1）甲地按下启动按钮SB₃时，预警电铃HA响、预警灯HL不亮。根据以上故障结合电气原理图分析，故障肯定是乙地启动按钮SB₄的另一组常开触点损坏闭合不了，或与此电路相关的11#线、13#线松动脱落了。经检查是乙地启动按钮SB₄的另一组常开触点上的13#线松动脱落所致。将脱落导线恢复接线后试之，乙地启动按钮SB₄按下时，预警电铃HA响、预警灯HL亮，电路恢复正常，故障排除。

（2）两地启动按钮SB₃、SB₄均按下时，预警电铃HA响、预警灯HL亮，但交流接触器KM线圈不能得电吸合，电动机不转。根据以上故障结合电气原理图分析，故障可能为甲地停止按钮SB$_1$常闭触点（1-3）损坏断路，乙地停止按钮SB$_2$常闭触点（3-5）损坏断路，甲地启动按钮SB$_3$常开触点（5-7）损坏闭合不了，乙地启动按钮SB$_4$常开触点（7-9）损坏闭合不了，交流接触器KM线圈损坏，热继电器FR控制常闭触点（2-4）动作了或损坏断路。经检查是交流接触器KM线圈损坏所致。更换新交流接触器后试之，电路恢复正常，故障排除。

✣ 电路接线（图111）

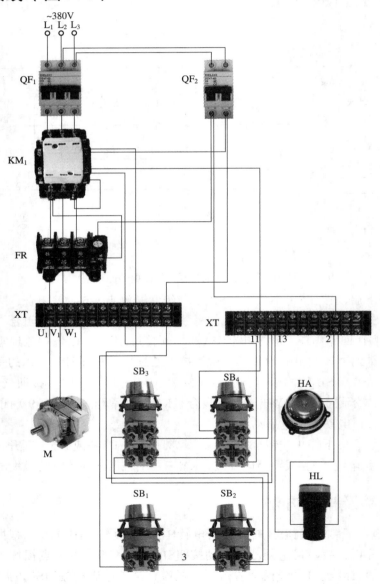

图111　甲乙两地同时开机控制电路接线图

电路 53　多台电动机同时启动控制电路

✤ **应用范围**

本电路适用于生产线，需要不同组合的启动、停止控制。

✤ **工作原理（图112）**

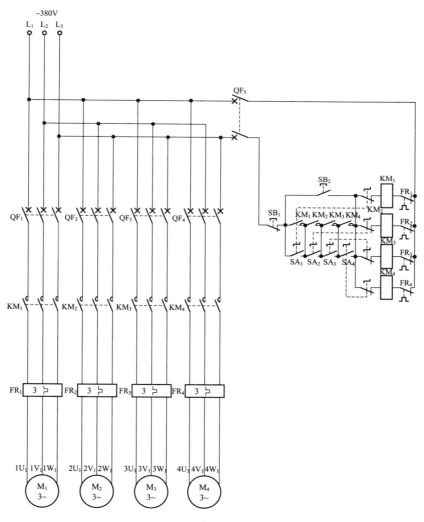

图112　多台电动机同时启动控制电路原理图

复合预选开关SA₁常闭触点断开、常开触点闭合，交流接触器KM₂、KM₃、KM₄线圈得电吸合，KM₂、KM₃、KM₄辅助常开触点闭合自锁，KM₂、KM₃、KM₄各自的三相主触点闭合，电动机M₂、M₃、M₄同时得电启动运转。

复合预选开关SA₂常闭触点断开、常开触点闭合，交流接触器KM₁、KM₃、KM₄线圈得电吸合，KM_1、KM_3、KM_4辅助常开触点闭合自锁，KM_1、KM_3、KM_4各自的三相主触点闭合，电动机M_1、M_3、M_4同时得电启动运转。

　　复合预选开关SA_3常闭触点断开、常开触点闭合，交流接触器KM_1、KM_2、KM_4线圈得电吸合，KM_1、KM_2、KM_4辅助常开触点闭合，KM_1、KM_2、KM_4各自的三相主触点闭合，电动机M_1、M_2、M_4同时得电启动运转。

　　复合预选开关SA_4常闭触点断开、常开触点闭合，交流接触器KM_1、KM_2、KM_3线圈得电吸合，KM_1、KM_2、KM_3辅助常开触点闭合，KM_1、KM_2、KM_3各自的三相主触点闭合，电动机M_1、M_2、M_3同时得电启动运转。

　　复合预选开关SA_1、SA_2常闭触点断开、常开触点闭合，交流接触器KM_3、KM_4线圈得电吸合，KM_3、KM_4辅助常开触点闭合自锁，KM_3、KM_4各自的三相主触点闭合，电动机M_3、M_4同时得电启动运转。

　　复合预选开关SA_1、SA_3常闭触点断开、常开触点闭合，交流接触器KM_2、KM_4线圈得电吸合，KM_2、KM_4辅助常开触点闭合，KM_2、KM_4各自的三相主触点闭合，电动机M_2、M_4同时得电启动运转。

　　复合预选开关SA_1、SA_4常闭触点断开、常开触点闭合，交流接触器KM_2、KM_3线圈得电吸合，KM_2、KM_3辅助常开触点闭合自锁，KM_2、KM_3各自的三相主触点闭合，电动机M_2、M_3同时得电启动运转。

　　复合预选开关SA_2、SA_3断开，交流接触器KM_1、KM_4线圈得电吸合，KM_1、KM_4辅助常开触点闭合自锁，KM_1、KM_4各自的三相主触点闭合，电动机M_1、M_4同时得电启动运转。

　　复合预选开关SA_2、SA_4断开，交流接触器KM_1、KM_3线圈得电吸合，KM_1、KM_3辅助常开触点闭合自锁，KM_1、KM_3各自的三相主触点闭合，电动机M_1、M_3同时得电启动运转。

　　复合预选开关SA_3、SA_4断开，交流接触器KM_1、KM_2线圈得电吸合，KM_1、KM_2辅助常开触点闭合自锁，KM_1、KM_2各自的三相主触点闭合，电动机M_1、M_2同时得电启动运转。

　　复合预选开关SA_1、SA_2、SA_3断开，交流接触器KM_4线圈得电吸合，KM_4辅助常开触点闭合自锁，KM_4三相主触点闭合，电动机M_4得电启动运转。

　　复合预选开关SA_1、SA_2、SA_4断开，交流接触器KM_3线圈得电吸合，KM_3辅助常开触点闭合自锁，KM_3三相主触点闭合，电动机M_3得电启动运转。

　　复合预选开关SA_2、SA_3、SA_4断开，交流接触器KM_1线圈得电吸合，KM_1辅助常开触点闭合自锁，KM_1三相主触点闭合，电动机M_1得电启动运转。

　　复合预选开关SA_1、SA_3、SA_4断开，交流接触器KM_2线圈得电吸合，KM_2辅助常开触点闭合自锁，KM_2三相主触点闭合，电动机M_2得电启动运转。

　　复合预选开关SA_1、SA_2、SA_3、SA_4常闭触点都闭合，常开触点都断开，交流接触器KM_1、KM_2、KM_3、KM_4线圈得电吸合，KM_1、KM_2、KM_3、KM_4辅助常开触点闭合自锁，KM_1、KM_2、KM_3、KM_4各自的三相主触点闭合，电动机M_1、M_2、M_3、M_4得电启动运转。

在实际使用时，只要事先将不需要运转的相应复合预选开关拨至接通位置，那么该编号的交流接触器线圈回路就被切断，该回路所控电动机就无法得电工作了。这样，只要操作启动按钮SB_2，你所预置的电动机组合运转方式就能实现。

✤ 常见故障及排除方法

（1）按启动按钮SB_2无反应（控制回路电源正常）。从电路可以分析，若控制回路电源正常，则故障原因为所用预选开关均设置在接近位置上了，属于设置错误；停止按钮SB_1接触不良或断路；启动按钮自身接触不良、闭合不了或连线脱落。对于第一种原因，恢复任意一只预选开关就可以证明电路是否正常，将预选开关拨回哪一只，哪一路交流接触器线圈就应能吸合；对于第二种原因，更换停止按钮SB_1即可；对于第三种原因，检查启动按钮SB_2连线是否有脱落并接好，若是按钮损坏则必须更换新品。

（2）预选开关SA_1设置在接通位置时，交流接触器KM_1线圈不受控制。此故障一般情况下是预选开关SA_1常闭触点损坏断不开所致。更换一只新器件试之。

（3）将预选开关SA_2接通，交流接触器KM_2线圈能被切断，但按动启动按钮SB_2后为点动状态。预选开关SA_2未转换之前是正常的，说明电路正常，当预选开关SA_2转换后，电路出现故障自锁不了，说明故障为并联在KM_2自锁触点上的预选开关常开触点损坏。用万用表检查SA_2常开触点处于闭合位置时电路是否处于接通状态，若不是应予以更换，排除故障。

（4）预选开关不能对应各交流接触器进行控制。此故障原因可能是接线错误或混线所致。重新一一对应连接，即可排除故障。

（5）按启动按钮SB_2为点动状态（预选开关$SA_1 \sim SA_4$全部处于断开状态），将预选开关分别处于接通状态时仍为点动。造成此故障的原因为：自锁回路连线脱落；有一只交流接触器自锁触点闭合不了，同时对应预选开关常开触点又损坏（此故障现象不常见）。对于第一种原因，用万用表检查自锁回路连接线是否有松动、接触不良或脱落，重新接好即可；对于第二种原因，可用万用表先分别测试预选开关$SA_1 \sim SA_4$常开触点是否正常闭合，若有的不能闭合，再用万用表检查该预选开关所对应的交流接触器辅助常开自锁触点是否正常，若不正常，故障就确定了，加以排除即可。如预选开关$SA_1 \sim SA_4$分别对应交流接触器$KM_1 \sim KM_4$常开自锁触点，也就是检查与预选开关常开触点并联的那只交流接触器自锁触点。

✤ 电路接线（图113）

多台电动机同时启动控制电路接线见下页图113。

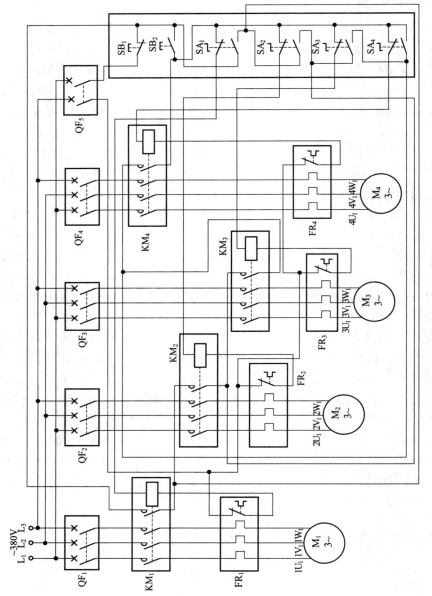

图113　多台电动机同时启动控制电路接线图

两只按钮同时按下启动、分别按下停止的单向启停控制电路

✛ 应用范围

　　本电路具有保密开机控制，安全性高，任意按下一只按钮可停止，方便实用。可用于一些安全性要求较高的场所。

✛ 工作原理（图114）

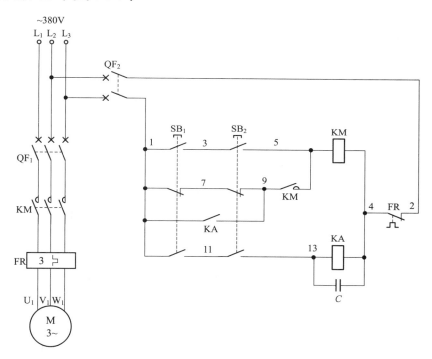

图114　两只按钮同时按下启动、分别按下停止的单向启停控制电路原理图

　　启动时，同时按下两只按钮SB_1、SB_2，交流接触器KM和中间继电器KA线圈均得电吸合，KA常开触点（1-9）闭合，与KM辅助常开触点（5-9）闭合共同自锁，此时，即使松开按钮SB_1、SB_2，由于KA线圈仍吸合着，KA常开触点（1-9）仍继续将SB_1、SB_2的两只常闭触点（1-7、7-9）短接起来，所以KM线圈仍继续吸合自锁工作，1~2s后，电容器C上的电能耗尽，KA线圈断电释放，KA常开触点（1-9）断开，解除对SB_1、SB_2常闭触点的短接，为允许任意按下SB_1或SB_2进行停止操作做准备。与此同时，KM三相主触点闭合，电动机得电启动运转。

　　欲停止时，任意按下按钮SB_1或SB_2，其串联在KM自锁回路中的常闭触点（1-7、7-9）断开，切断了KM线圈的回路电源，KM线圈断电释放，KM三相主触点断开，电动

机失电停止运转。

✦ 常见故障及排除方法

（1）两只按钮同时按下时，电动机能启动运转；但两只按钮松开后，电动机便停止运转，启动操作改为点动操作了。从上述情况看，此故障原因为电容器C损坏，或与其相关的连线脱落。经检查，电容器与KA线圈并联的13#线松动脱落。恢复13#线接线后，恢复自锁功能，故障排除。

（2）交流接触器KM线圈一吸合，控制回路断路器F$_2$就动作跳闸。断开QF$_2$后再合上，正常。将QF$_2$下端负载线去掉，外接一只500W左右的用电器试之，一合QF$_2$即跳闸，QF$_2$额定电流10A，说明QF$_2$自身有问题。更换一只同型号断路器后，故障排除。

✦ 电路接线（图115）

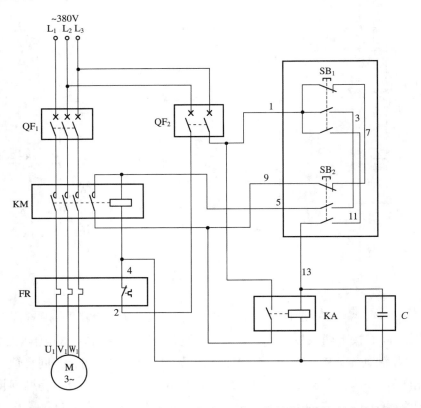

图115　两只按钮同时按下启动、分别按下停止的单向启停控制电路接线图

电路 55　带热继电器过载保护的点动控制电路

✤ 应用范围

本电路多用于实现寸动作用的设备及场合，如车床的快速进给，纺织印染的布匹找头等。

✤ 工作原理（116）

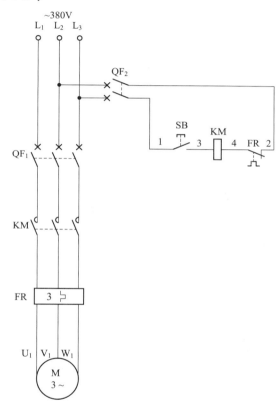

图116　带热继电器过载保护的点动控制电路原理图

本电路的工作原理与单向点动控制电路基本相同，仅有一点不同就是带有热继电器作为电动机过载保护。可以这样讲，该电路在所有点动电路中设计上是最合理、安全性是最可靠的。它不但具有短路保护QF₁、QF₂，还带有过载保护。当电动机过载时，热继电器FR内双金属片受热弯曲，推动常闭触点动作断开控制回路，可以保护电动机不会因过载而烧坏。

✤ 常见故障及排除方法

（1）按下按钮SB无反应。故障原因为按钮SB接触不良或损坏，交流接触器KM线圈断路，热继电器FR常闭触点接触不良或断路，控制回路相关连线脱落。

（2）按下按钮SB，交流接触器KM线圈得电吸合，松开按钮SB后，交流接触器KM不释放或待一会儿释放。此故障为交流接触器KM铁心极面有油脂而造成其释放缓慢。

（3）按下按钮SB时，控制回路断路器QF$_2$跳闸。其主要原因是KM线圈短路。

（4）断路器QF$_2$断开，一合断路器QF$_1$，电动机立即运转。此故障原因为交流接触器KM三相主触点粘连，交流接触器KM机械部分卡住，交流接触器铁心极面有油脂而造成其不释放。

✥ 电路接线（图117）

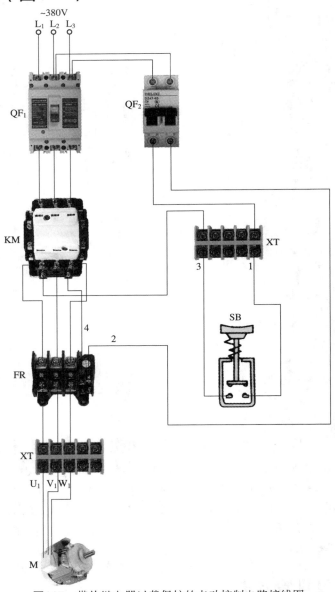

图117　带热继电器过载保护的点动控制电路接线图

电路 56 低速脉动控制电路

✛ 应用范围

本电路可用于机床对刀、变速等场合。

✛ 工作原理（图118）

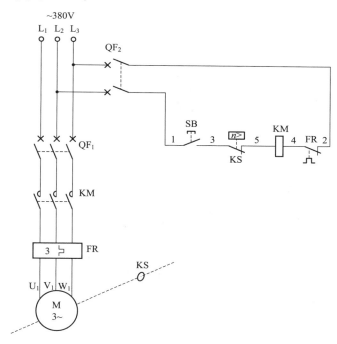

图118 低速脉动控制电路原理图

　　需工作时，按下控制按钮SB，交流接触器KM线圈得电吸合，其三相主触点闭合，电动机得电启动运转。当电动机转速瞬时上升至速度继电器KS动作值（转速大于120r/min）时，速度继电器KS常闭触点断开，切断了交流接触器KM线圈回路电源，交流接触器KM线圈断电释放，其三相主触点断开，电动机失电停止运转；当电动机的转速下降至小于100r/min时，速度继电器KS常闭触点恢复常闭状态，此时（操作者的手仍按住控制按钮SB不放），交流接触器KM线圈重新得电吸合，其三相主触点闭合，电动机再次启动运转起来了。如此重复下去，从而使电动机在通、断、通、断的状态下低速脉动运转，完成低速脉动控制。

✛ 常见故障及排除方法

　　（1）按动按钮SB，电动机不工作。检查点动按钮SB、速度继电器常闭触点KS、交流接触器KM线圈、热继电器常闭触点FR是否出现断路现象，并加以排除。

（2）按住按钮SB不放，电动机一直运转不停。此故障为速度继电器常闭触点KS断不开所致，更换速度继电器即可。

（3）按下按钮SB的时间要短要快，即按即松。若按下按钮SB时间过长，再松开SB，电动机不停止，全速工作，此故障通常为交流接触器铁心极面有油污造成交流接触器延时释放所致，遇到此问题，最好更换新品，若无新品，则可将交流接触器拆开，用干布或细砂纸将交流接触器动、静铁心极面处理干净。

✤ **电路接线（图119）**

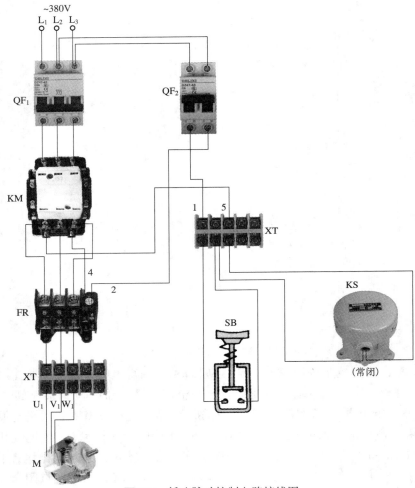

图119 低速脉动控制电路接线图

电路 57　只有按钮互锁的可逆点动控制电路

✤ 应用范围

本电路适用于任何场合，如消防卷帘门、电动伸缩门、升降设备等。

✤ 工作原理（图120）

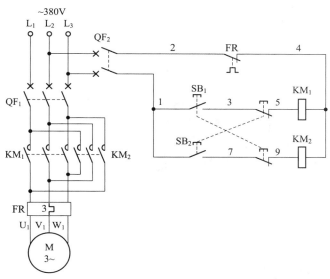

图120 只有按钮互锁的可逆点动控制电路原理图

正转点动时，按下正转点动按钮SB_1，SB_1的一组串联在反转交流接触器KM_2线圈回路中的常闭触点（7-9）断开，起到互锁作用，SB_1的另一组常开触点（1-3）闭合，正转交流接触器KM_1线圈得电吸合，KM_1三相主触点闭合，电动机得电正转启动运转；松开正转点动按钮SB_1（1-3），正转交流接触器KM_1线圈断电释放，KM_1三相主触点断开，电动机失电正转停止运转。

反转点动时，按下反转点动按钮SB_2，控制过程与正转类似，请读者自行分析。

✤ 常见故障及排除方法

（1）出现相间短路问题。解决方法是尽量减少点动操作频率，防止主触点熔焊。另外对于交流接触器延时释放问题，可经常对交流接触器的动、静铁心极面进行检查，以防有油污而造成上述问题。

注意：交流接触器出现自身机械卡住故障时，也会出现上述问题。

（2）按动正转点动按钮SB_1或反转点动按钮SB_2，电动机均发出"嗡嗡"声而不运转。此故障为电源缺相所致，从电路中分析，正转交流接触器KM_1、反转交流接触器KM_2同时出现缺相的可能性不大，应重点检查电源进线L_1、L_2、L_3和主回路断路器QF_1，以及两只交流接触器下端至电动机公共部分是否有缺相现象，并加以排除。

✥ 电路接线（图121）

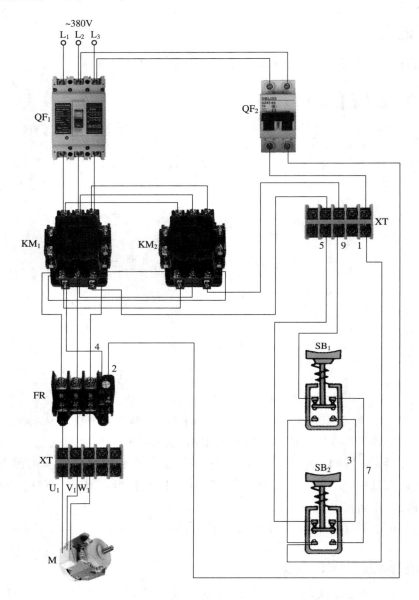

图121 只有按钮互锁的可逆点动控制电路接线图

电路 58　只有按钮互锁的可逆点动五地控制电路

❖ 应用范围

本电路适用于任何控制场合，如升降设备。

❖ 工作原理（图122）

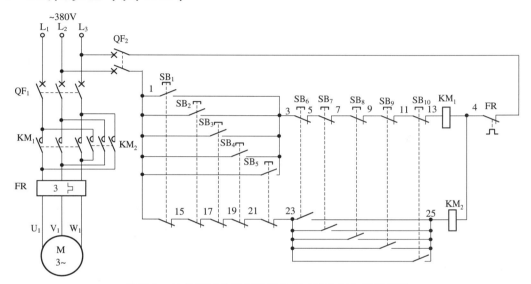

图122　只有按钮互锁的可逆点动五地控制电路原理图

图122中，SB_1、SB_6为一地正转点动、反转点动按钮；SB_2、SB_7为二地正转点动、反转点动按钮；SB_3、SB_8为三地正转点动、反转点动按钮；SB_4、SB_9为四地正转点动、反转点动按钮；SB_5、SB_{10}为五地正转点动、反转点动按钮。

正转点动时，任意按住正转点动按钮SB_1~SB_5，其一组常闭触点（1–15或15–17或17–19或19–21或21–23）断开，切断反转交流接触器KM_2线圈回路电源，起按钮常闭触点互锁作用；其另一组常开触点（1–3）闭合，接通正转交流接触器KM_1线圈回路电源，KM_1线圈得电吸合，KM_1三相主触点闭合，电动机得电正转启动运转。松开被按住的正转点动按钮SB_1~SB_5，其所有触点恢复原始状态，常闭触点（1–15或15–17或17–19或19–21或21–23）闭合，解除对KM_2线圈的互锁作用；常开触点（1–3）断开，切断正转交流接触器KM_1线圈回路电源，KM_1三相主触点断开，电动机失电正转停止运转。按住SB_1~SB_5正转点动按钮的时间长短即为电动机正转点动运转时间。

反转点动时，任意按住反转点动按钮SB_6~SB_{10}，其一组常闭触点（3–5或5–7或7–9或9–11或11–13）断开，切断正转交流接触器KM_1线圈回路电源，起按钮常闭触点互锁作用；其另一组常开触点（23–25）闭合，接通反转交流接触器KM_2线圈回路电源，KM_2线圈得电吸合，KM_2三相主触点闭合，电动机得电反转启动运转。松开被按住的反转点动按钮SB_6~SB_{10}，其所有触点恢复原始状态，常闭触点（1–15或15–17或17–19或

19-21或21-23）闭合，解除对KM₁线圈的互锁作用；常开触点（23-25）断开，切断反转交流接触器KM₂线圈回路电源，KM₂三相主触点断开，电动机失电反转停止运转。按住SB₆~SB₁₀反转点动按钮的时间长短即为电动机反转点动运转时间。

✤ 常见故障及排除方法

（1）电动机过载发热，外壳温度很高，有异味，但电动机仍运转不停止。此故障原因为，热继电器FR损坏控制触点断不开，热继电器电流设置过大，交流接触器铁心极面脏污释放缓慢，交流接触器触点粘连，交流接触器可动部分卡住。经检查，是热继电器电路设置过大，几乎设置为最大值，与电动机额定电流相差很大，所以热继电器不动作。重新设置电流值并找出过载的原因加以解决。

（2）合上断路器QF₁、QF₂后，按正转或反转所有按钮均无反应。此故障可能是断路器QF₂损坏，热继电器FR控制常闭触点损坏闭合不了，1#线、2#线、4#线脱落，电源无电。经检查为L₃相无电。L₃相恢复正常后，故障排除。

✤ 电路接线（图123）

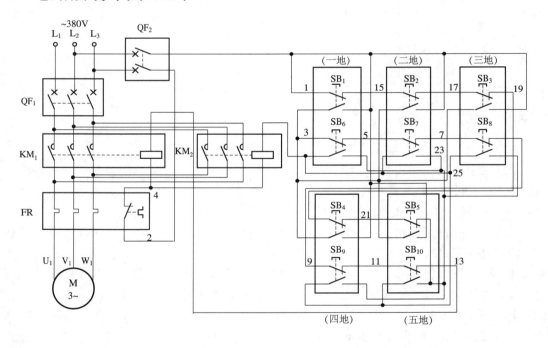

图123　只有按钮互锁的可逆点动五地控制电路接线图

电路 59　只有接触器辅助常闭触点互锁的可逆点动控制电路

✦ 应用范围

本电路适用于任何场合，如消防卷帘门、电动伸缩门、升降设备等。

✦ 工作原理（图124）

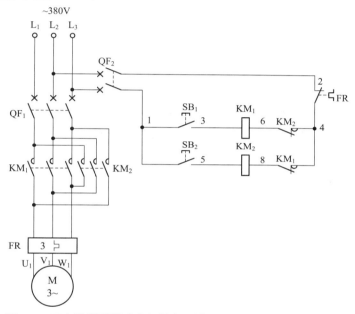

图124　只有接触器辅助常闭触点互锁的可逆点动控制电路原理图

正转点动时，按下正转点动按钮SB$_1$（1–3），正转交流接触器KM$_1$线圈得电吸合，KM$_1$三相主触点闭合，电动机得电正转启动运转；在KM$_1$线圈得电吸合的同时，KM$_1$串联在KM$_2$线圈回路中的辅助常闭触点（4–8）断开，起互锁作用；松开正转点动按钮SB$_1$（1–3），正转交流接触器KM$_1$线圈断电释放，KM$_1$三相主触点断开，电动机失电正转停止运转。

反转点动时，按下反转点动按钮SB$_2$（1–5），反转交流接触器KM$_2$线圈得电吸合，KM$_2$三相主触点闭合，电动机得电反转启动运转；在KM$_2$线圈得电吸合的同时，KM$_2$串联在KM$_1$线圈回路中的辅助常闭触点（4–6）断开，起互锁作用；松开反转点动按钮SB$_2$（1–5），反转交流接触器KM$_2$线圈断电释放，KM$_2$三相主触点断开，电动机失电反转停止运转。

✦ 常见故障及排除方法

（1）按动正转点动按钮SB$_1$，交流接触器KM$_1$线圈不吸合，无反应。此故障原因可能为交流接触器KM$_1$线圈断路或连线脱落，互锁触点KM$_2$损坏开路或接触不良，正转点动按钮SB$_1$接触不良或损坏，热继电器常闭触点FR损坏（可通过按动反转点动按钮

SB₂来试之，若按动SB₂时，交流接触器KM₂线圈吸合动作，则说明FR无问题；若按动SB₂时KM₂线圈也无反应，FR损坏的可能性最大，可采用短接法将FR常闭触点短接后试之）。假如按动反转点动按钮SB₂无反应，可参照上述情况进行检查维修。

（2）按动正转点动按钮SB₁或反转点动按钮SB₂时，各自的交流接触器不能可靠吸合，跳动不止。此故障原因是互锁触点接错了，正确接法是将各自的辅助常闭触点串联在对方线圈回路中，如图125所示，遇到此故障时，可根据电路图恢复正确接线。

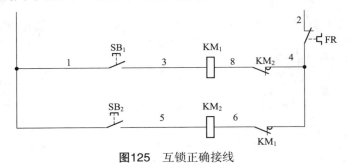

图125 互锁正确接线

（3）无论按动正转点动按钮SB₁还是反转点动按钮SB₂，电动机运转方向均为正转。此故障是反转交流接触器KM₂未倒相所致，将KM₂三相电源任意两相调换，即可实现反转。

✛ 电路接线（图126）

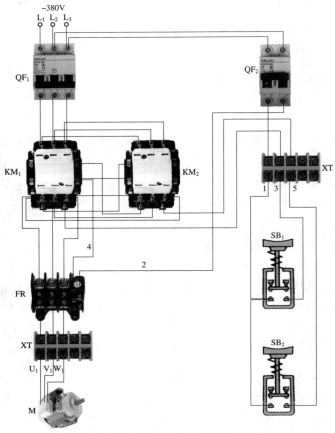

图126 只有接触器辅助常闭触点互锁的可逆点动控制电路接线图

电路 60　只有接触器辅助常闭触点互锁的可逆点动五地控制电路

✛ 应用范围

本电路适用于任何控制场合，如升降设备。

✛ 工作原理（图127）

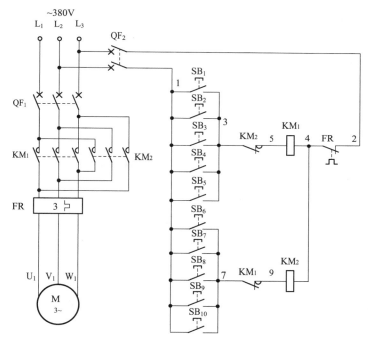

图127　只有接触器辅助常闭触点互锁的可逆点动五地控制电路原理图

正转点动时，任意按住一地~五地正转点动按钮SB₁~SB₅不松手，其常开触点（1-3）闭合，接通正转交流接触器KM₁线圈回路电源，KM₁线圈得电吸合，KM₁辅助常闭触点（7-9）断开，起互锁作用；KM₁三相主触点闭合，电动机得电正转启动运转。松开被按住的一地~五地正转点动按钮SB₁~SB₅，其常开触点（1-3）断开，切断正转交流接触器KM₁线圈回路电源，KM₁线圈断电释放，KM₁辅助常闭触点（7-9）恢复常闭，解除互锁；KM₁三相主触点断开，电动机失电正转停止运转。按住正转点动按钮SB₁~SB₅的时间长短即为电动机正转点动运转时间。

反转点动时，任意按住一地~五地反转点动按钮SB₆~SB₁₀不松手，其常开触点（1-7）闭合，接通反转交流接触器KM₂线圈回路电源，KM₂线圈得电吸合，KM₂辅助常闭触点（3-5）断开，起互锁作用；KM₂三相主触点闭合，电动机得电反转启动运转。松开被按住的一地~五地反转点动按钮SB₆~SB₁₀，其常开触点（1-7）断开，切断反转交流接触器KM₂线圈回路电源，KM₂线圈断电释放，KM₂辅助常闭触点（3-5）恢复常闭，解除互锁；KM₂三相主触点断开，电动机失电反转停止运转。按住反转点动按钮SB₆~SB₁₀的时间长短即为电动机反转点动运转时间。

✛ 常见故障及排除方法

（1）正转点动时，按下按钮SB₁~SB₄均正常，按下按钮SB₅无效。此故障原因为按钮SB₅损坏或1#线、3#线脱落。经检查为按钮SB₅损坏闭合不了所致。更换新按钮后，故障排除。

（2）反转时电动机运转正常，而正转时电动机发出"嗡嗡"响声，不转。此故障为反转主回路缺相造成的。经检查为反转交流接触器KM₂三相主触点中的一相闭合不了，造成缺相运转而致。更换新的同型号交流接触器后，故障排除。

✛ 电路接线（图128）

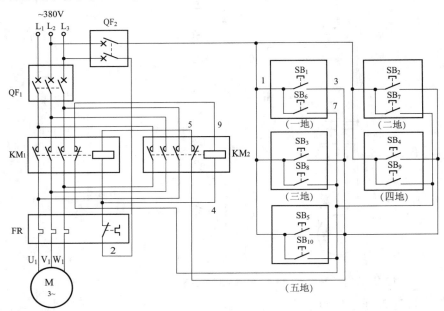

图128 只有接触器辅助常闭触点互锁的可逆点动五地控制电路接线图

电路 61　只有按钮互锁的可逆启停控制电路

✤ 应用范围

本电路适用于任何场合，如消防卷帘门、电动伸缩门、升降设备等。

✤ 工作原理（图129）

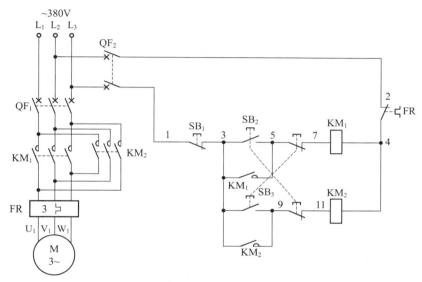

图129　只有按钮互锁的可逆启停控制电路原理图

正转启动时，按下正转启动按钮SB$_2$，SB$_2$的一组串联在反转交流接触器KM$_2$线圈回路中的常闭触点（9-11）断开，起互锁作用，SB$_2$的另一组常开触点（3-5）闭合，正转交流接触器KM$_1$线圈得电吸合且KM$_1$辅助常开触点（3-5）闭合自锁，KM$_1$三相主触点闭合，电动机得电正转启动运转。

正转停止时，按下停止按钮SB$_1$（1-3），正转交流接触器KM$_1$线圈断电释放，KM$_1$三相主触点断开，电动机失电正转停止运转。

反转启动时，按下反转启动按钮SB$_3$，SB$_3$的一组串联在正转交流接触器KM$_1$线圈回路中的常闭触点（5-7）断开，起互锁作用，SB$_3$的另外一组常开触点（3-9）闭合，反转交流接触器KM$_2$线圈得电吸合且KM$_2$辅助常开触点（3-9）闭合自锁，KM$_2$三相主触点闭合，电动机得电反转启动运转。

反转停止时，按下停止按钮SB$_1$（1-3），反转交流接触器KM$_2$线圈断电释放，KM$_2$三相主触点断开，电动机失电反转停止运转。

✤ 常见故障及排除方法

（1）正转操作正常，反转操作进行不了。此故障通常原因是反转启动按钮SB$_3$常开触点损坏闭合不了，正转启动按钮SB$_2$互锁常闭触点断路，反转交流接触器KM$_2$线圈断路。可根据实际情况逐一检查并修复。

（2）反转操作正常，正转为点动操作。此故障为正转自锁回路断路所致，可检查交流接触器KM₁自锁触点及相关连线并排除。

（3）正转、反转均不能操作。测量控制电源正常，通常此故障原因为停止按钮SB₁断路或热继电器FR常闭触点断路。

（4）正转时电动机运转正常，反转时电动机"嗡嗡"响不转。此故障原因为反转交流接触器KM₂三相主触点中有一相断路，反转交流接触器主触点相关连线有一相接触不良或断路造成缺相。

（5）反转正常，按正转启动按钮SB₂无反应，短接端子3#线、5#线时，交流接触器KM₁能正常吸合工作且自锁。此故障为启动按钮SB₂的一组常开触点（3-5）损坏所致。

（6）一合控制回路断路器QF₂，交流接触器KM₁线圈立即闭合（无需按动正转启动按钮SB₂）。此故障主要原因为正转启动按钮SB₂短路，交流接触器的自锁触点粘连不断开，连线1#线、5#线等处碰线短路。另外可观察交流接触器在不通电时是否已处于工作状态，若是，则原因为交流接触器机械部分卡住，主触点粘连不释放，交流接触器铁心极面有油污造成不释放或释放缓慢。

✦ 电路接线（图130）

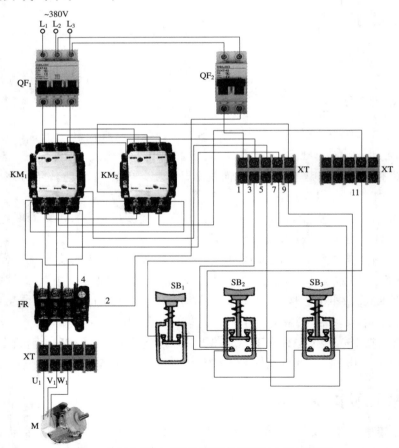

图130　只有按钮互锁的可逆启停控制电路接线图

电路 62　只有按钮互锁的可逆启停三地控制电路

✛ **应用范围**

本电路适用于任何控制场合，如升降设备。

✛ **工作原理（图131）**

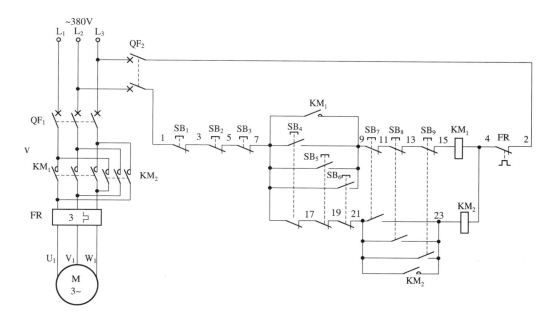

图131　只有按钮互锁的可逆启停三地控制电路原理图

图131中，SB_4为一地正转启动按钮，SB_7为一地反转启动按钮，SB_1为一地停止按钮；SB_5为二地正转启动按钮，SB_8为二地反转启动按钮，SB_2为二地停止按钮；SB_6为三地正转启动按钮，SB_9为三地反转启动按钮，SB_3为三地停止按钮。

正转启动时，任意按下正转启动按钮SB_4或SB_5或SB_6，SB_4的一组常闭触点（7–17）或SB_5的一组常闭触点（17–19）或SB_6的一组常闭触点（19–21）断开，切断反转交流接触器KM_2线圈回路电源，起按钮常闭触点互锁作用；在任意按下正转启动按钮SB_4或SB_5或SB_6的同时，SB_4或SB_5或SB_6的另一组常开触点（7–9、7–9、7–9）闭合，接通正转交流接触器KM_1线圈回路电源，KM_1线圈得电吸合且KM_1辅助常开触点（7–9）闭合自锁，KM_1三相主触点闭合，电动机得电正转启动运转。

反转启动时，任意按下反转启动按钮SB_7或SB_8或SB_9，SB_7的一组常闭触点（9–11）或SB_8的一组常闭触点（11–13）或SB_9的一组常闭触点（13–15）断开，切断正转交流接触器KM_1线圈回路电源，起按钮常闭触点互锁作用；在任意按下反转启动按钮SB_7或SB_8或SB_9的同时，SB_7或SB_8或SB_9的另一组常开触点（21–23、21–23、21–23）闭合，接通反转交流接触器KM_2线圈回路电源，KM_2线圈得电吸合且KM_2辅助常开触点（21–23）

闭合自锁，KM₂三相主触点闭合，电动机得电反转启动运转。

反转停止时，任意按下停止按钮SB₁或SB₂或SB₃，其常闭触点（1–3或3–5或5–7）断开，切断反转交流接触器KM₂线圈回路电源，KM₂线圈断电释放，KM₂三相主触点断开，电动机失电反转停止运转。

❖ 常见故障及排除方法

（1）正转启动正常，反转为点动运转。此故障通常为反转控制回路自锁常开触点（21–23）闭合不了或相关连线21#线或23#线脱落。经检查，是反转交流接触器KM₂自锁回路常开触点（21–23）损坏，更换新品后，故障排除。

（2）正转、反转启动全部正常，但停止时，按二地停止按钮SB₂（3–5）无效。根据原理图可知，此故障只有两个原因，一是二地停止按钮SB₂（3–5）损坏断不开，二是此按钮上的连线3#线与5#线脱落相碰。经检查为此按钮损坏，更换同型号新按钮，故障即可解决。

❖ 电路接线（图132）

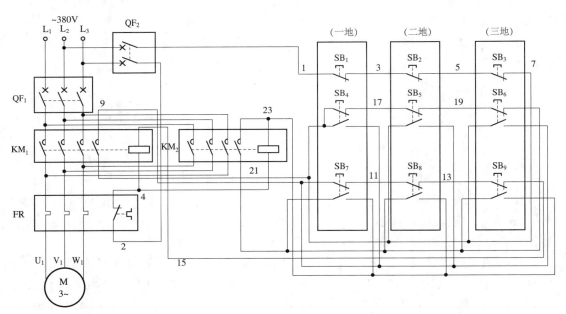

图132 只有按钮互锁的可逆启停三地控制电路接线图

电路 63　只有按钮互锁的可逆启停五地控制电路

✤ 应用范围

本电路适用于任何控制场合，如升降设备。

✤ 工作原理（图133）

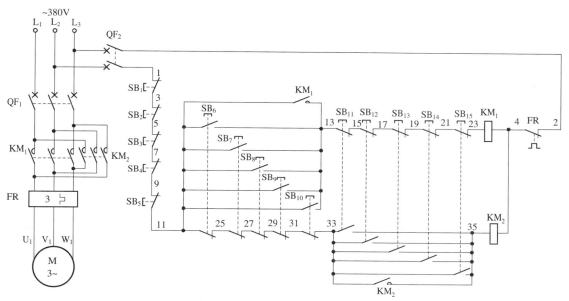

图133　只有按钮互锁的可逆启停五地控制电路原理图

图133中，SB_6、SB_{11}、SB_1为一地正转启动、反转启动、停止按钮；SB_7、SB_{12}、SB_2为二地正转启动、反转启动、停止按钮；SB_8、SB_{13}、SB_3为三地正转启动、反转启动、停止按钮；SB_9、SB_{14}、SB_4为四地正转启动、反转启动、停止按钮；SB_{10}、SB_{15}、SB_5为五地正转启动、反转启动、停止按钮。

正转启动时，任意按下正转启动按钮SB_6~SB_{10}，其常闭触点（11–25或25–27或27–29或29–31或31–33）断开，起按钮常闭触点互锁作用；其常开触点（11–13）闭合，接通正转交流接触器KM_1线圈回路电源，KM_1线圈得电吸合且KM_1辅助常开触点（11–13）闭合自锁，KM_1三相主触点闭合，电动机得电正转启动运转。

正转停止时，任意按下停止按钮SB_1~SB_5，其常闭触点（1–3或3–5或5–7或7–9或9–11）断开，切断交流接触器KM_1线圈回路电源，KM_1线圈断电释放，KM_1三相主触点断开，电动机失电正转停止运转。

反转启动时，任意按下反转启动按钮SB_{11}~SB_{15}，其常闭触点（13–15或15–17或17–19或19–21或21–23）断开，起按钮常闭触点互锁作用；其常开触点（33–35）闭合，接通反转交流接触器KM_2线圈回路电源，KM_2线圈得电吸合且KM_2辅助常开触点（33–35）闭合自锁，KM_2三相主触点闭合，电动机得电反转启动运转。

反转停止时，任意按下停止按钮SB₁~SB₅，其常闭触点（1-3或3-5或5-7或7-9或9-11）断开，切断反转交流接触器KM₂线圈回路电源，KM₂线圈断电释放，KM₂三相主触点断开，电动机失电反转停止运转。

✦ 常见故障及排除方法

（1）无论按正转启动按钮或反转启动按钮，正转交流接触器KM₁和反转交流接触器KM₂线圈均吸合，造成主回路相间短路，主回路断路器QF₁动作跳闸。此故障原因为控制回路碰线。经检查为13#线脱落与35#线相碰。恢复正确连线后，故障排除。

（2）正转启动正常，反转为点动。此故障为反转无自锁，故障原因通常为反转交流接触器KM₂的自锁触点（33-35）损坏或与此电路相关的连接线33#线、35#线脱落。经检查为KM₂自锁触点（33-35）损坏闭合不了。更换一组新的辅助常开触点后，故障排除。

✦ 电路接线（图134）

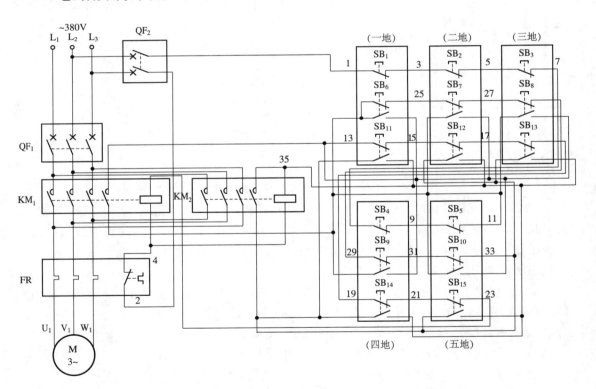

图134　只有按钮互锁的可逆启停五地控制电路接线图

电路 64　只有接触器辅助常闭触点互锁的可逆启停控制电路

✦ 应用范围

本电路适用于任何控制场合。

✦ 工作原理（图135）

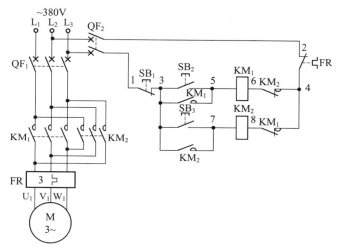

图135　只有接触器辅助常闭触点互锁的可逆启停控制电路原理图

正转启动时，按下正转启动按钮SB_2（3-5），正转交流接触器KM_1线圈得电吸合且KM_1辅助常开触点（3-5）闭合自锁，KM_1三相主触点闭合，电动机得电正转启动运转；同时KM_1串联在KM_2线圈回路中的辅助常闭触点（4-8）断开，起互锁作用。

正转停止时，按下停止按钮SB_1（1-3），正转交流接触器KM_1线圈断电释放，KM_1三相主触点断开，电动机失电正转停止运转。

反转启动时，按下反转启动按钮SB_3（3-7），反转交流接触器KM_2线圈得电吸合且KM_2辅助常开触点（3-7）闭合自锁，KM_2三相主触点闭合，电动机得电反转启动运转；同时KM_2串联在KM_1线圈回路中的辅助常闭触点（4-6）断开，起互锁作用。

反转停止时，按下停止按钮SB_1（1-3），反转交流接触器KM_2线圈断电释放，KM_2三相主触点断开，电动机失电反转停止运转。

✦ 常见故障及排除方法

（1）主回路断路器QF_1送不上（在控制回路断路器QF_2处于断开状态时）。故障主要原因是断路器自身脱扣器损坏，交流接触器KM_1、KM_2主触点连接处短路。对于断路器QF_1脱扣器故障，需更换一只新脱扣器。对于交流接触器KM_1、KM_2主触点连接处短路故障，则根据情况酌情解决。若此部分导线短路则需更换短路导线；若是连接点处短路，可查明原因更换静触点或设法使已碳化的壳体部分绝缘电阻大于1MΩ。

（2）无论是正转还是反转，电动机都是"嗡嗡"响不转且电动机壳体温度很高。此故障是三相电源缺相所致，根据上述现象可检查三相电源公共部分，也就是供电电源是否正常，断路器QF_1是否缺相，热继电器FR是否损坏，主回路相关连线是否有松动现象，电动机绕组是否缺相。通过上述检查后，查出故障点并加以排除。

（3）正转时按下按钮SB_2，交流接触器KM_1线圈得电吸合但不能为点动状态。此故障是KM_1自锁触点闭合不了或KM_1自锁回路连线脱落所致。若KM_1自锁触点损坏，则根据交流接触器型号更换触点；有的交流接触器触点不能更换时，则需要更换整个交流接触器。若自锁回路连线脱落故障，重新将脱落导线恢复即可。

（4）热继电器冒烟，可看到火光，但不跳闸。此故障原因是电动机处于过载状态，同时热继电器自身损坏而不能跳闸，最常见的原因是热继电器FR常闭触点断不开。检查并排除过载问题后，更换一只同型号的热继电器即可。

✛ 电路接线（图136）

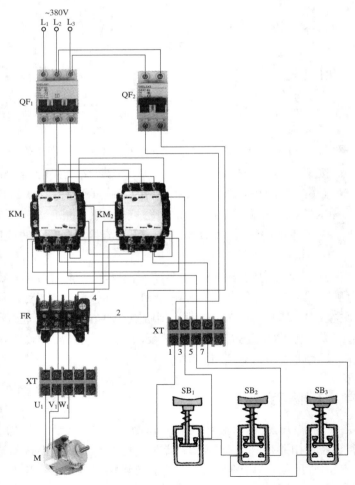

图136 只有接触器辅助常闭触点互锁的可逆启停控制电路接线图

电路 65　只有接触器辅助常闭触点互锁的可逆启停五地控制电路

✦ 应用范围

本电路适用于任何控制场合，如升降设备。

✦ 工作原理（图137）

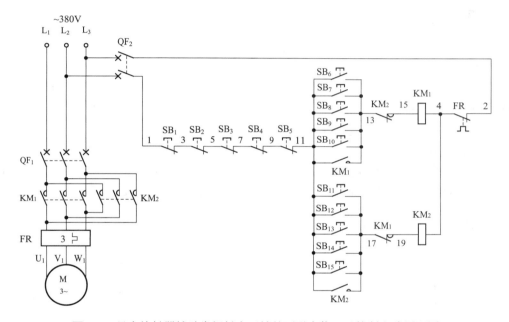

图137　只有接触器辅助常闭触点互锁的可逆启停五地控制电路原理图

图137中，SB_6为一地正转启动按钮，SB_{11}为一地反转启动按钮，SB_1为一地停止按钮；SB_7为二地正转启动按钮，SB_{12}为二地反转启动按钮，SB_2为二地停止按钮；SB_8为三地正转启动按钮，SB_{13}为三地反转启动按钮，SB_3为三地停止按钮；SB_9为四地正转启动按钮，SB_{14}为四地反转启动按钮，SB_4为四地停止按钮；SB_{10}为五地正转启动按钮，SB_{15}为五地反转启动按钮，SB_5为五地停止按钮。

正转启动时，任意按下正转启动按钮SB_6~SB_{10}，其常开触点（11–13）闭合，接通正转交流接触器KM_1线圈回路电源，KM_1线圈得电吸合，KM_1辅助常闭触点（17–19）断开，切断反转交流接触器KM_2线圈回路电源，起接触器常闭触点互锁作用；KM_1辅助常开触点（11–13）闭合自锁，KM_1三相主触点闭合，电动机得电正转启动运转。

正转停止时，任意按下停止按钮SB_1~SB_5，其常闭触点（1–3或3–5或5–7或7–9或9–11）断开，切断正转交流接触器KM_1线圈回路电源，KM_1线圈断电释放，KM_1辅助常开触点（11–13）断开，解除自锁；KM_1辅助常闭触点（17–19）恢复常闭，解除对反转交流接触器KM₂线圈回路的互锁作用；KM₁三相主触点断开，电动机失电正转停止运转。

反转启动时，任意按下反转启动按钮SB₁₁~SB₁₅，其常开触点（11-17）闭合，接通反转交流接触器KM₂线圈回路电源，KM₂线圈得电吸合，KM₂辅助常闭触点（13-15）断开，切断正转交流接触器KM₁线圈回路电源，起接触器常闭触点互锁作用；KM₂辅助常开触点（11-17）闭合自锁，KM₂三相主触点闭合，电动机得电反转启动运转。

反转停止时，任意按下停止按钮SB₁~SB₅，其常闭触点（1-3或3-5或5-7或7-9或9-11）断开，切断反转交流接触器KM₂线圈回路电源，KM₂线圈断电释放，KM₂辅助常开触点（11-17）断开，解除自锁；KM₂辅助常闭触点（13-15）恢复常闭，解除对正转交流接触器KM₁线圈回路的互锁作用；KM₂三相主触点断开，电动机失电反转停止运转。

✥ 常见故障及排除方法

（1）无论正转启动还是反转启动，电动机均不转并发出"嗡嗡"声。此故障为主回路缺相造成的。将热继电器FR下端的电动机线拆下来，合上断路器QF₁、QF₂，任意按正转或反转启动按钮，用万用表电压挡测热继电器下端三相电压均为380V，说明主回路断路器QF₁、正转交流接触器KM₁三相主触点、反转交流接触器KM₂三相主触点、热继电器FR三相热元件以及主回路相关连线均正常，问题出在电动机自身或电动机线上。经检查是电动机绕组烧坏一相。此故障处理方法只能是更换电动机了。

（2）主回路断路器QF₁合不上。将QF₁下端导线全部拆下来，再合QF₁试之，还是合不上。此故障通常为断路器QF₁自身损坏，无修复价值，只有更换新品了。

✥ 电路接线（图138）

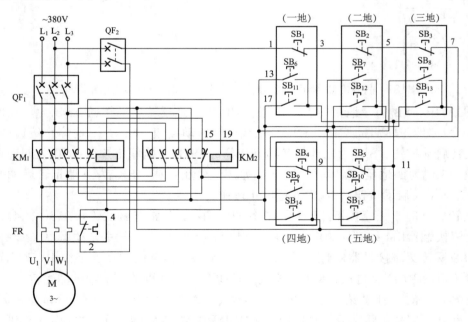

图138 只有接触器辅助常闭触点互锁的可逆启停五地控制电路接线图

电路 66　接触器及按钮双互锁的可逆点动控制电路

❖ 应用范围

本电路互锁程度高，适用于任何场合。

❖ 工作原理（图139）

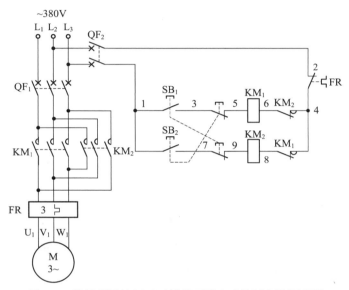

图139　接触器及按钮双互锁的可逆点动控制电路原理图

正转点动时，按下正转点动按钮SB_1，SB_1的一组串联在反转交流接触器KM_2线圈回路中的常闭触点（7-9）断开，起到按钮常闭触点互锁保护作用，SB_1的另外一组常开触点（1-3）闭合，正转交流接触器KM_1线圈得电吸合，KM_1三相主触点闭合，电动机得电正转启动运转；与此同时，KM_1串联在反转交流接触器KM_2线圈回路中的辅助常闭触点（4-8）断开，起到接触器常闭触点互锁保护作用。松开正转点动按钮SB_1（1-3），正转交流接触器KM_1线圈断电释放，KM_1三相主触点断开，电动机失电正转停止运转，从而完成正转点动操作。

反转点动时，按下反转点动按钮SB_2，SB_2的一组串联在正转交流接触器KM_1线圈回路中的常闭触点（3-5）断开，起到按钮常闭触点互锁保护作用，SB_2的另外一组常开触点（1-7）闭合，反转交流接触器KM_2线圈得电吸合，KM_2三相主触点闭合，电动机得电反转启动运转；与此同时，KM_2串联在正转交流接触器KM_1线圈回路中的辅助常闭触点（4-6）断开，起到接触器常闭触点互锁保护作用。松开反转点动按钮SB_2（1-7），反转交流接触器KM_2线圈断电释放，KM_2三相主触点断开，电动机失电反转停止运转，从而完成反转点动操作。

✛ 常见故障及排除方法

（1）反转点动正常，正转无反应。其故障原因为正转点动按钮SB_1常开触点损坏，正转交流接触器KM_1线圈断路，反转交流接触器KM_2辅助常闭触点损坏。检查上述器件，将故障器件换掉即可。

（2）按下正转点动按钮SB_1，KM_1线圈得电吸合后变为自锁，松开按钮SB_1，KM_1线圈仍吸合不释放，很长一段时间后，KM_1线圈才自行释放停止工作。此故障为交流接触器KM_1铁心极面有油污造成动、静铁心延时释放所致。用细砂纸或干布将交流接触器动、静铁心极面油污擦干净即可。

✛ 电路接线（图140）

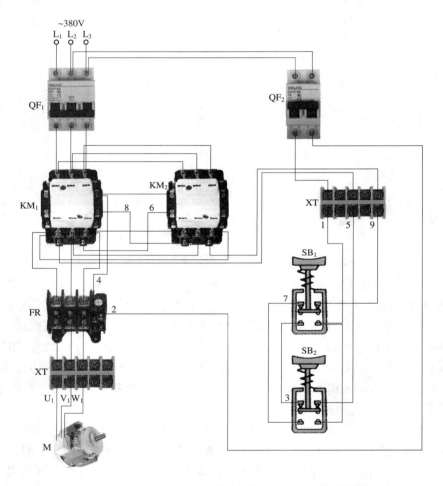

图140 接触器及按钮双互锁的可逆点动控制电路接线图

电路 67 接触器、按钮双互锁的可逆点动五地控制电路

❖ 应用范围

本电路适用于任何控制场合，如升降设备。

❖ 工作原理（图141）

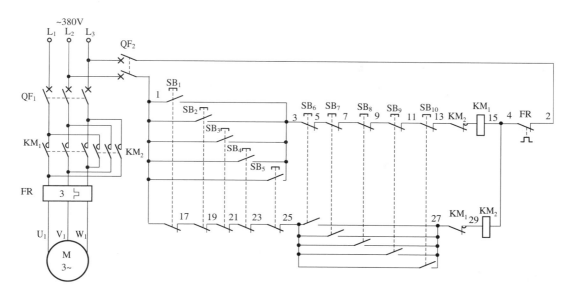

图141 接触器、按钮双互锁的可逆点动五地控制电路原理图

图141中，SB_1、SB_6为一地正转点动、反转点动按钮；SB_2、SB_7为二地正转点动、反转点动按钮；SB_3、SB_8为三地正转点动、反转点动按钮；SB_4、SB_9为四地正转点动、反转点动按钮；SB_5、SB_{10}为五地正转点动、反转点动按钮。

正转点动时，任意按住正转点动按钮$SB_1 \sim SB_5$不松手，其常闭触点（1–17、17–19、19–21、21–23、23–25）断开，切断反转交流接触器KM_2线圈回路，起按钮常闭触点互锁作用；其常开触点（1–3）闭合，接通正转交流接触器KM_1线圈回路电源，KM_1线圈得电吸合且KM_1辅助常开触点（1–3）闭合自锁；KM_1辅助常闭触点（27–29）断开，起接触器常闭触点互锁作用；KM_1三相主触点闭合，电动机得电正转启动运转工作。松开被按住的正转点动按钮$SB_1 \sim SB_5$，$SB_1 \sim SB_5$所有触点复原，其常开触点（1–3）断开，切断正转交流接触器KM_1线圈断电释放，KM_1线圈断电释放，KM_1三相主触点断开，电动机失电正转停止运转。按下正转点动按钮$SB_1 \sim SB_5$的时间长短即为电动机正转点动运转时间。

反转点动时，任意按住反转点动按钮$SB_6 \sim SB_{10}$不松手，其常闭触点（3–5、5–7、

7-9、9-11、11-13）断开，切断正转交流接触器KM₁线圈回路，起按钮常闭触点互锁作用；其常开触点（25-27）闭合，接通反转交流接触器KM₂线圈回路电源，KM₂线圈得电吸合且KM₂辅助常开触点（25-27）断开，起接触器常闭触点互锁作用；KM₂三相主触点闭合，电动机得电反转启动运转工作。松开被按住的反转点动按钮SB₆~SB₁₀，SB₆~SB₁₀所有触点复原，其常开触点（25-27）断开，切断反转接触器KM₂线圈断电释放，KM₂线圈断电释放，KM₂三相主触点断开，电动机失电反转停止运转。按下反转点动按钮SB₆~SB₁₀的时间长短即为电动机反转点动运转时间。

✤ 常见故障及排除方法

（1）电动机无论正转还是反转，经常会出现停机现象。此故障除了控制回路接线松动外，主要原因是热继电器动作了。经检查是热继电器整定值过小，又设置在自动复位上，所以电动机运转一段时间后就会使热继电器双金属片发热弯曲动作，切断控制回路，出现停机现象。重新整定至额定电流值处，故障排除。

（2）正转点动运转正常，而反转点动操作松手后不能立即停机，需经一段时间后才自动停止。此故障为反转交流接触器KM₂铁心极面有油污或脏而致，拆开交流接触器，擦去铁心极面油污，故障排除。

✤ 电路接线（图142）

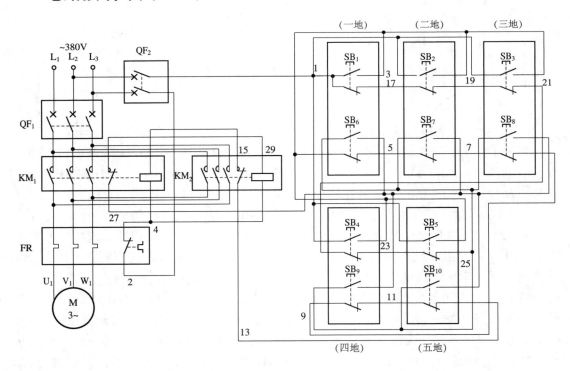

图142 接触器、按钮双互锁的可逆点动五地控制电路接线图

电路 68　接触器及按钮双互锁的可逆启停控制电路

✤ 应用范围

本电路互锁程度高，适用于任何控制场合。

✤ 工作原理（图143）

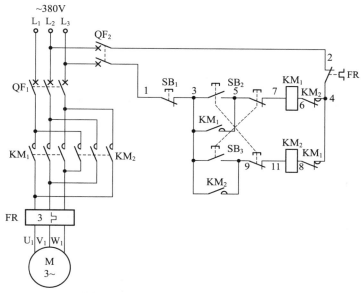

图143　接触器及按钮双互锁的可逆启停控制电路原理图

正转启动时，按下正转启动按钮SB₂，SB₂的一组串联在反转交流接触器KM₂线圈回路中的常闭触点（9–11）断开，为按钮常闭触点互锁保护，SB₂的另一组常开触点（3–5）闭合，正转交流接触器KM₁线圈得电吸合且KM₁辅助常开触点（3–5）闭合自锁，KM₁三相主触点闭合，电动机得电正转启动运转；同时，KM₁串联在反转交流接触器KM₂线圈回路中的辅助常闭触点（4–8）断开，为接触器常闭触点互锁保护。

反转启动过程与正转类似，请读者自行分析。

无论正转还是反转，欲停止时，按下停止按钮SB₁（1–3），则正转交流接触器KM₁或反转交流接触器KM₂线圈断电释放，KM₁或KM₂各自的三相主触点断开，电动机失电停止运转。

✤ 常见故障及排除方法

（1）正反转操作均无反应（控制回路电压正常）。此故障原因最大可能在于公共电路，即停止按钮SB₁断路或热继电器FR常闭触点断路。用万用表检查上述两只电气元件是否正常，找出故障点并加以排除。

（2）反转启动变为点动。此故障为反转交流接触器KM₂自锁触点损坏所致。检查KM₂自锁回路即可排除故障。

（3）正转启动正常，但按停止按钮SB₁时，交流接触器KM₁线圈不释放，按住SB₁很长时间KM₁才能释放恢复原始状态。此故障为交流接触器KM₁铁心极面脏污所致。用细砂纸或干布擦净KM₁动、静铁心极面即可。

✦ 电路接线（图144）

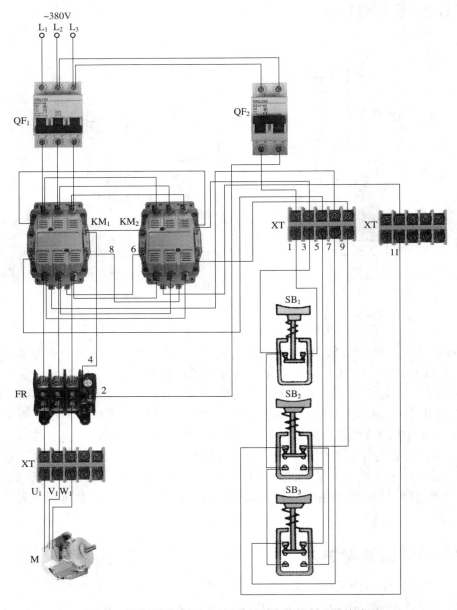

图144　接触器及按钮双互锁的可逆启停控制电路接线图

电路 69　接触器、按钮双互锁的正反转启停四地控制电路

✦ 应用范围

本电路适用于任何控制场合，如升降设备。

✦ 工作原理（图145）

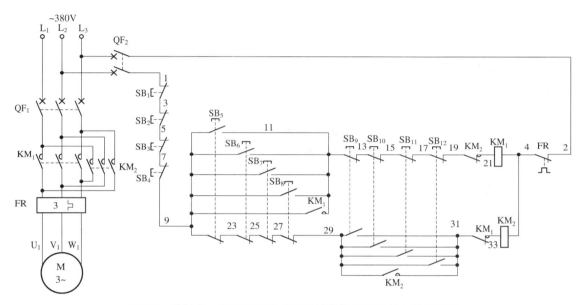

图145　接触器、按钮双互锁的正反转启停四地控制电路原理图

图145中，SB_5、SB_9、SB_1为一地正转启动、反转启动、停止按钮；SB_6、SB_{10}、SB_2为二地正转启动、反转启动、停止按钮；SB_7、SB_{11}、SB_3为三地正转启动、反转启动、停止按钮；SB_8、SB_{12}、SB_4为四地正转启动、反转启动、停止按钮。

正转启动时，任意按下正转启动按钮SB_5~SB_8，其常闭触点（9-23、23-2、25-27、27-29）断开，切断反转交流接触器KM_2线圈回路，起按钮常闭触点互锁保护；其常开触点（9-11）闭合，接通正转交流接触器KM_1线圈回路电源，KM_1线圈得电吸合；KM_1辅助常闭触点（31-33）断开，起接触器常闭触点互锁保护；KM_1辅助常开触点（9-11）闭合自锁；KM_1三相主触点闭合，电动机得电正转启动运转。

正转停止时，任意按下停止按钮SB_1~SB_4，其常闭触点（1-3、3-5、5-7、7-9）断开，切断正转交流接触器KM_1线圈回路电源，KM_1线圈断电释放，KM_1辅助常开触点（9-11）断开，解除自锁；KM_1辅助常闭触点（31-33）闭合，解除互锁作用；KM_1三相主触点断开，电动机失电正转停止运转。

反转启动时，任意按下反转启动按钮SB_9~SB_{12}，其常闭触点（11-13、13-15、15-

17、17-19）断开，切断正转交流接触器KM₁线圈回路，起按钮常闭触点互锁保护；其常开触点（29-31）闭合，接通反转交流接触器KM₂线圈回路电源，KM₂线圈得电吸合；KM₂辅助常开触点（29-31）闭合自锁；KM₂三相主触点闭合，电动机得电反转启动运转。

反转停止时，任意按下停止按钮SB₁~SB₄，其常闭触点（1-3、3-5、5-7、7-9）断开，切断反转交流接触器KM₂线圈回路电源，KM₂线圈断电释放，KM₂辅助常开触点（29-31）断开，解除自锁；KM₂辅助常闭触点（19-21）闭合，解除互锁作用；KM₂三相主触点断开，电动机失电反转停止运转。

✦ 常见故障及排除方法

（1）按正转启动按钮SB₅、SB₇、SB₈正常，按正转启动按钮SB₆无反应。根据电路原理图可以看出，SB₅、SB₆、SB₇、SB₈四只按钮是并联在一起的，所以此故障原因为按钮SB₆损坏闭合不了，与此电路相关的9#线、11#线脱落。经检查为11#线脱落所致，恢复正常接线后，故障排除。

（2）停止时，按停止按钮SB₁、SB₂、SB₃正常，按停止按钮SB₄不能停机。此故障原因为停止按钮SB₄损坏断不了，与此电路相关的7#线、9#线碰在一起短路了。经检查为停止按钮SB₄损坏了，更换新按钮后，故障排除。

✦ 电路接线（图146）

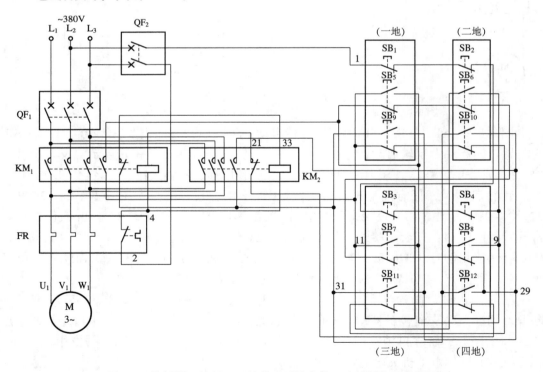

图146 接触器、按钮双互锁的正反转启停四地控制电路接线图

电路 70　具有三重互锁保护的正反转控制电路

✤ 应用范围

本电路互锁程度很高，防飞弧能力强，适用于任何生产设备。

✤ 工作原理（图147）

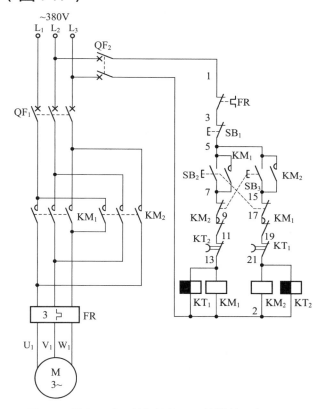

图147　具有三重互锁保护的正反转控制电路原理图

　　所谓三重互锁，即按钮常闭触点互锁、交流接触器常闭触点互锁和失电延时时间继电器失电延时闭合的常闭触点互锁。

　　正转启动时，按下正转启动按钮SB_2，首先SB_2的一组串联在反转交流接触器KM_2线圈回路中的常闭触点（15–17）断开，切断了反转交流接触器KM_2线圈回路电源，起到按钮互锁作用；SB_2的另外一组常开触点（5–7）闭合，使正转交流接触器KM_1和失电延时时间继电器KT_1线圈均得电吸合且KM_1辅助常开触点（5–7）闭合自锁。同时，KM_1串联在反转交流接触器KM_2线圈回路中的辅助常闭触点（17–19）断开，起到交流接触器常闭触点互锁作用；KT_1串联在反转交流接触器KM_2线圈回路中的失电延时闭合的常闭触点（19–21）立即断开，反转交流接触器KM_2线圈回路处于断开状态，此作用为失电延时闭合的常闭触点互锁。这样就保证了在正转工作时，反转控制回路是得不到工作条件的，安全互锁程度极高。此时正转交流接触器KM$_1$三相主触点闭合，电动机得电正转启动运转。

正转停止时，按下停止按钮SB$_1$（3-5），正转交流接触器KM$_1$和失电延时时间继电器KT$_1$线圈均断电释放，KM$_1$三相主触点断开，切断了电动机正转电源，电动机失电正转停止运转；在正转交流接触KM$_1$线圈断电释放的同时，KM$_1$串联在反转交流接触器KM$_2$线圈回路中的辅助常闭触点（17-19）恢复常闭状态，为反转控制回路工作提供条件，但此时若按下反转启动按钮SB$_3$，反转交流接触器KM$_2$线圈也不会得电吸合。为什么呢？因为还有一个互锁装置未解除，也就是说，在失电延时时间继电器KT$_1$线圈断电的同时，KT$_1$开始延时，KT$_1$串联在反转交流接触器KM$_2$线圈回路中的失电延时闭合的常闭触点（19-21）开始延时恢复，经KT$_1$一段时间延时（一般为3s）后，KT$_1$失电延时闭合的常闭触点（19-21）才能恢复常闭状态，这时才允许进行反转回路启动操作。

反转启动及反转停止控制过程与正转类似，请读者自行分析。

✛ 常见故障及排除方法

（1）正转停止后，需要很长时间后方能操作反转电路。此故障为失电延时闭合的常闭触点KT$_1$延时时间调整过长所致。重新调整KT$_1$延时时间即可解决。

（2）正转正常，操作反转电路为点动而不能自锁。此故障为反转交流接触器KM$_2$辅助常开触点闭合不了所致。检查确认是交流接触器KM$_2$常闭触点故障后，更换新品即可解决。

（3）按动正转或反转按钮，均无反应（控制回路电源正常）。此故障为控制回路公共部分断路所致，即停止按钮SB$_1$损坏或热继电器FR常闭触点接触不良。检查上述元器件并找出故障元器件后，更换新品，即可排除故障。

（4）任意频繁操作正、反转电路，无延时。此故障为KT$_1$、KT$_2$延时时间调整过短或KT$_1$、KT$_2$线圈同时断路损坏所致，可根据配电箱内电气元件的动作情况来确定故障。若正转时交流接触器KM$_1$和时间继电器KT$_1$线圈能同时得电吸合工作，说明KT$_1$线圈正常无故障；若反转时交流接触器KM$_2$和时间继电器KT$_2$线圈能同时得电吸合工作，说明KT$_2$线圈正常无故障。所以只需要重新调整一下KT$_1$、KT$_2$的延时时间即可。如果是KT$_1$、KT$_2$线圈断路，则需更换同型号新品。

✤ 电路接线（图148）

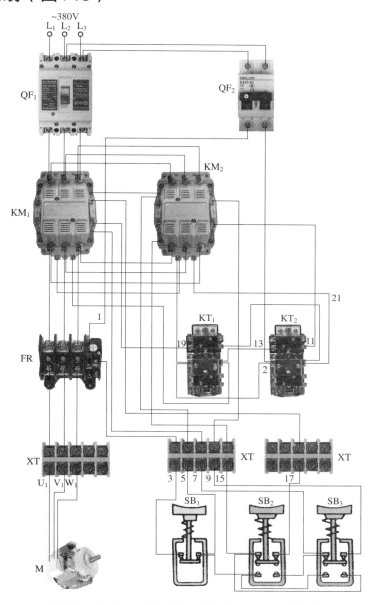

图148　具有三重互锁保护的正反转控制电路接线图

电路 71 仅用 4 根导线控制的正反转启停电路

✦ 应用范围

本电路可应用于各种正反转的生产机械设备。

✦ 工作原理（图149）

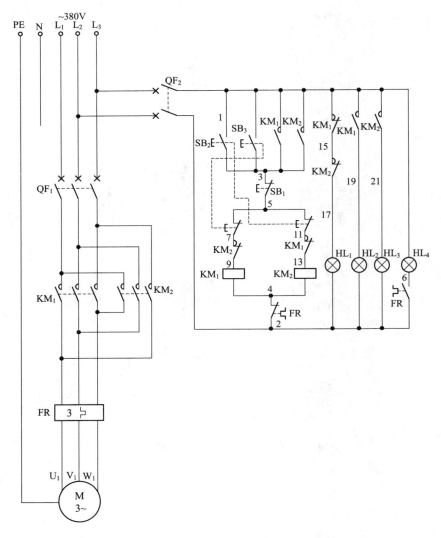

图149 仅用4根导线控制的正反转启停电路原理图

正转启动时，按下正转启动按钮SB$_2$，SB$_2$的一组常闭触点（5-11）断开，切断反转交流接触器KM$_2$线圈回路电源，起到按钮互锁作用；SB$_2$的另一组常开触点（1-3）闭合，接通正转交流接触器KM$_1$线圈回路电源，KM$_1$线圈得电吸合且KM$_1$辅助常开触点

（1-3）闭合自锁，KM₁三相主触点闭合，电动机得电正转启动运转。同时KM₁的一组辅助常闭触点（11-13）断开，切断反转交流接触器KM₂线圈回路电源，起到接触器触点互锁作用，KM₁的另一组辅助常闭触点（1-15）断开，指示灯HL₁灭，KM₁的另一组常开触点（1-19）闭合，指示灯HL₂亮，说明电动机已正转运转了。

反转启动时，按下反转启动按钮SB₃，SB₃的一组常闭触点（5-7）断开，切断正转交流接触器KM₁线圈回路电源，使正转交流接触器KM₁线圈断电释放，KM₁三相主触点断开，电动机失电正转停止运转；KM₁所有辅助常开、常闭触点恢复原始状态。此时，反转交流接触器KM₂线圈在反转启动按钮SB₃的一组常开触点（1-3）的作用下得电吸合，KM₂辅助常开触点（1-3）闭合自锁，KM₂三相主触点闭合，电动机得电反转启动运转。同时KM₂的一组辅助常闭触点（7-9）断开，切断正转交流接触器KM₁线圈回路电源，起到接触器常闭触点互锁作用，KM₂的另一组辅助常闭触点（15-17）断开，指示灯HL₁灭，KM₂的另一组常开触点（1-21）闭合，指示灯HL₃亮，说明电动机已反转运转了。

停止时，无论电动机处于正转还是反转运转状态，只要按下停止按钮SB₁（3-5），都会切断控制电动机电源的交流接触器KM₁或KM₂线圈回路电源，使KM₁或KM₂线圈断电释放，KM₁或KM₂各自的三相主触点断开，电动机失电停止运转。同时指示灯HL₂或HL₃灭，HL₁亮，说明电动机已停止运转了。

本电路比较巧妙，也非常容易记忆，两只启动按钮开关SB₂、SB₃的常开触点（1-3）与KM₁、KM₂辅助常开自锁触点（1-3）并联，再与停止按钮SB₁（3-5）串联，然后，停止按钮SB₁的5#线再与两只启动按钮SB₂、SB₃的常闭触点（5-7、5-11）并联，7#线、11#线分别连至正、反转控制回路即可。

✛ 常见故障及排除方法

（1）电动机正反转启动均正常，但按下按钮SB₁时，无法进行停止操作。根据以上情况结合电气原理图分析，故障原因为停止按钮SB₁自身损坏或3#线、5#线碰线。经检查为停止按钮SB₁常闭触点（3-5）损坏断不开所致。更换新的同型号按钮后，故障排除。

（2）正转启动正常，反转控制为点动。从电气原理图中可以看出，此电路正转、反转的自锁回路设计很特别，也就是说，正转的启动按钮SB₂的常开触点、反转的启动按钮SB₃的常开触点、正转交流接触器KM₁的辅助常开自锁触点、反转交流接触器KM₂的辅助常开自锁触点全部并联在一起。因此，反转原本控制方式为启动，现在为点动，很明显故障出在反转交流接触器KM₂的辅助常开自锁触点上，或KM₂辅助常开触点上的1#线、3#线有松动脱落现象。经检查，故障是反转交流接触器KM₂的辅助常开自锁触点损坏闭合不了所致。更换新的同型号辅助常开触点后，反转恢复启动操作，故障排除。

✦ 电路接线（图150）

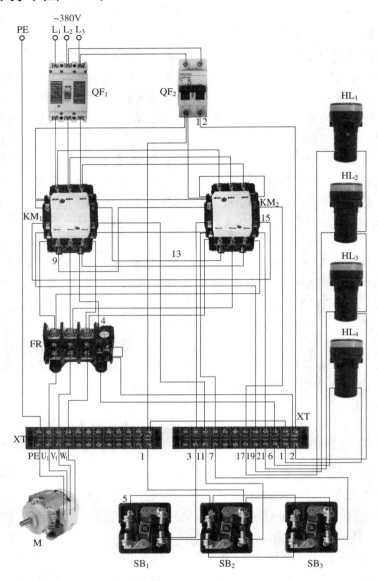

图150 仅用4根导线控制的正反转启停电路接线图

电路 72　利用转换开关预选的正反转启停控制电路

✤ 应用范围

本电路可应用于各种正反转的生产机械设备。

✤ 工作原理（图151）

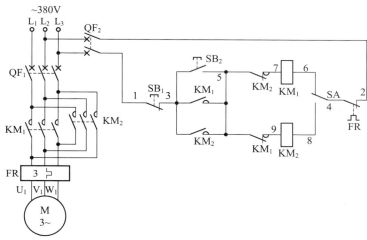

图151　利用转换开关预选的正反转启停控制电路原理图

正转启动时，首先将预选正反转转换开关SA置于上端（4-6），为正转启动运转做准备。按下启动按钮SB₂（3-5），正转交流接触器KM₁线圈得电吸合且KM₁辅助常开触点（3-5）闭合自锁，KM₁三相主触点闭合，电动机得电正转启动运转。在KM₁线圈得电吸合后，KM₁串联在反转交流接触器KM₂线圈回路中的辅助常闭触点（5-9）先断开，起互锁保护作用。

正转停止时，按下停止按钮SB₁（1-3）或将预选正反转转换开关SA置于下端（4-8）后再返回到上端（4-6）时（也就是说，将SA转换开关由原来所处的位置向相反的位置改变一下后，再回到原来所处的位置上），正转交流接触器KM₁线圈断电释放，KM₁三相主触点断开，电动机失电正转停止运转。

反转启动时，首先将预选正反转转换开关SA置于下端（4-8），为反转启动运转做准备工作。按下启动按钮SB₂（3-5），反转交流接触器KM₂线圈得电吸合且KM₂辅助常开触点（3-5）闭合自锁，KM₂三相主触点闭合，电动机得电反转启动运转。在KM₂线圈得电吸合后，KM₂串联在正转交流接触器KM₁线圈回路中的辅助常闭触点（5-7）先断开，起互锁保护作用。

反转停止时，按下停止按钮SB₁（1-3）或将预选正反转转换开关SA置于上端（4-6）后再返回到下端（4-8）时（也就是说，将SA转换开关由原来所处的位置向相反的位置改变一下后，再回到原来所处的位置上），反转交流接触器KM₂线圈断电释放，KM₂三相主触点断开，电动机失电反转停止运转。

✦ 常见故障及排除方法

（1）正反转无法选择（只能正转工作）。此故障原因可能是预选转换开关SA损坏，反转交流接触器KM₂线圈断路，正转交流接触器KM₁串联在反转交流接触器KM₂线圈回路中的互锁触点KM₁接触不良或断路。对于预选转换开关SA损坏，可用短接法试之，若不能修复则更换新品；对于反转交流接触器KM₂线圈断路，则需查明烧毁原因后更换；对于互锁触点KM₁接触不良或断路，通常需更换一只同型号交流接触器。

（2）正转正常，反转为点动状态。此故障通常为KM₂自锁触点断路所致。检查KM₂自锁回路相关连线是否脱落，若无脱落，则需更换KM₂辅助常开触点或更换同型号交流接触器。

（3）按启动按钮SB₂无效（即正反转均不工作，控制电源正常）。此故障原因为停止按钮SB₁断路，启动按钮SB₂损坏而闭合不了，预选转换开关SA损坏，热继电器FR控制常闭触点接触不良。首先用短接法检修，用导线短接启动按钮SB₂，若电路能工作则说明启动按钮SB₂损坏，更换一只同型号按钮开关即可；若短接SB₂无反应，则逐一短接停止按钮SB₁、预选转换开关SA、热继电器FR控制常闭触点，并按动启动按钮SB₂试验一下，直至找到故障并排除。

（4）正反转均为点动状态。正反转自锁回路同时出现故障的概率很小，通常是停止按钮SB₁与启动按钮SB₂、正转交流接触器KM₁、反转交流接触器KM₂自锁常开触点之间的公共连线处接触不良或脱落所致。重点检查3#线处是否有连线脱落并重新接好。

✦ 电路接线（图152）

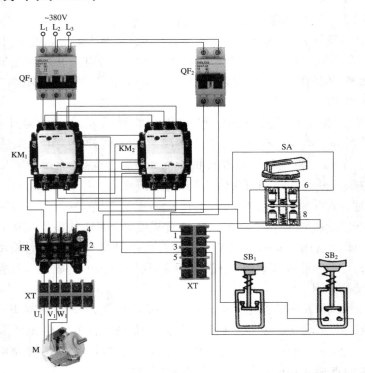

图152 利用转换开关预选的正反转启停控制电路接线图

电路 73　JZF-01 正反转自动控制器应用电路

✛ 应用范围

　　本电路为专用正反转控制器，可应用于大型洗衣设备等。

✛ 工作原理（图153）

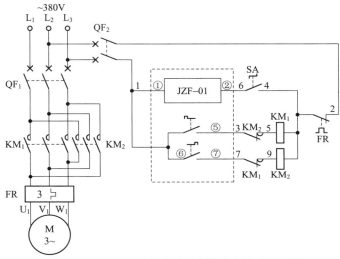

图153　JZF-01 正反转自动控制器应用电路原理图

　　首先合上主回路断路器QF_1、控制回路断路器QF_2，为电路工作提供准备条件。

　　工作时接通转换开关SA（4-6），JZF-01正反转自动控制器得电工作。JZF-01正反转自动控制器内设置的延时时间为固定式，也就是按以下动作时间循环工作，即正转运转25s→停止5s→反转运转25s→停止5s→正转运转25s……一直循环下去。

　　实际上，当JZF-01正反转自动控制器得电工作后，其端子⑤脚有输出时，正转交流接触器KM_1线圈得电吸合，KM_1三相主触点闭合，电动机得电正转启动运转；电动机正转运转25s后，JZF-01正反转自动控制器端子⑤脚无输出，正转交流接触器KM_1线圈断电释放，KM_1三相主触点断开，电动机失电正转停止运转。经控制器延时5s后，控制器端子⑦脚有输出时，反转交流接触器KM_2线圈得电吸合，KM_2三相主触点闭合，电动机得电反转启动运转；电动机反转运转25s后，控制器端子⑦脚无输出，反转交流接触器KM_2线圈断电释放，KM_2三相主触点断开，电动机失电反转停止运转。再经控制器延时5s后，控制器端子⑤脚又有输出时，正转交流接触器KM_1线圈又得电吸合，KM_1三相主触点又闭合了，电动机又得电正转启动运转了，如此这般循环下去。

　　停止时，只需断开转换开关SA（4-6）即可。

✛ 常见故障及排除方法

　　（1）电路正转→停止→正转工作，而无法反转工作。此故障通常为控制器反转无输出，即⑥、⑦触点开关损坏，交流接触器KM₁辅助常闭触点断路，交流接触器KM₂线圈断路。一般情况下，控制器反转触点开关损坏的可能性很大，可用万用表测之。

（2）电动机反转运转一直不停，断开控制断路器QF₂后，故障依旧。此故障一般为交流接触器KM₂触点粘连、机械部分卡住、铁心极面有油污延时释放所致。检查交流接触器KM₂，故障即可解决。

（3）合上控制开关SA，正、反转均无反应。用万用表测控制器①、②端是否有电压，若有电，则说明控制电源正常；再测量②、⑤端或②、⑦端电压是否正常，若不正常或无电压，则说明控制器损坏。用万用表测控制器①、②端无电压，则通常为断路器QF₂、控制开关SA、热继电器FR常闭触点损坏。检查上述器件并排除故障即可。

✤ 电路接线（图154）

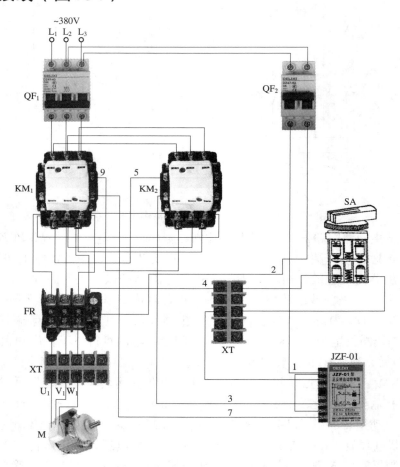

图154 JZF–01 正反转自动控制器应用电路接线图

电路 74 　用电弧联锁继电器延长转换时间的正反转控制电路

❖ 应用范围

本电路适用范围较广，如纺织、机械加工、生产流水线、冶金、制造以及农业生产等。

❖ 工作原理（图155）

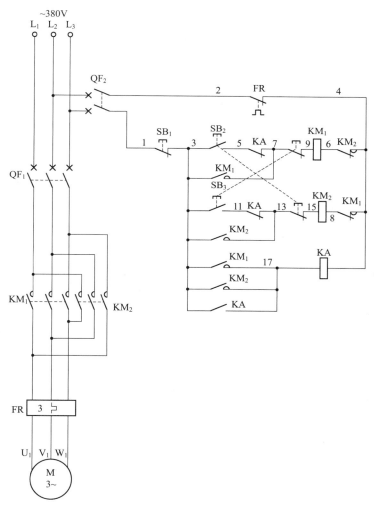

图155　用电弧联锁继电器延长转换时间的正反转控制电路原理图

正转启动时，按下正转启动按钮SB₂，SB₂的一组常闭触点（13–15）断开，起到按钮常闭触点互锁作用；SB₂的一组常开触点（3–5）闭合，正转交流接触器KM₁线圈得电吸合且KM₁辅助常开触点（3-7）闭合自锁，KM₁三相主触点闭合，电动机得电正转运转；与此同时，KM₁辅助常开触点（3-17）闭合，接通了电弧联锁继电器KA线圈回路电源使其得电吸合且KA常开触点（3-17）闭合自锁，KA分别串联在正转启动按钮SB₂或反转启动按钮SB₃操作回路中的常闭触点（5-7、11-13）均断开，使其不能再进行正反转启动操作，起到限制作用。

反转启动时，若电动机已正转运转，直接操作反转启动按钮SB₃时，因电弧联锁继电器KA常闭触点的作用而无法进行，所以必须先按下停止按钮SB₁（1-3），正转交流接触器KM₁线圈断电释放，KM₁三相主触点断开，电动机失电正转停止运转；在按下停止按钮SB₁的同时，电弧联锁继电器KA线圈也断电释放，KA串联在各启动回路中的常闭触点（5-7、11-13）恢复常闭状态，以此延长其转换时间，防止正反转操作过快而出现电弧短路问题。当KA常闭触点（11-13）恢复后，方可操作反转启动按钮SB₃，按下反转启动按钮SB₃，SB₃的一组常闭触点（7-9）断开，起到按钮常闭触点互锁作用；SB₃的一组常开触点（3-11）闭合，反转交流接触器KM₂线圈得电吸合且KM₂辅助常开触点（3-13）闭合自锁，KM₂三相主触点闭合，电动机得电反转运转；与此同时，KM₂辅助常开触点（3-17）闭合，接通了电弧联锁继电器KA线圈回路电源，使其得电吸合且KA常开触点（3-17）闭合自锁，KA分别串联在正转启动按钮SB₂或反转启动按钮SB₃操作回路中的常闭触点（5-7、11-13）均断开，使其不能再进行正反转启动操作，起到限制作用。

无论正转或反转运转，需停止时，按下停止按钮SB₁（1-3），正转交流接触器KM₁和电弧联锁继电器KA或反转交流接触器KM₂和电弧联锁继电器KA线圈断电释放，KM₁或KM₂各自的三相主触点断开，电动机失电正转或反转停止运转。

✛ 常见故障及排除方法

（1）无论操作正转按钮SB₂还是反转按钮SB₃均无反应。观察配电箱内元器件发现中间继电器KA处于吸合状态。检查中间继电器KA发现触点粘连断不开。为什么这样会造成正反转均不能启动呢？从电气原理图中可以看出，在启动按钮SB₂、SB₃回路中各自串联一只中间继电器KA的常闭触点，此时常闭触点KA已断开，使其不能操作。

（2）无论正转还是反转，中间继电器KA线圈均不工作。从电气原理图中可以看出，电路正常时无论正转或反转，在工作后欲改变其运转方向必须按下停止按钮SB₁，使中间继电器KA线圈断电释放后，其串联在正转启动或反转启动回路中的常闭触点恢复常闭才能给各自的启动回路提供准备条件，否则将无法操作。由于中间继电器KA不工作，就相当于正转启动或反转启动回路中没有任何限制条件，从而起不到延长转换时间熄灭电弧的作用。解决方法是检查中间继电器KA线圈是否断路，并更换新品。

✤ **电路接线（图156）**

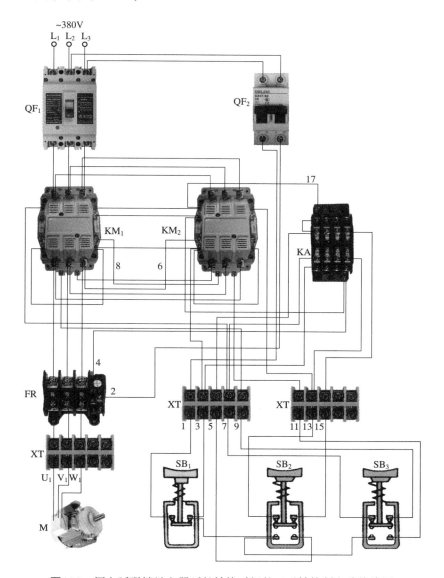

图156　用电弧联锁继电器延长转换时间的正反转控制电路接线图

电路 75 防止相间短路的正反转控制电路（一）

✤ 应用范围

本电路适用范围较广，如纺织、机械加工、生产流水线、冶金、制造以及农业生产等。

✤ 工作原理（图157）

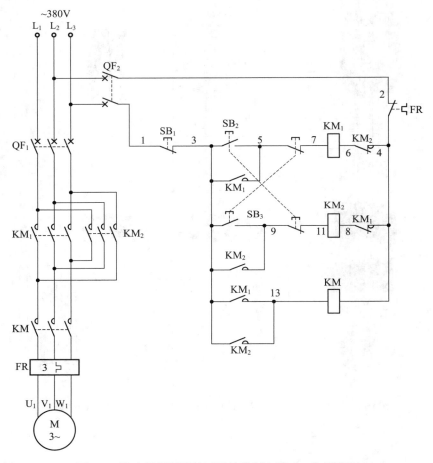

图157 防止相间短路的正反转控制电路（一）原理图

本电路与常用的具有按钮常闭触点互锁、接触器辅助常闭触点互锁的电路基本相同，不同的是分别利用KM_1或KM_2各自的一对辅助常开触点（3-13、3-13）来控制交流接触器KM线圈回路电源，使其在选择好正转或反转之后再将KM投入进去，以此延长正反转选择后与电动机电源的转换时间，达到防止相间短路之目的。从主回路看，正转交流接触器KM_1与反转交流接触器KM_2是并联关系（但需换相），再与交流接触器KM相串联，这样从电路中不难看出，正转时KM_1先工作，KM再工作；而反转时则是KM_2先工作，KM再工作，以延长其转换时间。

正转启动时，按下正转启动按钮SB$_2$，SB$_2$的一组常闭触点（9-11）断开，切断反转交流接触器KM$_2$线圈回路，起到互锁作用；SB$_2$的另外一组常开触点（3-5）闭合，接通了正转交流接触器KM$_1$线圈回路电源，KM$_1$线圈得电吸合且KM$_1$辅助常开触点（3-5）闭合自锁，KM$_1$三相主触点先闭合（说明正转选择已完成），同时KM$_1$辅助常开触点（3-13）闭合，再接通延长转换时间用交流接触器KM线圈回路电源，KM线圈得电吸合，KM三相主触点随后紧跟着也闭合（就是利用KM$_1$与KM之间的转换时间来防止相间短路事故的发生），这时电动机绕组才会通入三相交流380V电源而正常运转。

当电动机正转运转后，若需进行反转启动，则无需按下停止按钮SB$_1$（1-3），直接按动反转启动按钮SB$_3$，SB$_3$的一组常闭触点（5-7）断开，切断了正转交流接触器KM$_1$线圈回路电源，KM$_1$线圈断电释放，KM$_1$三相主触点断开，电动机失电正转停止运转；与此同时，延长转换时间用交流接触器KM线圈也断电释放，KM三相主触点断开，为下一次重新工作做准备。在按下反转启动按钮SB$_3$的同时，SB$_3$的另外一组常开触点（3-9）闭合，接通了反转交流接触器KM$_2$线圈回路电源，KM$_2$线圈得电吸合且KM$_2$辅助常开触点（3-9）闭合自锁，KM$_2$三相主触点闭合（说明反转选择已完成，此时因延长转换时间用交流接触器KM动作滞后于KM$_2$，所以在KM$_2$先闭合时是不带负载的，不会出现正反转换相时的弧光相间短路问题），同时KM$_2$辅助常开触点（3-13）闭合，再接通延长转换时间用交流接触器KM线圈回路电源，KM三相主触点紧跟着也闭合，给电动机提供三相交流380V电源，这时电动机绕组得电反转运转。

注意，当电动机反转运转后，若需进行正转启动，与反转启动操作相同。

✧ 常见故障及排除方法

（1）按下按钮SB$_2$或SB$_3$无反应。可能原因是停止按钮SB$_1$、热继电器FR常闭触点接触不良。检查SB$_1$是否损坏，若损坏则更换新品；倘若相关连线脱落，接好即可。检查热继电器是否动作，手动复位后测量热继电器FR常闭触点是否正常，若仍不正常，则更换新品。

（2）按下按钮SB$_2$或SB$_3$时，电动机均不运转。观察配电盘内的交流接触器动作情况，只有KM$_1$或KM$_2$动作，KM始终无反应。应检查与KM线圈相串联的KM$_1$或KM$_2$辅助常闭触点是否正常以及相关连线是否正常；检查KM线圈是否断路以及线圈连线是否脱落并排除故障。故障排除后，按下按钮SB$_2$时，KM$_1$、KM同时吸合，正转运转。按下按钮SB$_3$时，KM$_2$、KM同时吸合，反转运转。

（3）按下按钮SB$_3$时，为点动反转操作。故障原因为KM$_2$辅助常闭触点接触不良或相关连线脱落，检查并连好即可。

（4）按下按钮SB$_2$时，电动机运转正常；按下按钮SB$_3$时，电动机无反应。观察配电箱内的交流接触器KM动作情况，若按SB$_2$，KM$_1$、KM均动作，其三相主触点闭合，电动机得电正常工作，而按SB$_3$时只有KM$_2$动作，KM无反应，电动机不工作，则应检查KM$_2$串联在KM线圈回路中的辅助常开触点是否正常并修复。

✤ 电路接线（图158）

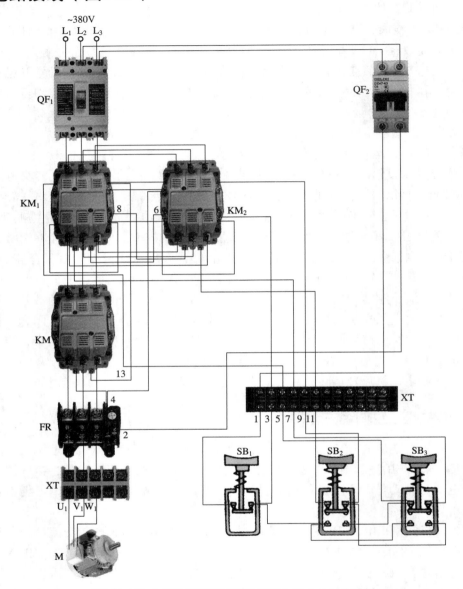

图158 防止相间短路的正反转控制电路（一）接线图

电路 76 防止相间短路的正反转控制电路（二）

✤ 应用范围

本电路适用范围较广，如纺织、机械加工、生产流水线、冶金、制造以及农业生产等。

✤ 工作原理（图159）

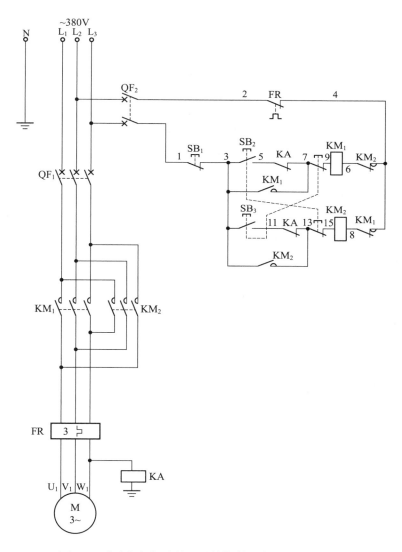

图159 防止相间短路的正反转控制电路（二）原理图

正转启动时，按下正转启动按钮SB$_2$，SB$_2$的一组常闭触点（13-15）断开，切断反转交流接触器KM$_2$线圈回路，起到互锁作用；SB$_2$的另一组常开触点（3-5）闭合，正转交流接触器KM₁线圈得电吸合且KM₁辅助常开触点（3-7）闭合自锁，KM₁三相主触点闭合，电动机得电正转启动运转。在电动机得电运转的同时，中间继电器KA线圈得电吸合，KA分别串联在正转启动回路或反转启动回路中的两组常闭触点（5-7、11-13）断开，将限制正转启动按钮SB₂或反转启动按钮SB₃的启动操作，但不影响电路的停止工作。

电动机正转运转后，欲反转操作，则按下反转启动按钮SB₃，SB₃的一组常闭触点（7-9）断开，切断正转交流接触器KM₁线圈回路电源，正转交流接触器KM₁线圈先断电释放，KM₁三相主触点断开，电动机失电停止运转。同时，中间继电器KA线圈也断电释放，KA的两组常闭触点（5-7、11-13）恢复原始常闭状态，为反转提供通路。这样，经过中间继电器KA的转换，避免了交流接触器在正反转转换时很可能因电动机启动电流很大而引起的弧光短路问题。当KA常闭触点恢复常闭状态后，SB₃的另一组常开触点（3-11）（早已闭合，等待与KA常闭触点一起接通反转交流接触器KM₂线圈回路电源）接通了反转交流接触器KM₂线圈回路电源，KM₂线圈得电吸合且KM₂辅助常开触点（3-13）闭合自锁，KM₂三相主触点闭合，电动机得电反转启动运转。

无论电动机处于正转运转还是反转运转状态，要停止操作，只需按下停止按钮SB₁（1-3），则正转交流接触器KM₁或反转交流接触器KM₂线圈断电释放，KM₁或KM₂各自的三相主触点断开，电动机失电停止运转。

✥ 常见故障及排除方法

（1）电动机运转后，中间继电器KA线圈不吸合。造成中间继电器KA线圈不吸合的原因是KA线圈断路、连线脱落或接触不良。用万用表检查KA线圈是否断路，若断路则更换新品；检查KA线圈连线是否脱落，若脱落则重新连接好。另外，若中间继电器发出电磁声但并未吸合，则可能是电源电压过低或中间继电器KA机械部分卡住所致。

（2）正转正常，按反转启动按钮SB₃无反应，用导线短接SB₃常开触点，反转电路工作正常。此故障为反转启动按钮SB₃常开触点接触不良或断路所致。更换一只同型号按钮即可排除故障。

（3）正转启动变为点动。此故障为正转自锁连线脱落或自锁常开触点KM₁损坏闭合不了所致。检查自锁回路连线是否脱落，若脱落则接好；若是交流接触器KM₁自锁常开触点损坏，则更换。

✦ 电路接线（图160）

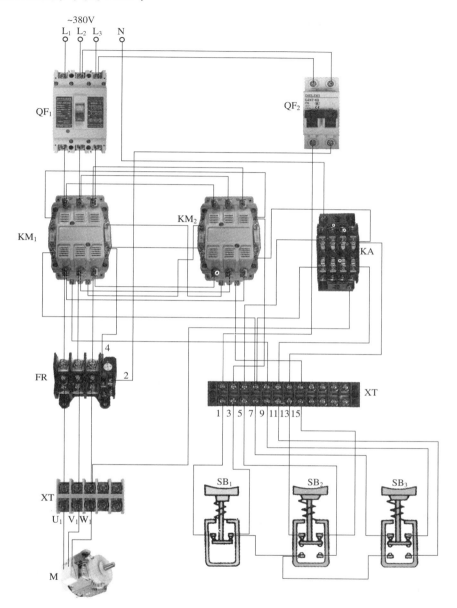

图160　防止相间短路的正反转控制电路（二）接线图

电路 77 防止相间短路的正反转控制电路（三）

✛ 应用范围

本电路适用于任何控制场合使用。

✛ 工作原理（图161）

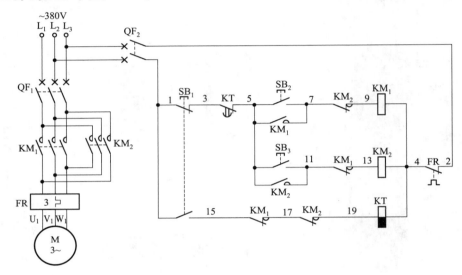

图161 防止相间短路的正反转控制电路（三）原理图

正转启动时，按下正转启动按钮SB₂，其常开触点（5–7）闭合，接通正转交流接触器KM₁线圈回路电源，KM₁的一组辅助常闭触点（11–13）断开，起互锁作用；KM₁的另一组常闭触点（15–17）断开，切断延时电路，以此起互锁作用；KM₁辅助常开触点（5–7）闭合自锁；KM₁三相主触点闭合，电动机得电正转启动运转。

正转启动运转后，若需反转启动时，不能按下停止按钮后立即就进行反转启动操作，必须经过KT一段延时后，其失电延时闭合的常闭触点（3–5）恢复常闭状态后，才能进行反转操作；KT的延时时间，也就是防止正、反转操作时间过短，引起主回路相间弧光短路事故发生。

正转启动运转后，若需反转启动时，则将停止按钮SB₁按到底，其常闭触点（1–3）断开，切断正转交流接触器KM₁线圈回路电源，KM₁线圈断电释放，KM₁辅助常开触点（5–7）断开，解除自锁；KM₁的一组常闭触点（11–13）恢复常闭，解除互锁；KM₁的另一组常闭触点（15–17）恢复常闭，为KT工作提供准备条件；KM₁三相主触点闭合，电动机失电正转停止运转。在按下停止按钮SB₁的同时，其常开触点（1–15）闭合，接通失电延时时间继电器KT线圈回路电源，KT线圈得电吸合，KT失电延时闭合常闭触点（3–5）立即断开，切断正转启动及反转启动操作回路，使其不能进行立即反方向快速操作，以防主回路发生相间短路事故。松开停止按钮SB₁后，SB₁所有触点恢复原始状态，其常开触点（1-15）断开，切断失电延时时间继电器KT线圈回路电源，KT线圈断电释放，KT开始延时。在KT延时时间内，不允许再进行任何启动操作，此时操作受限制，延时结束后方可进行正转启动或反转启动操作。经KT一段时间延时后，KT失电延时闭合的常闭触点（3-5）闭合，延时过程结束，也就是说启动操作受限结束。

由于反转控制与正转控制原理相同，这里不再介绍，请读者自行分析。

✤ 常见故障及排除方法

（1）正转、反转启动可任意操作，没有延时受限。此故障原因为KT延时时间设置过短，停止时按钮SB₁未按到底，KT失电延时闭合的常闭触点（3-5）损坏断不开，停止按钮SB₁的一组常开触点（1-15）损坏闭合不了，3#线与5#线相碰在一起，KT线圈损坏断路，KM₁辅助常闭触点（15-17）损坏闭合不了，KM₂辅助常闭触点（17-19）损坏闭合不了，与此相关电路连接线1#线、15#线、17#线、19#线、4#线有脱落现象。经检查，为KT延时时间整定的过短，在1秒钟以内，所以基本上看不出延时。恢复整定时间（3秒钟）后，操作受限，达到设计目的。

（2）按下停止按钮SB₁后，失电延时时间继电器KT线圈能吸合动作；松开停止按钮SB₁后，失电延时时间继电器KT线圈能断电释放，但KT失电延时闭合的常闭触点（3-5）无反应，始终为常闭状态。此故障为KT失电延时闭合的常闭触点损坏所致。更换新品后，故障排除。

✤ 电路接线（图162）

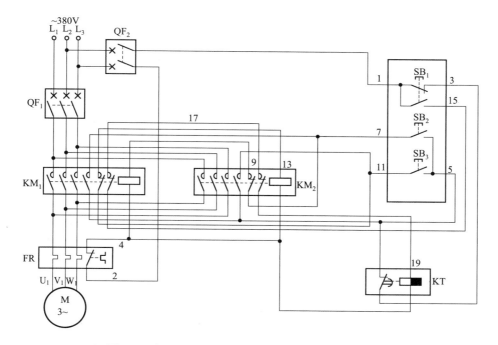

图162　防止相间短路的正反转控制电路（三）接线图

电路 78　防止相间短路的正反转控制电路（四）

✤ 应用范围

本电路适用于任何控制场合使用。

✤ 工作原理（图163）

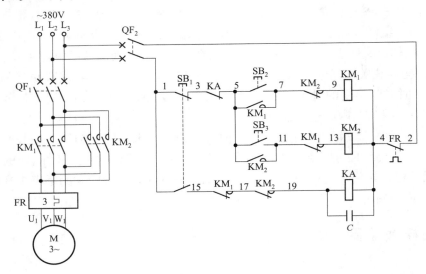

图163　防止相间短路的正反转控制电路（四）原理图

图163中，SB_2为正转启动按钮，SB_3为反转启动按钮，SB_1为停止及防相间短路延时控制按钮。

正转启动时，按下正转启动按钮SB_2，其常开触点（5–7）闭合，接通正转交流接触器KM_1线圈回路电源，KM_1线圈得电吸合且KM_1辅助常开触点（5–7）闭合自锁；KM_1的两组辅助常闭触点（11–13、15–17）均闭合，起互锁作用；KM_1三相主触点闭合，电动机得电正转启动运转。

反转启动时，按下反转启动按钮SB_3，其常开触点（5–11）闭合，接通反转交流接触器KM_2线圈回路电源，KM_2线圈得电吸合且KM_2辅助常开触点（5–11）闭合自锁；KM_2的两组辅助常闭触点（7–9、17–19）均断开，起互锁作用；KM_2三相主触点闭合，电动机得电反转启动运转。

停止时，将停止按钮SB_1按到底，SB_1的一组常闭触点（1–3）断开，切断正转交流接触器KM_1或反转交流接触器KM_2线圈回路电源，KM_1或KM_2线圈断电释放，KM_1或KM_2所有触点恢复原始状态，KM_1或KM_2各自的三相主触点断开，电动机失电停止运转。在按下停止按钮SB_1的同时，SB_1的另一组常闭触点（1–15）闭合，接通中间继电器KA线圈回路电源，KA线圈得电吸合，同时并联在KA线圈上的电容器C开始充电；KA常闭触点（3–5）断开，起延长时间防止相间短路的保护作用；松开停止按钮SB_1后，SB_1触点恢复原始状态，SB₁常开触点（1-15）断开，电容器C开始向中间继电器KA线圈放电，在放电期间KA线圈仍吸合，但随着电容器容量的逐渐变小，低至KA的吸合电压时，KA线圈断电释放，KA常闭触点（3-5）闭合，才允许再进行任意正转或反转启动操作。也就是说，每次操作完停止按钮SB₁后，需待延时几秒钟后才允许再进行任意正转或反转启动操作，以保证不会出现相间短路事故。

✛ 常见故障及排除方法

（1）正转正常，按反转启动按钮SB₃无反应。在按反转启动按钮SB₃时，观察反转交流接触器KM₂线圈是否吸合，若不吸合，则故障为按钮SB₃（5-11）损坏，KM₁辅助常闭触点（11-13）断路，KM₂线圈断路以及相关连接线5#线、11#线、13#线、4#线脱落；若反转交流接触器KM₂线圈能得电吸合且自锁，则故障为KM₂三相主触点至少有两相损坏闭合不了或与此相关的主触点连接线脱落、烧断等。经检查，为按钮SB₃（5-11）损坏，更换新按钮后，故障排除。

（2）停止时，按停止按钮SB₁，中间继电器KA线圈吸合，松开停止按钮SB₁后，KA线圈立即释放。根据以上情况分析，故障出在电容器C及相关连接线19#线、4#线上。经检查，为4#线脱落所致，将脱落线接上，故障排除。

✛ 电路接线（图164）

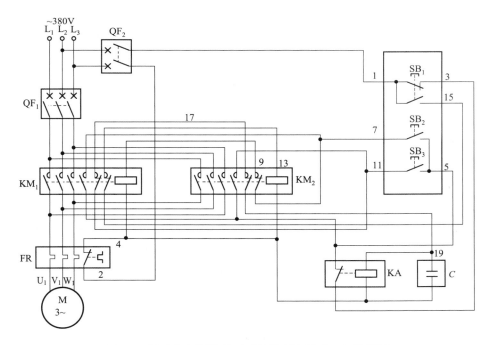

图164　防止相间短路的正反转控制电路（四）接线图

电路 79 防止相间短路的正反转控制电路（五）

❖ 应用范围

本电路适用于任何控制场合使用。

❖ 工作原理（图165）

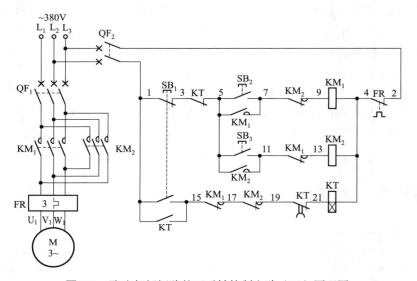

图165 防止相间短路的正反转控制电路（五）原理图

图165中，SB_2为正转启动按钮，SB_3为反转启动按钮，SB_1为停止及防止相间短路延时控制按钮。

正转启动时，按下正转启动按钮SB_2，其常开触点（5-7）闭合，接通正转交流接触器KM_1线圈回路电源，KM_1线圈得电吸合且KM_1辅助常开触点（5-7）闭合自锁；KM_1的两组辅助常闭触点（11-13、15-17）均断开，起互锁作用；KM_1三相主触点闭合，电动机得电正转启动运转。

反转启动时，按下反转启动按钮SB_3，其常开触点（5-11）闭合，接通反转交流接触器KM_2线圈回路电源，KM_2线圈得电吸合且KM_2辅助常开触点（5-11）闭合自锁；KM_2的两组辅助常闭触点（7-9、17-19）均断开，起互锁作用；KM_2三相主触点闭合，电动机得电反转启动运转。

停止时，将停止按钮SB_1按到底，其一组常闭触点（1-3）断开，切断正转交流接触器KM_1或反转交流接触器KM_2线圈回路电源，KM_1或KM_2线圈断电释放，KM_1或KM_2各自的三相主触点断开，电动机失电停止运转。在按下停止按钮SB_1的同时，其一组常开触点（1-15）闭合，接通得电延时时间继电器KT线圈回路电源，KT线圈得电吸合且KT的一组不延时瞬动常开触点（1-15）闭合自锁且KT开始延时；KT的一组不延时瞬动常闭触点（3-5）断开，切断正转或反转启动操作回路，以限制在正转或反转停止后，又立即进行相反转向的启动操作，起到防止相间短路的作用；经KT一段时间延时后，KT的一组得电延时断开的常闭触点（19-21）断开，切断KT自身线圈回路电源，KT线圈断电释放，KT所有触点恢复原始状态。也就是说，只有在KT延时结束后，KT的一组不延时常闭触点（3-5）恢复常闭状态后，方可再进行正转或反转启动操作。

❖ 常见故障及排除方法

（1）正转、反转可任意操作，没有延时。此故障原因为SB₁未按到底，得电延时时间继电器KT线圈损坏断路，KT得电延时断开的常闭触点（19-21）断路损坏，正转交流接触器KM₁辅助常闭触点（15-17）断路损坏，反转交流接触器KM₂辅助常闭触点（17-19）断路损坏，SB₁的一组常开触点（1-15）损坏闭合不了以及相关的连接线1#线、15#线、17#线、19#线、21#线、4#线脱落。经检查为19#线脱落所致。恢复接线后，故障排除。

（2）控制操作一切正常，但反转启动时，电动机不转。此故障为反转交流接触器KM₂三相主触点损坏或与此相关的连接线两相断路。经检查为KM₂三相主触点有两相烧坏所致。更换新品后，故障排除。

❖ 电路接线（图166）

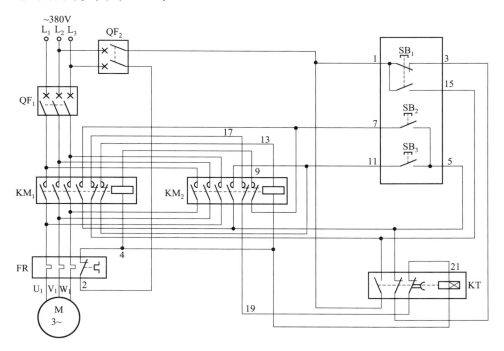

图166　防止相间短路的正反转控制电路（五）接线图

电路 80　防止相间短路的正反转控制电路（六）

✛ 应用范围

本电路适用于任何控制场合使用。

✛ 工作原理（167）

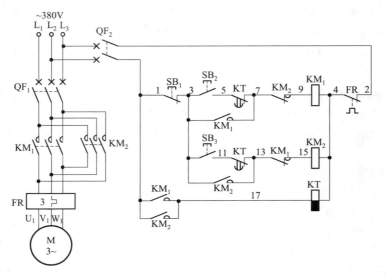

图167　防止相间短路的正反转控制电路（六）原理图

正转启动时，按下正转启动按钮SB₂，其常开触点（3-5）闭合，接通正转交流接触器KM₁线圈回路电源，KM₁线圈得电吸合且KM₁的一组辅助常开触点（3-7）闭合自锁；KM₁常闭触点（13-15）断开，起互锁作用；KM₁三相主触点闭合，电动机得电正转启动运转。与此同时，KM₁的另一组常开触点（1-17）闭合，接通失电延时时间继电器KT线圈回路电源，KT线圈得电吸合，KT的两只分别串联在正转启动、反转启动回路中的失电延时闭合的常闭触点（5-7、11-13）断开，以防在电动机停止运转后又突然进行反向操作，出现相间弧光短路现象。

正转停止时，按下停止按钮SB₁，其常闭触点（1-3）断开，切断正转交流接触器KM₁线圈回路电源，KM₁线圈断电释放且解除自锁，KM₁三相主触点断开，电动机失电正转停止运转。与此同时，KM₁的另一只常开触点（1-17）断开，切断失电延时时间继电器KT线圈回路电源，KT线圈断电释放，KT开始延时。KT失电延时闭合的常闭触点（5-7、11-13）开始延时恢复原始常闭状态。在KT延时时间内按下正转、反转任何一只启动按钮SB₂（3-5）或SB₃（3-11）均无效。也就是说，在按下停止按钮SB₁后，要想再操作正转或反转启动按钮时，必须等待KT延时结束后方可进行，这样就可避免出现弧光短路问题。

反转启动、停止原理与正转相同，不再一一介绍。

✦ 常见故障及排除方法

（1）正转运转后，按下停止按钮SB₁，再按下反转启动按钮SB₃，反转能立即启动运转，而不是经延时后方可操作。在反转运转后，按下停止按钮SB₁，再按下正转启动按钮SB₂，正转无法启动操作，而需经几秒钟延时后，再次按下正转启动按钮SB₂，正转启动操作才正常。根据上述故障现象分析，故障原因一是反转控制回路一切正常，而故障出在KT线圈回路中的KM₁辅助常开触点（1–17）闭合不了；二是串联在反转启动按钮SB₃回路中的一组失电延时闭合的常闭触点（11–13）损坏断不开。经检查为KM₁辅助常开触点（1–17）损坏所致。更换新品后，故障排除。

（2）正转、反转操作均无延时限制。从原理图中可以分析出，KM₁和KM₂的两组并联的辅助常开触点（1–17）同时损坏的可能性不大，但此辅助常开触点（1–17）损坏会造成无延时限制。除上述原因外，失电延时时间继电器KT线圈损坏断路，KT的两组失电延时闭合的常闭触点（5–7、11–13）同时损坏以及与此电路相关的1#线、17#线、4#线脱落也会造成无延时限制。经检查，为失电延时时间继电器KT线圈断路。更换新品后，故障排除。

✦ 电路接线（图168）

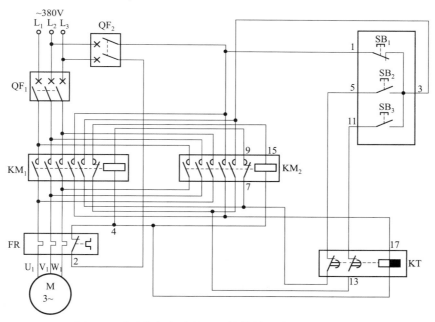

图168　防止相间短路的正反转控制电路（六）接线图

电路 81 单向运转反接制动控制电路（一）

✛ 应用范围

本电路可对机械设备进行制动、准确定位。可用于纺织、印染、布匹检验测长等设备。

✛ 工作原理（图169）

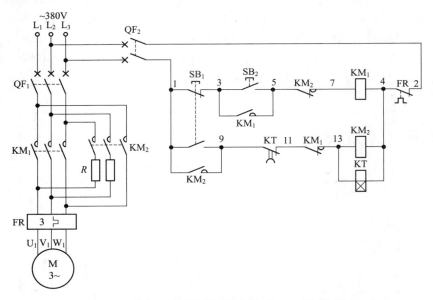

图169 单向运转反接制动控制电路（一）原理图

启动时，按下启动按钮SB₂（3-5），交流接触器KM₁线圈得电吸合且KM₁辅助常开触点（3-5）闭合，KM₁三相主触点闭合，电动机得电启动运转。在交流接触器KM₁线圈得电吸合时，KM₁串联在KM₂线圈回路中的辅助常闭触点（11-13）首先断开，起到互锁保护作用。

制动时，将停止按钮SB₁按到底，SB₁的一组常闭触点（1-3）断开，切断了交流接触器KM₁线圈回路电源，KM₁线圈断电释放，KM₁三相主触点断开，电动机失电但仍靠惯性继续转动；同时KM₁辅助常闭触点（11-13）恢复常闭，为接通KM₂和KT线圈回路做准备。在按下停止按钮SB₁的同时，SB₁的另一组常开触点（1-9）闭合，接通了交流接触器KM₂和得电延时时间继电器KT线圈回路电源，KM₂、KT线圈得电吸合且KM₂辅助常开触点（1-9）闭合自锁，同时KT开始延时；这时KM₂三相主触点闭合，电动机绕组串联了不对称限流电阻器R后反转运转，电动机通入反接制动电源后转速骤降。经KT一段时间延时后，KT得电延时断开的常闭触点（1-9）断开，切断交流接触器KM₂和得电延时时间继电器KT线圈回路电源，KM₂、KT线圈均断电释放，KM₂三相主触点断开，解除了通入电动机绕组内的反接制动电源，电动机反接制动过程结束。

✦ 常见故障及排除方法

（1）反接制动正常，但无法自动解除反接制动控制电路。从电气原理图中可以看出，解除反接制动控制是靠得电延时时间继电器KT自身的得电延时断开的常闭触点（9-11）来完成的。在进行反接制动时，交流接触器KM$_2$和得电延时时间继电器KT线圈均得电吸合且能自锁，说明故障出在KT的得电延时断开的常闭触点上。经检查确为KT得电延时断开的常闭触点损坏。更换新的得电延时时间继电器后，反接制动能自动解除，故障排除。

（2）电动机启动正常，不能进行反接制动。断开主回路断路器QF$_1$，合上控制回路断路器QF$_2$，测试控制回路。用螺丝刀顶一下交流接触器KM$_2$顶部的可动部分，若交流接触器KM$_2$和得电延时时间继电器KT两只线圈均能得电吸合且KM$_2$也能自锁，说明故障出在KM$_2$自锁触点并联的停止按钮SB$_1$的常开触点上。用短接线短接停止按钮SB$_1$常开触点两端的1#线、9#线，此时，KM$_2$、KT线圈均能得电吸合且KM$_2$能自锁，以此断定按钮SB$_1$损坏了。更换新的停止按钮后，故障排除。

✦ 电路接线（图170）

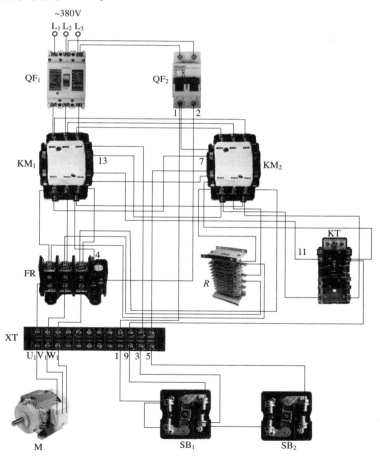

图170　单向运转反接制动控制电路（一）接线图

电路 82 单向运转反接制动控制电路（二）

✤ 应用范围

本电路可对机械设备进行制动、准确定位。可用于纺织、印染、布匹检验测长等设备。

✤ 工作原理（图171）

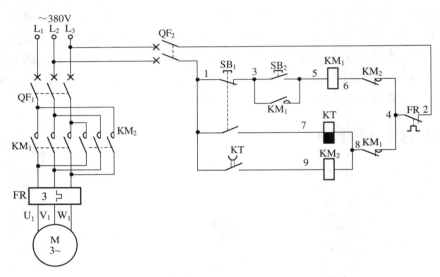

图171 单向运转反接制动控制电路（二）原理图

启动时，按下启动按钮SB₂（3–5），交流接触器KM₁线圈得电吸合且KM₁辅助常开触点（3–5）闭合自锁，KM₁串联在KM₂、KT线圈回路中的辅助常闭触点（4–8）断开，起互锁作用；与此同时，KM₁三相主触点闭合，电动机得电启动运转。

制动时，将停止按钮SB₁按到底，首先SB₁的一组常闭触点（1–3）断开，切断交流接触器KM₁线圈回路电源，KM₁线圈断电释放，KM₁三相主触点断开，电动机失电但仍靠惯性继续转动。在KM₁线圈断电释放时，KM₁辅助常闭触点（4–8）恢复原始常闭状态，为接通反接制动交流接触器KM₂线圈回路做准备。此时，SB₁的另一组常开触点（1–7）闭合，接通失电延时时间继电器KT线圈回路电源，KT线圈得电吸合，KT失电延时断开的常开触点（1–9）立即闭合，接通交流接触器KM₂线圈回路电源，KM₂辅助常闭触点（4–6）断开，起互锁作用；同时，KM₂三相主触点闭合，将电源相序改变了，电动机通入反相序电源而反向运转，电动机转速骤降，起到反接制动作用。松开停止按钮SB₁，其常闭触点（1–3）恢复常闭，其常开触点（1–7）恢复常开，使失电延时时间继电器KT线圈断电释放，并开始延时。经KT一段时间延时后，KT串联在交流接触器KM₂线圈回路中的失电延时断开的常开触点（1–9）断开，切断交流接触器KM₂线圈回路电源，KM₂线圈断电释放，KM₂三相主触点断开，电动机失去反转电源，反接制动过程结束。

✣ 常见故障及排除方法

（1）反接制动时，按下停止兼制动按钮SB$_1$，交流接触器KM$_1$线圈断电释放，电动机失电仍靠惯性转动；与此同时，失电延时时间继电器KT线圈得电吸合，无反接制动；松开按钮SB$_1$，KT线圈随之断电释放。从上述情况结合电气原理图可以分析出，故障原因为交流接触器KM$_2$线圈断路损坏，KT失电延时断开的常开触点（1–9）损坏闭合不了，与此电路相关的1#线、8#线、9#线有松动、脱落现象。经检查，是接在交流接触器KM$_2$线圈上的9#线脱落所致。恢复脱落的9#线后，反接制动正常，故障排除。

（2）电动机启动运转后，欲需自由停机，但轻轻按下停止按钮SB$_1$无反应，电动机不停止；将停止按钮SB$_1$按到底，电动机仍运转不停止；断开QF$_2$时，电动机能停止运转。从上述情况看，故障原因为停止按钮SB$_1$常闭触点（1–3）损坏断不开，与此电路相关的1#线、3#线相碰了。经检查，是停止按钮SB$_1$的一组常闭触点（1–3）损坏断不开所致。更换新的按钮后，轻轻按下停止按钮SB$_1$时，电动机失电，无制动，靠惯性继续转动，故障排除。

✣ 电路接线（图172）

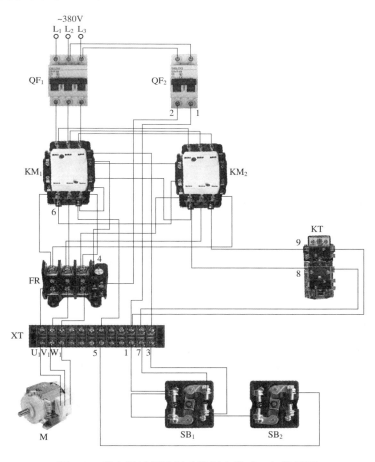

图172 单向运转反接制动控制电路（二）接线图

电路 83　单向运转反接制动控制电路（三）

✤ 应用范围

本电路可对机械设备进行制动、准确定位。可用于纺织、印染、布匹检验测长等设备。

✤ 工作原理（图173）

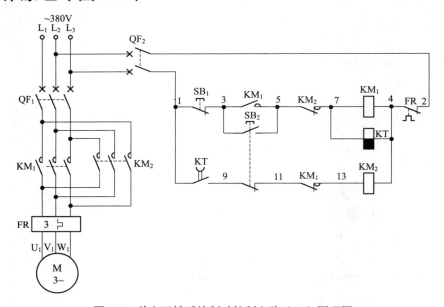

图173　单向运转反接制动控制电路（三）原理图

启动时，按下启动按钮SB$_2$，SB$_2$的一组常闭触点（9–11）断开，切断KM$_2$线圈回路电源，起到互锁保护作用；SB$_2$的另一组常开触点（3–5）闭合，接通了交流接触器KM$_1$和失电延时时间继电器KT线圈回路电源，KM$_1$、KT线圈均得电吸合且KM$_1$辅助常开触点（3–5）闭合自锁，KM$_1$三相主触点闭合，电动机得电启动运转。在KT线圈得电吸合后，KT失电延时断开的常开触点（1–9）立即闭合，为制动时延时切除KM$_2$线圈回路电源做准备。

制动时，按下停止按钮SB$_1$（1–3），交流接触器KM$_1$和失电延时时间继电器KT线圈断电释放，KT开始延时；KM$_1$三相主触点断开，电动机失电但仍靠惯性继续转动；此时KM$_1$辅助常闭触点（11–13）恢复常闭，使交流接触器KM$_2$线圈得电吸合，KM$_2$三相主触点闭合，电动机通入反向电源而转速骤降，从而对电动机进行反接制动控制。经KT一段时间延时后，KT失电延时断开的常开触点（1–9）断开，切断交流接触器KM$_2$线圈回路电源，KM$_2$线圈断电释放，KM$_2$三相主触点断开，解除了通入电动机绕组的反接制动电源，反接制动过程结束。

❖ 常见故障及排除方法

（1）启动时，按下启动按钮SB₂，交流接触器KM₁线圈得电吸合且自锁。但按下停止按钮SB₁后，电动机为自动停机状态，仍靠惯性继续转动，没有反接制动迅速停机。从上述故障情况可以看出，在KM₁线圈得电吸合时，失电延时时间继电器KT线圈也应得电吸合，既然KT线圈未吸合，那么KT失电延时断开的常开触点（1–9）也就无法对反接制动交流接触器KM₂线圈回路进行控制，也就没有对电动机进行反接制动作用。经检查为KT线圈断路损坏所致。更换新的KT线圈后，故障排除。

（2）电动机运转正常，但反接制动时，电动机"嗡嗡"响，不转动。此故障为主回路KM₂三相主触点中有一相断路造成缺相。经检查是KM₂三相主触点中的上端L₃相导线松动所致。重新紧固松动导线后，故障排除。

❖ 电路接线（图174）

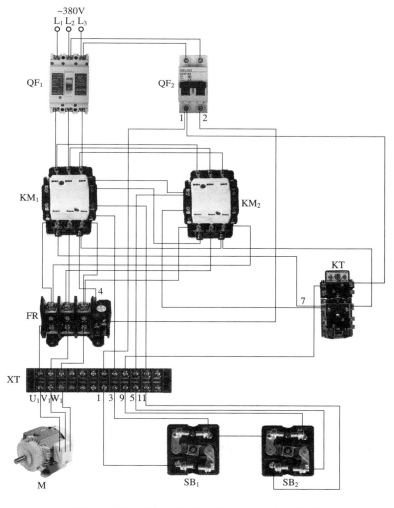

图174　单向运转反接制动控制电路（三）接线图

电路 84　单向运转反接制动控制电路（四）

✣ 应用范围

本电路可对机械设备进行制动、准确定位。可用于纺织、印染、布匹检验测长等设备。

✣ 工作原理（图175）

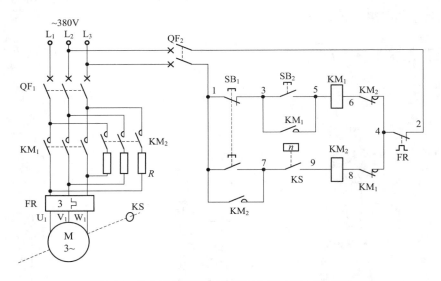

图175　单向运转反接制动控制电路（四）原理图

启动时，按下启动按钮 SB_2（3-5），交流接触器 KM_1 线圈得电吸合且 KM_1 辅助常开触点（3-5）闭合自锁，同时 KM_1 串联在制动用交流接触器 KM_2 线圈回路中的辅助常闭触点（4-8）断开，对制动控制回路进行互锁；在 KM_1 线圈得电吸合的同时，KM_1 三相主触点闭合，电动机得电启动运转，当电动机的转速升至120r/min后，速度继电器 KS 控制常开触点（7-9）闭合，为停止时反接制动做准备。

自由停机时，轻轻按下停止按钮 SB_1，SB_1 的一组常闭触点（1-3）断开，交流接触器 KM_1 线圈断电释放，KM_1 三相主触点断开，电动机失电，仍靠惯性继续转动，处于自由停机状态。

制动时，将停止兼制动按钮 SB_1 按到底，SB_1 的一组常闭触点（1-3）断开，切断了交流接触器 KM_1 线圈回路电源，KM_1 线圈断电释放，KM_1 三相主触点断开，电动机失电，仍靠惯性继续转动；与此同时，SB_1 的另外一组常开触点（1-7）闭合。注意，由于 KM_1 线圈已断电释放，KM_1 串联在 KM_2 线圈回路中的互锁辅助常闭触点（4-8）恢复常闭状态，此时交流接触器 KM_2 线圈得电吸合且 KM_2 辅助常开触点（1-7）闭合自锁，KM_2 三相主触点闭合，串联限流电阻器 R 对电动机进行反接制动，使电动机迅速停下来。当电动机的转速低至100r/min时，速度继电器 KS 常开触点（7-9）断开，切断了反接制动交流接触器KM₂线圈回路电源，KM₂线圈断电释放，KM₂三相主触点断开，电动机反接制动电源解除，从而完成反接制动控制。

✦ 常见故障及排除方法

（1）按下启动按钮SB₂，交流接触器KM₁线圈无反应，电动机不能启动运转。断路器Q₁、停止按钮SB₁、启动按钮SB₂、交流接触器KM₁线圈、交流接触器KM₂辅助常闭触点、热继电器FR常闭触点中的任意一个出现断路故障，均会使交流接触器KM₁线圈不能得电工作。用万用表逐个测量上述各电气元件，找出故障点，更换故障元件，使电路正常工作。

（2）电动机停止时，有制动但为瞬间制动，若长时间按着停止按钮SB₁，能可靠进行制动。通过分析可以看出，故障出在控制回路中，通常是KM₂自锁触点（1-7）闭合不了所致。用万用表检查KM₂常开触点（1-7）是否正常，若损坏，则更换交流接触器KM₂常开触点（1-7），即可排除故障。

✦ 电路接线（图176）

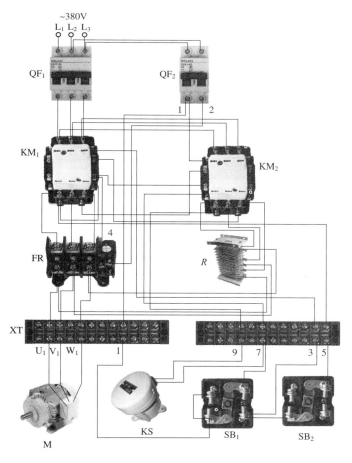

图176　单向运转反接制动控制电路（四）接线图

电路 85　简单实用的可逆能耗制动控制电路

✛ 应用范围

本电路可对机械设备进行制动、准确定位。可用于纺织、印染、布匹检验测长等设备。

✛ 工作原理（图177）

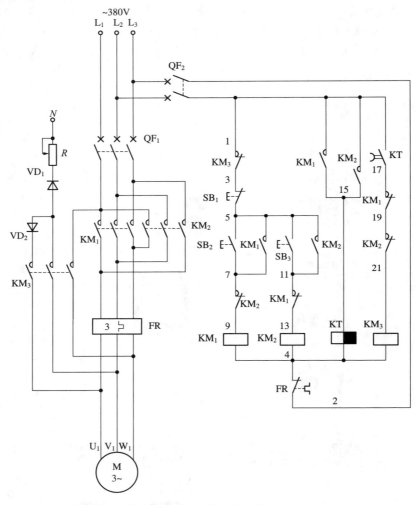

图177　简单实用的可逆能耗制动控制电路原理图

正转启动时，按下正转启动按钮SB₂（5-7），交流接触器KM₁线圈得电吸合且KM₁辅助常开触点（5-7）闭合自锁，KM₁三相主触点闭合，电动机得电正向运转。同时KM₁辅助常开触点（1-15）闭合，失电延时时间继电器KT线圈得电吸合，KT失电延时断开的常开触点（1-17）立即闭合，为能耗制动控制交流接触器KM₃线圈工作做准备

［因串联在交流接触器KM₁线圈回路中的常闭触点（17–19）已断开］。

正转停止时，按下停止按钮SB₁（3–5），交流接触器KM₁线圈断电释放，KM₁三相主触点断开，电动机失电，仍靠惯性继续转动。KM₁辅助常开触点（1–15）断开，失电延时时间继电器KT线圈断电释放并开始延时，KM₁串联在KM₃线圈回路中的常闭触点（17–19）恢复常闭，此时交流接触器KM₃线圈得电吸合，KM₃三相主触点闭合，使直流电源通入电动机绕组内产生静止磁场，电动机迅速停止下来。经KT一段时间延时后，KT失电延时断开的常开触点（1–17）断开，KM₃线圈断电释放，KM₃三相主触点断开，解除能耗制动。

反转启动时，按下反转启动按钮SB₃（5–11），交流接触器KM₂线圈得电吸合且KM₂辅助常开触点（5–11）闭合自锁，KM₂三相主触点闭合，电动机得电反向运转。同时KM₂辅助常开触点（1–15）闭合，失电延时时间继电器KT线圈得电吸合，KT失电延时断开的常开触点（1–17）立即闭合，为能耗制动控制交流接触器KM₃线圈工作做准备［因串联在交流接触器KM₂线圈回路中的常闭触点（19–21）已断开］。

反转停止时，按下停止按钮SB₁（3–5），交流接触器KM₂线圈断电释放，KM₂三相主触点断开，电动机失电，仍靠惯性继续转动。KM₂辅助常开触点（1–15）断开，失电延时时间继电器KT线圈断电释放并开始延时，KM₂串联在KM₃线圈回路中的常闭触点（19–21）恢复常闭，此时交流接触器KM₃线圈得电吸合，KM₃三相主触点闭合，使直流电源通入电动机绕组内产生静止磁场，电动机迅速停止下来。经KT一段时间延时后，KT失电延时断开的常开触点（1–17）断开，KM₃线圈断电释放，KM₃三相主触点断开，解除能耗制动。

✛ 常见故障及排除方法

（1）正反转启动运转均正常，但正转停止有制动，反转停止则为自由停止。从图178可以看出，反转时时间继电器KT线圈不动作，为辅助常开触点KM₂闭合不了所致。更换KM₂常开触点，故障排除。

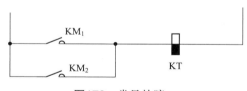

图178　常见故障一

（2）正反转运转均正常，但正反转停止时无制动。从图179所示电路分析，若停止时失电时间继电器KT线圈不吸合工作，则故障为KT线圈断路，KM₂常开触点闭合不了，KM₁常开触点闭合不了；若KT线圈工作正常，但交流接触器KM₂线圈不吸合，则故障为KT失电延时断开的常开触点KT闭合不了，交流接触器KM₃线圈断路，交流接触器KM₁常闭触点断路，交流接触器KM₂常闭触点断路；若KT线圈、KM₃线圈工作均正常，则故障在主回路中，重点检查二极管VD₁、VD₂断路或短路，电阻R断路或调整不当，交流接触器KM₃主触点接触不良或断路。用万用表检查控制回路或主回路各器件，找出故障点，更换故障器件，电路即可恢复正常。

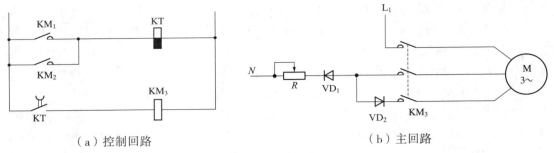

（a）控制回路　　　　　　　　　　　（b）主回路

图179 常见故障二

✣ 电路接线（图180）

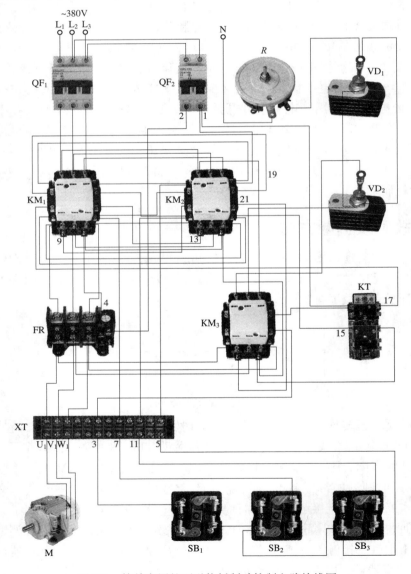

图180 简单实用的可逆能耗制动控制电路接线图

电路 86 单向全波能耗制动手动控制电路

❖ 应用范围

本电路可对机械设备进行制动、准确定位。可用于纺织、印染、布匹检验测长等设备。

❖ 工作原理（图181）

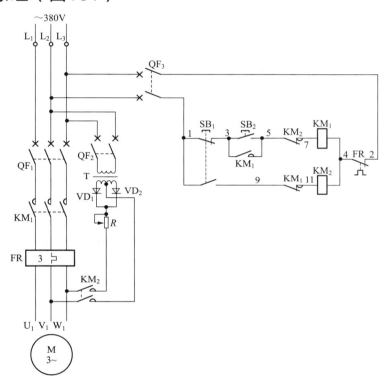

图181 单向全波能耗制动手动控制电路原理图

本电路中的制动直流电源变压器采用带有中心点抽头的变压器。

启动时，按下启动按钮SB$_2$（3-5），交流接触器KM$_1$线圈得电吸合且KM$_1$辅助常开触点（3-5）闭合自锁，KM$_1$辅助常闭触点（9-11）断开，起互锁作用，KM$_1$三相主触点闭合，电动机得电启动运转。

本电路的制动和自由停机控制，请读者自行分析。

❖ 常见故障及排除方法

（1）合上制动回路断路器QF$_2$后，有异味，用手摸配电箱内的制动电源变压器T很烫手。断开QF$_2$后，将两只整流二极管VD$_1$、VD$_2$公共点断开，并测其好坏，经测量二极管VD$_2$击穿断路。更换同型号二极管后，变压器温度正常，故障排除。

（2）合上QF_2就跳闸，送不上电。断开QF_2下端负载导线，试之，正常。将外接负载接到QF_2下端后试之，也正常。可以断定是制动电源变压器一次侧断路造成的。用万用表欧姆挡测之，电阻值极小，几乎为零，为短路状态。更换新的电源变压器后，试之，一切正常，故障排除。

❖ 电路接线（图182）

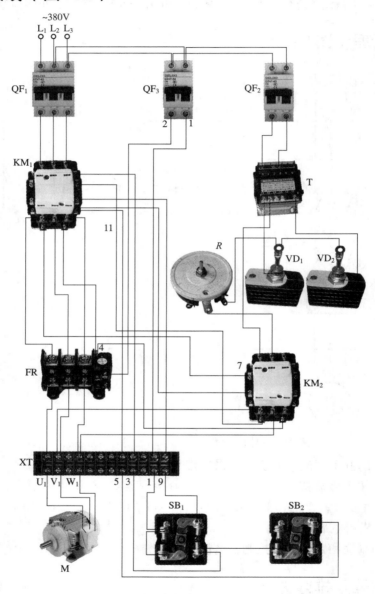

图182 单向全波能耗制动手动控制电路接线图

电路 87　单向桥式能耗制动手动控制电路

✤ 应用范围

　　本电路可对机械设备进行制动、准确定位。可用于纺织、印染、布匹检验测长等设备。

✤ 工作原理（183）

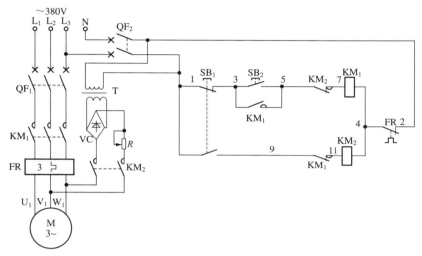

图183　单向桥式能耗制动手动控制电路原理图

　　启动时，按下启动按钮SB$_2$（3-5），交流接触器KM$_1$线圈得电吸合且KM$_1$辅助常开触点（3-5）闭合自锁；KM$_1$辅助常闭触点（9-11）断开，起互锁作用；KM$_1$三相主触点闭合，电动机得电启动运转。

　　制动时，将停止按钮SB$_1$按到底不松手，首先SB$_1$的一组常闭触点（1-3）断开，切断了交流接触器KM$_1$线圈回路电源，KM$_1$线圈断电释放，KM$_1$三相主触点断开，电动机失电但仍靠惯性继续转动；KM$_1$线圈断电释放后，KM$_1$串联在交流接触器KM$_2$线圈回路中的辅助常闭触点（9-11）恢复原始常闭，为接通KM$_2$线圈回路提供条件。在按下停止按钮SB$_1$的同时，SB$_1$的另一组常开触点（1-9）闭合，接通了交流接触器KM$_2$线圈回路电源，KM$_2$线圈得电吸合，KM$_2$辅助常闭触点（5-7）断开，起互锁作用；KM$_2$三相主触点闭合，将经变压器T降压、桥式整流器VC整流后的直流电源通入电动机绕组内，产生一静止磁场，使电动机迅速停止下来，起到能耗制动作用；松开按钮SB$_1$，KM$_2$线圈断电释放，KM$_2$三相主触点断开，切除直流电流，能耗制动结束。按住停止按钮SB$_1$的时间即手动制动时间。

✤ 常见故障及排除方法

　　（1）制动效果极差。用万用表测整流电压正常，带假负载测调整电位器R下端电压极低，怎么调整也没有太大变化。再测 R 上端电压正常。可以断定故障为调整电位器 R 损坏。更换新的调整电位器 R 后，试之，制动效果很好，调整电位器 R，制动效果有变化，故障排除。

（2）合上 QF_2 后，交流接触器 KM_2 线圈得电吸合，随着时间的延长，手摸电动机外壳发热，有异味。从电路原理图中可以看出，反接制动交流接触器 KM_2 线圈在不按住停止按钮 SB_1 时是不会得电吸合的，又因合上 QF_2 时，听到了 KM_2 线圈动作吸合声，可以断定交流接触器 KM_2 是正常的。问题出在停止按钮 SB_1 的一组常开触点（1-9）损坏断不开，或相关的 1# 线与 9# 线相碰。经检查为停止按钮 SB_1 损坏，更换新的停止按钮 SB_1 后，故障排除。

✛ 电路接线（图184）

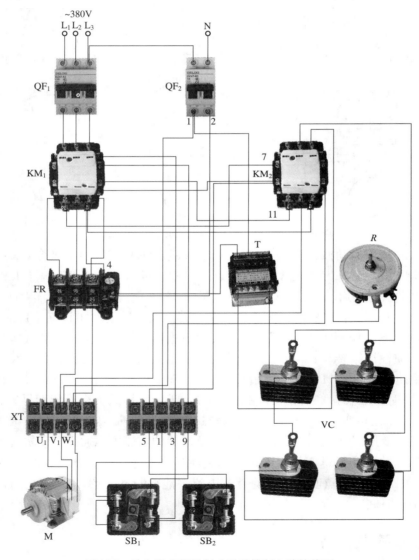

图184　单向桥式能耗制动手动控制电路接线图

电路 88　单管单向能耗制动手动控制电路

✦ 应用范围

本电路可对机械设备进行制动、准确定位。可用于纺织、印染、布匹检验测长等设备。

✦ 工作原理（图185）

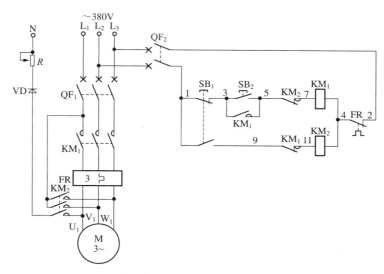

图185　单管单向能耗制动手动控制电路原理图

启动时，按下启动按钮SB$_2$（3–5），交流接触器KM$_1$线圈得电吸合且KM$_1$辅助常开触点（3–5）闭合自锁，KM$_1$辅助常闭触点（9–11）断开，起互锁作用，KM$_1$三相主触点闭合，电动机得电启动运转。

制动时，将停止按钮SB$_1$按到底不放手，SB$_1$的一组常闭触点（1–3）断开，切断交流接触器KM$_1$线圈回路电源，KM$_1$线圈断电释放，KM$_1$三相主触点断开，电动机失电但仍靠惯性继续运转。与此同时，KM$_1$辅助常闭触点（9–11）恢复常闭，为交流接触器KM$_2$线圈得电吸合做准备。在将停止按钮SB$_1$按到底的同时，SB$_1$的另一组常开触点（1–9）闭合，接通了交流接触器KM$_2$线圈回路电源，KM$_2$线圈得电吸合，KM$_2$辅助常闭触点（5–7）断开，起互锁作用；KM$_2$三相主触点闭合，将能耗制动直流电源通入电动机绕组内，使其产生一静止磁场，使电动机的转速骤降，对电动机进行能耗制动控制。松开停止按钮SB$_1$，SB$_1$常开触点（1–9）断开，切断交流接触器KM$_2$线圈回路电源，KM$_2$线圈断电释放，KM$_2$三相主触点断开，切断通入电动机绕组内的直流电源，能耗制动结束。也就是说，按住停止按钮SB$_1$的时间即能耗制动时间。

当电动机启动运转后，若需自由停机，则轻轻按下停止按钮SB$_1$，SB$_1$的一组常闭触点（1–3）断开，切断交流接触器KM$_1$线圈回路电源，KM$_1$线圈断电释放，KM$_1$三相主触点断开，电动机失电但仍靠惯性继续转动，处于自由停机状态。

✤ 常见故障及排除方法

（1）按启动按钮SB$_2$时，电动机运转方式为点动断续运转，即SB$_2$为点动操作。此故障是缺少交流接触器KM$_1$自锁回路，也就是说KM$_1$并联在启动按钮SB$_2$两端的辅助常开触点（3-5）损坏闭合不了，或与此电路相关的3#线、5#线有脱落现象。经检查，是交流接触器KM$_1$辅助常开自锁触点损坏所致。更换KM$_1$辅助常开触点后，按启动按钮SB$_2$，电路恢复连续工作状态，故障排除。

（2）启动时，按启动按钮SB$_2$无效。用螺丝刀顶一下交流接触器KM$_1$顶部的可动部分，KM$_1$线圈能得电吸合，电动机能得电启动运转。从上述故障看，故障原因为启动按钮SB$_2$损坏闭合不了，或与此相关的3#线、5#线有脱落断线现象。经检查，是启动按钮SB$_2$损坏闭合不了所致。更换启动按钮SB$_2$后，故障排除。

✤ 电路接线（图186）

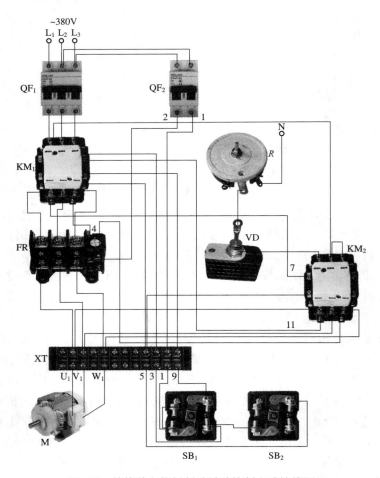

图186　单管单向能耗制动手动控制电路接线图

电路 89　单管双向能耗制动手动控制电路

✤ 应用范围

本电路可对机械设备进行制动、准确定位。可用于纺织、印染、布匹检验测长等设备。

✤ 工作原理（图187）

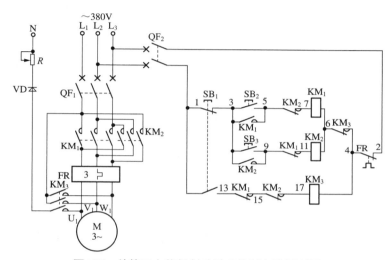

图187　单管双向能耗制动手动控制电路原理图

本电路所需的能耗制动直流电源，是通过一只整流二极管VD进行半波整流后得到的脉动直流电源。

需正转启动时，按下正转启动按钮SB$_2$（3–5），交流接触器KM$_1$线圈得电吸合且KM$_1$辅助常开触点（3–5）闭合自锁，KM$_1$三相主触点闭合，电动机得电正转启动运转。

需反转启动时，按下反转启动按钮SB$_3$（3–9），交流接触器KM$_2$线圈得电吸合且KM$_2$辅助常开触点（3–9）闭合自锁，KM$_2$三相主触点闭合，电动机得电反转启动运转。

需能耗制动时，按下停止按钮SB$_1$，SB$_1$的一组常闭触点（1–3）断开，切断正转或反转交流接触器KM$_1$或KM$_2$线圈回路电源，KM$_1$或KM$_2$线圈断电释放，KM$_1$或KM$_2$各自的三相主触点断开，电动机失电但仍靠惯性继续转动。与此同时，SB$_1$的另一组常开触点（1–13）闭合，使交流接触器KM$_3$线圈得电吸合，KM$_3$三相主触点闭合，将经单管VD整流后的直流电源通入电动机绕组内，使其产生一静止磁场，电动机被迅速制动停止。按住停止按钮SB$_1$的时间即能耗制动的手动操作时间。

✤ 常见故障及排除方法

（1）正转启动正常，反转启动没有反应，能耗制动正常。从电气原理图上可以看出，故障出在反转控制回路中，若短接3#线与9#线，交流接触器KM$_2$线圈能得电吸合且自锁，则故障是反转启动按钮SB₃损坏闭合不了，或3#线、9#线脱落。若短接3#线与9#线，交流接触器KM₂线圈不能得电吸合，则故障是交流接触器KM₁辅助常闭触点（9–11）损坏断路，交流接触器KM₂线圈断路损坏，或与此电路相关的3#线、9#线、11#线、6#线脱落。经检查是交流接触器KM₁辅助常闭触点损坏。更换KM₁辅助常闭触点后，故障排除。

（2）制动时，交流接触器KM₃能得电吸合，但没有制动。若KM₃线圈能得电吸合，说明制动控制回路正常，故障出在主回路整流二极管损坏，电阻器R断路，KM₃三相主触点损坏。经检查是整流二极管断路损坏。更换新的整流二极管后，制动恢复正常，故障排除。

✦ 电路接线（图188）

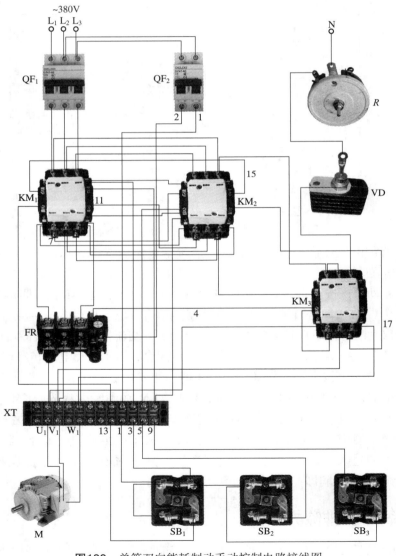

图188 单管双向能耗制动手动控制电路接线图

电路 90　单管整流能耗制动控制电路（一）

✤ 应用范围

　　本电路可对机械设备进行制动、准确定位。可用于纺织、印染、布匹检验测长等设备。

✤ 工作原理（图189）

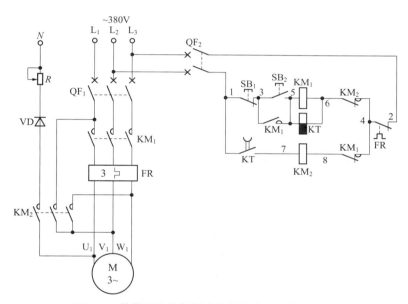

图189　单管整流能耗制动控制电路（一）原理图

　　启动时，按下启动按钮SB₂（3-5），交流接触器KM₁和失电延时时间继电器KT线圈均得电吸合且KM₁辅助常开触点（3-5）闭合自锁。需提醒的是，在KM₁线圈得电吸合时，KM₁串联在交流接触器KM₂线圈回路中的辅助常闭触点（4-8）先断开，起到互锁保护作用。在KM₁、KT线圈得电吸合且KM₁辅助常开触点（3-5）闭合自锁后，KT失电延时断开的常开触点（1-7）也立即闭合，为停止时进行能耗制动做好准备。与此同时，KM₁三相主触点闭合，电动机得电启动运转。

　　制动时，按下停止按钮SB₁（1-3），交流接触器KM₁、失电延时时间继电器KT线圈均断电释放，KT开始延时，KM₁三相主触点断开，电动机绕组失电，仍靠惯性继续转动。与此同时，KM₁串联在交流接触器KM₂线圈回路中的辅助常闭触点（4-8）恢复常闭状态，使交流接触器KM₂线圈得电吸合，KM₂三相主触点闭合，将制动直流电源通入电动机绕组内，使其产生一静止制动磁场，让电动机立即停止下来，从而完成能耗制动工作。经KT一段时间延时后（通常为1~3s），KT失电延时断开的常开触点（1-7）恢复常开状态，切断了交流接触器KM₂线圈回路电源，KM₂线圈断电释放，KM₂三相主触点断开，切除制动直流电源，至此，能耗制动自动结束。

✤ 常见故障及排除方法

（1）电动机停止时没有制动。观察配电箱内电气元件动作情况，若在启动时KT线圈得电动作，而需停止时交流接触器KM₂线圈不吸合，则故障为KT失电延时断开的常开触点（1-7）损坏，KM₂线圈断路，KM₁互锁常闭触点（4-8）损坏。发生任何一种故障，都会出现电动机停止无制动现象。检查上述器件，查出故障器件并更换。

（2）按停止按钮SB₁（1-3），交流接触器KM₁、失电延时时间继电器KT线圈断电释放，交流接触器KM₂线圈得电吸合，但电动机处于自由停车状态，无制动。此故障原因为交流接触器KM₂主触点损坏，二极管VD开路，电阻R损坏。用万用表检查KM₂主触点、二极管VD、电阻R是否损坏，找出故障器件并更换即可。

✤ 电路接线（图190）

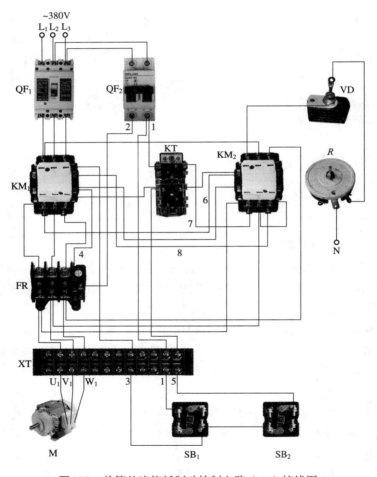

图190 单管整流能耗制动控制电路（一）接线图

电路 91　单管整流能耗制动控制电路（二）

✤ 应用范围

　　本电路可对机械设备进行制动、准确定位。可用于纺织、印染、布匹检验测长等设备。

✤ 工作原理（191）

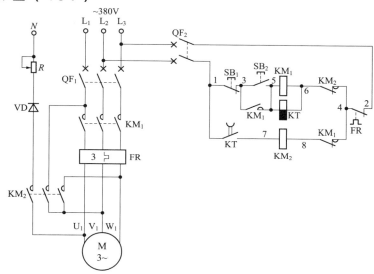

图191　单管整流能耗制动控制电路（二）原理图

　　启动时，按下启动按钮SB₂（3-5），交流接触器KM₁和失电延时时间继电器KT线圈均得电吸合且KM₁辅助常开触点（3-5）闭合自锁。需提醒的是，在KM₁线圈得电吸合时，KM₁串联在交流接触器KM₂线圈回路中的辅助常闭触点（4-8）先断开，起到互锁保护作用。在KM₁、KT线圈得电吸合且KM₁辅助常开触点（3-5）闭合自锁后，KT失电延时断开的常开触点（1-7）也立即闭合，为停止时进行能耗制动做好准备。与此同时，KM₁三相主触点闭合，电动机得电启动运转。

　　制动时，按下停止按钮SB₁（1-3），交流接触器KM₁、失电延时时间继电器KT线圈均断电释放，KT开始延时；KM₁三相主触点断开，电动机绕组失电，仍靠惯性继续转动。与此同时，KM₁串联在交流接触器KM₂线圈回路中的辅助常闭触点（4-8）恢复常闭状态，使交流接触器KM₂线圈得电吸合，KM₂三相主触点闭合，将制动直流电源通入电动机绕组内，使其产生一静止制动磁场，让电动机立即停止下来，从而完成能耗制动工作。经KT一段时间延时后（通常为1~3s），KT失电延时断开的常开触点（1-7）恢复常开状态，切断了交流接触器KM₂线圈回路电源，KM₂线圈断电释放，KM₂三相主触点断开，切除制动直流电源，至此，能耗制动自动结束。

✤ 常见故障及排除方法

　　（1）按下启动按钮SB₂（3-5），失电延时时间继电器KT线圈能得电吸合，同时交流接触器KM线圈也得电吸合，松开启动按钮SB₂，失电延时时间继电器KT开始延时，经KT一段时间延时后，交流接触器KM₂线圈断电释放。反复上述操作多次，电动机不运转，但有异味，电动机外壳烫手。从上述情况结合电气原理图分析，电动机不转，说明交流接触器KM₁线圈未吸合，电动机烫手，说明能耗制动控制回路工作正常。应重点检查交流接触器KM₁线圈是否断路，或与此电路相关的5#线、6#线是否有松动脱落现象。经检查是KM₁线圈上的6#线松动所致，重新接好6#线试之，按下按钮SB₂时，电动机运转，按下按钮SB₁时，电动机停止，并迅速制动，电路恢复正常，故障排除。

（2）按启动按钮SB₂，电动机不转，但电动机有异味，外壳烫手。打开配电箱发现交流接触器KM₂仍然是吸合的，断开QF₂，KM₂线圈能断电释放。从上述情况看，电动机有异味且烫手是能耗制动长时间工作所致。为什么能耗制动长时间工作呢？从配电箱内器件动作情况看，只有KM₂一只器件工作，说明故障为失电延时时间继电器KT设置延时时间过长，KT失电延时断开的常开触点（1-7）损坏断不开，与此电路相关的1#线、7#线相碰。经检查是KT失电延时断开的常开触点（1-7）损坏断不开所致。更换新的失电延时时间继电器后，故障排除。

✦ 电路接线（图192）

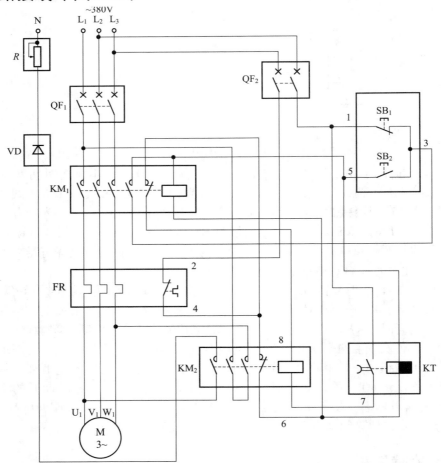

图192 单管整流能耗制动控制电路（二）接线图

电路 92 双向桥式能耗制动手动控制电路

✤ 应用范围

本电路可对机械设备进行制动、准确定位。可用于纺织、印染、布匹检验测长等设备。

✤ 工作原理（193）

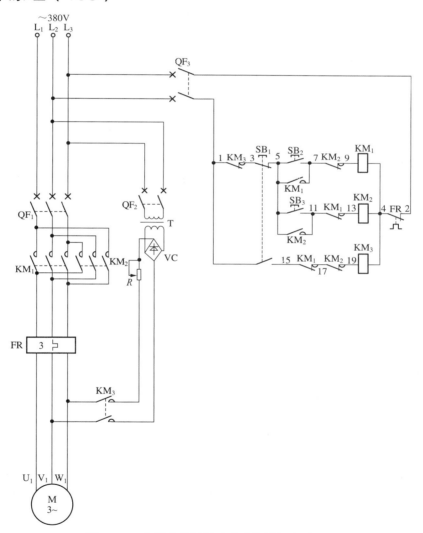

图193 双向桥式能耗制动手动控制电路原理图

合上主回路断路器QF_1、能耗制动电源断路器QF_2、控制回路断路器QF_3，为电路工作做准备。

正转启动时，按下正转启动按钮SB_2，其常开触点（5-7）闭合，接通交流接触器

KM$_1$线圈回路电源，交流接触器KM$_1$线圈得电吸合且KM$_1$辅助常开触点（5-7）闭合自锁，KM$_1$三相主触点闭合，电动机得电正转启动运转。

反转启动时，按下反转启动按钮SB$_3$，其常开触点（5-11）闭合，接通交流接触器KM$_2$线圈回路电源，交流接触器KM$_2$线圈得电吸合且KM$_2$辅助常开触点（5-11）闭合自锁，KM$_2$三相主触点闭合，电动机得电反转启动运转。

需提醒的是，由于本电路正反转控制回路没有按钮常闭触点互锁，所以当电动机得电运转后，若需进行相反方向操作控制，必须先进行能耗制动，使电动机停止运转后，方可进行相反方向操作。

能耗制动时，将停止按钮SB$_1$按到底，此时SB$_1$的一组常闭触点（3-5）断开，切断了交流接触器KM$_1$或KM$_2$线圈回路电源，KM$_1$或KM$_2$线圈断电释放，KM$_1$或KM$_2$各自的三相主触点断开，电动机失电但仍靠惯性继续正转或反转转动；与此同时，KM$_1$或KM$_2$各自的常闭触点（15-17、17-19）闭合，为接通能耗制动控制用交流接触器KM$_3$线圈回路做准备。同时，SB$_1$的另一组常开触点（1-15）闭合，接通交流接触器KM$_3$线圈回路电源，使交流接触器KM$_3$线圈得电吸合，KM$_3$三相主触点闭合，将通过桥式整流器VC整流后的直流电源送入电动机绕组中，产生一静止磁场，对电动机进行能耗制动控制，电动机被迅速制动停止运转。松开被按下的停止按钮SB$_1$，其常开触点（1-15）断开，切断交流接触器KM$_3$线圈回路电源，交流接触器KM$_3$线圈断电释放，KM$_3$三相主触点断开，切除通入电动机绕组中的能耗制动电源，能耗制动解除，能耗制动过程结束。按住停止按钮SB$_1$的时间即为能耗制动时间。

自由停止时，轻轻按下停止按钮SB$_1$，其常闭触点（3-5）断开，切断交流接触器KM$_1$或KM$_2$线圈回路电源，KM$_1$或KM$_2$线圈断电释放，KM$_1$或KM$_2$各自的三相主触点断开，电动机失电但仍靠惯性正转或反转转动，处于自由停止状态，无制动。

✛ 常见故障及排除方法

（1）启动时，按正转启动按钮SB$_2$，或按反转启动按钮SB$_3$，交流接触器KM$_1$或KM$_2$线圈均不工作。此时将停止兼制动按钮SB$_1$按到底，交流接触器KM$_3$线圈得电吸合。从上述情况结合电气原理图可以看出，KM$_3$线圈能工作，说明公共部分的热继电器FR常闭触点（2-4）是好的；KM$_1$、KM$_2$两只线圈同时损坏的概率很小，可以不考虑。重点还是KM$_1$、KM$_2$线圈回路的公共部分有问题，即KM$_3$辅助常闭触点（1-3）损坏闭合不了，停止兼制动按钮SB$_1$常闭触点损坏闭合不了。经检查，为KM$_3$辅助常闭触点（1-3）损坏断路了。更换新的辅助常闭触点后，正反转启动正常，故障排除。

（2）按正转启动按钮SB$_2$或按反转启动按钮SB$_3$，均为点动操作。从常规的故障分析，正反转回路同时出现不能自锁的现象很少，很有可能是与此相关的公共部分有问题，重点检查5#线是否正常。经检查，5#线有5根线同接在一个接线柱上，由于未压紧，出现松动，使接在KM$_1$、KM$_2$辅助触点上的这2根线脱落。恢复5#线后，正反转操作均恢复启动自锁控制，故障排除。

❖ 电路接线（图194）

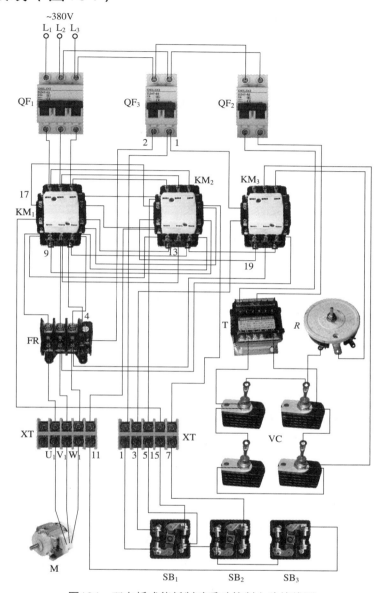

图194 双向桥式能耗制动手动控制电路接线图

电路 93 双向运转反接制动控制电路

✦ 应用范围

本电路可对机械设备进行制动、准确定位。可用于纺织、印染、布匹检验测长等设备。

✦ 工作原理（195）

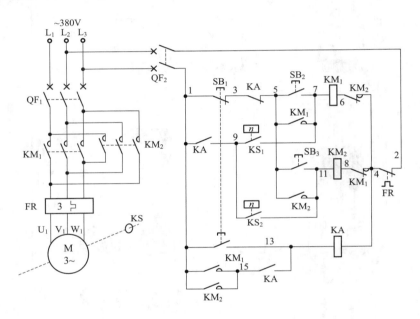

图195 双向运转反接制动控制电路原理图

正转启动运转时，按下正转启动按钮SB_2（5-7），交流接触器KM_1线圈得电吸合且KM_1辅助常开触点（5-7）闭合自锁，KM_1三相主触点闭合，电动机得电正转启动运转。当电动机转速大于120r/min时，速度继电器KS动作，KS_2常开触点（9-11）闭合，为反接制动做准备。在KM_1线圈得电吸合后，KM_1加在中间继电器KA线圈回路中的辅助常开触点（1-15）闭合，为正转反接制动做准备。

正转自由停车时，轻轻按下停止按钮SB_1，SB_1的一组常闭触点（1-3）断开，使交流接触器KM_1线圈断电释放，KM_1三相主触点断开，电动机失电正转停止运转，电动机处于无制动自由停车状态。由于SB_1的一组常开触点（1-13）行程大于SB_1的另一组常闭触点（1-3），所以轻轻按下时，常闭触点（1-3）断开，常开触点（1-13）不会闭合。

电动机正转启动运转后，欲进行反接制动时，应将停止按钮SB_1按到底，SB_1的一组常闭触点（1-3）断开，切断了交流接触器KM_1线圈回路电源，KM_1三相主触点断开，电动机失电，仍靠惯性继续转动；同时，SB_1的一组常开触点（1-13）闭合，接通了中间继电器KA线圈回路电源，KA线圈得电吸合且KA常开触点（13-15）闭合自锁，KA

串联在速度继电器常开触点回路中的常开触点（1-9）闭合，为电动机反接制动提供控制准备条件；此时，速度继电器KS2控制常开触点（9-11）仍处于闭合状态，使交流接触器KM_2线圈得电吸合，KM_2三相主触点闭合，电动机得电反转启动运转，电动机在刚刚正转失电停止后又突然加上反相序的三相电源，从而使电动机的转速迅速降下来；当电动机的转速低至100r/min时，速度继电器KS_2常开触点（9-11）恢复常开状态，交流接触器KM_2线圈断电释放，KM_2三相主触点断开，电动机失电停止运转。

至此，完成正转运转反接制动过程。

反转启动运转时，按下反转启动按钮SB_3（5-11），交流接触器KM_2线圈得电吸合且KM_2辅助常开触点（5-11）闭合自锁，KM_2三相主触点闭合，电动机得电反转启动运转。当电动机转速大于120r/min时，速度继电器KS动作，其KS_1常开触点（7-9）闭合，为反接制动做准备。在KM_2线圈得电吸合后，KM_2加在中间继电器KA线圈回路中的辅助常开触点（1-15）闭合，为反转反接制动做准备。

反转自由停车时，轻轻按下停止按钮SB_1，交流接触器KM_2线圈断电释放，KM_2三相主触点断开，电动机失电反转停止运转，电动机处于无制动自由停车状态。

电动机反转启动运转后，欲进行反接制动时，应将停止按钮SB_1按到底，SB_1的一组常闭触点（1-3）断开，切断了交流接触器KM_2线圈回路电源，KM_2三相主触点断开，电动机失电，仍靠惯性继续转动；同时，SB_1的另一组常开触点（1-13）闭合，接通了中间继电器KA线圈回路电源，KA线圈得电吸合且KA常开触点（13-15）闭合自锁，KA串联在速度继电器常开触点回路中的常开触点（1-9）闭合，为电动机反接制动提供控制准备条件；此时，速度继电器KS_1控制常开触点（7-9）仍处于闭合状态，使交流接触器KM_1线圈得电吸合，KM_1三相主触点闭合，电动机得电正转启动运转，电动机在刚刚反转失电停止后又突然加上正相序的三相电源，从而使电动机的转速迅速降下来；当电动机的转速低至100r/min时，速度继电器KS_1常开触点（7-9）恢复常开状态，交流接触器KM_1线圈断电释放，KM_1三相主触点断开，电动机失电停止运转。

至此，完成反转运转反接制动过程。

✥ 常见故障及排除方法

（1）正转启动正常，在停止时按下按钮SB_1，中间继电器KA吸合，但无反接制动（注意，反转回路工作正常、反转反接制动也正常）。根据以上情况分析，故障为速度继电器KS的一组常开触点KS_2损坏闭合不了所致。可将主回路断路器QF_1断开，将KS_2短接起来，再按下停止按钮SB_1，观察配电箱内电器动作情况。若KA、KM_2均吸合，再将短接线去掉，KA、KM_2全部释放，说明故障就是KS_2常开触点损坏。更换速度继电器即可。

（2）正反转启动和停止均正常，但全部无反接制动。遇到此故障首先观察配电箱内中间继电器KA是否工作。若KA不工作，故障为SB_1常开触点损坏、KA线圈断路；若KA工作，则故障为1#线、9#线之间的常开触点闭合不了所致。根据以上情况，用万用表对上述器件进行测量，找出故障点并加以排除即可。

（3）在按下停止按钮SB_1时，中间继电器KA线圈吸合动作，但无论是正转进行反接制动，还是反转进行反接制动，均变为反向继续运转。从原理图中分析，此故障最大可能为3#线、5#线之间的KA常闭触点损坏断不开所致。可用万用表测量KA常闭触点是否正常，若损坏则需更换中间继电器。

（4）正转启动正常，反转为点动。此故障通常为KM_2自锁触点损坏闭合不了所致。更换KM_2辅助常开自锁触点即可。

（5）欲停止时，轻轻按下停止按钮SB_1，不能进行停止操作；若将停止按钮SB_1按到底，中间继电器KA线圈吸合动作，正反转均能进行反接制动。根据电路原理图分析可知，此故障原因为停止按钮SB_1常闭触点损坏断不开。更换SB_1停止按钮，即可排除故障。

（6）当按下停止按钮SB_1时，控制回路断路器QF_2跳闸。故障原因为中间继电器KA线圈短路。更换中间继电器KA线圈即可。

✛ 电路接线（图196）

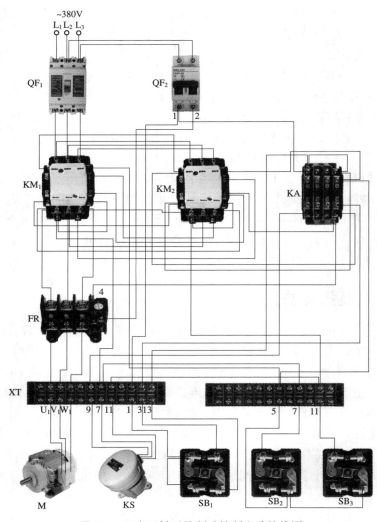

图196 双向运转反接制动控制电路接线图

电路 94　全波整流单向能耗制动控制电路

✦ 应用范围

本电路可对机械设备进行制动、准确定位。可用于纺织、印染、布匹检验测长等设备。

✦ 工作原理（图197）

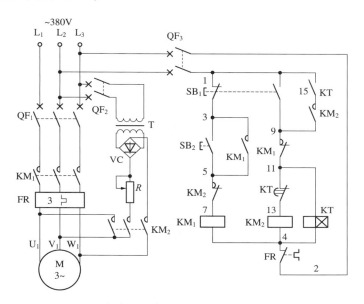

图197　全波整流单向能耗制动控制电路原理图

启动时，按下启动按钮SB$_2$，交流接触器KM$_1$线圈得电吸合且自锁，KM$_1$三相主触点闭合，电动机得电启动运转。

若需自由停车，轻轻按下停止按钮SB$_1$，交流接触器KM$_1$线圈断电释放，KM$_1$三相主触点断开，电动机失电处于自由停车状态。

若需制动停车，将停止按钮SB$_1$按到底，交流接触器KM$_1$线圈断电释放，KM$_1$三相主触点断开，电动机失电处于自由停车状态；SB$_1$常开触点闭合，交流接触器KM$_2$和得电延时时间继电器KT线圈同时得电吸合且KM$_2$、KT常开触点闭合串联自锁，KM$_2$三相主触点闭合，接通直流电源，电动机在直流电源的作用下产生静止制动磁场快速停止。经KT一段时间延时后，自动切断制动控制回路电源，电动机制动过程结束。

✦ 常见故障及排除方法

（1）制动时间过长、电动机发烫。此故障为时间继电器KT延时时间调整过长所致。重新调整KT延时时间即可排除故障。

（2）制动时，控制回路工作正常（KM$_2$线圈能吸合自锁，KT能延时），但无制动，电动机处于自由停车状态。此故障发生在制动主回路中，用万用表检查制动回路保护断路器QF₂是否损坏；变压器T是否正常；电阻R是否烧坏或调整不当；整流桥VC是否短路或断路；交流接触器KM₂主回路是否接触不良或损坏。找出故障器件并加以修复即可。

✛ 电路接线（图198）

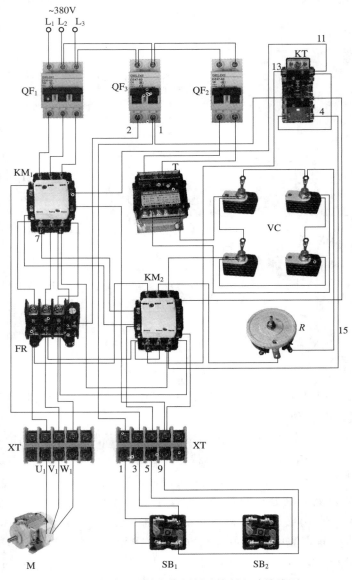

图198 全波整流单向能耗制动控制电路接线图

电路 95　全波整流可逆能耗制动控制电路

✛ 应用范围

本电路可对机械设备进行制动、准确定位。可用于纺织、印染、布匹检验测长等设备。

✛ 工作原理（图199）

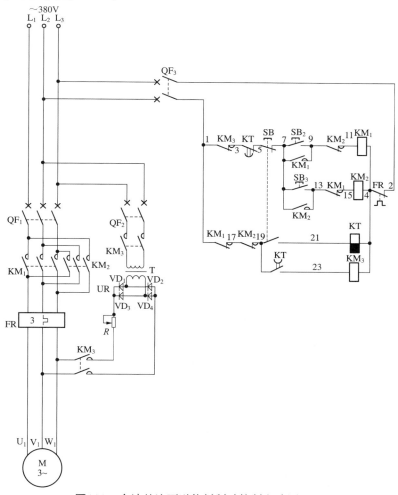

图199　全波整流可逆能耗制动控制电路原理图

本电路的工作原理较为简单，请读者自行分析。

✛ 常见故障及排除方法

（1）一合上主回路断路器QF₁，电动机就立即启动运转。此时，按停止按钮SB₁无效。断开配电箱内控制回路断路器QF₂，交流接触器KM₁仍处于吸合状态，没有断电释放声响，用眼观察也能看得到它是吸合状态。从上述情况分析，故障原因一是交流接触器KM₁铁心极面有油污造成延时释放，二是交流接触器KM₁三相主触点出现熔焊现象。经检查，是KM₁三相主触点熔焊了。更换新的交流接触器KM₁后，故障排除。

（2）正转启动、反转启动均正常，但按下停止兼制动按钮SB₁时，电动机能失电停止，但没有制动骤停。用短接法将1#线与21#线相碰，若失电延时时间继电器KT线圈能得电吸合，同时交流接触器KM₃线圈也能得电吸合，说明故障原因是交流接触器KM₁辅助常闭触点（1-17）损坏断路，交流接触器KM₂辅助常闭触点（17-19）损坏断路，停止兼制动按钮SB₁的一组常开触点（19-21）损坏闭合不了。经检查，是交流接触器KM₂辅助常闭触点（17-19）损坏断路所致。更换新的辅助常闭触点后，制动电路恢复正常，故障排除。

✤ 电路接线（图200）

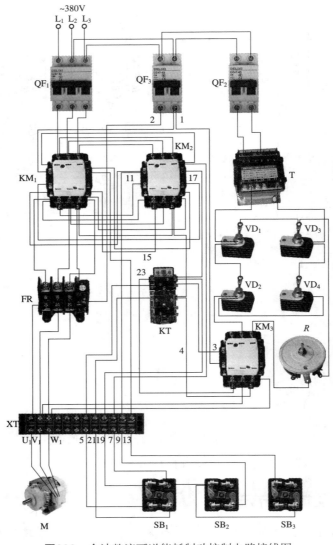

图200 全波整流可逆能耗制动控制电路接线图

电路 96　半波整流单向能耗制动控制电路

✥ 应用范围

　　本电路可对机械设备进行制动、准确定位。可用于纺织、印染、布匹检验测长等设备。

✥ 工作原理（图201）

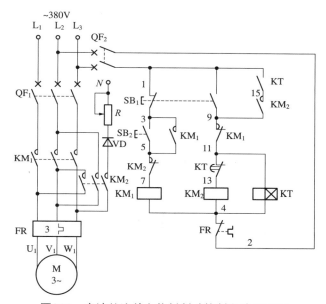

图201　半波整流单向能耗制动控制电路原理图

　　启动时，按下启动按钮SB$_2$，交流接触器KM$_1$线圈得电吸合且KM$_1$辅助常开触点（5-3）闭合自锁，KM$_1$三相主触点闭合，电动机得电启动运转。

　　欲快速制动时，将停止按钮SB$_1$按到底，首先SB$_1$的一组常闭触点断开，切断了KM$_1$线圈回路电源，电动机失电处于自由停机状态，同时，SB$_1$的另一组常开触点闭合，使制动交流接触器KM$_2$和得电延时时间继电器KT线圈得电吸合且自锁，KM$_2$三相主触点闭合，将整流二极管VD接入电动机绕组产生静止磁场，进行能耗制动，电动机进入快速制动状态。经KT一段时间延时后，KT得电延时断开的常闭触点断开，切断了KM$_2$线圈回路电源，KM$_2$、KT线圈断电释放，KM$_2$三相主触点断开，切断了通入电动机绕组内的直流电源，解除制动。

✥ 常见故障及排除方法

　　（1）按启动按钮SB$_2$无反应，但按停止按钮SB$_1$时，交流接触器KM$_2$和时间继电器KT线圈均得电吸合且自锁，KM$_2$主触点闭合能耗制动投入工作。从上述故障情况分析，能耗制动电路正常，问题出在KM$_1$线圈回路中。可用短接法判断故障部位，用短接线短接1#

线、3#线两端，交流接触器KM₁线圈得电吸合工作，再用短接线将停止按钮SB₁的1#、2#线端短接起来后按下启动按钮SB₂，电路无反应，交流接触器KM₁线圈不工作。说明此故障为启动按钮SB₂损坏所致。更换启动按钮SB₂后，故障排除，电路工作正常。

（2）按启动按钮SB₂，交流接触器KM₁线圈得电吸合工作，KM₁三相主触点闭合，电动机启动运转；但按停止按钮SB₁时，没有制动而是处于自由停车状态。从配电箱内电器动作情况看，在按制动按钮SB₁时，交流接触器KM₂、时间继电器KT线圈均得电吸合且自锁，说明制动控制回路正常，问题出在制动主回路中。用万用表检查KM₂三相主触点是否正常，整流二极管VD是否短路或断路，电阻R是否断路等。检查上述电气元件并找出故障点，电路即可恢复正常。

✥ 电路接线（图202）

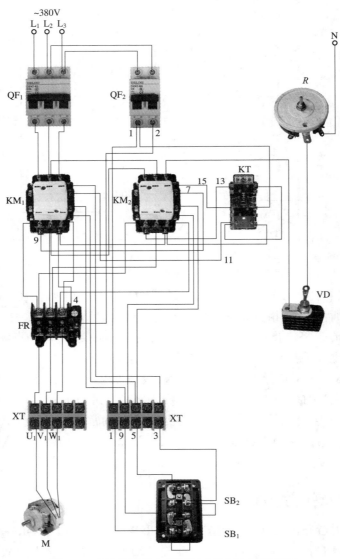

图202　半波整流单向能耗制动控制电路接线图

电路 97 半波整流可逆能耗制动控制电路

✤ 应用范围

本电路可对机械设备进行制动、准确定位。可用于纺织、印染、布匹检验测长等设备。

✤ 工作原理（图203）

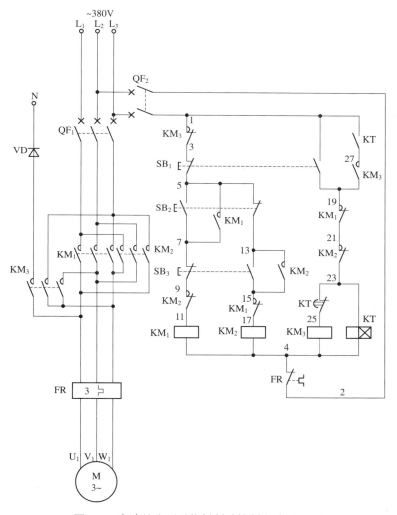

图203 半波整流可逆能耗制动控制电路原理图

正转时，按下正转启动按钮SB₂，其常开触点（7-9）闭合，接通交流接触器KM₁线圈回路电源，交流接触器KM₁线圈得电吸合且KM₁辅助常开触点（7-9）闭合自锁，KM₁辅助常闭触点（13-15、1-17）断开，起互锁作用。与此同时，KM₁三相主触点闭合，电动机得电正转启动运转。

反转时，按下反转启动按钮SB₃，其常开触点（7-13）闭合，接通交流接触器KM₂线圈回路电源，交流接触器KM₂线圈得电吸合且KM₂辅助常开触点（7-13）闭合自锁，KM₂辅助常闭触点（9-11、17-19）断开，起互锁作用。与此同时，KM₂三相主触点闭合，电动机得电反转启动运转。

无论电动机处于正转还是反转运转状态，需制动时，则将停止按钮SB₁按到底，首先SB₁的一组常闭触点（5-7）断开，切断交流接触器KM₁或KM₂线圈回路电源，KM₁或KM₂线圈断电释放，KM₁或KM₂各自的三相主触点断开，电动机失电但仍靠惯性继续正转或反转转动。同时SB₁的另一组常开触点（19-21）闭合，接通了失电延时时间继电器KT线圈回路电源，KT线圈得电吸合，KT失电延时断开的常开触点（19-23）立即闭合，接通交流接触器KM₃线圈回路电源，使交流接触器KM₃线圈得电吸合，KM₃常开触点闭合，将直流电源通入电动机绕组内，产生一静止磁场，电动机转速骤降，达到制动目的；松开停止按钮SB₁，其触点恢复原始状态，SB₁常开触点（19-21）断开，切断失电延时时间继电器KT线圈回路电源，KT线圈断电释放并开始延时。经过KT一段时间延时后，KT失电延时断开的常开触点（19-23）断开，切断交流接触器KM₃线圈回路电源，KM₃线圈断电释放，KM₃常开触点断开，切除通入电动机绕组内的直流电源，制动过程结束。

自由停止时，轻轻按下停止按钮SB₁，其常闭触点（5-7）断开，切断交流接触器KM₁或KM₂线圈回路电源，KM₁或KM₂线圈断电释放，KM₁或KM₂各自的三相主触点断开，电动机失电但仍靠惯性继续正转或反转转动，处于自由停止状态，无制动。

✦ 常见故障及排除方法

（1）按下停止按钮SB₁时，制动交流接触器KM₃、时间继电器KT动作均正常，但无制动。从原理图上可以分析出，故障为整流二极管VD短路或断路，制动交流接触器KM₃三相主触点接触不良或断路。因上述两只电气元件损坏，使电动机绕组在失去工作电源后，无法通入直流电源，从而不能产生静止磁场，不能让电动机迅速停止下来。检查时，用万用表检查整流二极管是否损坏，若损坏，则更换；检查交流接触器KM₃三相主触点闭合情况，若损坏闭合不了，则更换一只新的交流接触器即可。

（2）按停止按钮SB₁，交流接触器KM₂线圈、时间继电器KT线圈动作正常，但操作正转启动按钮SB₂或反转启动按钮SB₃无任何反应。从电路工作原理分析看，制动回路正常，可排除热继电器常闭触点FR损坏，而正反转按钮同时出现故障的可能性也不大，故障应该在正反转控制回路的公共电路上，此电路公共部分只有一个元器件，那就是制动交流接触器KM₃互锁常闭触点，若KM₃常闭触点损坏，就会造成正反转启动电路不能启动。用万用表检查交流接触器KM₃互锁常闭触点是否损坏，若损坏，则更换常闭触点，故障即可排除。

✤ 电路接线（图204）

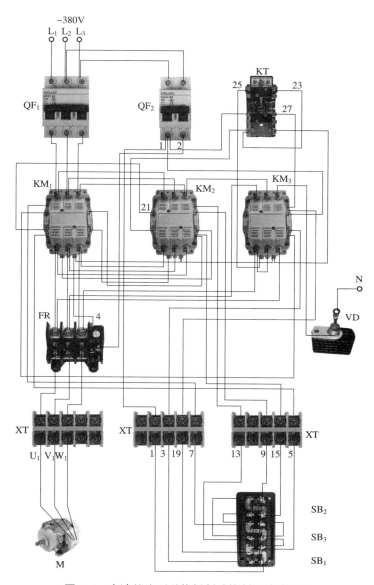

图204 半波整流可逆能耗制动控制电路接线图

电路 98　断电可松闸的制动控制电路

✛ 应用范围

本电路适用于建筑机械、简易升降设备。

✛ 工作原理（图205）

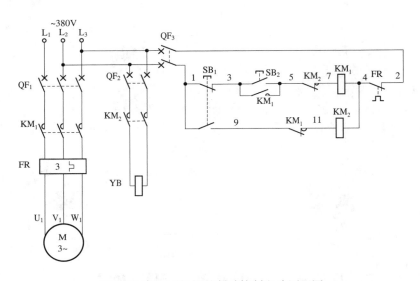

图205　断电可松闸的制动控制电路原理图

通常的电磁抱闸制动器在断电情况下处于抱闸状态的应用很多，但有些应用场合则可以为断电松闸状态，现对此电路做一介绍。

平时，此电磁抱闸处于松闸状态，也就是说，只有在制动时才为制动状态，就像我们开的汽车中的脚刹车一样。

启动时，按下启动按钮SB₂，其常开触点（3-5）闭合，接通交流接触器KM₁线圈回路电源，KM₁线圈得电吸合，KM₁辅助常闭触点（9-11）断开，起互锁作用，以防带刹车（制动）运转；KM₁辅助常开触点（3-5）闭合自锁，KM₁三相主触点闭合，电动机得电启动运转。

需制动时，则将停止按钮SB₁按到底不松手，此时，SB₁的一组常闭触点（1-3）断开，切断交流接触器KM₁线圈回路电源，KM₁所有触点恢复原始状态，KM₁辅助常闭触点（9-11）闭合，解除互锁作用；KM₁辅助常开触点（3-5）断开，解除自锁作用；KM₁三相主触点断开，电动机失电但靠惯性继续转动。与此同时，已按下的停止按钮SB₁的另一组常开触点（1-9）闭合，接通交流接触器KM₂线圈回路电源，KM₂辅助常闭触点（5-7）断开，起互锁作用；KM₂主触点闭合，接通电磁抱闸制动器YB线圈电源，制动器YB线圈得电吸合，带动制动装置对电动机进行制动，电动机转速骤降。松开已按下的停止按钮SB₁，其常开触点（1-9）断开，切断交流接触器KM₂线圈回路电源，

KM₂线圈断电释放，KM₂主触点断开，电磁抱闸YB线圈失电，制动器松闸，制动过程结束。按住SB₁的时间长短即为制动器的制动时间。

当长期需要自由停机时，可事先断开断路器QF₂即可。若有时需自由停机时，只需轻轻按下停止按钮SB₁即可实现。

✥ 常见故障及排除方法

（1）制动时，交流接触器KM₂线圈能吸合，电磁抱闸线闸不工作。此故障原因通常为断路器QF₂跳闸或未合上，交流接触器KM₂主触点损坏接触不上，电磁抱闸线圈损坏断路以及相关连线脱落。经检查为电磁抱闸线圈烧毁断路所致。更换新电磁抱闸线圈后，故障排除。

（2）制动时，将停止按钮SB₁按到底时，交流接触器KM₂线圈不吸合。此故障原因通常为交流接触器KM₁辅助常闭触点（9-11）断路损坏，交流接触器KM₂线圈损坏断路，停止按钮SB₁的一组常开触点（1-9）损坏断路以及与此相关的1#线、9#线、11#线、4#线脱落。经检查为9#线松动所致。拧紧9#线端子螺丝，故障排除。

✥ 电路接线（图206）

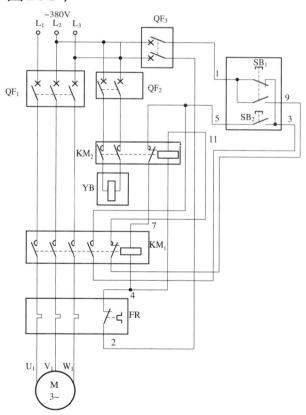

图206　断电可松闸的制动控制电路接线图

电路 99　电磁抱闸制动控制电路

✤ 应用范围

本电路适用于建筑机械，如卷扬机、塔吊。

✤ 工作原理（图207）

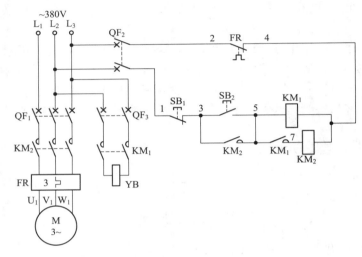

图207　电磁抱闸制动控制电路原理图

启动时，按下启动按钮SB₂，交流接触器KM₁线圈得电吸合且KM₁辅助常开触点闭合自锁，KM₁三相主触点闭合，电磁抱闸线圈YB先得电，闸瓦先松开闸轮，由于KM₁辅助常开触点闭合，使交流接触器KM₂线圈得电吸合，KM₂三相主触点闭合，电动机得电启动运转工作。

停止时，按下停止按钮SB₁，交流接触器KM₁、KM₂线圈断电释放，其各自的三相主触点均断开，电动机以及电磁抱闸线圈均失电，在抱闸闸瓦的作用下迅速制动。

✤ 常见故障及排除方法

（1）电动机运转正常，但停止时无制动。此类故障通常是电磁抱闸机械部分未调整好，导致制动效果差；另外，交流接触器KM₁主触点熔焊或KM₁铁心极面有油污造成释放缓慢，同样也会出现上述故障。当出现上述故障时，可观察交流接触器KM₁的工作情况以及电磁抱闸的动作情况，准确判断故障部位。启动前用手盘动电动机，看能否盘动，若能盘动，说明电磁抱闸制动未调好，属机械部分故障，此类故障即使通电后断电制动也未必能制动好，必须重调使之制动符合要求。若电动机启动运转后，交流接触器KM₁能吸合，电磁抱闸也能打开，但电动机停止运转后，交流接触器KM₁出现延时释放，这样电动机在按下停止按钮后，电磁抱闸线圈仍通电，抱闸处于松闸状态，所以出现停止时无制动现象。等待几分钟后，交流接触器KM₁释放，电磁抱闸线圈断电，电磁抱闸靠机械部分抱紧电动机转轴，进行制动。若电磁抱闸始终通电打开，此时看接触器KM_1线圈是否吸合，若不吸合，则说明此故障是KM_1主触点熔焊在一起了。根据上述分析可轻松解决此类故障。

（2）启动时，按下启动按钮SB_2，交流接触器KM_1线圈得电吸合，KM_1三相主触点闭合，电磁抱闸打开，电动机不转；松开启动按钮SB_2，交流接触器KM_1线圈断电释放，KM_1三相主触点断开，电磁抱闸制动。从原理图可以看出，此故障原因为交流接触器KM_1辅助常开触点（5–7）损坏闭合不了，交流接触器KM_2线圈断路损坏，与此电路相关的4#线、5#线、7#线脱落断线。经检查，是交流接触器KM_1辅助常开触点（5–7）损坏闭合不了所致。更换新的KM_1辅助常开触点后，故障排除。

✛ 电路接线（图208）

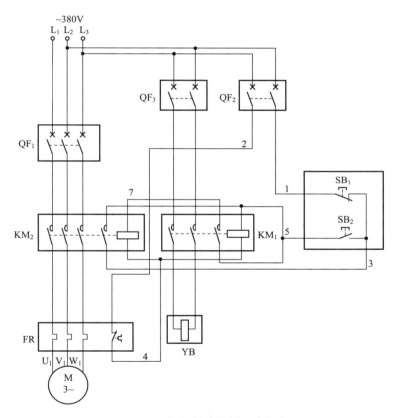

图208　电磁抱闸制动控制电路接线图

电路 100　具有短接制动功能的电动机正反转启停制电路

✛ 应用范围

本电路可对机械设备进行制动、准确定位。可用于纺织、印染、布匹检验测长等设备。

✛ 工作原理（图209）

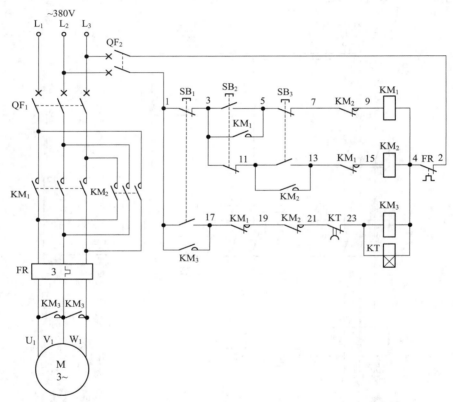

图209　具有短接制动功能的电动机正反转启停制电路原理图

正转启动时，按下正转启动按钮SB$_2$，SB$_2$的一组常闭触点（3–11）断开，SB$_2$的另一组常开触点（3–5）闭合，交流接触器KM$_1$三相主触点闭合，电动机得电正转启动运转。

正转停止时，按下停止按钮SB$_1$，SB$_1$的一组常闭触点（1–3）断开，切断交流接触器KM$_1$线圈回路电源，KM$_1$线圈断电释放，KM$_1$三相主触点断开，电动机失电但仍靠惯性继续转动，同时KT开始延时。KM$_3$三相主触点闭合，对电动机绕组进行短接制动，电动机迅速制动停止运转。经KT一段时间延时后，KT得电延时断开的常闭触点（21–23）断开，KM$_3$、KT线圈断电释放，KM$_3$三相主触点断开，短接制动解除。

反转启动及停止操作与正转类似，请读者自行分析。

✤ 常见故障及排除方法

（1）制动时，将停止按钮SB₁按到底，交流接触器KM₃和失电延时时间继电器KT均能得电吸合且KM₃辅助常开触点（1-17）也能闭合自锁，但电动机停止时，不能进行制动。从上述情况结合电气原理图分析，故障出在并联在电动机三相绕组中的KM₃的两只主触点上。经检查，是KM₃的这两只常开主触点损坏闭合不了所致。更换新的交流接触器后，制动恢复正常，故障排除。

（2）制动时，按停止兼制动按钮SB₁后，为点动操作，制动效果很差。根据分析，故障极有可能出在交流接触器KM₃的辅助常开自锁触点（1-17）上，或与自锁触点有关的1#线、17#线有脱落现象。经检查，是接在KM₃自锁触点一端的17#线脱落所致。将脱落的17#线恢复连接后，故障排除。

✤ 电路接线（图210）

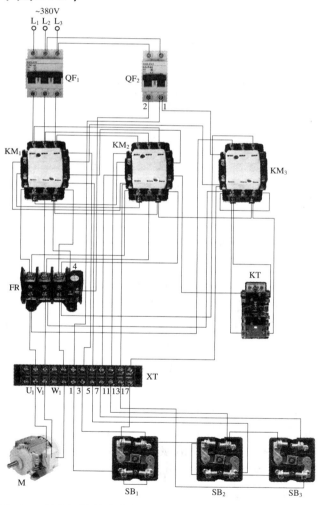

图210　具有短接制动功能的电动机正反转启停制电路接线图

电路 101 电动机单向三相半波整流能耗制动控制电路

✛ 应用范围

　　本电路可对机械设备进行制动、准确定位。可用于纺织、印染、布匹检验测长等设备。

✛ 工作原理（图211）

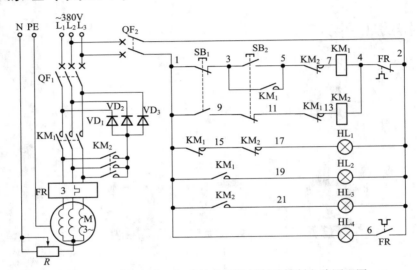

图211　电动机单向三相半波整流能耗制动控制电路原理图

　　启动时，按下启动按钮SB$_2$，SB$_2$的一组常闭触点（9-11）断开，切断交流接触器KM$_2$线圈回路电源，起到按钮常闭触点互锁作用。SB$_2$的另一组常开触点（3-5）闭合，使交流接触器KM$_1$线圈得电吸合且KM$_1$辅助常开触点（3-5）闭合自锁，KM$_1$三相主触点闭合，电动机得电启动运转。同时，指示灯HL$_1$灭、HL$_2$亮，说明电动机已启动运转了。

　　制动时，按住停止按钮SB$_1$不放，SB$_1$的一组常闭触点（1-3）断开，切断了交流接触器KM$_1$线圈回路电源，KM$_1$线圈断电释放，KM$_1$三相主触点断开，电动机失电但仍靠惯性继续转动。同时，SB$_1$的另一组常开触点（1-9）闭合，接通了交流接触器KM$_2$线圈回路电源，KM$_2$线圈得电吸合，KM$_2$三相主触点闭合，将经VD$_1$、VD$_2$、VD$_3$三相半波整流后的直流电源通入电动机绕组内，产生一静止磁场，使电动机被迅速制动停止下来，此时松开按住的停止按钮SB$_1$，交流接触器KM$_2$线圈断电释放，KM$_2$三相主触点断开，解除通入电动机绕组内的直流制动电源，制动解除。在制动过程中，指示灯HL$_1$灭，指示灯HL$_3$亮，说明电动机处于制动状态。制动结束后，指示灯HL$_3$灭，指示灯HL$_1$亮，说明电动机处于停止状态。

✤ 常见故障及排除方法

（1）有制动，但制动效果差。有制动，说明控制回路一切正常，问题出在主回路中。从电气原理图中可以看出，故障可能为整流二极管VD₁、VD₂、VD₃有损坏，交流接触器KM₂三相主触点有的闭合不了，电阻器R阻值调的过大，以及与此电路相关的导线有松动脱落现象。经检查，故障为整流二极管VD₃损坏所致。更换整流二极管后，制动效果恢复正常，故障排除。

（2）电动机运转正常，但过载指示灯HL₄一直亮。从电气原理图中可以看出，过载指示灯HL₄只有在电动机出现过载时，热继电器FR动作后，它才会被点亮。从现场情况看，电动机运转正常，说明热继电器FR没问题，那么只有接在过载热继电器常开触点上的6#线脱落碰到了2#线或4#线后才会出现上述现象。经检查，确为6#线脱落碰到2#线所致。将脱落的6#线接至热继电器FR的控制常开触点（2-6）一端后，过载指示灯HL₄灭，故障排除。

✤ 电路接线（图212）

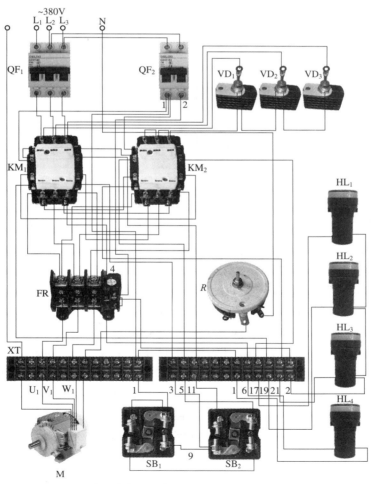

图212　电动机单向三相半波整流能耗制动控制电路接线图

电路 102 采用不对称电阻器的单向反接制动控制电路

✦ 应用范围

本电路可对机械设备进行制动、准确定位。可用于纺织、印染、布匹检验测长等设备。

✦ 工作原理（图213）

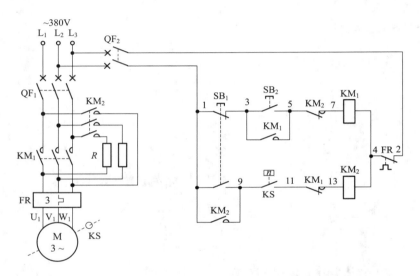

图213 采用不对称电阻器的单向反接制动控制电路原理图

启动时，按下启动按钮SB$_2$（3-5），交流接触器KM$_1$线圈得电吸合且KM$_1$辅助常开触点（3-5）闭合自锁，KM$_1$辅助常闭触点（11-13）断开，起到互锁作用，KM$_1$三相主触点闭合，电动机得电正转启动运转。当电动机的转速达到120r/min时，速度继电器KS常开触点（9-11）闭合，为反接制动做准备。

制动时，将停止按钮SB$_1$按到底，首先SB$_1$的一组常闭触点（1-3）断开，切断交流接触器KM$_1$线圈回路电源，KM$_1$线圈断电释放，KM$_1$三相主触点断开，电动机失电但仍靠惯性继续转动。与此同时，KM$_1$辅助常闭触点（11-13）恢复常闭，与早已闭合的KS常开触点（9-11）及已闭合的SB$_1$的另一组常开触点（1-9）共同使交流接触器KM$_2$线圈得电吸合且KM$_2$辅助常开触点（1-9）闭合自锁，KM$_2$三相主触点闭合，串入不对称电阻器R给电动机提供反转电源，也就是反接制动电源。这样，原来仍靠惯性正向转动的电动机加上了反转电源，电动机的转速会迅速降下来。当电动机的转速低至100r/min时，速度继电器KS常开触点（9-11）断开，切断交流接触器KM$_2$线圈回路电源，KM$_2$线圈断电释放，KM$_2$三相主触点断开，切断电动机反转电源，也就是反接制动电源解除，制动过程结束。

电路中不对称电阻器R的作用是在进行反接制动时限制对电动机的反接制动电流。

✦ 常见故障及排除方法

（1）电动机运转后，将停止按钮SB₁按到底，电动机骤停一下后又反转低速连续运转不停机。此故障原因为速度继电器KS常开触点（9–11）损坏断不开。解决方法很简单，更换一只速度继电器KS即可。

（2）电动机运转一段时间后自动停机，反复试之，均出现此现象。此故障原因可能是热继电器整定电流整定值过小。重新将热继电器整定值设置为电动机额定电流即可。

✦ 电路接线（图214）

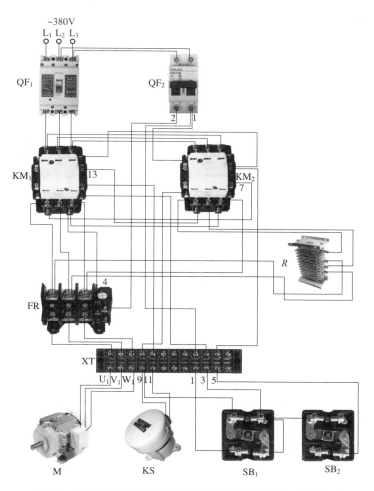

图214　采用不对称电阻器的单向反接制动控制电路接线图

电路 103 不用速度继电器的双向反接制动控制电路

✣ 应用范围

本电路可对机械设备进行制动、准确定位。可用于纺织、印染、布匹检验测长等设备。

✣ 工作原理（图215）

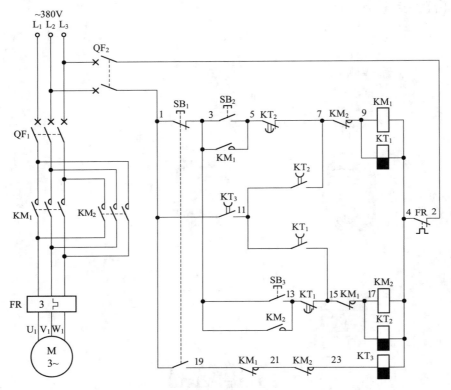

图215 不用速度继电器的双向反接制动控制电路原理图

正转启动时，按下正转启动按钮 SB_2（3–5），交流接触器 KM_1 和失电延时时间继电器 KT_1 线圈得电吸合且 KM_1 辅助常开触点（3–5）闭合自锁，KM_1 三相主触点闭合，电动机得电正转启动运转。同时 KT_1 失电延时闭合的常闭触点（13–15）立即断开，起互锁作用，KT_1 失电延时断开的常开触点（11–15）立即闭合，为正转反接制动提供准备条件。

正转制动时，按下停止按钮 SB_1 后又松开，SB_1 的一组常闭触点（1–3）断开，切断交流接触器 KM_1、失电延时时间继电器 KT_1 线圈回路电源，KM_1、KT_1 线圈断电释放且 KT_1 开始延时，KM_1 三相主触点断开，电动机正转失电但仍靠惯性继续转动；SB_1 的另一组常开触点（1–19）闭合又断开，失电延时时间继电器 KT_3 线圈得电吸合后又断电释放，KT_3 失电延时断开的常开触点（1–11）立即闭合，KT_3 开始延时，此时交流接触器KM_2和失电延时时间继电器KT_2线圈得电吸合，KM_2三相主触点闭合，电动机立即得电反转启动运转，使电动机转速骤降，起到正转反接制动作用。同时，KT_2失电延时断开的常开触点（7–11）闭合，KT_2失电延时断开的常开触点（1–11、11–15）断开，切断交流接触器KM_2和失电延时时间继电器KT_2线圈回路电源，KM_2、KT_2线圈断电释放且KT_2开始延时。与此同时，KT_3失电延时断开的常开触点（1–11）已断开，所以KT_2的失电延时断开的常开触点（7–11）未延时完毕，仍处于闭合状态，在正转反接制动时无效，此触点只有在反转反接制动时才起作用。

反转启动时，按下反转启动按钮SB_3（3–13），交流接触器KM_2和失电延时时间继电器KT_2线圈得电吸合且KM_2辅助常开触点（3–13）闭合自锁，KM_2三相主触点闭合，电动机得电反转启动运转。同时KT_2失电延时闭合的常闭触点（5–7）立即断开，起互锁作用，KT_2失电延时断开的常开触点（7–11）立即闭合，为反转反接制动提供准备条件。

反转制动时，按下停止按钮SB_1后又松开，SB_1的一组常闭触点（1–3）断开，切断交流接触器KM_2、失电延时时间继电器KT_2线圈回路电源，KM_2、KT_2线圈断电释放且KT_2开始延时，KM_2三相主触点断开，电动机反转失电但仍靠惯性继续转动；SB_1的另一组常开触点（1–19）闭合又断开，失电延时时间继电器KT_3线圈得电吸合后又断电释放，KT_3失电延时断开的常开触点（1–11）立即闭合，KT_3开始延时，此时交流接触器KM_1和失电延时时间继电器KT_1线圈得电吸合，KM_1三相主触点闭合，电动机立即得电正转启动运转，使电动机转速骤降，起到反转反接制动作用。同时，KT_1失电延时断开的常开触点（11–15）闭合，KT_1失电延时断开的常开触点（1–11、7–11）均断开，切断交流接触器KM_1和失电延时时间继电器KT_1线圈回路电源，KM_1、KT_1线圈断电释放且KT_1开始延时，因为此时KT_3失电延时断开的常开触点（1–11）已断开，所以KT_1的失电延时断开的常开触点（11–15）未延时完毕仍处于闭合状态，在反转反接制动时无效，此触点只有在正转反接制动时才起作用。

✥ 常见故障及排除方法

（1）正转运转正常，反转运转也正常，反转反接制动也正常，但正转无反接制动操作。从电气原理图中可以看出，问题可能出在与交流接触器KM_2线圈并联在一起的失电延时时间继电器KT_1线圈不工作，KT_1失电延时断开的常开触点（11–15）损坏闭合不了，以及与此电路相关的11#线、4#线、9#线、15#线有脱落断线现象。经检查，在按下正转启动按钮SB_2后，KM_1和KT_1线圈均能得电吸合且自锁，那么KT的失电延时断开的常开触点（11–15）就会立即闭合等待，待KM_1、KT_1断电释放，KT_1开始延时，KT_1的失电延时断开的常开触点仍然闭合，就会将反转回路正常的KM_2线圈接通而得电吸合，那么其三相主触点闭合，电动机得电反转启动运转，对电动机进行反接制动；最后还利用KT_1的失电延时断开的常开触点（11–15）来切断KM_2的线圈回路，正转反接制动结束。所以应逐个检查怀疑出问题的地方，经检查，是接在KT_1失电延时断开的常开触点（11–15）一端的15#线松动脱落所致。恢复15#线接线后，正反转制动恢复正常，故障排除。

（2）正转启动时，KM_1、KT_1线圈均能得电吸合且自锁，正常。反转启动时，

KM₂、KT₂线圈均能得电吸合且自锁，正常。停止时，将停止按钮SB₁按到底，KT₃线圈也能得电吸合，松开停止按钮SB₁后，KT₃也能断电释放，但正反转都没有反接制动控制。从电气原理图中分析，正转控制回路工作正常，反转控制回路工作也正常，正反转同时出现故障的可能性是公共部分，那就是KT₃的失电延时断开的常开触点（1–11），以及此触点上的1#线、11#线有断线脱落现象。经检查，确为KT₃失电延时断开的常开触点（1–11）损坏。更换KT₃失电延时时间继电器后，正反转反接制动恢复正常，故障排除。

✛ 电路接线（图216）

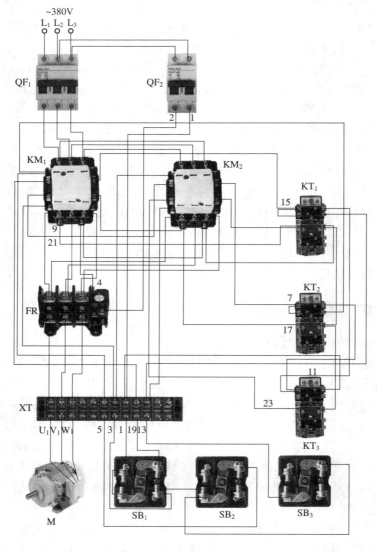

图216 不用速度继电器的双向反接制动控制电路接线图

电路 104　电动机△-Y启动自动控制电路

✛ 应用范围

本电路可用于对空载、轻载设备进行降压启动控制。

✛ 工作原理（图217）

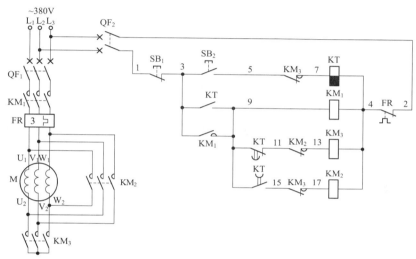

图217　电动机△-Y启动自动控制电路原理图

启动时，按下启动按钮SB$_2$（3-5）后再松开，失电延时时间继电器KT线圈得电吸合后又断电释放，KT开始延时。此时KT不延时瞬动常开触点（3-9）立即闭合后又断开，KT失电延时闭合的常闭触点（9-11）立即断开，KT失电延时断开的常开触点（9-15）立即闭合，交流接触器KM$_1$线圈得电吸合且KM$_1$辅助常开触点（3-9）闭合自锁，KM$_1$三相主触点闭合，将三相电源接入电动机绕组，同时交流接触器KM$_2$线圈也得电吸合，KM$_2$三相主触点闭合，绕组接成△形，电动机得电以△形连接开始启动。经KT一段时间延时后，电动机的转速升至额定转速时，KT失电延时断开的常开触点（9-15）断开，切断△形连接交流接触器KM$_2$线圈回路电源，KM$_2$线圈断电释放，KM$_2$三相主触点断开，电动机△形连接方式解除；同时KT失电延时闭合的常闭触点（9-11）闭合，接通了Y形交流接触器KM$_3$线圈回路电源，KM$_3$线圈得电吸合，KM$_3$三相主触点闭合，电动机绕组被连接成Y形正常运转。从而完成△形启动、Y形运转控制。

停止时，按下停止按钮SB$_1$（1-3），交流接触器KM$_1$、KM$_3$线圈断电释放，KM$_1$、KM$_3$各自的三相主触点断开，电动机失电停止运转。

✛ 常见故障及排除方法

（1）按下启动按钮SB$_2$（3-5），电动机△形接法不转，一段时间后，电动机Y形运转。根据以上情况结合电气原理图分析，故障出在KM$_2$线圈回路中。倘若失电延时时间继电器KT线圈回路有问题，那么交流接触器KM₁线圈回路就无法得电吸合且自锁，而且Y形交流接触器KM₃线圈回路在启动时不工作，一段时间延时后，才能得电吸合工作。以上种种迹象表明，KT、KM₁、KM₃均工作正常。问题就出在△形交流接触器KM₂线圈回路及其主回路中，倘若交流接触器KM₂线圈不能得电吸合，那么故障原因可能为KM₂线圈断路、KT失电延时断开的常开触点（9-15）损坏闭合不了、KM₃辅助常闭触点（15-17）损坏断路，以及与此电路相关的9#线、15#线、17#线、4#线有断线脱落现象；倘若交流接触器KM₂线圈能得电吸合，那么故障可能原因为主回路KM₂三相主触点中有两相断路损坏，与KM₂三相主触点连接的导线有两相松动脱落现象。经检查，是KM₃辅助常闭触点（15-17）损坏断路所致。更换新的KM₃辅助常闭触点后，电动机△形启动恢复正常，故障排除。

（2）按下启动按钮SB₂，KT、KM₁、KM₂线圈均得电吸合，松开启动按钮SB₂，KT、KM₁、KM₂线圈均断电释放，电动机△形点动运转一下即停。从上述情况结合电气原理图分析，KT一切正常，KM₂线圈回路也正常，KM₁线圈回路也正常但缺少KM₁自锁，也就是说，KM₁辅助常开触点（3-9）损坏闭合不了，或与此触点相关的3#线、9#线有断线脱落现象，才会出现上述故障。经检查，确为KM₁辅助常开触点（3-9）损坏，更换新的辅助常开触点后，电动机△形电路恢复连续运转，故障排除。

✛ 电路接线（图218）

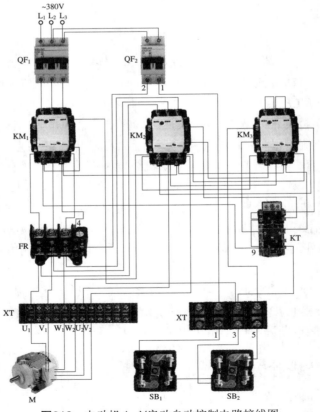

图218　电动机△-Y启动自动控制电路接线图

电路 105 电动机 Y-△ 启动手动控制电路

✤ 应用范围

本电路可用于对空载、轻载设备进行降压启动控制。

✤ 工作原理（图219）

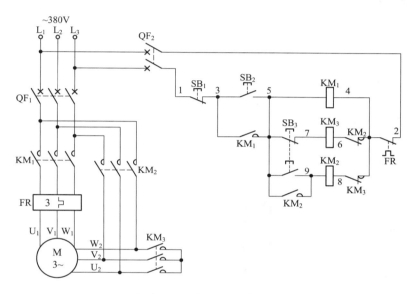

图219　电动机Y-△启动手动控制电路原理图

启动时，按下启动按钮SB$_2$（3-5），交流接触器KM$_1$、KM$_3$线圈得电吸合且KM$_1$辅助常开触点（3-5）闭合自锁，KM$_1$、KM$_3$各自的三相主触点闭合。其中，KM$_1$三相主触点闭合，接通三相交流380V电源；KM$_3$三相主触点闭合，将绕组U$_2$、V$_2$、W$_2$短接起来，电动机接成Y形启动。接着按下运转按钮SB$_3$，SB$_3$的一组常闭触点（5-7）断开，切断了交流接触器KM$_3$线圈回路电源，使KM$_3$线圈断电释放，KM$_3$三相主触点断开，电动机绕组Y形接法解除；同时，SB$_3$的另一组常开触点（5-9）闭合，接通了交流接触器KM$_2$线圈回路电源，KM$_2$线圈得电吸合且KM$_2$辅助常开触点（5-9）闭合自锁，KM$_2$三相主触点闭合，将绕组U$_1$与W$_2$、V$_1$与U$_2$、W$_1$与V$_2$分别短接起来，电动机接成△形全压运转了。

停止时，按下停止按钮SB$_1$（1-3），交流接触器KM$_1$、KM$_2$线圈断电释放，KM$_1$、KM$_2$各自的三相主触点断开，电动机失电停止运转。

✤ 常见故障及排除方法

（1）按下Y形启动按钮SB$_2$，只有交流接触器KM$_1$线圈吸合工作，电动机无反应，不做Y形启动；紧接着按下△形运转按钮SB$_3$，交流接触器KM$_2$吸合工作，电动机直接全压启动。此故障为Y点交流接触器KM₃未吸合所致，重点检查SB₃按钮常闭触点是否断路，交流接触器KM₃线圈是否断路，交流接触器KM₂互锁常闭触点是否断路。只要故障排除后，Y点交流接触器KM₃能吸合工作，电路就能恢复正常工作。

（2）按Y形启动按钮SB₂，电源交流接触器KM₁、Y点交流接触器KM₃得电吸合，电动机Y形启动。按动△形运转按钮SB₃时，能转为△形运转，但手一松开△形运转按钮SB₃，又由△形运转转为Y形启动。此故障为△形交流接触器KM₂自锁触点断路所致。应重点检查△形交流接触器KM₂辅助常开触点，更换故障器件，使电路恢复正常。

✤ 电路接线（图220）

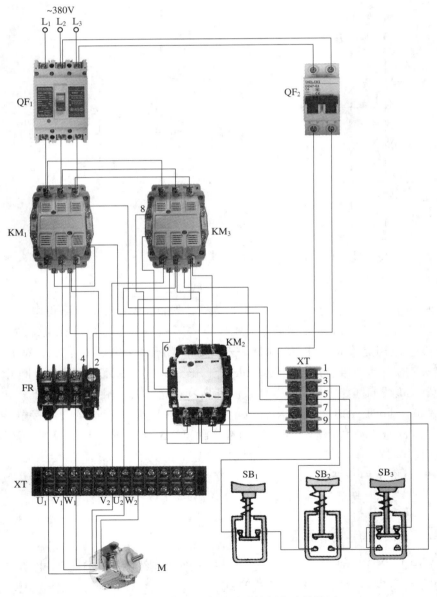

图220　电动机Y-△启动手动控制电路接线图

电路 106　手动串联电阻器启动控制电路（一）

❖ 应用范围

　　本电路适用于220V/380V（△形接法/Y形接法）的电动机不能采用Y−△方式启动的电路。

❖ 工作原理（图221）

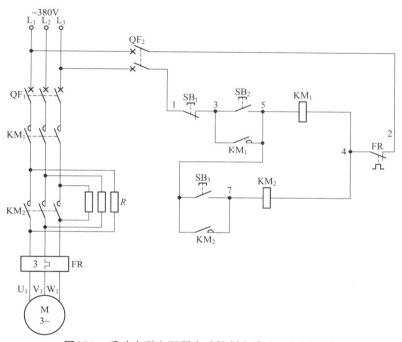

图221　手动串联电阻器启动控制电路（一）原理图

　　启动时，按下启动按钮SB_2（3−5），交流接触器KM_1线圈得电吸合且KM_1辅助常开触点（3−5）闭合自锁，KM_1三相主触点闭合，电动机得电串联电阻器R进行降压启动。

　　电动机串联启动电阻器R进行启动后，若需全压运转，则按下运转按钮SB_3（5−7），交流接触器KM_2线圈得电吸合且KM_2辅助常开触点（5−7）闭合自锁，KM_2三相主触点闭合，将启动电阻器R短接起来，电动机得电全压运转。

❖ 常见故障及排除方法

　　（1）按下降压启动按钮SB_2无反应。若同时按下SB_2、SB_3，电动机全压启动（松开SB_2后即停止）。此故障通常为KM_1线圈断路所致。用万用表电阻挡检查KM_1线圈是否断路，若断路则更换一只新线圈即可。

　　（2）按降压启动按钮SB_2启动正常，交流接触器KM_1线圈得电吸合工作，当按动按钮SB_3时，交流接触器KM_2线圈得电吸合，控制回路工作正常，但电动机仍为降压启动状态，不能进行全压运行。此故障为交流接触器KM$_2$三相主触点断路闭合不了所致。确定故障后，更换一只新的同型号交流接触器即可。

（3）按下降压启动按钮SB$_2$时，电动机没有降压启动而是直接全压运行。此故障原因通常为运转交流接触器KM$_2$三相主触点熔焊，KM$_2$机械部分卡住，KM$_2$铁心极面脏污造成释放缓慢或不释放。

✤ 电路接线（图222）

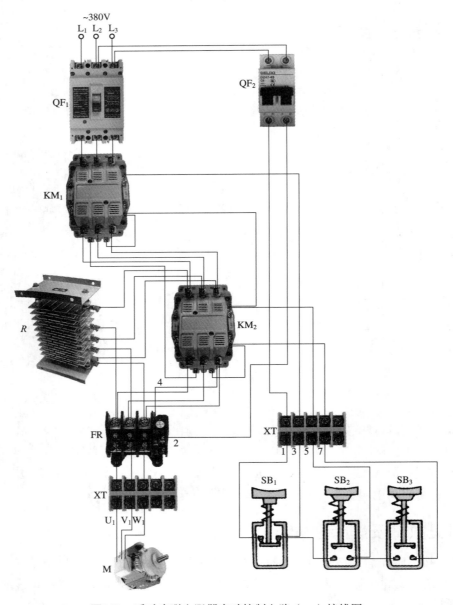

图222　手动串联电阻器启动控制电路（一）接线图

电路 107　手动串联电阻器启动控制电路（二）

✤ 应用范围

本电路适用于220V/380V（△形接法/Y形接法）的电动机不能采用Y-△方式启动的电路。

✤ 工作原理（图223）

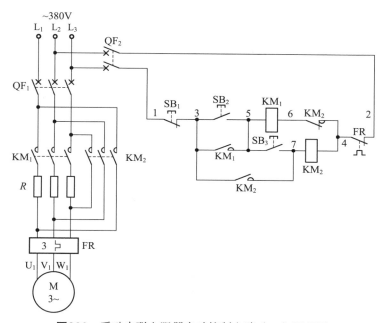

图223　手动串联电阻器启动控制电路（二）原理图

启动时，按下启动按钮SB$_2$（3-5），交流接触器KM$_1$线圈得电吸合且KM$_1$辅助常开触点（3-5）闭合自锁，KM$_1$三相主触点闭合，电动机串联启动电阻器R进行降压启动。

电动机串联启动电阻器R进行降压启动后，再按下运转按钮开关SB$_3$（5-7），交流接触器KM$_2$线圈得电吸合且KM$_2$辅助常开触点（3-7）闭合自锁，KM$_2$三相主触点闭合，电动机得电全压运转，至此，电动机串联电阻器R启动过程结束。

✤ 常见故障及排除方法

（1）按下降压启动按钮SB$_2$无反应。故障原因可能为交流接触器KM$_1$线圈断路，交流接触器KM$_2$辅助常闭触点断路。重点检查KM$_1$线圈及KM$_2$辅助常闭触点是否正常，若器件损坏，更换后即可排除故障。

（2）按下降压启动按钮SB$_2$正常，但按动运行按钮SB$_3$无任何反应，KM$_1$仍然吸合不释放。根据电路分析，此故障原因为运行按钮SB$_3$损坏，交流接触器KM$_2$线圈断路。

用短接法检查运行按钮SB₃是否正常，用测电笔或万用表电阻挡检查KM₂线圈是否断路，故障部位确定后，更换故障器件即可。

（3）按动按钮SB₂时，KM₁线圈吸合且自锁，再按动SB₃时，KM₂线圈吸合工作，但KM₁线圈不断电释放仍吸合。此故障为交流接触器KM₂辅助常闭触点损坏断不了所致，还有一些故障也会引起此现象，如交流接触器KM₁铁心极面有油污造成KM₁释放缓慢。在检查电路时，观察配电箱内电气元件的动作情况。KM₁、KM₂都吸合后，断开控制回路断路器QF₂，KM₁、KM₂均断电释放，KM₁无释放缓慢现象（可反复试验多次确定），则故障为KM₂辅助常闭触点粘连；若KM₁释放缓慢或不释放，则为KM₁自身故障，需更换交流接触器KM₁。

✥ 电路接线（图224）

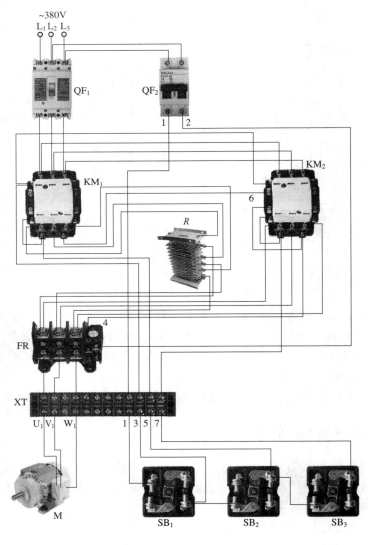

图224 手动串联电阻器启动控制电路（二）接线图

电路 108　定子绕组串联电阻器启动自动控制电路（一）

✤ 应用范围

本电路适用于220V/380V（△形接法/Y形接法）的电动机不能采用Y-△方式启动的电路。

✤ 工作原理（图225）

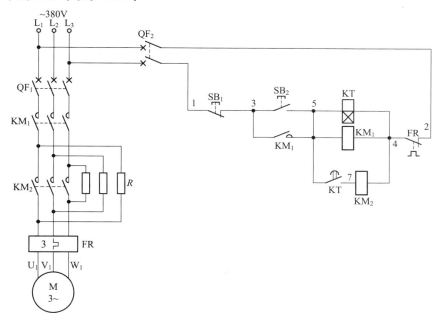

图225　定子绕组串联电阻器启动自动控制电路（一）原理图

启动时，按下启动按钮SB$_2$（3-5），得电延时时间继电器KT、交流接触器KM$_1$线圈得电吸合且KM$_1$辅助常开触点（3-5）闭合自锁，KT开始延时。此时KM$_1$三相主触点闭合，电动机串联降压启动电阻器R进行降压启动。经KT一段时间延时后，KT得电延时闭合的常开触点（5-7）闭合，接通了交流接触器KM$_2$线圈回路电源，KM$_2$三相主触点闭合，将降压启动电阻器R短接起来，从而使电动机得以全压正常运转。

停止时，按下停止按钮SB$_1$（1-3），得电延时时间继电器KT、交流接触器KM$_1$、KM$_2$线圈均断电释放，KM$_1$、KM$_2$各自的三相主触点断开，电动机失电停止运转。

✤ 常见故障及排除方法

（1）按下启动按钮SB$_2$后，交流接触器KM$_1$线圈得电吸合且自锁，但时间继电器KT不动作，一直处于降压启动状态，不能转为全压运行。此故障主要是时间继电器KT线圈断路所致。故障排除方法是更换一只相同型号的时间继电器。

（2）按下启动按钮SB₂后，交流接触器KM₁、时间继电器KT线圈均得电吸合且自锁，但全压运行交流接触器KM₂线圈不工作，一直处于降压启动状态，而无法转换为全压运行。此故障原因为时间继电器KT延时闭合的常开触点损坏闭合不了，全压运行交流接触器KM₂线圈断路。检查故障所在，更换时间继电器KT或交流接触器KM₂。

✦ 电路接线（图226）

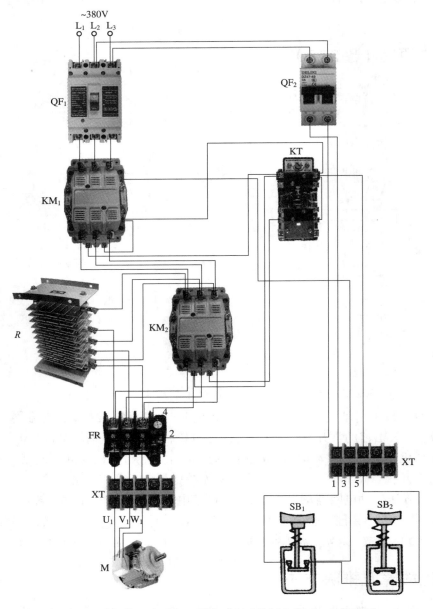

图226 定子绕组串联电阻器启动自动控制电路（一）接线图

电路109　定子绕组串联电阻器启动自动控制电路（二）

✦ 应用范围

本电路适用于220V/380V（△形接法/ Y形接法）的电动机不能采用Y–△方式启动的电路。

✦ 工作原理（图227）

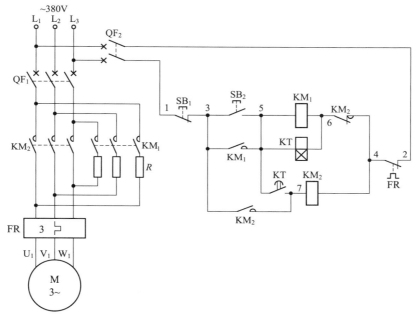

图227　定子绕组串联电阻器启动自动控制电路（二）原理图

启动时，按下启动按钮SB_2（3–5），交流接触器KM_1和得电延时时间继电器KT线圈得电吸合且KM_1辅助常开触点（3–5）闭合自锁，同时KT开始延时。此时KM_1三相主触点闭合，电动机绕组串入启动电阻器R降压启动。经KT一段时间延时后，KT得电延时闭合的常开触点（5–7）闭合，接通了交流接触器KM_2线圈回路电源，KM_2线圈得电吸合且KM_2辅助常开触点（3–7）闭合自锁，KM_2三相主触点闭合，短接启动电阻器R全压运转；与此同时，KM_2串联在KM_1和KT线圈回路中的辅助常闭触点（4–6）断开，切断KM_1、KT线圈回路电源，KM_1、KT线圈断电释放，KM_1三相主触点断开，KM_1、KT退出运行，以节省KM_1、KT线圈所消耗的电能。在电动机降压启动运转后，最终只有一只交流接触器KM_2在工作。

停止时，按下停止按钮SB_1（1–3），交流接触器KM_2线圈断电释放，KM_2三相主触点断开，电动机失电停止运转。

✦ 常见故障及排除方法

（1）降压启动完毕后，时间继电器KT、交流接触器KM_1线圈吸合不释放。此故障为全压运行交流接触器KM₂串接在时间继电器KT、交流接触器KM₁线圈回路中的辅助常闭触点（4-6）熔焊断不开所致。排除方法是更换KM₂辅助常闭触点。

（2）按动启动按钮SB₂（3-5），降压启动正常，但转换到全压运行时立即停止。此故障原因为全压运行交流接触器KM₂自锁回路断路。排除方法是更换KM₂自锁常开触点（3-7）。

（3）按动启动按钮SB₂（3-5）后，一直为降压启动状态，转换不到全压运行。此故障原因为延时转换时间继电器KT的常开触点（5-7）损坏而闭合不了或时间继电器KT线圈断路。排除方法是观察配电箱内电气元件动作情况，若时间继电器KT动作且延时，则为KT延时触点故障；若时间继电器KT不动作，则为时间继电器KT线圈断路。检查出原因后，更换故障器件即可。

✦ **电路接线（图228）**

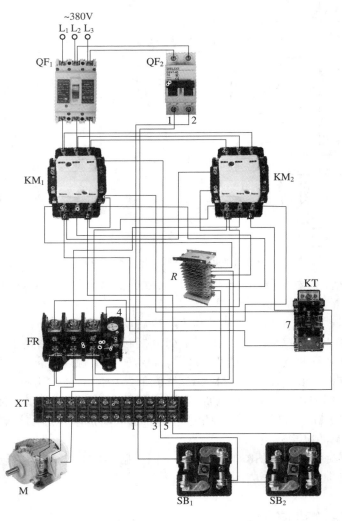

图228 定子绕组串联电阻器启动自动控制电路（二）接线图

电路 110　用两只接触器完成 Y-△降压启动自动控制电路

✧ 应用范围

本电路可用于对空载、轻载设备进行降压启动控制。

✧ 工作原理（图229）

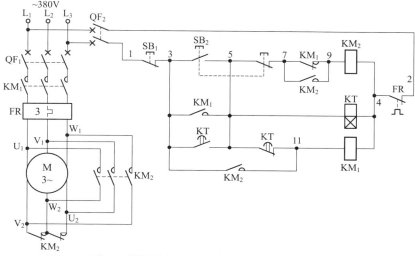

图229　用两只接触器完成Y-△降压启动自动控制电路原理图

启动时，按下启动按钮SB₂，SB₂的一组常闭触点（5-7）断开，使交流接触器KM₂线圈不能得电工作，SB₂的一组常开触点（3-5）闭合，使交流接触器KM₁、得电延时时间继电器KT线圈得电吸合且KM₁辅助常开触点（3-5）闭合自锁，KM₁三相主触点闭合，为电动机提供三相交流380V电源，由于交流接触器KM₂线圈未工作，其KM₂辅助常闭触点仍闭合组成Y点，电动机Y形启动。在得电延时时间继电器KT线圈得电吸合时，KT开始延时。经过KT一段时间延时后，KT得电延时断开的常闭触点（5-11）断开，切断了交流接触器KM₁线圈回路电源，KM₁三相主触点断开，电动机瞬间脱离电源靠惯性继续运转。这样做是为了保证△形交流接触器KM₂能先可靠地分断（常闭触点）和接通（常开触点），不至于在转换过程中发生短路事故。由于KM₁线圈断电释放，KM₁串联在KM₂线圈回路中的常闭触点（7-9）闭合，此时KT得电延时闭合的常开触点（3-5）闭合且自锁，交流接触器KM₂线圈得电吸合且KM₂辅助常开触点（7-9）闭合自锁，KM₂作为电动机Y点的常闭触点断开，KM₂三相主触点闭合，连接成△形电路，KM₂辅助常开触点（3-11）闭合，接通了电动机电源交流接触器KM₁线圈回路电源，KM₁、KM₂各自的三相主触点均闭合，电动机由Y形接法自动转换为△形接法，电动机启动完毕而转为正常运转。

✢ 常见故障及排除方法

（1）Y形启动正常，但△形转换不上，电动机停止工作。观察配电箱内，只有时间继电器KT仍吸合着。从原理图中可以分析出，在Y形启动后，若KM₁线圈能断电释放，说明时间继电器KT动作正常，而KM₂线圈不动作又是不能进行△形运转的主要原因。重点检查启动按钮SB₂常闭触点是否损坏，KM₂线圈是否断路，KM₁常闭触点是否接触不良或断路。故障排除方法是通过对上述故障部位进行检查并加以排除后，使交流接触器KM₂线圈动作，再用KM₂常开触点接通KM₁线圈，这样KM₁+KM₂+KT组成△形运转。

（2）控制回路Y-△启动一切正常。但主回路Y形启动正常，转换过程中断路器QF₁跳闸动作。此故障原因为Y点接触器KM₂常闭触点容量小，熔焊而断不开，从而造成主回路短路。排除方法是用万用表检查Y点常闭触点是否正常，若不正常则更换。

（3）电动机启动正常，但工作一会儿就自动停止，而待一会儿又能进行启动操作。此故障原因可能是电动机过载或热继电器FR电流设置不对。首先观察热继电器FR设置是否正确，应为电动机额定电流的0.95~1.05倍，然后用钳形电流表测量电动机电流是否正常。若电流大于额定电流，则为电动机过载了，需停机找出过载原因并加以排除。

✢ 电路接线（图230）

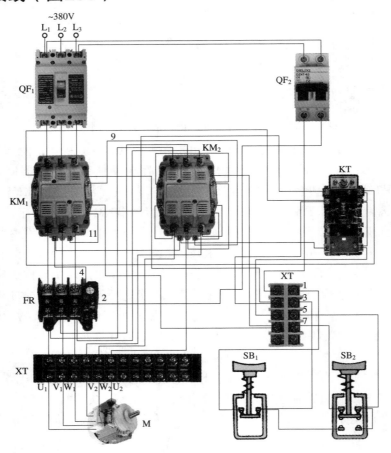

图230 用两只接触器完成Y-△降压启动自动控制电路接线图

用三只接触器完成 Y-△ 降压启动自动控制电路

✥ 应用范围

本电路可用于对空载、轻载设备进行降压启动控制。

✥ 工作原理（图231）

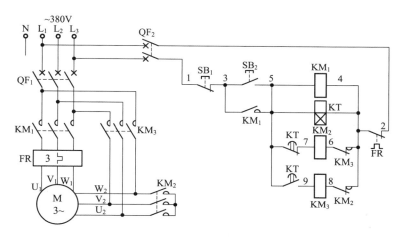

图231　用三只接触器完成Y-△降压启动自动控制电路原理图

启动时，按下启动按钮SB$_2$（3-5），电源交流接触器KM$_1$、得电延时时间继电器KT线圈得电吸合且KM$_1$辅助常开触点（3-5）闭合自锁，接通Y形启动交流接触器KM$_2$线圈回路电源，KM$_2$线圈得电吸合，此时得电延时时间继电器KT开始延时。在交流接触器KM$_1$、KM$_2$线圈得电吸合后，KM$_1$、KM$_2$各自的三相主触点闭合，电动机绕组得电接成Y形进行降压启动。经KT一段时间延时后，KT的一组得电延时断开的常闭触点（5-7）先断开，切断了Y形交流接触器KM$_2$线圈回路电源，KM$_2$线圈断电释放，KM$_2$三相主触点断开，电动机绕组点解除；与此同时，KT的另一组得电延时闭合的常开触点（5-9）闭合，接通了△形运转交流接触器KM$_3$线圈回路电源，KM$_3$三相主触点闭合，电动机绕组由Y形改接成△形全压运转，至此整个Y-△启动结束，从而完成由Y形启动到△形运转的自动控制。

停止时，按下停止按钮SB$_1$（1-3），电源交流接触器KM$_1$、△形运转交流接触器KM$_3$和得电延时时间继电器KT线圈均断电释放，KM$_1$、KM$_3$各自的三相主触点断开，电动机失电停止运转。

本电路采用了三只交流接触器KM$_1$、KM$_2$、KM$_3$完成Y-△降压启动自动控制，电路中Y形启动交流接触器KM$_2$触点容量较大，能满足频繁启动要求。

✤ 常见故障及排除方法

（1）按启动按钮SB$_2$，电动机一直处于降压启动状态而不能转为自动全压运行。根据分析，故障是时间继电器KT线圈断路而不能吸合所致，因KT线圈不工作，交流接触器KM$_1$、KM$_2$线圈一直吸合，电动机会一直处于降压启动状态。检查KT线圈电路，重点检查KT线圈是否断路，若断路，更换一只同型号的KT线圈，电路即可恢复正常。

（2）按启动按钮SB$_2$（3-5）后，电动机Y形降压启动正常，但转换不到△形运转，电动机不能得到全压电源而停止。故障原因为时间继电器KT延时闭合的常开触点（5-9）损坏，交流接触器KM$_3$线圈烧毁断路。可用万用表检查上述两个电气元件找出故障点并排除。

✤ 电路接线（图232）

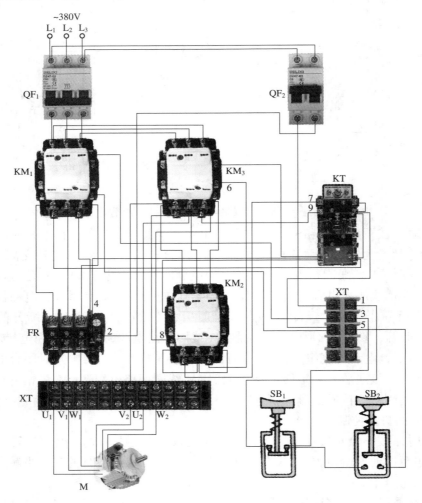

图232 用三只接触器完成Y-△降压启动自动控制电路接线图

电路 112　自耦变压器降压启动自动控制电路

✤ 应用范围

　　本电路适用于对大功率电动机进行降压启动。如鼓风、引风设备，消防泵、上水泵等。

✤ 工作原理（图233）

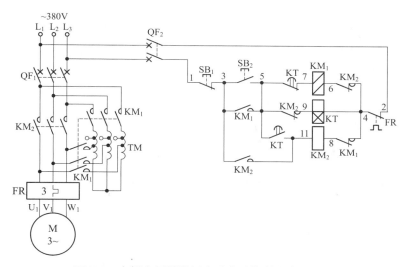

图233　自耦变压器降压启动自动控制电路原理图

　　启动时，按下启动按钮SB$_2$（3–5），交流接触器KM$_1$、得电延时时间继电器KT线圈得电吸合且KM$_1$辅助常开触点（3–5）闭合自锁，同时KT开始延时。与此同时，两只线圈并联在一起的KM$_1$的三相主触点闭合，将自耦变压器TM接入电动机绕组内，进行自耦降压启动。经KT一段时间延时后，KT串联在KM$_1$线圈回路中的得电延时断开的常闭触点（5–7）断开，切断了KM$_1$线圈回路电源，KM$_1$线圈断电释放，KM$_1$六只主触点断开，自耦变压器TM退出运行；同时KT得电延时闭合的常开触点（5–11）闭合，接通了交流接触器KM$_2$线圈回路电源，KM$_2$线圈得电吸合且KM$_2$辅助常开触点（3–11）闭合自锁，KM$_2$三相主触点闭合，电动机得电全压运转。在KM$_2$线圈得电吸合后，KM$_2$串联在KT线圈回路中的辅助常闭触点（5–9）断开，使KT线圈退出运行，至此整个降压启动过程结束。

　　停止时，按下停止按钮SB$_1$（1–3），交流接触器KM$_2$线圈断电释放，KM$_2$三相主触点断开，电动机失电停止运转。

✤ 常见故障及排除方法

　　（1）启动时一直为降压状态，无法转换为正常运转。由配电箱内电气元件动作情况可知，时间继电器KT未工作。应检查时间继电器KT线圈是否损坏，串联在时间继电器KT线圈回路中的常闭触点是否断路，更换上述故障器件即可。

（2）按启动按钮SB$_2$，电动机启动过程正常，但启动完毕无法进入全压运转。其故障原因为KT延时闭合的常开触点损坏，KM$_2$线圈断路，KM$_1$串联在KM$_2$线圈回路中的常闭触点损坏。

✥ 电路接线（图234）

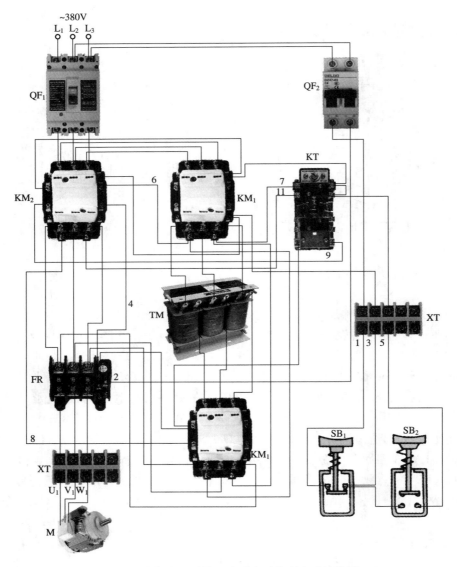

图234 自耦变压器降压启动自动控制电路接线图

电路 113　自耦变压器降压启动手动控制电路

❖ 应用范围

本电路适用于对大功率电动机进行降压启动。如鼓风、引风设备，消防泵、上水泵等。

❖ 工作原理（图235）

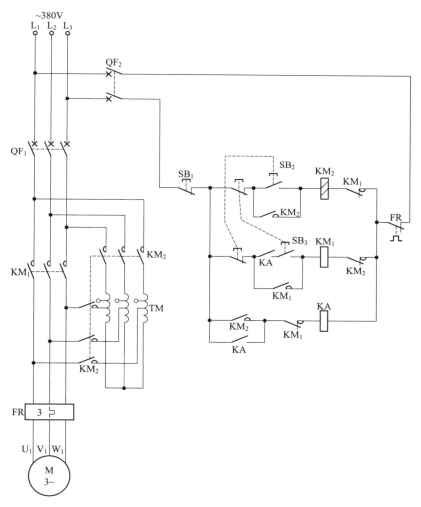

图235　自耦变压器降压启动手动控制电路原理图

启动时，按下降压启动按钮SB$_2$，交流接触器KM$_2$线圈得电吸合且KM$_2$辅助常开触点闭合自锁，KM$_2$三相主触点闭合，电动机串入自耦变压器TM降压启动。由于KM$_2$线圈得电吸合，KM$_2$串联在中间继电器KA线圈回路中的辅助常开触点闭合使KA吸合且KA常开触点闭合自锁。KA的作用是防止误按按钮SB$_3$直接全压启动电动机。KA串联在按钮

SB₃回路中的常开触点闭合，为转换为△形正常运转做准备。此时，电动机降压启动。

当根据经验或实际启动时间按下△形运转按钮SB₃时，SB₃一组常闭触点断开，切断了交流接触器KM₂线圈回路电源，KM₂线圈断电释放，KM₂三相主触点断开，使自耦变压器退出运行。同时SB₃另一组常开触点闭合，接通了交流接触器KM₁线圈回路电源，KM₁线圈得电吸合，KM₁三相主触点闭合，电动机得电△形全压正常运转。当KM₁线圈得电吸合后，KM₁串联在中间继电器KA线圈回路中的辅助常闭触点断开，切断KA线圈回路电源，KA线圈断电释放，KA串联在全压△形运转按钮SB₃回路中的常开触点断开，用来防止误操作该按钮SB₃而出现直接全压启动问题。

✛ 常见故障及排除方法

（1）降压启动很困难。主要原因是负载较重使电动机输入电压偏低而导致启动力矩不够。将自耦变压器TM抽头由65%调换至80%，即可提高启动力矩，排除故障。

（2）自耦变压器TM冒烟或烧毁。可能原因是自耦变压器容量选得过小不配套，降压启动时间过长或过于频繁。检查自耦变压器是否过小，若是过小，则更换配套产品；缩短启动时间，减少操作次数。

（3）全压运行时，按SB₃按钮无反应，中间继电器KA线圈吸合。根据上述情况结合电气原理图分析故障，在图236所示电路中，可用测电笔逐一检查，找出故障点并加以排除。

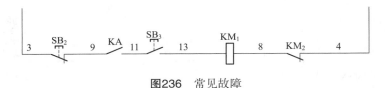

图236 常见故障

（4）降压启动时，按启动按钮SB₂后松手，电动机即停止运转。根据以上情况分析，故障原因为KM₂缺少自锁回路。用测电笔检查KM₂自锁回路常开触点是否能闭合以及相关连线是否脱落松动，找出原因后并加以处理。

（5）降压启动正常，但转为△形全压运行时，电动机停转无反应。从上述情况看，此故障为交流接触器KM₁三相主触点断路所致。检查交流接触器KM₁并更换KM₁主触点后即可排除故障。

（6）降压启动正常，但转为△形全压运转时断路器QF₁跳闸。从原理图上分析，可能是△形全压运行方向错了，也就是降压启动时为顺转，而△形全压运行为逆转，可检查配电箱中接线是否有误，若接线有误，重新调换恢复接线后即可排除故障。

❖ 电路接线（图237）

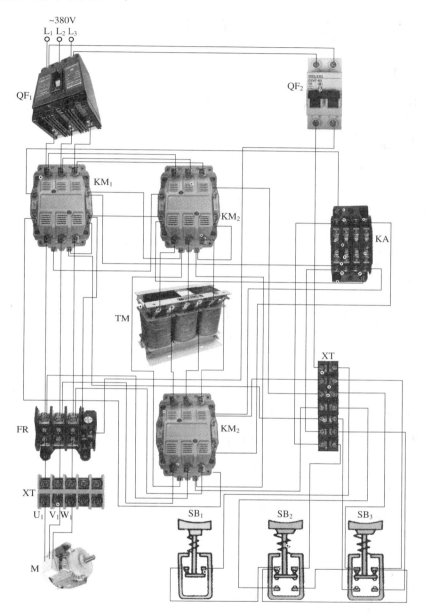

图237　自耦变压器降压启动手动控制电路接线图

电路 114　延边三角形降压启动自动控制电路

✤ 应用范围

本电路电动机绕组较复杂，为专用电动机，其优点是启动转矩较大。

✤ 工作原理（图238）

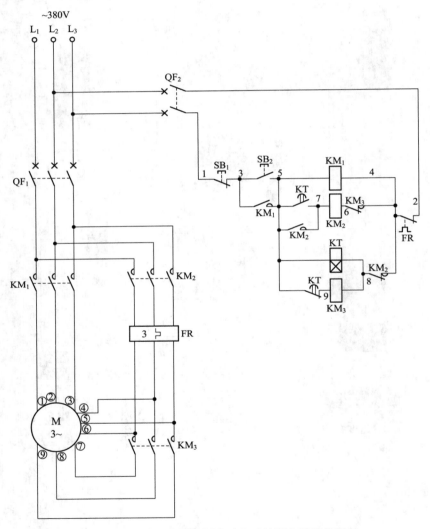

图238　延边三角形降压启动自动控制电路原理图

在启动前让我们先了解一下延边三角形定子绕组是如何工作的。启动时，先将定子绕组中的一部分连接成△形，另一部分连接成Y形，这样就组成了延边三角形定子绕组来完成启动，而电动机启动完毕后，再将定子绕组连接成△形正常运转。

启动时，按下启动按钮SB₂（3–5），交流接触器KM₁、KM₃和得电延时时间继电器KT线圈同时得电吸合且KM₁辅助常开触点（3-5）闭合自锁，电动机定子绕组接成延边三角形降压启动；与此同时，得电延时时间继电器KT开始延时。经得电延时时间继电器KT一段时间延时后，得电延时时间继电器KT的一组得电延时断开的常闭触点（5-9）断开，切断了交流接触器KM₃线圈回路电源［KM₃辅助互锁常闭触点（2-6）恢复常闭，为电动机正常全压运转交流接触器KM₂线圈工作做准备］，KM₃三相主触点断开，电动机定子绕组延边三角形连接解除。同时，得电延时时间继电器KT得电延时闭合的常开触点（5-7）闭合，接通了交流接触器KM₂线圈回路电源，KM₂线圈得电吸合且KM₂辅助常开触点（5-7）闭合自锁，KM₂三相主触点闭合，电动机定子绕组连接成三角形正常运转。

　　停止时，按下停止按钮SB₁（1-3），交流接触器KM₁、KM₂线圈同时断电释放，KM₁、KM₂各自的三相主触点断开，电动机失电停止运转。

✣ 常见故障及排除方法

　　（1）按启动按钮SB₂无任何反应（配电箱内各交流接触器、时间继电器线圈都不工作）。可能原因是启动按钮SB₂损坏，停止按钮SB₁损坏，过载热继电器FR控制常闭触点断路闭合不了或过载动作了，控制回路断路器QF₂动作跳闸了或内部损坏接触不良。从上述情况结合电气原理图分析，除启动按钮SB₂出现故障外，其他故障只会出现在公共部分，不会出现在局部分支电路。为什么呢？因为，从电路图上可以看出，交流接触器KM₁、KM₂和时间继电器KT这三只线圈是并联在一起的，同时出现问题的概率是很低的，所以，故障点很有可能在FR常闭触点、SB₂启动按钮、SB₁停止按钮、控制回路断路器QF₂上。排除故障时（为确保安全，必须将主回路断路器QF₁断开），首先检查确定控制回路断路器QF₂是否存在故障并排除。之后，可用短接法分别检查SB₁、SB₂、FR，短接哪个器件后电路能工作，说明故障就在哪里，用新品更换即可排除故障。

　　（2）启动时，按下启动按钮SB₂，只有交流接触器KM₁线圈吸合工作，电动机无反应。从电气原理图上可以看出，在按下启动按钮SB₂时，只有KM₁、KM₃、KT三个线圈同时工作才能进行延边三角形降压启动，而现在只有KM₁工作，说明故障原因极可能是KM₂串联在KM₃、KT线圈回路中的互锁常闭触点断路。另外，KM₃、KT线圈同时出现故障断路也会造成KM₃、KT不工作，如图239所示。用万用表检查KM₂连锁常闭触点是否断路，若断路，则更换KM₂常闭触点即可排除故障。

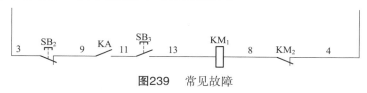

图239　常见故障

　　（3）电动机一直处于降压启动状态，不能自动转换为全压运行。从原理图上可以看出，故障原因为时间继电器KT线圈不吸合造成延时触点不能转换；时间继电器KT延时断开的常闭触点损坏断不开；交流接触器KM₃自身故障，如主触点熔焊、铁心极面有油垢、接触器机械部分卡住也会导致上述故障。排除此故障又快又好的方法是替换法。

❖ 电路接线（图240）

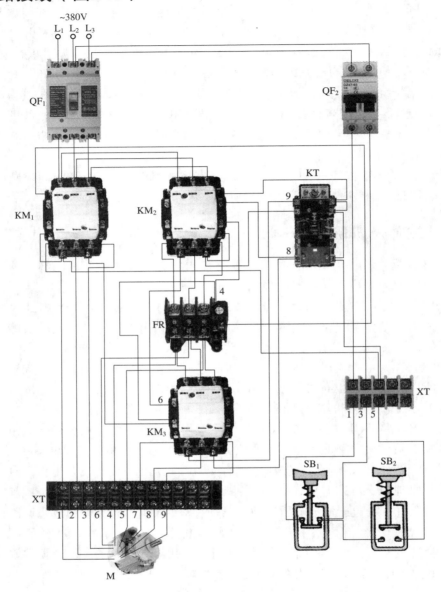

图240 延边三角形降压启动自动控制电路接线图

电路 115　延边三角形降压启动手动控制电路

✣ 应用范围

本电路电动机绕组较复杂，为专用电动机，其优点是启动转矩较大。

✣ 工作原理（图241）

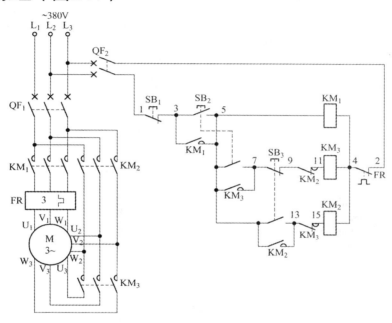

图241　延边三角形降压启动手动控制电路原理图

启动时，按下降压启动按钮SB$_2$，SB$_2$的两组常开触点（3-5、5-7）均闭合，使交流接触器KM$_1$、KM$_3$线圈得电吸合且KM$_1$辅助常开触点（3-5）闭合自锁，KM$_1$线圈回路、KM$_3$辅助常开触点（5-7）闭合自锁，KM$_3$线圈回路，KM$_1$、KM$_3$各自的三相主触点闭合，电动机定子绕组被连接成延边三角形进行降压启动。

随着电动机转速的逐渐提高，再按下△形全压运转按钮SB$_3$，SB$_3$的一组常闭触点（7-9）断开，切断了交流接触器KM$_3$线圈回路电源，KM$_3$线圈断电释放，KM$_3$三相主触点断开，电动机绕组延边三角形连接被解除；SB$_3$的另一组常开触点（5-13）闭合，接通了交流接触器KM$_2$线圈回路电源，KM$_2$线圈得电吸合且KM$_2$辅助常开触点（5-13）闭合自锁，KM$_2$三相主触点闭合，电动机定子绕组被连接成△形全压运转。

停止时，按下停止按钮SB$_1$（1-3），交流接触器KM$_1$、KM$_2$线圈断电释放，KM$_1$、KM$_2$各自的三相主触点断开，电动机失电停止运转。

✤ 常见故障及排除方法

（1）启动时，按启动按钮SB₂，交流接触器KM₁线圈能得电吸合且自锁，KM₁三相主触点闭合，但电动机不能启动运转，无反应。故障可能是启动按钮SB₂的一组常开触点（5-7）损坏闭合不了，运转按钮SB₃的一组常闭触点（7-9）损坏断路，交流接触器KM₂辅助常闭触点（9-11）损坏断路，交流接触器KM₃线圈损坏，与此电路相关的5#线、7#线、9#线、11#线、2#线有松动脱落现象。经检查，是启动按钮SB₂的另一组常开触点（5-7）损坏所致。更换启动按钮SB₂后，电动机恢复延边三角形启动，故障排除。

（2）启动正常，但转为三角形全压运转时，电动机失电停止运转，不能进行三角形运转。故障可能为运转按钮SB₃的一组常开触点（5-13）损坏闭合不了，交流接触器KM₃辅助常闭触点（13-15）损坏断路，交流接触器KM₂线圈损坏，与此电路相关的5#线、13#线、15#线、4#线有松动脱落现象。经检查，是交流接触器KM₂线圈损坏。更换新的交流接触器KM₂后，电动机三角形运转恢复正常，故障排除。

✤ 电路接线（图242）

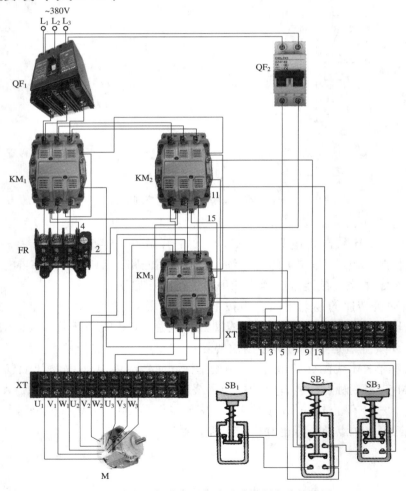

图242 延边三角形降压启动手动控制电路接线图

电路 116　频敏变阻器手动启动控制电路（一）

✤ 应用范围

本电路可对大容量的电动机进行频繁操作。

✤ 工作原理（图243）

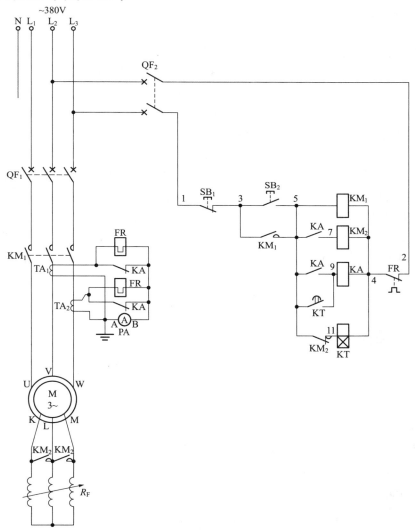

图243　频敏变阻器手动启动控制电路（一）原理图

频敏变阻器用在绕线式电动机中与转子绕组串联来平稳启动电动机，它是一种无触点电磁元件，类似一个铁心损耗特别大的三相电抗器，它的特点是阻抗随着通过电流频率的变化而改变。由于频敏变阻器是串联在绕线式电动机的转子电路中，在启动过程中，变阻器的阻抗将随着转子电流频率的降低而自动减小，从而只需一级变阻器，电动机就会平稳地启动起来，待电动机平稳启动后，再通过交流接触器主触点将启动频敏变阻器短接掉，频敏变阻器退出运行，电动机正常运转。频敏变阻器由数片厚钢板和线圈组成，线圈为星形接法，其每相绕组上分别有0、30%、80%、90%、100%比例的5组抽头。

启动时，按下启动按钮SB₂（3-5），电源交流接触器KM₁线圈得电吸合且KM₁辅助常开触点（3-5）闭合自锁，KM₁三相主触点闭合，绕线式电动机转子串频敏变阻器RF进行启动。在启动过程中，由于频敏变阻器RF的阻抗将随着转子电流频率的降低而自动减小，电动机会平稳地启动起来。在按下启动按钮SB₂（3-5）的同时，得电延时时间继电器KT线圈也得电吸合且开始延时。

待电动机平稳启动后，也就是得电延时时间继电器KT的设定延时时间，此时KT得电延时闭合的常开触点（5-9）闭合，接通了中间继电器KA线圈回路电源，KA线圈得电吸合且KA常开触点（5-9）闭合自锁，KA串联在短接频敏变阻器交流接触器KM₂线圈回路中的常开触点（5-7）闭合，使KM₂线圈得电吸合，KM₂三相主触点闭合，将频敏变阻器RF短接起来，频敏变阻器RF退出运行，电动机正常运转。KM₂线圈得电吸合后，KM₂串联在得电延时时间继电器KT线圈回路中的辅助常闭触点（5-11）断开，使KT线圈断电释放退出运行。电路中，中间继电器KA的两组常闭触点在电动机启动时处于闭合状态，这样可以避免电动机在启动过程中因启动时间长、启动电流较大而使热继电器FR热元件发热弯曲出现误动作，待电动机启动完毕转为正常运转后，KA常闭触点断开，使热继电器FR热元件投入电路工作进行过载保护。

停止时，按下停止按钮SB₁（1-3），电源交流接触器KM₁、短接频敏变阻器交流接触器KM₂、中间继电器KA线圈均断电释放，KM₁、KM₂各自的三相主触点断开，电动机失电停止运转。与此同时，中间继电器KA的所有触点［两组常开触点（5-7、5-9）和两组常闭触点（分别并联在热继电器FR热元件上）］均恢复原始状态。

✛ 常见故障及排除方法

（1）按动启动按钮SB₂时，无频敏变阻器降压而直接全压启动。观察配电箱内电气元件动作情况，在按动启动按钮SB₂时，交流接触器KM₁和时间继电器KT线圈能瞬间吸合又断开，使中间继电器KA和交流接触器KM₂线圈均得电吸合工作，由于交流接触器KM₁、KM₂同时吸合，KM₂主触点将频敏变阻器短接起来，电动机就会直接全压启动了。从上述电气元件动作情况分析，时间继电器KT线圈瞬间吸合又断开，说明时间继电器KT动作正常，可能是KT延时时间设置得过短所致。重新调整时间继电器KT的延时时间，即可排除故障。

（2）按动启动按钮SB₂，电动机一直处于降压启动状态，而无法正常全压运行。观察配电箱内电气元件动作情况，此时交流接触器KM₁、时间继电器KT线圈一直吸合，经过很长时间KT也不转换，进入不了全压控制。根据上述情况可知，故障为时间继电器KT损坏所致，更换一只新的时间继电器并重新调整其延时时间即可解决。

（3）按动启动按钮SB₂，电动机一直处于降压启动状态。观察配电箱内电气元件动作情况，在按动启动按钮SB₂时，交流接触器KM₁、时间继电器KT线圈得电吸合且KM

辅助常开触点能闭合自锁，经延时后，KT触点转换，中间继电器KA吸合且自锁，但接通不了交流接触器KM₂线圈回路，也切断不了时间继电器KT线圈回路。从元器件动作情况可知，故障原因为KM₂线圈断路或KA常开触点断路，如图244所示。用短接法或万用表测量其电气元件是否损坏，若损坏则更换新品。

图244　常见故障

✧ 电路接线（图245）

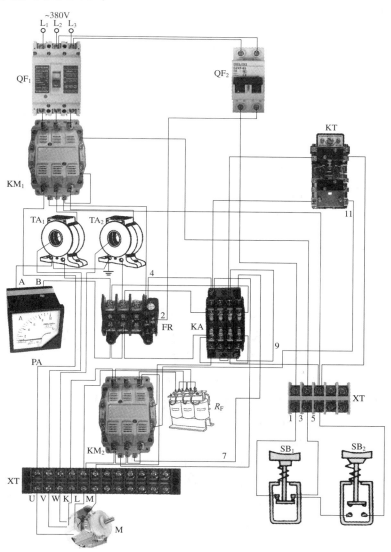

图245　频敏变阻器手动启动控制电路（一）接线图

电路 117　频敏变阻器手动启动控制电路（二）

✦ 应用范围

本电路适用于启动容量较大的电动机。

✦ 工作原理（图246）

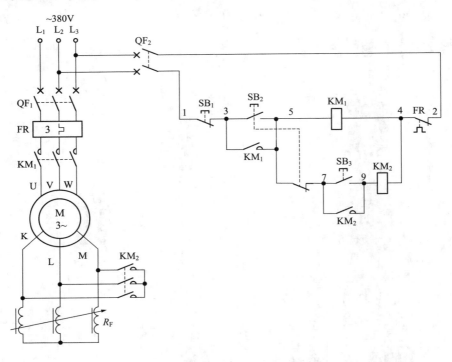

图246　频敏变阻器手动启动控制电路（二）原理图

　　为了防止同时按下两只按钮SB$_2$和SB$_3$时出现全压直接启动现象，本电路将按钮SB$_2$的一组常闭触点（5–7）串联在交流接触器KM$_2$线圈回路中，起到保护作用。

　　启动时，按下启动按钮SB$_2$，此时SB$_2$的一组常闭触点（5–7）断开，切断交流接触器KM$_2$线圈回路电源使其不能得电；SB$_2$的另一组常开触点（3–5）闭合，接通交流接触器KM$_1$线圈回路电源，KM$_1$线圈得电吸合且KM$_1$辅助常开触点（3–5）闭合自锁，KM$_1$三相主触点闭合，电动机绕线转子回路串频敏变阻器RF降压启动。

　　当电动机转速升至接近额定转速时，再按下运转按钮SB$_3$（7–9），交流接触器KM$_2$线圈得电吸合且KM$_2$辅助常开触点（7–9）闭合自锁，KM$_2$三相主触点闭合，将电动机绕线转子短接起来，电动机全压运转。

✤ 常见故障及排除方法

（1）同时按下启动按钮SB₂和运转按钮SB₃，控制回路不受限，电动机直接启动。从电气原理图中可以看出，为了保证SB₂、SB₃不能同时进行操作，将SB₂的一组常闭触点（5-7）串联在SB₃回路中，起受限保护作用。所以SB₂的一组常闭触点（5-7）损坏断不开，就会造成上述故障。顺便说一下，倘若5#线与7#线相碰同样也会出现上述故障。经检查，为启动按钮SB₂损坏所致，更换新按钮后，故障排除。

（2）按下启动按钮SB₂正常，转速升至额定转速时，按运转按钮SB₃后电动机即停止。断开QF₁、合上QF₂，试控制回路，按SB₂时，KM₁吸合正常；再按SB₃时，KM₂吸合，但一松开SB₃，KM₂就释放，一直按着SB₃，KM₂就一直吸合着。从上述情况分析，故障出在KM₂的自锁触点（7-9）上，或与此电路相关的7#线、9#线有脱落现象。经检查为KM₂辅助常开触点（7-9）损坏，更换新辅助触点后，故障排除。

✤ 电路接线（图247）

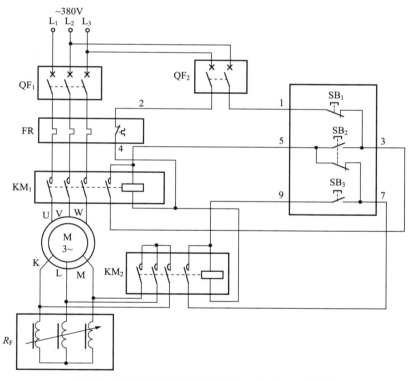

图247 频敏变阻器手动启动控制电路（二）接线图

电路 118 频敏变阻器自动启动控制电路

✤ 应用范围

本电路可对大容量的电动机进行频繁操作。

✤ 工作原理（图248）

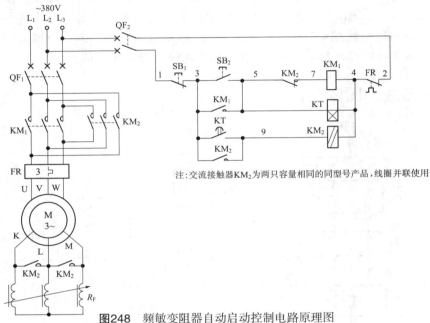

图248 频敏变阻器自动启动控制电路原理图

注：交流接触器KM₂为两只容量相同的同型号产品，线圈并联使用

启动时，按下启动按钮SB₂（3-5），交流接触器KM₁和得电延时时间继电器KT线圈得电吸合且KM₁辅助常开触点（3-5）闭合自锁，KT开始延时。在KM₁线圈得电吸合后，KM₁三相主触点闭合，电动机转子串频敏变阻器RF启动。当电动机转速升至电动机额定转速时，也就是KT的延时时间结束，KT得电延时闭合的常开触点（3-9）闭合，接通交流接触器KM₂线圈回路电源，使交流接触器KM₂线圈得电吸合且KM₂辅助常开触点（3-9）闭合自锁，KM₂辅助常闭触点（5-7）断开，切断交流接触器KM₁和KT线圈的回路电源，KM₁、KT线圈断电释放，KM₁三相主触点断开，使KM₁退出运行；同时KM₂的五对主触点闭合，其中三对接通电动机定子电源，另外两对将转子回路短接起来，电动机启动完毕，以额定转速运转。

✤ 常见故障及排除方法

（1）电动机能频敏变阻启动，但启动完毕后无法切除频敏变阻器。根据以上情况结合电气原理图分析，启动时，交流接触器KM₁和得电延时时间继电器KT线圈均得电吸合，KM₁能自锁，KT能延时。电动机绕组能串入频敏变阻器进行启动，但一直启动不能转入正常运转。观察交流接触器KM₂线圈的工作情况，发现KM₂是两只交流接触器线圈并联使用，但两只交流接触器KM₂线圈中只有一只工作，另一只不工作。从电气原理图上看主回路接线，一只KM₂的三相主触点控制电动机三相电源，另一只KM₂的三相主触点是用来短接频敏变阻器用。所以说，极有可能是KM₂中有一只线圈未工作，那只交流接触器线圈就是短接频敏变阻器的。经检查，为两只并联的交流接触器中的一只线圈的一端9#线松动脱落所致。重新接好9#线后，故障排除。

（2）按启动按钮SB₂，交流接触器KM₁线圈得电吸合且自锁，电动机得电转子串频敏变阻器进行启动，当电动机转速接近额定转速后仍继续启动，不能进行短接切除频敏变阻器。根据上述情况结合电气原理图可以看出，问题出在得电延时时间继电器KT线圈未投入工作，所以就无法延时接通交流接触器KM₂线圈回路，KM₂三相主触点就无法闭合，也就无法短接频敏变阻器了。经检查，发现KT线圈完好，只是连接在KT线圈一端的5#线松动脱落所致。将5#线重新恢复原处接好后，电路延时转换正常，故障排除。

❖ 电路接线（图249）

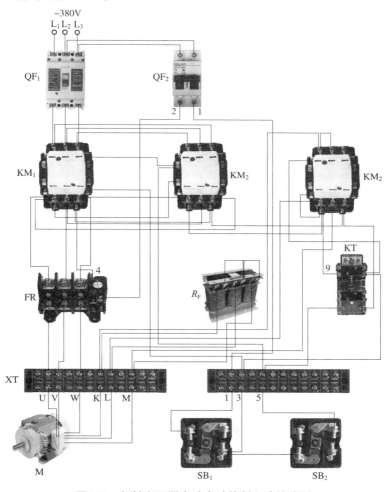

图249 频敏变阻器自动启动控制电路接线图

电路 119 频敏变阻器正反转手动控制电路

✥ 应用范围

本电路可对大容量的电动机进行频繁操作。

✥ 工作原理（图250）

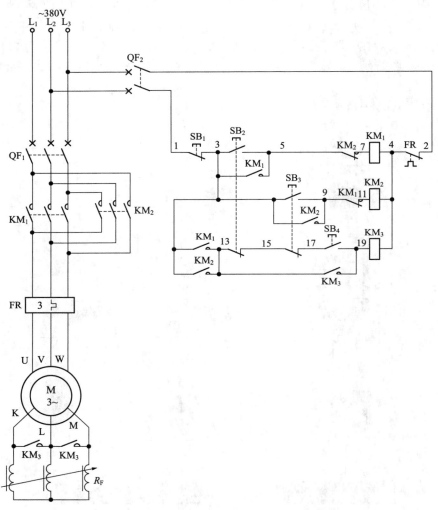

图250 频敏变阻器正反转手动控制电路原理图

正转启动时，按下正转启动按钮SB$_2$，SB$_2$的一组常闭触点（13–15）断开，以防止在启动时同时按下运转按钮SB$_4$（17–19）而出现直接全压启动的情况；SB$_2$的另一组常开触点（3–5）闭合，接通了交流接触器KM$_1$线圈回路电源，KM$_1$线圈得电吸合且KM$_1$辅助常开触点（3–5）闭合自锁，KM$_1$三相主触点闭合，电动机转子串频敏变阻器RF正转启动。在KM$_1$线圈得电吸合时，KM$_1$串联在KM$_2$线圈回路中的辅助常闭触点（9–11）断开，起到互锁作用；KM₁串联在KM₃线圈回路中的辅助常开触点（3–13）闭合，为运转操作做准备。当电动机的转速升至接近额定转速时，再按下运转按钮SB₄（17–19），交流接触器KM₃线圈得电吸合且KM₃辅助常开触点（13–19）闭合自锁，KM₃三相主触点闭合，将转子回路频敏变阻器RF短接起来，电动机以额定转速正转运转。

正转停止时，按下停止按钮SB₁（1–3），切断了交流接触器KM₁、KM₃线圈回路电源，KM₁、KM₃线圈断电释放，KM₁、KM₃各自的三相主触点断开，电动机失电正转停止运转。

反转启动时，按下反转启动按钮SB₃，SB₃的一组常闭触点（15–17）断开，以防止在启动时同时按下运转按钮SB₄（17–19）而出现直接全压启动的情况；SB₃的另一组常开触点（3–9）闭合，接通了交流接触器KM₂线圈回路电源，KM₂线圈得电吸合且KM₂辅助常开触点（3–9）闭合自锁，KM₂三相主触点闭合，电动机转子串频敏变阻器RF反转启动。在KM₂线圈得电吸合时，KM₂串联在KM₁线圈回路中的辅助常闭触点（5–7）断开，起到互锁作用；KM₂串联在KM₃线圈回路中的辅助常开触点（3–13）闭合，为运转操作做准备。当电动机的转速升至接近额定转速时，按下运转按钮SB₄（17–19），交流接触器KM₃线圈得电吸合且KM₃辅助常开触点（13–19）闭合自锁，KM₃三相主触点闭合，将转子回路频敏变阻器RF短接起来，电动机以额定转速反转运转。

反转停止时，按下停止按钮SB₁（1–3），切断了交流接触器KM₂、KM₃线圈回路电源，KM₂、KM₃线圈断电释放，KM₂、KM₃各自的三相主触点断开，电动机失电反转停止运转。

✛ 常见故障及排除方法

（1）按正转启动按钮SB₂，正转启动正常；待正转转速接近额定转速时，按运转按钮SB₄，电动机正转额定转速运转。按反转启动按钮SB₃，反转启动正常，待反转转速升至接近额定转速时，按运转按钮SB₄无效。根据以上情况，结合电气原理图分析，故障出在交流接触器KM₃线圈回路中的一组KM₂辅助常开触点（3–13）上，因为此触点与正转交流接触器KM₁的一组辅助常开触点（3–13）并联，从上述情况看，正转运转一切正常，那么反转运转只有这一个触点与KM₃线圈回路有关联，所以，故障点怀疑是它，另外，连接在此触点两端的3#线、13#线若松动脱落也会出现上述故障。经检查，证实故障就是KM₂的这组辅助常开触点（3–13）损坏闭合不了所致。更换KM₂辅助常开触点后，故障排除。

（2）误按运转按钮SB₄，交流接触器KM₃线圈得电吸合且自锁。正常情况下，运转按钮SB₄在电动机正转（或反转）未启动操作前是无法进行运转操作的。从上述情况结合电气原理图分析，问题出在交流接触器KM₃线圈回路中并联的两组KM₁辅助常开触点（3–13）及KM₂辅助常开触点（3–13）至少一组损坏断不开，或连接在这两组触点上的3#线与13#线相碰，或3#线与13#线、15#线、17#线相碰也会出现上述故障。经检查，是交流接触器KM₂辅助常开触点（3–13）损坏断不开所致。更换新的KM₂辅助常开触点后，故障排除。

❖ 电路接线（图251）

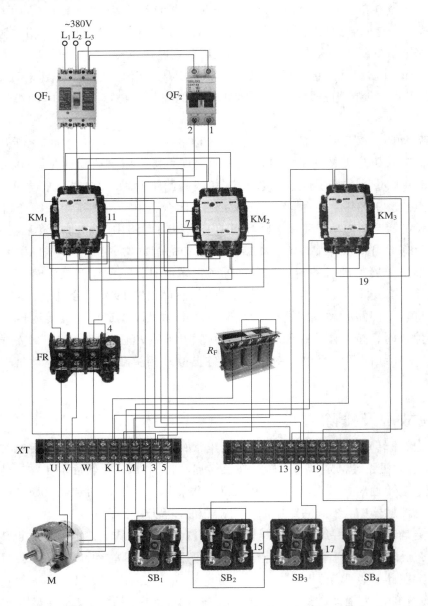

图251 频敏变阻器正反转手动控制电路接线图

电路 120 　 频敏变阻器正反转自动控制电路

✤ 应用范围

本电路可对大容量的电动机进行频繁操作。

✤ 工作原理（图252）

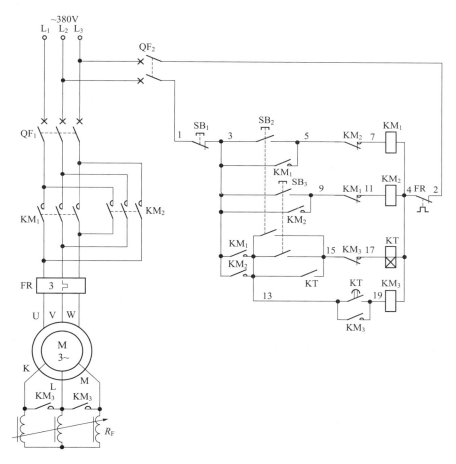

图252　频敏变阻器正反转自动控制电路原理图

按下正转启动按钮SB_2，SB_2的一组常开触点（3-5）闭合，使交流接触器KM_1线圈得电吸合且KM_1辅助常开触点（3-5）闭合自锁，KM_1三相主触点闭合，电动机绕线转子串联频敏变阻器RF启动。在KM_1线圈得电吸合的同时，KM_1串联在KM_2线圈回路中的辅助常闭触点（9-11）断开，起到互锁作用；KM_1辅助常开触点（3-13）闭合，为接通延时转换用得电延时时间继电器KT线圈做准备。在按下正转启动按钮SB_2的同时，SB_2的另一组常开触点（13-15）闭合，使得电延时时间继电器KT线圈得电吸合且KT不延时瞬动常开触点（13-15）闭合自锁，KT开始延时。经KT一段时间延时后，KT得电延时闭合的常开触点（13-19）闭合，接通了交流接触器KM$_3$线圈的回路电源，KM$_3$线圈得电吸合且KM$_3$辅助常开触点（13-19）闭合自锁，KM$_3$三相主触点闭合，将频敏变阻器RF短接起来，电动机启动完毕转入正常全压运转。在KM$_3$线圈得电吸合的同时，KM$_3$串联在KT线圈回路中的辅助常闭触点（15-17）断开，切断了得电延时时间继电器KT线圈的回路电源，KT线圈断电释放，其所有触点恢复原始状态。

若电动机处于正转运转时需反转，必须先将正转停下来后方可进行。此时，先按下停止按钮SB$_1$（1-3），交流接触器KM$_1$、KM$_3$线圈断电释放，KM$_1$、KM$_3$各自的三相主触点断开，电动机失电正转停止运转。再按下反转启动按钮SB$_3$，SB$_3$的一组常开触点（3-9）闭合，使交流接触器KM$_2$线圈得电吸合且KM$_2$辅助常开触点（3-9）闭合自锁，KM$_2$三相主触点闭合，电动机绕线转子串联频敏变阻器RF启动。在KM$_2$线圈得电吸合的同时，KM$_2$串联在KM$_1$线圈回路中的辅助常闭触点（5-7）断开，起到互锁作用；KM$_2$辅助常开触点（3-13）闭合，使得电延时时间继电器KT线圈得电吸合且KT不延时瞬动常开触点（13-15）闭合自锁，KT开始延时。经KT一段时间延时后，KT得电延时闭合的常开触点（13-19）闭合，接通了交流接触器KM$_3$线圈的回路电源，KM$_3$线圈得电吸合且KM$_3$辅助常开触点（13-19）闭合自锁，KM$_3$三相主触点闭合，将频敏变阻器RF短接起来，电动机启动完毕转入正常全压运转。在KM$_3$线圈得电吸合的同时，KM$_3$串联在KT线圈回路中的辅助常闭触点（15-17）断开，使KT线圈断电释放退出运行。

✛ 常见故障及排除方法

（1）正转启动正常，并能自动转入全压运转。反转启动正常，但不能自动转入全压运转。根据以上情况结合电气原理图分析，正转启动正常说明交流接触器KM$_2$线圈及所有触点均正常。正转能自动转入全压运转，说明得电延时时间继电器KT线圈及所有触点均正常，同时说明交流接触器KM$_3$线圈及所有触点均正常。反转启动正常，说明交流接触器KM$_2$线圈及自锁触点、三相主触点均正常，唯一不正常的只能是KM$_2$的辅助常开触点（3-13）闭合不了，导致反转启动后不能自动转入全压运转。经检查发现，KM$_2$的这组辅助常开触点（3-13）损坏了，更换新的辅助常开触点后，反转启动正常并能自动转入全压运转，故障排除。

（2）正转启动时，交流接触器KM$_1$线圈能得电吸合且自锁，得电延时时间继电器KT线圈能得电吸合。反转启动时，交流接触器KM$_2$线圈也能得电吸合且自锁，得电延时时间继电器KT线圈也能得电吸合。但无论正转启动还是反转启动，电动机均不启动运转。从上述情况结合电气原理图分析，故障应出在主回路公共处，即主回路断路器QF$_1$损坏，热继电器FR三相热元件损坏，电动机绕组损坏，以及主回路连接导线有松动脱落现象。经检查，故障是断路器QF$_1$下端三根导线全部松动虚接所致。将虚接导线重新紧固后，故障排除。

✥ 电路接线（图253）

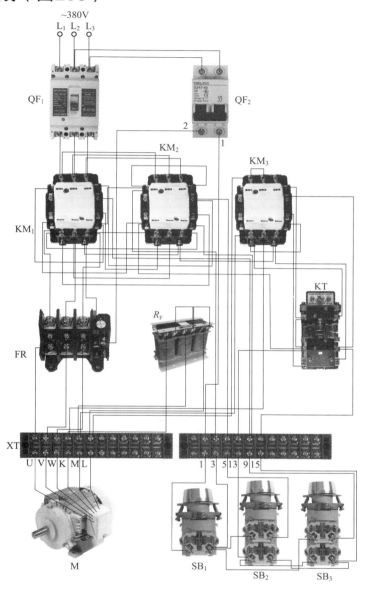

图253　频敏变阻器正反转自动控制电路接线图

电路 121 频敏变阻器可逆手动启动控制电路

✦ 应用范围

本电路可对大容量的电动机进行频繁操作。

✦ 工作原理（图254）

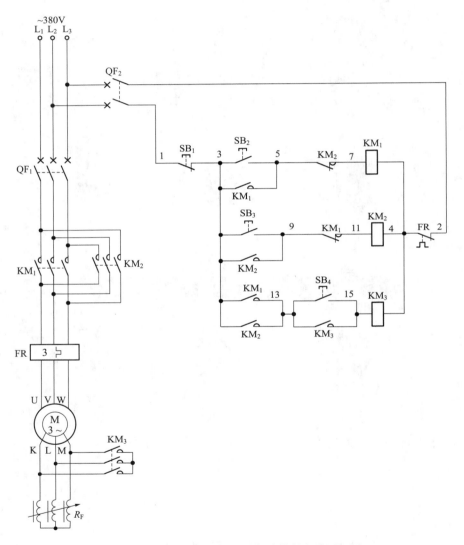

图254 频敏变阻器可逆手动启动控制电路原理图

首先合上主回路断路器QF₁、控制回路断路器QF₂，为电路工作提供准备条件。

正转启动时，按下正转启动按钮SB₂，其常开触点（3-5）闭合，接通交流接触器KM₁线圈回路电源，交流接触器KM₁线圈得电吸合且KM₁辅助常开触点（3-5）闭合自锁；KM$_1$辅助常闭触点（9-11）断开，起互锁作用；KM$_1$辅助常开触点（3-13）闭合，为运转控制做准备；KM$_1$三相主触点闭合，电动机得电转子串入频敏变阻器RF进行正转启动。随着电动机转速的不断提高，升至额定转速时，再按下运转按钮SB$_4$，其常开触点（13-15）闭合，接通交流接触器KM$_3$线圈回路电源，交流接触器KM$_3$线圈得电吸合且KM$_3$辅助常开触点（13-15）闭合自锁，KM$_3$三相主触点闭合，将转子回路频敏变阻器RF短接起来，电动机以额定转速正转运转。

反转启动时，按下反转启动按钮SB$_3$，其常开触点（3-9）闭合，接通交流接触器KM$_2$线圈回路电源，交流接触器KM$_2$线圈得电吸合且KM$_2$辅助常开触点（3-9）闭合自锁；KM$_2$辅助常闭触点（5-7）断开，起互锁作用；KM$_2$辅助常开触点（3-13）闭合，为运转控制做准备；KM$_2$三相主触点闭合，电动机得电转子串入频敏变阻器RF进行反转启动。随着电动机转速的不断提高，升至额定转速时，再按下运转按钮SB$_4$，其常开触点（13-15）闭合，接通交流接触器KM$_3$线圈回路电源，交流接触器KM$_3$线圈得电吸合且KM$_3$辅助常开触点（13-15）闭合自锁，KM$_3$三相主触点闭合，将转子回路频敏变阻器RF短接起来，电动机以额定转速反转运转。

停止时，无论电动机是正转还是反转状态，按下停止按钮SB$_1$，其常闭触点（1-3）断开，切断正转（KM$_1$+KM$_3$）或反转（KM$_2$+KM$_3$）交流接触器线圈回路电源，其各自的线圈断电释放，各自的三相主触点断开，电动机失电，正转或反转停止运转。

本电路的特点是，启动完毕后，仅有一只有五组主触点的交流接触器KM$_2$线圈吸合工作，以节省KM$_1$线圈消耗的电能。

✛ 常见故障及排除方法

（1）反转时，按反转启动按钮SB$_3$（3-9），电动机反转启动正常；正转时，按正转启动按钮SB$_2$（3-5），电动机断续启动。从正反转启动情况看，反转启动是正常的，正转启动是点动的，控制回路缺少自锁。经检查，是交流接触器KM$_1$的一组辅助常开触点（3-5）损坏闭合不了所致。更换新的交流接触器辅助常开触点后，正转启动正常，故障排除。

（2）正反转启动均正常，但均无法进行正常运转。从电气原理图上看，是交流接触器KM$_3$线圈回路不工作。经检查，运转按钮SB$_4$（13-15）及KM$_1$、KM$_2$各自的辅助常开触点（3-13）均无问题。再仔细检查，发现连接在KM$_1$、KM$_2$辅助常开触点（3-13）上的3#线有一根脱落，使交流接触器KM$_3$线圈无法得电工作。将3#线重新接好后，故障排除。

✤ 电路接线（图255）

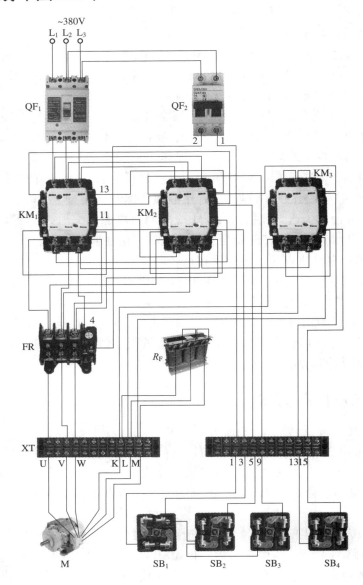

图255 频敏变阻器可逆手动启动控制电路接线图

电路 122　频敏变阻器可逆自动启动控制电路

❖ 应用范围

本电路可对大容量的电动机进行频繁操作。

❖ 工作原理（图256）

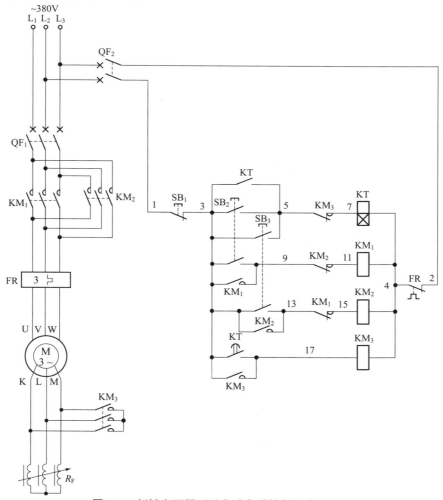

图256　频敏变阻器可逆自动启动控制电路原理图

正转启动时，按下正转启动按钮SB_2，SB_2的一组常开触点（3-9）闭合，使交流接触器KM_1线圈得电吸合且KM_1辅助常开触点（3-9）闭合自锁，KM_1辅助常闭触点（13-15）断开，起互锁作用；KM_1三相主触点闭合，电动机串联频敏变阻器RF进行正转启动；在按下SB_2的同时，SB_2的另一组常开触点（3-5）闭合，接通了得电延时时间继电器KT线圈回路电源，KT线圈得电吸合且KT不延时瞬动常开触点（3-5）闭合自锁，同时KT开始延时。随着电动机转速的逐渐提高，接近额定转速时，也就是KT延时结束时，KT得电延时闭合的常开触点（3-17）闭合，使交流接触器KM₃线圈得电吸合且KM₃辅助常开触点（3-17）闭合自锁，KM₃辅助常闭触点（5-7）断开，切断KT线圈回路电源，KT线圈断电释放，KT所有触点恢复原始状态；与此同时，KM₃三相主触点闭合，将转子回路短接起来，电动机以额定转速正常运转。至此，完成正转启动自动控制过程。

正转停止时，按下停止按钮SB₁（1-3），交流接触器KM₁、KM₃线圈断电释放，KM₁、KM₃各自的三相主触点均断开，电动机失电正转停止运转。

反转启动时，按下反转启动按钮SB₃，SB₃的一组常开触点（3-13）闭合，使交流接触器KM₂线圈得电吸合且KM₂辅助常开触点（3-13）闭合自锁，KM₂辅助常闭触点（9-11）断开，起互锁作用。KM₂三相主触点闭合，电动机串联频敏变阻器RF进行反转启动。在按下SB₃的同时，SB₃的另一组常开触点（3-5）闭合，接通了得电延时时间继电器KT线圈回路电源，KT线圈得电吸合且KT不延时瞬动常开触点（3-5）闭合自锁，同时KT开始延时。随着电动机转速的逐渐提高，接近其额定转速时，也就是KT延时结束时间，KT得电延时闭合的常开触点（3-17）闭合，使交流接触器KM₃线圈得电吸合且KM₃辅助常开触点（3-17）闭合自锁，KM₃辅助常闭触点（5-7）断开，切断KT线圈回路电源，KT线圈断电释放，KT所有触点恢复原始状态。与此同时，KM₃三相主触点闭合，将转子回路短接起来，电动机以额定转速正常运转。至此，完成反转启动自动控制过程。

反转停止时，按下停止按钮SB₁（1-3），交流接触器KM₂、KM₃线圈断电释放，KM₂、KM₃各自的三相主触点均断开，电动机失电反转停止运转。

✣ 常见故障及排除方法

（1）正反转启动均正常，但均无法转为正常运转。从上述情况结合电气原理图分析，无论正转还是反转启动后欲转换成正常运转时，必须通过得电延时时间继电器KT来实现，也就是说，经KT延时后，KT的一组得电延时闭合的常开触点（3-17）闭合，接通交流接触器KM₃线圈回路电源，KM₃线圈得电吸合且自锁，KM₃三相主触点闭合，短接频敏变阻器后，正常运转。所以无论按下正转启动按钮SB₂还是反转启动按钮SB₃，得电延时时间继电器KT都应得电吸合且自锁并延时，才会实现由启动转为正常运转。经检查发现，无论正转启动还是反转启动，得电延时时间继电器KT线圈都没有得电工作，说明故障原因为KT线圈断路损坏，交流接触器KM₃辅助常开触点（5-7）损坏，与此电路相关的3#线、5#线、7#线、4#线有松动脱落现象，两只按钮SB₂和SB₃同时损坏的概率很小，暂不考虑。经检查，是得电延时时间继电器KT线圈上的4#线松动脱落所致。将4#线恢复接好后，故障排除。

（2）一合上控制回路断路器QF₂，交流接触器KM₃线圈就得电吸合。断开QF₂，KM₃线圈也断电释放。从电气原理图中可以看出，KM₃线圈一通电就吸合，有以下几个原因：一是得电延时时间继电器KT的一组得电延时闭合的常开触点（3-17）损坏断不开，二是交流接触器KM₃辅助常开自锁触点（3-17）损坏断不开，三是与此电路相关的

3#线、17#线相碰。经检查，是KT得电延时闭合的常开触点（3-17）损坏断不开所致。更换一只新的得电延时时间继电器KT后，一合上QF₂，KM₃线圈工作，故障排除。

✛ 电路接线（图257）

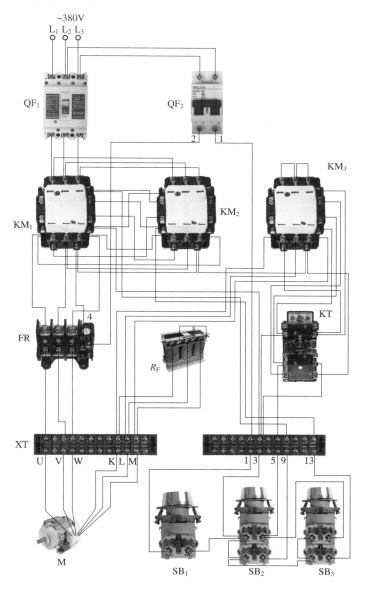

图257 频敏变阻器可逆自动启动控制电路接线图

电路 123 重载设备启动控制电路（一）

❖ 应用范围

本电路适用于重载或启动时间较长的机械设备，如大型风机等。

❖ 工作原理（图258）

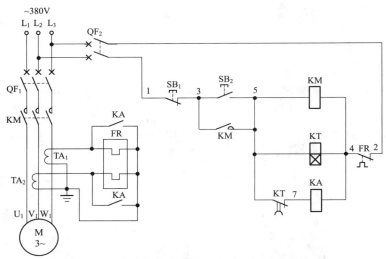

图258 重载设备启动控制电路（一）原理图

启动时，按下启动按钮SB$_2$（3-5），交流接触器KM、得电延时时间继电器KT和中间继电器KA线圈同时得电吸合且KM辅助常开触点（3-5）闭合自锁，KT开始延时。KA并联在过载保护热继电器FR两只热元件上的常开触点闭合，将两只热元件短接起来，以防止电动机重载启动时，出现电流过大造成FR误动作。与此同时，KM三相主触点闭合，电动机得电重载进行启动，此时无论电动机启动时间多长、电流多大，热继电器热元件FR都会因被短接而不动作。随着电动机转速的不断升高，当转速升至额定转速时（也就是KT的延时时间），电动机的电流降至额定电流以下，KT得电延时断开的常闭触点（5-7）断开，切断中间继电器KA线圈回路电源，KA线圈断电释放，KA并联在热继电器FR热元件上的常开触点断开，将热继电器投入电路工作，起到过载保护作用。至此，完成了重载设备启动控制。

❖ 常见故障及排除方法

（1）电动机运转过程中有异味，外壳烫手。从表象来看，电动机在运转过程中没有其他声响且转速也正常，说明电动机基本正常。用钳形电流表测电动机电流，比额定电流偏大，分析是电动机出现过载了。那么电动机过载了，为什么热继电器没有保护动作呢？检查热继电器完好，电流设置也正确，但检测控制回路时，发现得电延时时间继电器KT线圈始终不吸合工作，那么就会使中间继电器KA线圈一直得电吸合，KA的两组常开触点会一直闭合着，将过载保护热继电器FR的两只热元件分别短接，这样就导致设备出现严重过载时，由于热元件被KA常开触点短接，无法动作，无法切断交流接触器KM线圈回路，电动机会一直过载运转，直至烧毁。若不是发现得早，电动机可能已经烧毁了。经检查，发现得电延时时间继电器KT线圈断路损坏。更换一只新的得电延时时间继电器后，控制回路恢复正常，同时配合机械维修人员找出过载原因并加以排除。

（2）电动机启动时，未启动完毕，电动机就失电停止运转。多次试之，故障相同。因设备为重载启动，启动电流大，启动时间长，若热继电器在启动时投入工作，就会出现上述情况。经现场试验可以看出，中间继电器KA线圈一直不工作，也就是说，KA并联在热元件上的两组常开触点未闭合，那么热继电器在电动机启动时也投入了工作，就会出现重载启动时，启动未结束就误动作了。针对上述情况分析，故障原因为得电延时时间继电器KT的一组得电延时断开的常闭触点（5-7）损坏断路，中间继电器KA线圈断路，与此电路相关的5#线、7#线、4#线有脱落断路现象，KA常开触点损坏断不开。经检查，是接在中间继电器KA线圈上的7#线脱落所致。接好7#线后，故障排除。

✦ 电路接线（图259）

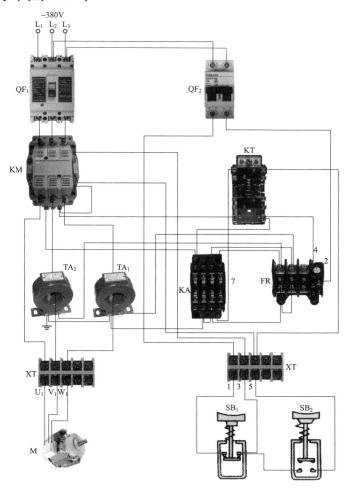

图259　重载设备启动控制电路（一）接线图

电路 124　重载设备启动控制电路（二）

✦ 应用范围

本电路适用于重载或启动时间较长的机械设备，如大型风机等。

✦ 工作原理（图260）

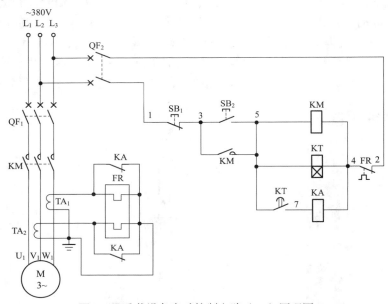

图260　重载设备启动控制电路（二）原理图

启动时，按下启动按钮SB₂（3-5），交流接触器KM和得电延时时间继电器KT线圈均得电吸合且KM辅助常开触点（3-5）闭合自锁，KT开始延时。为了保证在重载启动时热继电器FR不会出现误动作，利用中间继电器KA的两组常闭触点将热继电器FR的热元件短接起来，使其不能动作。与此同时，KM三相主触点闭合，电动机得电重载启动。当电动机的转速升至额定转速时，电动机的电流也随之下降。经KT一段时间延时后，KT得电延时闭合的常开触点（5-7）闭合，接通中间继电器KA线圈的回路电源，KA线圈得电吸合，KA分别并联在热继电器FR热元件上的两组常闭触点断开，将热元件投入电路工作，以保证在电动机启动运转后出现过载时，FR动作起到保护作用。至此，启动过程结束。

✦ 常见故障及排除方法

（1）电动机过载运转，热继电器不动作，不能起到过载保护作用。从配电箱内元器件动作情况结合电气原理图分析，在电动机启动运转后，交流接触器KM和得电延时时间继电器KT线圈均得电吸合，但中间继电器KA线圈不能吸合，其两组常开触点并联在热继电器FR热元件上的常闭触点一直处于闭合状态，即使此时电动机出现过载，由于

KA常闭触点的作用而使热继电器FR无法动作，起不到过载保护作用。根据配电箱内元器件的动作情况断定故障是得电延时时间继电器KT的得电延时闭合的常开触点（5-7）损坏闭合不了，中间继电器KA线圈断路损坏，与此电路相关的5#线、7#线、4#线有脱落现象。经检查，是得电延时时间继电器KT的得电延时闭合的常开触点损坏闭合不了所致。更换新的得电延时时间继电器后，故障排除。

　　（2）电动机过载时，热继电器不动作。配电箱内交流接触器KM、得电延时时间继电器KT、中间继电器KA线圈均得电吸合工作，KA的常开触点也断开，使热继电器的两只热元件投入电路工作。但是，为什么热继电器还是起不到过载保护作用呢？再检查热继电器电流整定值也符合要求。那么会不会是电流互感器TA$_1$、TH$_2$损坏开路了？经检查，是两只电流互感器二次侧公共导线连接处有松动脱落所致。接好脱落导线，故障排除。

✛ 电路接线（图261）

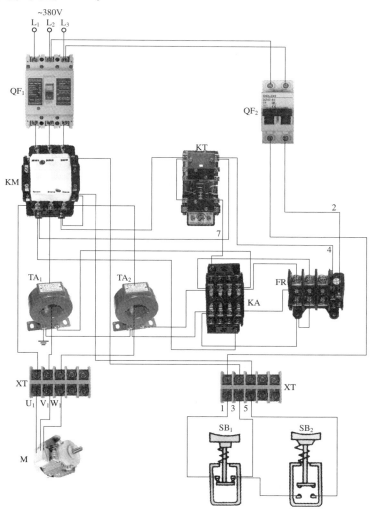

图261　重载设备启动控制电路（二）接线图

电路 125　重载设备启动控制电路（三）

✦ 应用范围

本电路适用于重载或启动时间较长的机械设备，如大型风机等。

✦ 工作原理（图262）

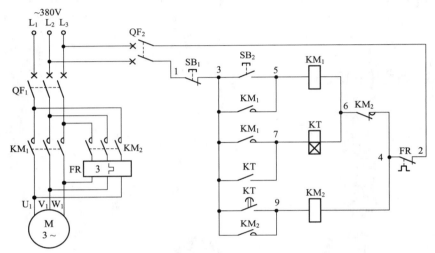

图262　重载设备启动控制电路（三）原理图

启动时，按下启动按钮SB_2（3-5），交流接触器KM_1线圈得电吸合且KM_1辅助常开触点（3-5）闭合自锁，KM_1的另一组辅助常开触点（3-7）闭合，接通得电延时时间继电器KT线圈回路电源，KT线圈得电吸合且KT不延时瞬动常开触点（3-7）闭合自锁，KT开始延时。与此同时，KM_1三相主触点闭合，电动机得电运转，在没有过载保护装置的情况下进行启动。因重载设备启动时间较长，电流较大降不下来，很容易造成过载保护装置动作，出现启动失败的情况。为此，通常采用的方法是启动时先脱开过载保护装置，待启动完毕后再将保护装置接入电路中进行保护，也就是说，要过载保护装置避开较长时间的启动电流。随着电动机转速的逐渐提高，当接近额定转速时，也就是KT的延时时间，KT得电延时闭合的常开触点（3-9）闭合，接通交流接触器KM_2线圈回路电源，KM_2线圈得电吸合且KM_2辅助常开触点（3-9）闭合自锁，KM_2串联在KM_1和KT线圈回路中的辅助常闭触点（4-6）断开，切断KM_1和KT线圈回路电源，KM_1和KT线圈断电释放，KM_1三相主触点断开，解除没有过载保护而直接通入电动机绕组的三相交流380V电源。KM_2三相主触点闭合，串接过载保护装置继续给电动机供电。这样，电动机在启动完毕后其电流小于额定电流，过载保护装置可投入电路正常工作，在电动机运转后出现过载时能起到保护作用。

❖ 常见故障及排除方法

（1）电动机启动运转后，出现过载现象，电动机不能停止运转，不能起到过载保护作用。其故障原因为交流接触器KM₁辅助常开触点（3-7）损坏闭合不了，得电延时时间继电器KT线圈断路损坏，以及与此电路相关的3#线、7#线、6#线松动脱落。经检查，是接在得电延时时间继电器KT线圈上的7#线松动脱落。恢复7#线接线后，故障排除。

（2）电动机过载但不能切断交流接触器KM₂线圈回路电源，起不到保护作用。经检查，是KM₂辅助常闭触点损坏所致。更换辅助常闭触点后，故障排除。

❖ 电路接线（图263）

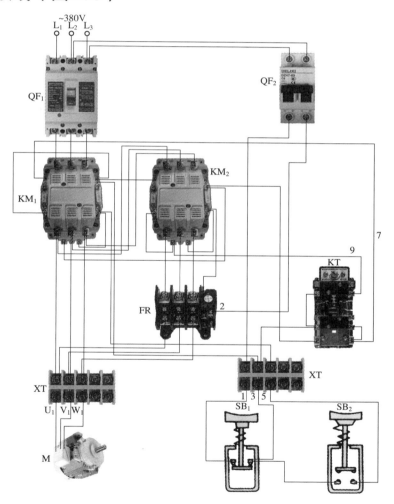

图263　重载设备启动控制电路（三）接线图

电路 126　重载设备启动控制电路（四）

✤ 应用范围

本电路适用于重载或启动时间较长的机械设备，如大型风机等。

✤ 工作原理（264）

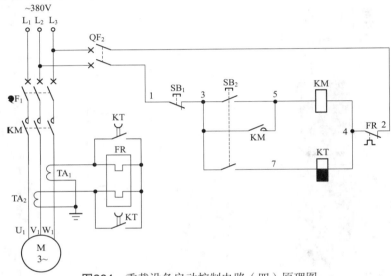

图264　重载设备启动控制电路（四）原理图

启动时，按下启动按钮SB₂，SB₂的一组常开触点（3-7）闭合后又断开，失电延时时间继电器KT线圈得电吸合后又断电释放且KT开始延时，KT并联在热继电器FR热元件上的失电延时断开的两组常开触点立即闭合，将FR热元件短接起来，以防止重载启动时启动电流过大，出现FR误动作情况。在按下启动按钮SB₂的同时，SB₂的另一组常开触点（3-5）闭合，使交流接触器KM线圈得电吸合且KM辅助常开触点（3-5）闭合自锁，KM三相主触点闭合，电动机得电重载启动。经KT一段时间延时后，也就是电动机重载启动完毕转为正常运转后，电动机的电流降了下来，当小于额定电流时，KT失电延时断开的常开触点断开，解除对热继电器FR热元件的短接，使其投入电路工作。这样，当电动机出现过载时，热继电器FR热元件就会发热弯曲，推动其常闭触点（2-4）断开，切断交流接触器KM线圈回路电源，KM线圈断电释放，KM三相主触点断开，电动机失电停止运转，起到过载保护作用。

✤ 常见故障及排除方法

（1）电动机重载启动过程中，热继电器误动作。从电气原理图中可以看出，在重载启动时，交流接触器KM线圈是得电吸合且自锁的，KM₁三相主触点闭合，电动机得电重载启动运转。在按下按钮SB₂的同时，失电延时时间继电器KT线圈得电吸合，KT的两组失电延时断开的常开触点均应闭合，短接热继电器的热元件，以防重载启动时误动作；在松开按钮SB₂后，KT线圈断电释放，KT开始延时。也就是说，在KT的延时时间内，必须完成重载设备启动，否则有可能出现重载启动失败。从配电箱内元器件动作情况看，整个启动过程中只有交流接触器KM工作，失电延时时间继电器KT始终不工作。由此可见，KT的两组失电延时断开的常开触点始终是断开的，这样，在启动过程中热元件也投入工作，就会出现上述故障。根据故障现象及配电箱内元器件动作情况分析，故障原因为启动按钮SB₂的一组常开触点（3-5）损坏闭合不了，失电延时时间继电器KT线圈损坏不工作，与此电路相关的3#线、7#线、4#线有松动脱落现象。经检查，是启动按钮SB₂的常开触点损坏。更换新的按钮后，故障排除。

（2）电动机启动运转后，按停止按钮SB₁，电动机不能停止运转。此时断开控制回路断路器QF₂，交流接触器KM线圈能断电释放，电动机失电停止运转。由上述情况可以看出，故障原因为停止按钮SB₁损坏断不开，与停止按钮SB₁相关的1#线、3#线相碰了。经检查，是停止按钮SB₁损坏所致。更换新的停止按钮后，故障排除。

✦ 电路接线（图265）

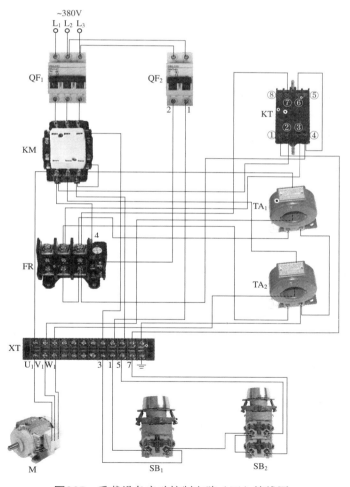

图265　重载设备启动控制电路（四）接线图

电路 127 重载设备启动控制电路（五）

✤ 应用范围

本电路适用于重载或启动时间较长的机械设备，如大型风机等。

✤ 工作原理（图266）

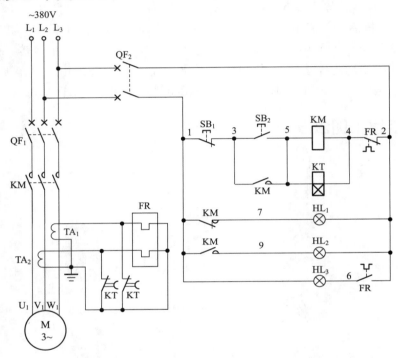

图266 重载设备启动控制电路（五）原理图

启动时，按下启动按钮SB$_2$（3-5），交流接触器KM和得电延时时间继电器KT线圈得电吸合且KM辅助常开触点（3-5）闭合自锁，KM三相主触点闭合，电动机得电重载启动。

停止时，按下停止按钮SB$_1$（1-3），交流接触器KM和得电延时时间继电器KT线圈断电释放，KM三相主触点断开，电动机失电停止运转。

✤ 常见故障及排除方法

（1）一合上QF$_1$、QF$_2$后，得电延时时间继电器KT线圈立即得电吸合。重载启动时，按启动按钮SB$_2$，交流接触器KM线圈得电吸合且自锁，KM三相主触点闭合，电动机得电重载启动。但在启动过程中出现热继电器保护动作现象。反复试过几次，均启动失败。经检查，是得电延时时间继电器KT线圈上的5#线误接在3#线上了。将KT线圈上的5#线恢复正确接线后，故障排除。

（2）电源及停止指示灯HL₁始终亮着。经检查，是KM辅助常闭触点（1-7）损坏断不开所致。更换交流接触器辅助常闭触点后，指示灯HL₁恢复正常，故障排除。

✦ 电路接线（图267）

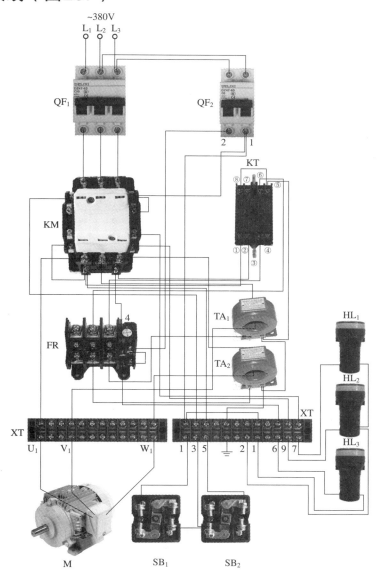

图267　重载设备启动控制电路（五）接线图

电路 128 开机信号预警电路（一）

✛ 应用范围

本电路适用于设备较长的流水线或对安全要求极高的设备。

✛ 工作原理（图268）

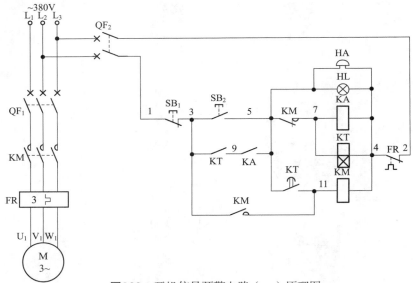

图268 开机信号预警电路（一）原理图

开机时，按下启动按钮SB₂（3-5），中间继电器KA和得电延时时间继电器KT线圈均得电吸合，KT不延时瞬动常开触点（3-9）与中间继电器KA常开触点（5-9）均闭合串联组成自锁回路，KT开始延时。此时，预警电铃HA响、预警灯HL亮，以告知人们设备就要启动开机了。经KT一段时间延时后，KT得电延时闭合的常开触点（5-11）闭合，接通交流接触器KM线圈回路电源，KM线圈得电吸合且KM辅助常开触点（3-11）闭合自锁，KM三相主触点闭合，电动机得电启动运转。与此同时，KM辅助常闭触点（5-7）断开，切断中间继电器KA和得电延时时间继电器KT线圈回路电源，KA和KT线圈断电释放，其各自的所有触点恢复原始状态，预警电铃HA停止鸣响，预警灯HL熄灭，解除预警信号。

✛ 常见故障及排除方法

（1）开机时按启动按钮SB₂（3-5），中间继电器KA和得电延时时间继电器KT线圈均能得电吸合且自锁（3-9、5-9），预警电铃HA响、预警灯HL亮。但预警电铃HA一直响个不停、预警灯HL一直发光，电动机始终不转。根据以上情况结合电气原理图分析，此故障可能原因为得电延时时间继电器KT的得电延时闭合常开触点（5-11）闭合不了，交流接触器KM线圈损坏断路，以及与此电路相关的5#线、11#线、4#线有脱落现象。经检查，是交流接触器KM线圈损坏，更换交流接触器KM线圈后，故障排除。

（2）开机时按下启动按钮SB₂（3-5），中间继电器KA和得电延时时间继电器KT线圈得电吸合且自锁，预警电铃HA响，预警灯HL亮，KT开始延时。经KT延时后，交流接触器KM线圈得电吸合且自锁，电动机得电启动运转。但KA、KT线圈仍得电吸合，KA仍响，HL仍发光。根据以上情况结合电气原理图分析，故障可能出在交流接触器KM串联在KA、KT线圈回路中的辅助常闭触点（5-7）损坏断不开。经检查，确为KM辅助常闭触点损坏断不开。更换新的交流接触器辅助常闭触点后，故障排除。

✢ **电路接线（图269）**

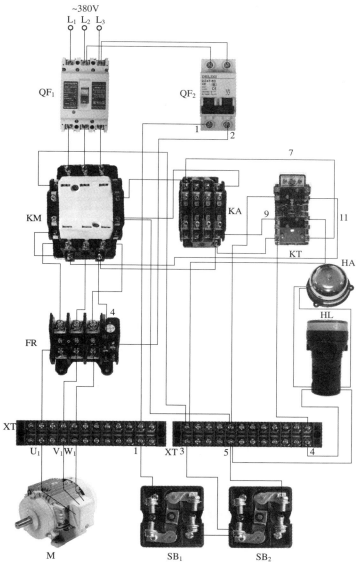

图269　开机信号预警电路（一）接线图

电路 129 开机信号预警电路（二）

✤ 应用范围

本电路适用于设备较长的流水线或对安全要求极高的设备。

✤ 工作原理（图270）

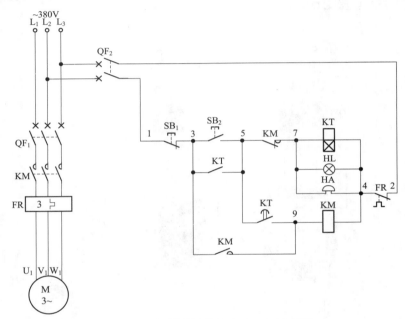

图270 开机信号预警电路（二）原理图

启动时，按下启动按钮SB₂（3-5），得电延时时间继电器KT线圈得电吸合且KT不延时瞬动常开触点（3-5）闭合自锁，KT开始延时。此时，预警电铃HA鸣响，预警灯HL点亮，进行开机信号预警。经KT一段时间延时后，KT得电延时闭合的常开触点（5-9）闭合，接通交流接触器KM线圈回路电源，KM线圈得电吸合且KM辅助常开触点（3-9）闭合自锁，KM三相主触点闭合，电动机得电启动运转。与此同时，KM串联在得电延时时间继电器KT线圈回路中的辅助常闭触点（5-7）断开，切断KT线圈回路电源，KT线圈断电释放并解除自锁，预警电铃HA停止鸣响，预警灯HL熄灭，开机预警结束。

✤ 常见故障及排除方法

（1）按启动按钮SB₂（3-5），预警电铃HA响一下，预警灯HL闪灯一下，交流接触器KM线圈立即得电吸合且自锁，电动机启动运转。根据上述情况结合电气原理图分析，在正常情况下，当按下启动按钮SB₂后，应该先预警并延时。经延时后，电动机才能得电运转，同时切断预警电路。但从故障现象看，就没有延时一说，也就是说，一按下启动按钮SB₂，电动机就得电启动运转。通过对配电箱内元器件动作情况分析，在按下启动按钮SB₂后，得电延时时间继电器KT线圈能得电吸合且自锁，说明KT能工作，但为什么没有延时呢？分析可能是KT得电延时闭合的常开触点（5-9）损坏断不开。经检查，确为KT得电延时闭合的常开触点损坏。更换新的得电延时时间继电器后，故障排除。

（2）预警正常，但预警结束后，电动机启动后动一下就自动停止运转。根据上述故障现象结合电气原理图分析，预警正常，说明得电延时时间继电器KT是好的，因为若KT不好，一是它不能自锁［KT不延时瞬动常开触点（3-5）不会闭合］，二是它不能延时接通交流接触器KM线圈回路。那么为什么电动机会动一下就停止运转，还能切断预警电路呢？根据电气原理图分析，当交流接触器KM线圈得电吸合后，KM串联在KT、HA及HL回路中的常闭触点断开，切断KT、HA、HL回路电源，KT线圈断电释放，KT不延时常开触点（3-5）断开，解除自锁；同时预警电铃HA停止鸣响，预警灯HL熄灭。交流接触器KM的辅助常开自锁触点（3-9）损坏闭合不了，就会使KM线圈回路不能自锁，就会出现上述故障现象。经检查，确为KM辅助常开触点（3-9）损坏断路所致。更换新的KM辅助常开触点后，故障排除。

✤ 电路接线（图271）

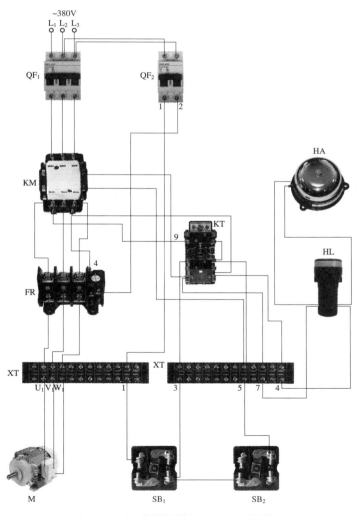

图271　开机信号预警电路（二）接线图

电路 130 开机信号预警电路（三）

✤ 应用范围

本电路适用于设备较长的流水线或对安全要求极高的设备。

✤ 工作原理（图272）

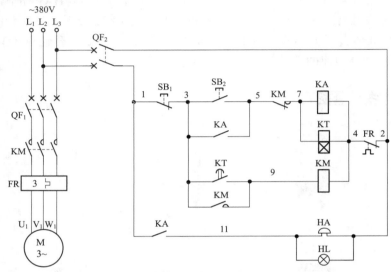

图272 开机信号预警电路（三）原理图

　　开机时，按下启动按钮SB₂（3-5），中间继电器KA和得电延时时间继电器KT线圈得电吸合且KA常开触点（3-5）闭合自锁，KT开始延时。此时KA常开触点（1-11）闭合，预警电铃HA响，预警灯HL亮，以告知人们此机要启动了，注意安全。

　　经KT一段时间延时后，KT得电延时闭合的常开触点（3-9）闭合，接通交流接触器KM线圈回路电源，KM线圈得电吸合且KM辅助常开触点（3-9）闭合自锁，KM三相主触点闭合，电动机得电启动运转。与此同时，KM辅助常闭触点（5-7）断开，使中间继电器KA和得电延时时间继电器KT线圈均断电释放，其各自的所有触点恢复原始状态，KA常开触点（1-11）断开，预警灯HL熄灭，预警电铃HA停响，预警信号解除。

✤ 常见故障及排除方法

　　（1）启动时，按下启动按钮SB₂（3-5），配电箱内中间继电器KA线圈得电吸合且自锁（3-5）、得电延时时间继电器KT线圈也得电吸合，但预警电铃HA、预警灯HL均不工作。也就是说，按下启动按钮SB₂是没有预警的。过一会儿后，交流接触器KM线圈得电吸合且自锁（3-9），电动机得电启动运转。同时KM辅助常闭触点（5-7）断开，切断中间继电器KA、得电延时时间继电器KT线圈回路电源，KA、KT线圈断电释放，KA、KT所有触点恢复原始状态。从以上情况分析，预警电铃HA、预警灯HL两个器件同时损坏的概率不大，故障可能出在KA串联在预警回路的常开触点（1-11）上，以及与此电路相关的1#线、11#线、2#线有松动脱落现象。经检查，是接在KA常开触点上的1#线松动脱落所致。将松动脱落的1#线恢复原处并拧紧后，按SB₂，先预警，待一定延时后，预警停止，电动机启动运转，故障排除。

（2）启动时，若按下启动按钮SB₂（3-5），只有得电延时时间继电器KT线圈吸合，松开启动按钮SB₂后，KT线圈断电释放，预警电铃HA不响，预警灯HL不亮，电动机也不转。若长时间按住启动按钮SB₂不松手，得电延时时间继电器KT线圈得电吸合，KT开始延时。经KT一段时间延时后（也就是说，按住启动按钮SB₂的时间大于KT的延时时间），KT得电延时闭合的常开触点（3-9）闭合，接通交流接触器KM线圈回路电源，KM线圈得电吸合且KM辅助常开触点（3-9）闭合，电动机得电启动运转。同时KM辅助常闭触点切断KT线圈回路使其断电释放，当松开被按住的启动按钮SB₂后，KT线圈也会断电释放。从上述故障情况看，可能是中间继电器KT线圈损坏断路或接在KA线圈两端的4#线、7#线松动脱落引起的。经检查，为中间继电器KA线圈损坏断路所致。更换KA线圈后，故障排除。

✥ 电路接线（图273）

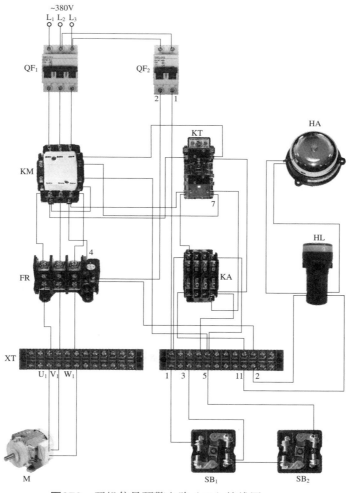

图273　开机信号预警电路（三）接线图

电路 131 电动机过电流保护电路

✦ 应用范围

本电路适用于电动机过流保护。

✦ 工作原理（图274）

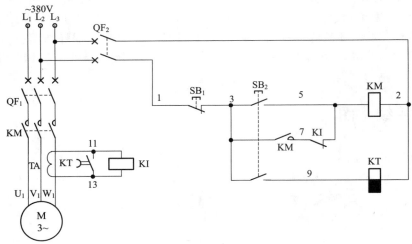

图274 电动机过电流保护电路原理图

启动时，按下启动按钮SB₂后又松开，SB₂的一组常开触点（3-5）闭合，交流接触器KM线圈得电吸合；SB₂的另一组常开触点（3-9）闭合，使得失电延时时间继电器KT线圈得电吸合后又断电释放并开始延时，KT失电延时断开的常开触点（11-13）立即闭合，将过电流继电器KI线圈短接起来，以防止在启动时，由于电动机启动电流很大，造成过电流继电器KI线圈吸合而出现误动作。此时，KM辅助常开触点（3-7）闭合，与KI常闭触点（5-7）共同组成KM线圈的自锁回路，KM三相主触点闭合，电动机得电启动运转。经KT一段时间延时后，电动机电流降为额定电流，KT失电延时断开的常开触点（11-13）断开，过电流继电器投入工作，为电动机出现过电流时起到保护作用做准备。

电动机正常启动运转后，出现过电流时，电流互感器TA感应到电流增大，电流继电器KI线圈吸合动作，KI串联在交流接触器KM线圈回路中的常闭触点（5-7）断开，切断其自锁回路，KM线圈断电释放，KM三相主触点断开，电动机失电停止运转，从而起到过电流保护作用。

✦ 常见故障及排除方法

（1）电动机运转时出现异味，外壳发热烫手，但不能保护停机。打开配电箱观察，发现此时不该工作的失电延时时间继电器KT线圈仍处于吸合状态。根据以上情况，结合电气原理图分析，问题极有可能是启动按钮SB$_2$的另一组常开触点（3-9）损坏断不开。将此按钮上的3#线或9#线断开后，KT线圈能立即断电释放。通过上述情况不难看出，断开控制回路断路器QF$_2$后再合上，KT线圈立即得电吸合，所以KT并联在过电流继电器KI线圈两端的失电延时断开的常开触点（11-13）立即闭合，由于SB$_2$损坏变成常闭触点了，那么就会使KI线圈始终得电吸合，KT失电延时断开的常开触点始终是闭合的。这样就会使过电流继电器KI线圈始终被短接，无法起到过流保护作用。也就是说，此时电动机出现过载，其电流必然增大，过电流继电器无法工作，就会出现开头所讲的电动机运转时出现异味，外壳发热烫手，但不能保护停机。经检查，确为启动按钮损坏。更换新的启动按钮后，故障排除。

（2）电动机运转过程中出现过电流，过电流继电器KI线圈吸合动作，但电动机不能停止运转。断开控制回路断路器QF$_2$，电动机停止运转，KI线圈失去吸持电流而释放。再合上控制回路断路器QF$_2$，电路中任何器件均不能动作。根据上述情况分析，既然KI线圈能吸合动作，说明电流检测电路工作正常，问题出在过电流继电器KI的常闭触点（5-7）上，也就是说，KI的常闭触点（5-7）损坏无法断开。经检查，确为KI的常闭触点损坏了。更换新的过电流继电器KI，并调整其电流动作值，故障排除。

✦ 电路接线（图275）

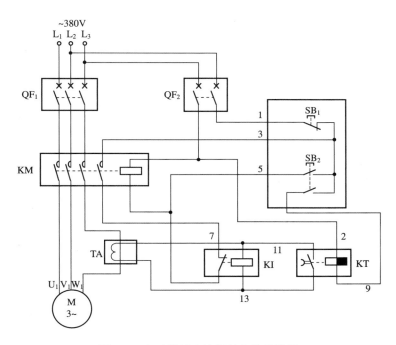

图275　电动机过电流保护电路接线图

电路 132 电动机绕组过热保护电路

✦ 应用范围

本电路适用于电动机过流保护。

✦ 工作原理（图276）

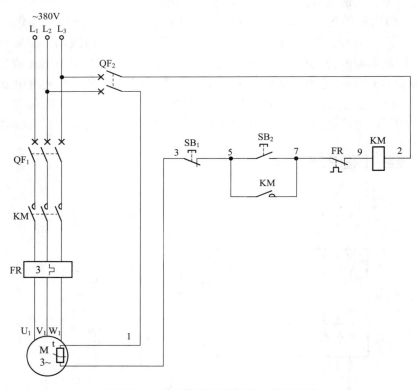

图276 电动机绕组过热保护电路原理图

启动时，按下启动按钮SB₂（5–7），交流接触器KM线圈得电吸合且KM辅助常开触点（5–7）闭合自锁，KM三相主触点闭合，电动机得电启动运转。

当电动机绕组温度过高时，嵌在电动机绕组内的正温度系数热敏电阻（1–3）就会呈高阻状态，切断交流接触器KM线圈的回路电源，KM线圈断电释放，KM三相主触点断开，电动机失电停止运转，从而起到保护作用。

✦ 常见故障及排除方法

（1）启动时，按启动按钮SB₂（5–7）无效。也就是说，按启动按钮SB₂时无任何反应。此故障原因很多，启动按钮SB₂损坏闭合不了，热继电器FR控制常闭触点（7–9）损坏闭合不了，交流接触器KM线圈断路，停止按钮SB₁损坏断路，热敏电阻

（1–3）损坏断路，以及与此电路相关的1#线、3#线、5#线、7#线、9#线、2#线有松动脱落现象。另外，控制回路断路器QF₂损坏，或L₂、L₃相无电也会造成此故障。经检查，是停止按钮SB₁损坏断路所致。更换停止按钮SB₁后，故障排除。

（2）启动时合上断路器QF₁、QF₂均正常，但一按启动按钮SB₂后，断路器QF₁就动作跳闸。此故障应检查主回路交流接触器KM三相主触点下端以下电路，即热继电器FR三相热元件，电动机三相绕组，以及主回路所有连接线是否存在短路碰线问题。经检查，故障是交流接触器KM三相主触点下端接线松动打火，造成L₂、L₃相碳化短路。遇到此故障只有更换新的交流接触器了。更换新的交流接触器后，故障排除。

✣ 电路接线（图277）

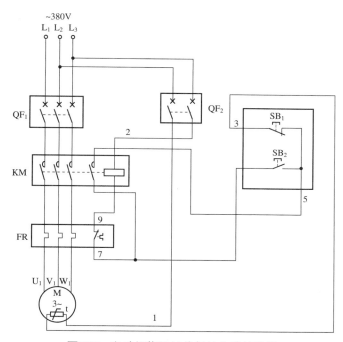

图277　电动机绕组过热保护电路接线图

电路 133　采用安全电压控制电动机启停电路

✛ 应用范围

本电路适用于车床以及操作环境较差且必须保证安全的设备，如电动葫芦等。

✛ 工作原理（图278）

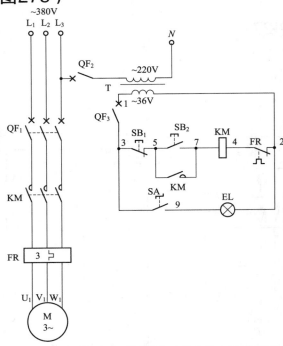

图278　采用安全电压控制电动机启停电路原理图

启动时，按下启动按钮SB₂（5-7），交流接触器KM线圈通入36V安全低电压得电吸合且KM辅助常开触点（5-7）闭合自锁，KM三相主触点闭合，电动机得电启动运转。

停止时，按下停止按钮SB₁（3-5），交流接触器KM线圈断电释放，KM三相主触点断开，电动机失电停止运转。

本电路中照明灯的工作电压为交流36V，为安全电压。需照明时，将转换开关SA（3-9）旋至闭合位置，照明灯EL通入交流36V电压而发光。欲关闭照明灯时，将转换开关SA（3-9）旋至断开位置即可。

✛ 常见故障及排除方法

（1）控制变压器冒烟。此故障为变压器过载或二次回路短路所致。通常造成上述故障的原因是照明灯灯头处短路，为典型故障。

（2）照明灯亮，按SB₂无反应。说明控制变压器T二次电压正常，其故障原因为，启动按钮SB₂接触不良或损坏，停止按钮SB₁接触不良或损坏，交流接触器KM线圈断路，热继电器FR常闭触点过载动作或损坏。

（3）按SB₂后，电动机为点动运转。此故障为交流接触器KM自锁触点损坏或自锁线脱落而致，用万用表检查出故障点并恢复。

（4）按SB₁后，交流接触器KM线圈不释放。此故障分为两类，第一类为控制线路故障，一般是停止按钮SB₁短路断不开所致，遇到此故障最好通过分断QF₂进行确定。若将QF₂断开，交流接触器KM线圈断电释放，再合上QF₂，交流接触器KM线圈又得电吸合，则说明是按钮开关SB₁短路了或左端电源线碰到交流接触器线圈启动线上了。若将QF₂断开，交流接触器KM不释放，则说明故障为第二类，即交流接触器自身故障，如三相主触点熔焊或动、静铁心极面油污造成其延时缓慢释放。

（5）按住SB₂不放，交流接触器KM吸合不住而跳动不止。此故障为交流接触器KM铁心上的短路环损坏所致，遇到此种故障，最好更换一只新的交流接触器。

✛ 电路接线（图279）

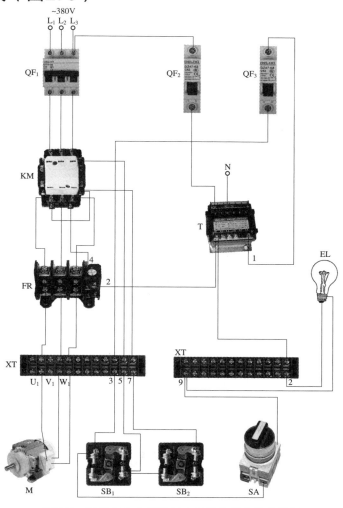

图279 采用安全电压控制电动机启停电路接线图

电路 134 电动机断相保护电路

✣ 应用范围

本电路可用于任何电动机的断相保护。

✣ 工作原理（图280）

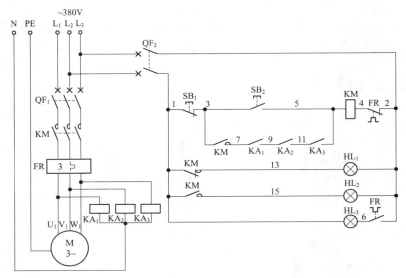

图280 电动机断相保护电路原理图

启动时，按下启动按钮SB₂（3–5），交流接触器KM线圈得电吸合，KM三相主触点闭合，电动机得电启动运转，若此时三相电源无缺相，则三只中间继电器KA₁、KA₂、KA₃线圈均得电吸合，KA₁、KA₂、KA₃各自的常开触点（7–9、9–11、5–11）均闭合，与已闭合的KM辅助常开触点（3–7）共同自锁，电动机正常启动运转。同时，KM辅助常闭触点（1–13）断开，指示灯HL₁灭，KM辅助常开触点（1–15）闭合，指示灯HL₂亮，说明电动机已启动运转了。

当三相电源出现断相时，接在断相回路中的中间继电器的线圈就会断电释放，其串联在KM自锁回路中的常开触点就会断开，切断吸合工作的交流接触器KM线圈回路电源，KM线圈断电释放，KM三相主触点断开，电动机失电停止运转，起到断相保护作用。

✣ 常见故障及排除方法

（1）启动时，按启动按钮SB₂，为点动操作，电动机为点动运转。从上述情况看，主回路工作正常，电动机完好，问题应出在以下几个方面：一是交流接触器KM辅助常开自锁触点（3–7），二是中间继电器KA₁、KA₂、KA₃中至少有一个线圈不吸合，三是中间继电器KA₁、KA₂、KA₃中至少有一个控制常开触点（7–9、9–11、5–11）损坏闭合不了，四是与此电路相关的KA₁、KA₂、KA₃线圈连线有松动脱落现象，五是与此电路相关的3#线、5#线、7#线、9#线、11#线有松动脱落现象，六是电源零线N断线。经检查，是电源零线N断线所致。重新接好零线后，故障排除。

　　（2）电动机运转过程中出现停机，同时控制回路断路器QF₂动作跳闸。根据上述情况结合电气原理图分析，电动机运转过程中出现停机，可能原因为电动机过载保护装置动作了，电动机回路有断相问题，控制回路中的停止按钮SB₁、交流接触器KM线圈断路，热继电器FR控制回路动作跳闸或损坏断路，与此电路相关的1#线、3#线、5#线、7#线、9#线、2#线、4#线有松动脱落现象。经检查，为热继电器动作了。但是如果热继电器FR动作了，过载指示灯HL₃就应该点亮。为什么此时HL₃不亮呢？经检查，是指示灯损坏短路了。更换新的指示灯后，再将热继电器手动复位后，合上控制回路断路器QF₂，等待电动机过载故障修复后试之，故障排除。

✧ 电路接线（图281）

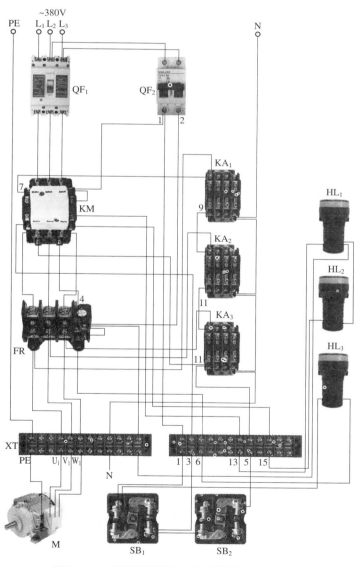

图281　电动机断相保护电路接线图

电路 135　增加一只中间继电器作电动机断相保护电路

✤ 应用范围

本电路可用于任何电动机的断相保护。

✤ 工作原理（图282）

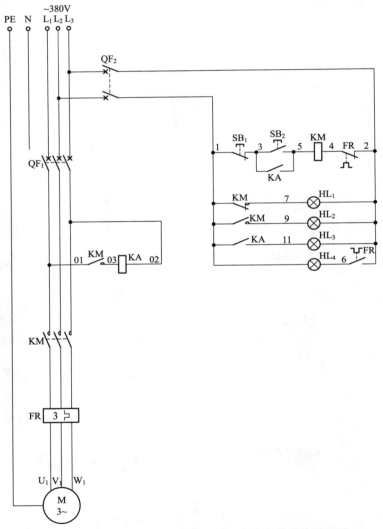

图282　增加一只中间继电器作电动机断相保护电路原理图

合上主回路断路器QF₁、控制回路断路器QF₂，电源兼停止指示灯HL₁亮，说明电路有电，电路处于热备用状态，为电路工作提供准备条件。

启动时，按下启动按钮SB$_2$，其常开触点（3–5）闭合，接通了交流接触器KM 线圈回路电源，交流接触器KM 线圈得电吸合，KM 辅助常开触点（01–03）闭合，接通中间继电器KA 线圈回路电源，中间继电器KA 线圈也得电吸合，KA 并联在启动按钮SB$_2$（3–5）上的常开触点闭合自锁，KM 三相主触点闭合，电动机得电启动运转工作，同时KM 辅助常闭触点（1–7）断开，指示灯HL$_1$ 灭，KM 辅助常开触点闭合，指示灯HL$_2$ 亮，说明电动机已启动运转了。与此同时，KA 常开触点（1–11）闭合，指示灯HL$_3$ 亮，说明电源L$_1$、L$_3$ 相电源正常。

停止时，按下停止按钮SB$_1$，其常闭触点（1–3）断开，切断交流接触器KM 和中间继电器KA 线圈回路电源，KA 所有触点（3–5、01–03、1–11）均恢复原始状态；KM三相主触点断开，电动机失电停止运转。与此同时，KM 辅助常开触点（1–9）断开，指示灯HL$_2$ 灭；KM 辅助常闭触点（1–7）闭合，提示灯HL$_1$ 亮，说明电动机已停止运转。

当电源L$_1$ 相出现断相时，切断中间继电器KA 线圈回路电源，中间继电器KA 线圈断电释放，KA 作为KM线圈回路自锁常开触点（3–5）断开，切断了交流接触器KM 线圈回路电源，使交流接触器KM 线圈断电释放，KM 三相主触点断开，电动机失电停止运转，从而对电动机进行断相保护。

当电源L$_2$ 相出现断相时，控制回路断电，切断交流接触器KM 线圈回路电源，交流接触器KM 线圈断电释放，KM 三相主触点断开，能及时对电动机进行断相保护。

当电源L$_3$ 相出现断相时，切断交流接触器KM 和中间继电器KA线圈回路电源，使交流接触器KM和中间继电器KA 线圈同时断电释放，KM 三相主触点断开，对电动机进行断相保护。

从以上电路分析可知，电源任何一相出现断相时，均能起到保护作用。

✦ 常见故障及排除方法

（1）一合上断路器QF$_1$、QF$_2$，电动机立即得电启动运转。根据故障现象结合电气原理图分析，故障可能出在交流接触器KM辅助常开触点（01–03）损坏断不开，启动按钮SB$_2$（3–5）损坏闭合断不开，中间继电器KA的常开触点（3–5）损坏断不开，交流接触器KM三相主触点熔焊断不开，交流接触器KM可动部分卡住断不开，3#线与5#线脱落碰在一起短路了，1#线与5#线脱落碰在一起短路了。经检查，是交流接触器KM可动部分卡住断不开所致。更换新的交流接触器后，故障排除。

（2）电动机启动、停止控制回路工作正常，但指示灯没有一个工作的。从上述故障看，电动机控制回路工作正常，说明控制回路1#线（L$_2$）与2#线（L$_3$）有电，电源电压正常。那么指示灯电路所出的故障应在公共部分，应重点检查与指示灯电路有关的1#线、2#线是否有脱落掉线之处。经检查为指示灯上的2#线公用线脱落所致。重新接好脱落的2#线后，试之，电源兼停止用指示灯HL$_1$亮，按启动按钮SB$_2$时，交流接触器KM线圈得电吸合，KM三相主触点闭合，电动机能得电启动运转。此时中间继电器KA

线圈也得电吸合，KA常开触点（3-5）闭合自锁，KM辅助常闭触点（1-7）断开，电源兼停止用指示灯HL₁灭，KM辅助常开触点（1-9）闭合，运转指示灯HL₂亮，同时，中间继电器KA常开触点（1-11）闭合，电动机得电正常启动运转。与此同时，KA常开触点闭合，中间继电器KA动作，指示灯HL₃亮，故障排除。

✥ 电路接线（图283）

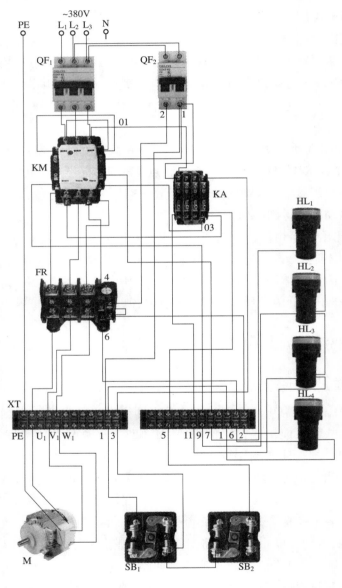

图283　增加一只中间继电器作电动机断相保护电路接线图

电路 136 供排水手动/定时控制电路

✤ 应用范围

本电路适用于要求不高的定时供排水控制，如水塔上水、水池排水。

✤ 工作原理（图284）

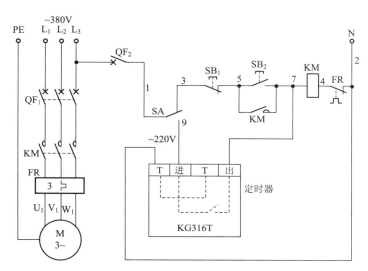

图284　供排水手动/定时控制电路原理图

手动控制时，将手动/定时选择开关SA置于手动位置（1–3），按下启动按钮SB₂（5–7），交流接触器KM线圈得电吸合且KM辅助常开触点（5–7）闭合自锁，KM三相主触点闭合，电动机得电启动运转。

定时自动控制时，将自动/定时选择开关SA置于定时位置（1–9），并将时控开关KG316T按说明书要求设置好。到了定时开机时间时，时控开关KG316T内部继电器线圈吸合动作，接通进、出两端，交流接触器KM线圈得电吸合，KM三相主触点闭合，电动机得电启动运转工作；到了定时关机时间时，KG316T内部继电器线圈断电释放，其触点断开进、出两端，从而切断了交流接触器KM线圈的回路电源，KM线圈断电释放，KM三相主触点断开，电动机失电停止运转。

✤ 常见故障及排除方法

（1）按下启动按钮SB₂能启动，但按下停止按钮SB₁不能停止。故障原因通常为停止按钮SB₁损坏，3#线与5#线碰线，1#线与5#线碰线，交流接触器KM自身故障。经检查是3#线与5#线碰线而致，恢复正常接线后，故障排除。

（2）手动正常，但不能进行定时控制。故障原因通常为KG316T损坏或未设定为先循环到"关"位置再返回到"自动"位置，选择开关SA损坏，相关连线9#线、2#

线、7#线脱落。经检查是KG316T设置后未循环到"关"再返回到"自动"位置，将循环返回至"自动"位置即可。

✥ 电路接线（图285）

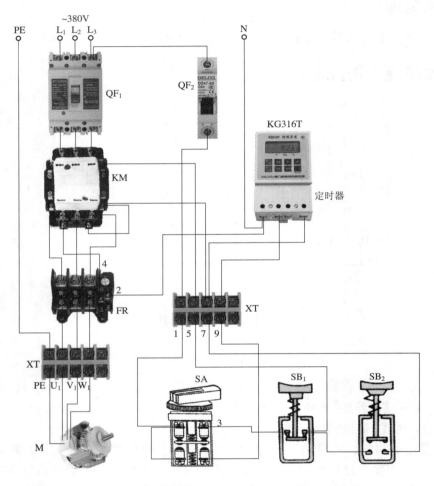

图285 供排水手动/定时控制电路接线图

电路 137　可任意手动启停的自动补水控制电路

✤ 应用范围

本电路适用于对生产、生活用的补水罐进行补水控制。

✤ 工作原理（图286）

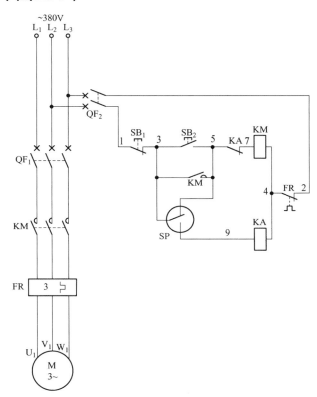

图286　可任意手动启停的自动补水控制电路原理图

本电路实际上就是利用电接点压力表来实现的自动控制电路。它与其他同类电路不同之处是，在压力上限与下限之间可任意对控制回路进行手动启动、手动停止操作。

需要注意的是，当压力低于下限时能自动启动、当压力高于上限时能自动停止。

✤ 常见故障及排除方法

（1）手动补水时为点动状态，自动补水时运转十几秒钟后停泵。从上述故障分析，此故障为交流接触器KM的辅助常开触点（3-5）无自锁作用，也就是说，交流接触器KM辅助常开触点（3-5）损坏闭合不了。手动启动变成手动点动的确是缺少自锁触点所致，那么自动控制时为什么还能继续工作十几秒钟呢？从电气原理图上不好理解，但从电接点压力表的动作情况可以看出，自动时，电接点压力表中的常开触点

（3-5）闭合，将交流接触器KM线圈回路接通，KM线圈得电吸合，KM三相主触点闭合，电动机得电启动运转，拖动水泵开始补水。随着罐内压力逐渐升高，电接点压力表表针移动，其常闭触点（3-5）断开，因SP触点断开，KM辅助常开自锁触点（3-5）又损坏，所以在低压力开始补水时，补水压力是逐渐升高的，此时SP常闭触点还没有断开（也就是之前所说的自动状态下能工作十几秒钟），能使水泵继续向罐内进行补水，随着罐内压力的逐渐升高，电接点压力表SP常闭触点（3-5）断开，因缺少交流接触器KM的自锁触点而切断KM线圈回路电源，使水泵电动机停止运转。经检查，确为KM自锁常开触点损坏闭合不了所致。更换新的辅助常开触点后，故障排除。

　　（2）当补水罐压力高于下限值，低于上限值，需手动补水时，按启动按钮SB₂无效（此时自动补水控制正常）。此故障原因为启动按钮SB₂（3-5）常开触点损坏闭合不了，与此电路相关的3#线、5#线有松动脱落现象。经检查，是5#线松动脱落了。将5#线恢复连接后，控制回路恢复正常，故障排除。

✥ 电路接线（图287）

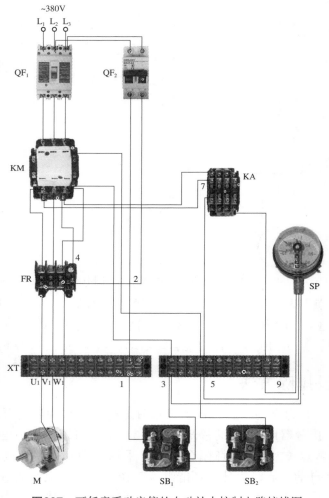

图287　可任意手动启停的自动补水控制电路接线图

电路 138　具有手动 / 自动控制功能的排水控制电路

✦ 应用范围

本电路适用于对污水池进行排水控制。

✦ 工作原理（图288）

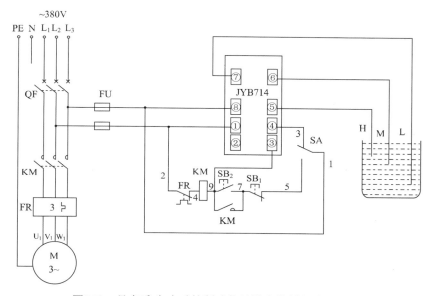

图288　具有手动/自动控制功能的排水控制电路原理图

自动控制时，将自动/手动选择开关SA置于自动位置，SA（1-3）闭合，利用JYB714电子式液位继电器来进行自动控制。当水位升至高水位时，液位继电器JYB714的内部继电器线圈断电释放，其③、④脚内部继电器常闭触点闭合，交流接触器KM线圈得电吸合，KM三相主触点闭合，电动机得电启动运转，水泵进行排水。

当液位降至低水位时，液位继电器JYB714的内部继电器线圈得电吸合，其③、④脚断开，切断交流接触器KM线圈回路电源，KM线圈断电释放，水泵电动机失电而停止排水。至此，实现自动排水控制。

手动控制时，将自动/手动选择开关SA置于手动位置，SA（1-3）断开、（1-5）闭合，按下启动按钮SB₂（7-9），交流接触器KM线圈得电吸合，KM辅助常开触点（7-9）闭合自锁，KM三相主触点闭合，电动机得电启动运转，水泵进行排水。

需手动停止时，按下停止按钮SB₁（5-7），交流接触器KM线圈断电释放，KM三相主触点断开，电动机失电而停止运转，水泵停止排水。

✦ 常见故障及排除方法

（1）手动控制正常，自动控制无反应。测液位继电器JYB714的①、⑧脚电压为

380V，正常。测JYB714的③、④脚为断开状态，将JYB714的③、④脚上的接线拆下，测②、③脚也是断开状态，拆下JYB714的①、⑧脚外接电源，使其不工作，测②、③脚，③、④脚，仍均为断开状态。从上述情况结合电气原理图分析，故障出在液位继电器JYB714自身器件上。因为JYB714液位继电器作用于排水时，当水位升至高水位位置，液位继电器的端子③、④脚为内部继电器常闭触点，用此内部常闭触点来控制外接交流接触器KM线圈，以及其三相主触点，控制水泵电动机进行排水。经检查，是液位继电器JYB714损坏所致。更换新的液位继电器后，故障排除。

（2）自动控制正常，但手动控制无反应。从电气原理图中可以看出，2#线至9#线之间均正常，否则自动控制也无法完成。那么此故障原因为，自动/手动选择开关SA损坏闭合不了或者SA上的1#线、5#线松动脱落，停止按钮SB₁损坏闭合不了或者SB₁上的5#线、7#线松动脱落，启动按钮SB₂损坏闭合不了或者SB₂上的7#线、9#线松动脱落。经检查，是自动/手动选择开关SA损坏，也就是选择开关的自动一挡位置（1-5）损坏闭合不了所致。更换新的选择开关后，手动控制恢复正常，故障排除。

✦ 电路接线（图289）

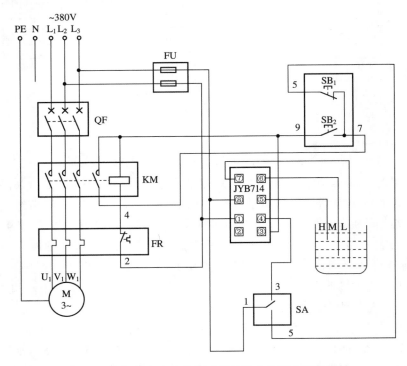

图289 具有手动/自动控制功能的排水控制电路接线图

电路 139　具有手动操作定时、自动控制功能的供水控制电路

✥ 应用范围

本电路适用于生活、生产的供水控制。

✥ 工作原理（图290）

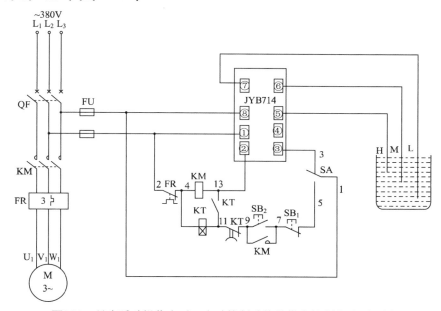

图290　具有手动操作定时、自动控制功能的供水控制电路原理图

将手动/自动选择开关置于自动位置，SA（1-3）闭合。当蓄水池处于低水位时，液位继电器内部继电器动作，其②、③脚（内部常开触点）闭合，交流接触器KM线圈得电吸合，KM三相主触点闭合，电动机得电启动运转，水泵开始供水；当水位升至高水位时，液位继电器内部继电器线圈断电释放，其②、③脚断开，交流接触器KM线圈断电释放，KM三相主触点断开，电动机失电停止运转，水泵停止供水。

将手动/自动选择开关置于手动位置，SA（1-5）闭合。启动时，按下启动按钮SB$_2$（7-9），得电延时时间继电器KT线圈得电吸合且KT开始延时，KT不延时瞬动常开触点（11-13）闭合，交流接触器KM线圈得电吸合，KM辅助常开触点（7-9）闭合自锁，KM三相主触点闭合，电动机得电启动运转，水泵进行供水；在KT延时时间内，若要手动停止水泵供水，则按下停止按钮SB$_1$（5-7），交流接触器KM线圈断电释放，KM三相主触点断开，电动机失电停止运转，水泵停止供水。

水泵电动机手动启动运转后，可按照预先设定的时间进行自动定时控制，经KT一段时间延时后，KT得电延时断开的常闭触点（9-11）断开，切断交流接触器KM、得电

延时时间继电器KT线圈回路电源，KM、KT线圈断电释放，KM三相主触点断开，电动机失电停止运转，水泵自动停止供水。

✛ 常见故障及排除方法

（1）自动控制正常，手动控制正常，但手动定时无效。从电气原理图上可以看出，既然能手动控制，那么电路中的得电延时时间继电器KT线圈必然会得电吸合，KT的不延时瞬动常开触点（11–13）立即闭合，使交流接触器KM线圈得电吸合且KM辅助常开触点（7–9）闭合自锁，KM三相主触点闭合，电动机得电启动运转，水泵开始供水。与此同时，KT开始延时。经KT延时后，KT得电延时断开的常闭触点（9–11）断开，切断KT、KM线圈回路电源，KT、KM线圈断电释放，KM三相主触点断开，电动机失电停止运转，水泵停止供水。由此看来，故障是KT得电延时断开的常闭触点（9–11）损坏断不开引起的。经检查，确为KT得电延时断开的常闭触点损坏所致。更换新的得电延时时间继电器后，能完成手动定时停机，故障排除。

（2）自动启动正常，水泵开始供水，但水位升至上限时不能停机继续供水，也就是说，水泵工作不停止。断开控制回路断路器QF₂，能听到交流接触器KM断电释放的声音，水泵电动机能停止工作。从上述情况可以分析出，交流接触器KM是正常的，不存在三相主触点熔焊现象。问题可能出在液位继电器JYB714及相关外围三根探头线。经检查，发现是连接在液位继电器JYB714的⑤端子上的液位探头线H中间折断了所致。因为液位探头线H断路，使得液位继电器得不到高水位信号，水泵电动机就继续工作，不能停止运转。将高水位探头线更换后，故障排除。

✛ 电路接线（图291）

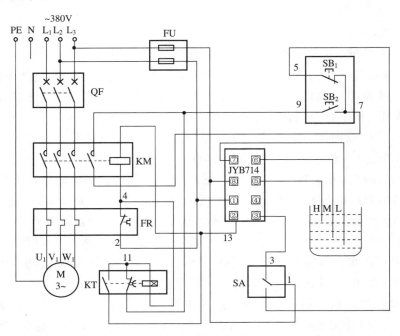

图291 具有手动操作定时、自动控制功能的供水控制电路接线图

电路 140　具有手动操作定时、自动控制功能的排水控制电路

❖ 应用范围

本电路适用于生产、生活的排水控制。

❖ 工作原理（图292）

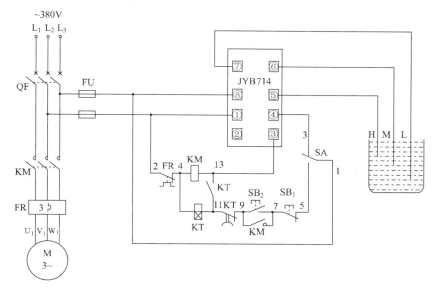

图292　具有手动操作定时、自动控制功能的排水控制电路原理图

将手动/自动选择开关SA置于自动位置时，SA（1-3）闭合，为自动控制做准备。高水位时，液位继电器JYB714内部继电器线圈断电释放，内部常闭触点恢复常闭状态，③、④脚接通，交流接触器KM线圈得电吸合，KM三相主触点闭合，电动机得电启动运转，水泵进行排水；低水位时，液位继电器JYB714内部继电器线圈得电吸合，内部常闭触点断开，切断交流接触器KM线圈回路电源，KM三相主触点断开，电动机失电停止运转，水泵停止排水。

将手动/自动选择开关SA置于手动位置时，SA（1-5）闭合，为手动定时控制做准备；按下启动按钮SB$_2$（7-9），得电延时时间继电器KT线圈得电吸合且KT开始延时，KT不延时瞬动常开触点（11-13）闭合，使交流接触器KM线圈得电吸合，KM辅助常开触点（7-9）闭合自锁，KM三相主触点闭合，电动机得电启动运转，水泵开始排水；在KT延时时间内，若欲停止排水，则按下停止按钮SB$_1$（5-7），交流接触器KM线圈断电释放，KM三相主触点断开，电动机失电停止运转，水泵停止排水。经KT一段时间延时后，KT得电延时断开的常闭触点（9-11）断开，切断得电延时时间继电器KT、交流接触器KM线圈回路电源，KT、KM线圈断电释放，KM三相主触点断开，电动机失电停

止运转，水泵停止排水。

✣ 常见故障及排除方法

（1）自动控制正常，能定时停机，可是不能手动停止。从上述故障情况结合电气原理图分析，故障原因是停止按钮SB₁的常闭触点（5–7）损坏断不了了，或5#线与7#线相碰在一起了。经检查，是停止按钮SB₁损坏断不开所致。更换停止按钮SB₁后，手动停止正常，故障排除。

（2）自动控制正常，手动控制时按启动按钮SB₂，只有得电延时时间继电器KT线圈得电工作，但交流接触器KM线圈不工作；松开启动按钮SB₂，得电延时时间继电器KT线圈断电释放。从上述情况结合电气原理图分析，自动控制时正常，说明交流接触器KM工作正常，水泵排水工作正常。手动时按启动按钮SB₂，KT线圈能得电吸合，说明手动控制回路基本正常，故障原因是KT不延时瞬动常开触点（11–13）损坏闭合不了，或11#线、13#线松动脱落了。经检查，是KT不延时瞬动常开触点（11–13）损坏断不了所致。更换新的得电延时时间继电器后，试之，启动时按下按钮SB₂，KT及KM线圈均能得电吸合且KM辅助常开触点（7–9）闭合，KM三相主触点闭合，水泵电动机得电启动运转，水泵开始排水，至此，手动控制回路恢复正常，故障排除。

✣ 电路接线（图293）

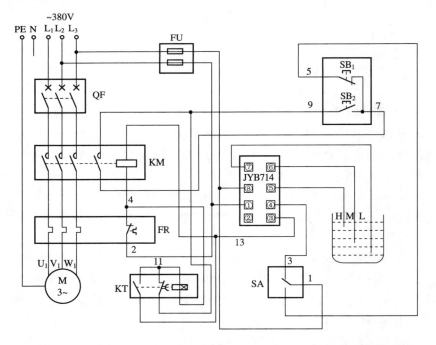

图293 具有手动操作定时、自动控制功能的排水控制电路接线图

电路 141　用电接点压力表配合变频器实现供水恒压调速电路

✤ 应用范围

本电路适用于对生产、生活用的补水罐进行补水控制。

✤ 工作原理（图294）

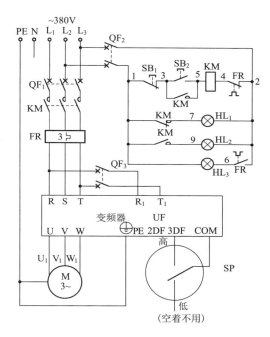

图294　用电接点压力表配合变频器实现供水恒压调速电路原理图

启动时，按下启动按钮SB_2（3-5），交流接触器KM线圈得电吸合且KM辅助常开触点（3-5）闭合自锁，KM三相主触点闭合，为变频器工作提供电源，同时KM辅助常闭触点（1-7）断开，电源指示灯HL_1灭，KM辅助常开触点（1-9）闭合，运行指示灯HL_2亮，说明电路已运行。这时，变频器会按照设定的频率使电动机以一定速度运转，供水系统通过泵输出给水。随着管路水压的逐渐提高，当压力达到电接点压力表SP高端（上限）时，3DF与COM连接，变频器的运行方式会按照预先设定的降速曲线降低水泵的运转速度，管路压力逐渐减小，电接点压力表SP高端（上限）与COM断开，变频器又按照预先设置的第3频率速度输出，水泵电动机又重新按照变频器升速曲线运转。如此这般地反复升速、降速，从而实现恒压供水调速。

停止时，按下停止按钮SB_1（1-3），交流接触器KM线圈断电释放，KM三相主触点断开，变频器脱离电源停止工作，电动机失电停止运转，同时指示灯HL_2灭、HL_1亮，说明变频器已停止工作。

✛ **常见故障及排除方法**

（1）自动控制正常，手动操作无效。此故障可能原因是手动/自动选择开关SA（1-7）损坏，手动停止按钮SB₁（7-9）接触不良或断路，手动启动按钮SB₂（9-11）接触不良或开路。对于第一种原因，检查手动/自动选择开关SA（1-7）连线是否脱落，若脱落将脱落导线重新连接好；若没有脱落，可用万用表检查SA（1-7）是否接触良好，若此触点损坏，则更换一只新选择开关。对于第二种原因，检查停止按钮SB₁（7-9）是否正常，若断路，说明SB₁已损坏，换新品。对于第三种原因，检查启动按钮SB₂（9-11）闭合情况，也可采用短接法进行排查，并排除故障。

（2）无论手动还是自动控制，均出现水泵电动机运转不长时间就停止了，在自动控制时，出现频繁启动、停止现象。首先观察配电箱内中间继电器KA的动作情况，若每次停止都是因KA动作而停止，则故障原因为电接点压力表SP上限值调节过小所致，重新调节SP上限值，故障即可排除。

✛ **电路接线（图295）**

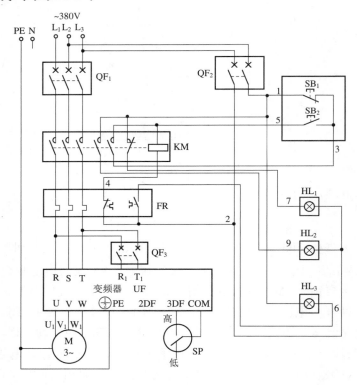

图295 用电接点压力表配合变频器实现供水恒压调速电路接线图

电路 142 供水泵故障时备用泵自投电路

✦ 应用范围

本电路适用于水厂、电厂、污水厂以及热力站等重要且保证能在故障时自动投入的设备上使用。

✦ 工作原理（图296）

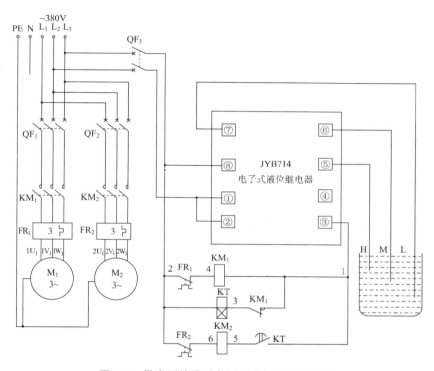

图296 供水泵故障时备用泵自投电路原理图

低水位时，JYB714电子式液位继电器内部继电器线圈得电吸合，其常开触点②、③闭合，接通主泵电动机M_1控制交流接触器KM_1线圈回路电源，KM_1线圈得电吸合，KM_1三相主触点闭合，主泵电动机M_1得电启动运转，供水泵向水箱内供水。同时，KM_1辅助常闭触点（1-3）断开，切断得电延时时间继电器KT线圈回路电源，使KT线圈不能得电吸合，主泵电动机M_1正常运转。

当主泵电动机M_1运转过程中出现故障时，电动机电流增大，热继电器FR_1动作，FR_1控制常闭触点（2-4）断开，切断主泵控制交流接触器KM_1线圈回路电源，KM_1线圈断电释放，KM_1三相主触点断开，使故障主泵电动机M_1失电停止运转；KM_1辅助常闭触点（1-3）恢复常闭状态，接通得电延时时间继电器KT线圈回路电源，KT线圈得电吸合且开始延时。

经KT一段时间延时后，KT得电延时闭合的常开触点（1-5）闭合，接通备用泵电

动机 M_2 控制交流接触器 KM_2 线圈回路电源，KM_2 线圈得电吸合，其三相主触点闭合，备用泵电动机 M_2 得电启动运转，供水泵向水箱内继续供水。

无论是主泵还是备用泵，当水箱内水位升至高水位时，JYB714 电子式液位继电器内部继电器线圈断电释放，其常开触点②、③恢复常开，切断供水泵电动机控制交流接触器线圈回路电源，使水泵电动机失电而停止运转。

✦ 常见故障及排除方法

（1）主泵 M_1 出现过载动作后，热继电器 FR_1 常闭触点（2-4）断开，交流接触器 KM_1 线圈断电释放，KM_1 三相主触点断开，主泵电动机 M_1 失电停止运转。此时，得电延时时间继电器 KT 线圈也得电吸合且开始延时，但延时后，备用泵不工作。根据上述故障情况结合电气原理图分析，故障出在得电延时闭合的常开触点（1-5）损坏闭合不了，交流接触器 KM_2 线圈损坏断路，热继电器 FR_2 控制常闭触点（2-6）损坏闭合不了，与此电路相关的 1#线、2#线、5#线、6#线有松动脱落现象。经检查是得电延时闭合的常开触点（1-5）损坏闭合不了所致。更换新得电延时时间继电器后，试之，备用泵 M_2 自动投入工作，故障排除。

（2）主泵 M_1 出现过载动作后，热继电器 FR_1 常闭触点（2-4）断开，交流接触器 KM_1 线圈断电释放，KM_1 三相主触点断开，主泵电动机 M_1 失电停止运转。但得电延时时间继电器 KT 线圈不能得电工作，也不能使交流接触器 KM_2 线圈得电吸合，备用泵不能自动投入工作。此故障可能原因为交流接触器 KM_1 辅助常闭触点（1-3）损坏断路，得电延时时间继电器 KT 线圈损坏，与此电路相关的 1#线、2#线、3#线有松动脱落现象。经检查是交流接触器 KM_1 的辅助常闭触点（1-3）断路损坏了所致。更换新交流接触器辅助常闭触点后试之，电路恢复正常，故障排除。

✦ 电路接线（图297）

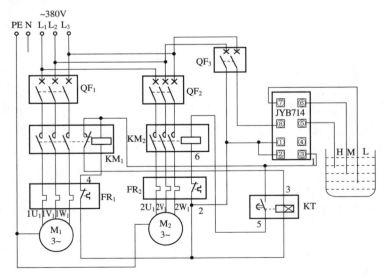

图297　供水泵故障时备用泵自投电路接线图

电路 143　排水泵故障时备用泵自投电路

✤ 应用范围

　　本电路适用于水厂、电厂、污水厂以及热力站等重要且必须保证能在故障时自动投入的设备上使用。

✤ 工作原理（图298）

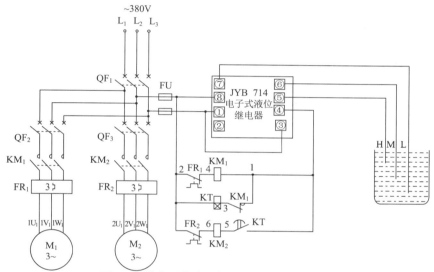

图298　排水泵故障时备用泵自投电路原理图

　　在平时主排水泵无故障时，若水位升至高水位，则液位继电器控制交流接触器KM_1线圈得电吸合，KM_1三相主触点闭合，主排水泵电动机M_1得电启动运转，开始排水。

　　在排水过程中主排水泵出现过载时，过载保护热继电器FR_1动作，FR_1常闭控制触点（2-4）断开，切断交流接触器KM_1线圈的回路电源，KM_1线圈断电释放，KM_1三相主触点断开，主排水泵电动机M_1失电停止运转；串联在得电延时时间继电器KT线圈回路中的KM_1辅助常闭触点（1-3）恢复常闭状态（闭合），接通得电延时时间继电器KT线圈回路电源，KT线圈得电吸合且开始延时。经KT一段时间延时（5s）后，KT得电延时闭合的常开触点（1-5）闭合，接通备用泵控制交流接触器KM_2线圈回路电源，KM_2线圈得电吸合，KM_2三相主触点闭合，备用泵电动机M_2自动快速投入使用。

　　当排除主排水泵电动机M_1的过载故障后，主排水泵电动机M_1仍自动优先投入运转，而备用泵电动机M_2则继续待命。

✤ 常见故障及排除方法

　　（1）主泵电动机FR_1（2-4）过载故障后，备用泵不能自投。此故障原因为交流接触器KM_1辅助常闭触点（1-3）断路或接触不良，得电延时时间继电器KT线圈断路或掉线，得电延时时间继电器KT的一组得电延时闭合的常开触点（1–5）损坏闭合不了，交流接触器KM₂线圈断路或掉线，备用泵电动机过载保护热继电器FR₂（2–6）损坏或掉线。经查，得电延时时间继电器KT得电延时闭合的常开触点（1–5）损坏闭合不了，更换新品后，故障排除。

（2）水池水位升至高水位H时，不启动排水工作。首先检查JYB714电子式液位继电器是否正常，通常JYB714在供水工作时，器件上的指示灯亮，而在排水工作时，器件上的指示灯灭。若此时指示灯亮，说明器件未工作，其检修方法有许多种，可自行选择。首先，测JYB714的①、⑧脚380V工作电源是否正常，若正常，将其⑤、⑥、⑦脚全部连在一起，此时若JYB714工作了，同时交流接触器KM₁线圈也吸合，排水主泵电动机M₁也运转排水，说明液位继电器探头线有断路问题，可将探头线抽出来检查修复并正常放置后，故障即可排除。

✛ 电路接线（图299）

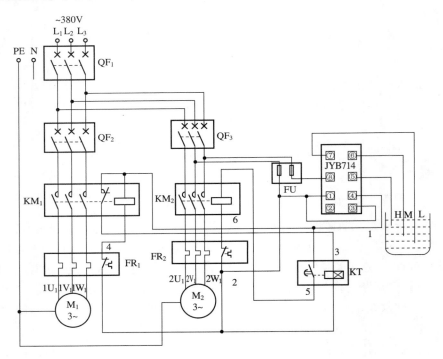

图299 排水泵故障时备用泵自投电路接线图

电路 144　供水泵手动 / 自动控制电路

✛ 应用范围

本电路适用于生活、生产的供水控制。

✛ 工作原理（图300）

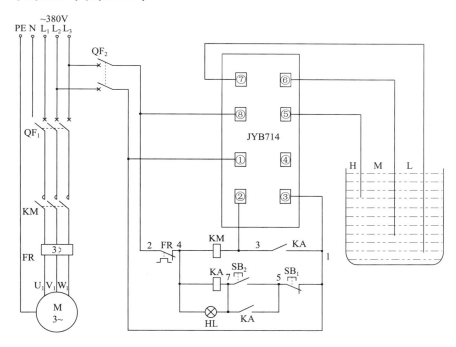

图300　供水泵手动/自动控制电路原理图

当水池水位低至中水位M以下时，液位继电器JYB714内部继电器线圈吸合动作，其连至底座端子②、③上的常开触点闭合，接通交流接触器KM线圈的回路电源，KM线圈得电吸合，KM三相主触点闭合，供水泵电动机得电启动运转，带动供水泵向水池内供水；当水池内水位升至高水位H时，液位继电器JYB714内部继电器线圈断电释放，其连至底座端子②、③上的常开触点断开，切断交流接触器KM线圈的回路电源，KM线圈断电释放，KM三相主触点断开，供水泵电动机失电停止运转，供水泵停止向水池内供水，从而完成自动供水控制。

启动时，按下启动按钮SB$_2$（5-7），中间继电器KA线圈得电吸合且KA的两组常开触点（5-7，1-3）闭合自锁，接通了交流接触器KM线圈的回路电源，KM线圈得电吸合，KM三相主触点闭合，供水泵电动机得电启动运转，带动供水泵向水池内供水，同时指示灯HL亮，说明供水泵已运转工作了。

停止时，按下停止按钮SB$_1$（1-5），中间继电器KA线圈断电释放，KA的两组常开触点（5-7、1-3）断开，切断交流接触器KM线圈的回路电源，KM线圈断电释放，KM

三相主触点断开,供水泵电动机失电停止运转,供水泵停止向水池内供水,同时指示灯HL灭,说明供水泵已停止运转工作了,从而完成手动供水控制。

✛ 常见故障及排除方法

(1)供水泵手动控制正常,自动控制时无反应。根据此故障结合电气原理图分析,故障原因可能为液位继电器JYB714损坏不工作,中间继电器KA常闭触点(1-9)断路闭合不了,液位继电器的水位探头腐蚀或位置改变了,液位继电器工作正常但内部继电器常开触点②、③损坏闭合不了,液位继电器①、⑧脚电源不正常,交流接触器KM线圈断路损坏,以及与此电路相关的1#线、3#线、4#线有松动断线现象。经检查是中间继电器KA的常闭触点(1-9)断路闭合不了所致。更换中间继电器后,试之,自动控制回路恢复正常,故障排除。

(2)供水泵自动控制正常,手动控制时,按启动按钮SB$_2$,中间继电器KA线圈能得电吸合且自锁,指示灯HL也能亮,但供水泵电动机不工作。根据此故障结合电气原理图分析,故障可能原因为中间继电器KA常开触点(1-3)闭合不了,或与此电路相关的1#线、3#线有松动脱落现象。经检查是中间继电器KA常开触点(1-3)损坏。更换中间继电器后,试之,手动控制恢复正常,供水泵手动控制工作,故障排除。

✛ 电路接线(图301)

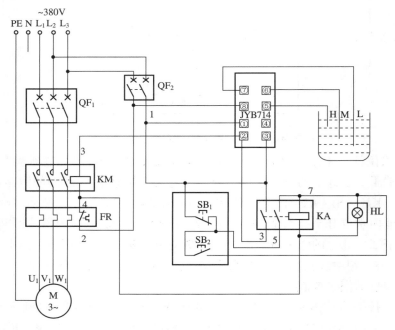

图301 供水泵手动/自动控制电路接线图

电路 145 排水泵手动/自动控制电路

✦ 应用范围

本电路适用于对污水池进行排水控制。

✦ 工作原理（图302）

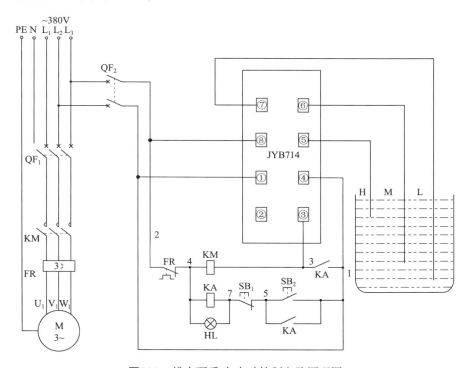

图302 排水泵手动/自动控制电路原理图

手动排水时，按下排水启动按钮SB$_2$（1-5），接通中间继电器KA线圈回路电源，中间继电器KA线圈得电吸合且KA的一组常开触点（1-5）闭合自锁，同时指示灯HL亮，说明已进行手动排水操作了。在KA线圈得电吸合的同时，KA的另外一组常开触点（1-3）也闭合，使交流接触器KM线圈得电吸合，KM三相主触点闭合，电动机得电启动运转工作，拖动排水泵由水池向外排水。

需停止排水时，按下排水停止按钮SB$_1$（5-7），切断了中间继电器KA和交流接触器KM线圈回路电源，中间继电器KA和交流接触器KM线圈均断电释放，KM三相主触点断开，电动机失电停止运转，排水泵停止排水，同时指示灯HL灭，说明手动排水操作结束了，从而实现手动排水控制。

当水池内的水升至高水位时，探头探测高水位信号，切断了液位继电器JYB714内部继电器线圈回路电源，使液位继电器JYB714内部继电器线圈断电释放，内部继电器连至底座端子③、④上的常闭触点恢复常闭状态，接通了交流接触器KM线圈的回路电源，KM线圈得电吸合，KM三相主触点闭合，电动机得电启动运转工作，拖动排水泵由水池向外自动排水。当水池内水位降至中水位以下时，探头探测出中水位以下信号，接通了液位继电器JYB714内部继电器线圈回路电源，使液位继电器JYB714内部继电器线圈得电吸合，内部继电器连至底座端子③、④上的常闭触点断开，切断了交流接触器KM线圈的回路电源，KM线圈断电释放，KM三相主触点断开，电动机失电停止运转，排水泵自动停止排水，从而实现自动排水控制。

✦ 常见故障及排除方法

（1）自动控制正常，手动排水时，为点动操作，即只有按住启动按钮SB$_2$时，排水泵才开始排水。此故障很容易分析，一是中间继电器KA常开触点（1-5）损坏没有自锁，或与此电路相关的1#线或5#线有松动脱落现象。经检查是中间继电器KA的常开触点（1-5）损坏闭合不了所致。更换中间继电器后试之，手动启动排水泵后，排水泵电动机连续运转，故障排除。

（2）自动控制正常，手动控制也正常，但指示灯HL不亮。此故障为指示灯HL损坏，或4#线、7#线有松动脱落现象。经检查是指示灯HL上的7#线脱落而致。将脱落的7#线重新接好后试之，排水泵手动工作时，指示灯HL亮，电路恢复正常，故障排除。

✦ 电路接线（图303）

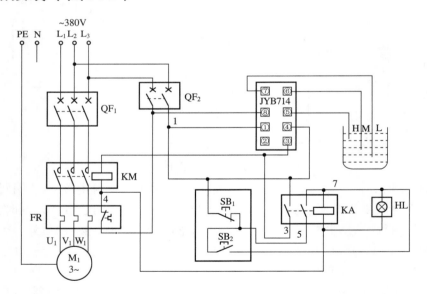

图303　排水泵手动/自动控制电路接线图

电路 146 防止抽水泵空抽保护电路

✤ 应用范围

本电路适用于任何抽水泵。

✤ 工作原理（图304）

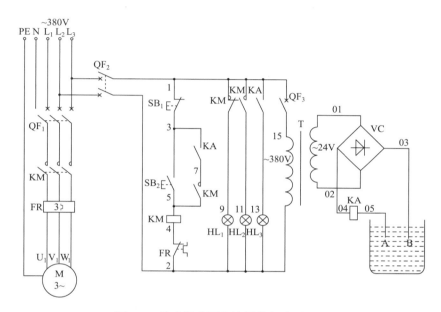

图304 防止抽水泵空抽保护电路原理图

合上主回路保护断路器QF_1、控制回路保护断路器QF_2、控制变压器保护断路器QF_3，电动机停止兼电源指示灯HL_1亮，说明电动机已停止且电源有电，若此时指示灯HL_3亮，则说明水池内有水。若水池有水，探头A、B被水短接，小型灵敏继电器KA线圈得电吸合，KA的两组常开触点均闭合，一组常开触点（1-13）闭合，为水池有水指示，另一组常开触点（3-7）闭合，作为KM自锁信号，为允许自锁提供条件。

启动时，按下启动按钮SB_2（3-5），交流接触器KM线圈得电吸合且KM辅助常开触点（5-7）闭合自锁，KM三相主触点闭合，水泵电动机得电启动运转，带动水泵进行抽水；同时指示灯HL_1灭，HL_2亮，说明水泵电动机已运转了。当水池内无水时，探头A、B悬空，小型灵敏继电器KA线圈断电释放，KA的一组常开触点（3-7）断开，切断交流接触器KM线圈的回路电源，KM线圈断电释放，KM三相主触点断开，水泵电动机失电停止运转，水泵停止抽水；同时，指示灯HL_2灭，HL_1亮，说明水泵电动机已停止运转了；同时，KA的另外一组常开触点（1-13）断开，指示灯HL_3灭，说明水池已无水。通过以上控制可有效地起到防止抽水泵空抽现象，起到保护作用。

✢ 常见故障及排除方法

（1）按下启动按钮SB₂后为点动状态，无法自锁。遇到此故障，首先看指示灯HL₃是否亮，若不亮，则为防空抽电路有问题，若亮，则为3#线、7#线、5#线之间的KA、KM触点有问题。现场观察指示灯HL₃不亮，逐步检查为QF₃未合上，合上QF₃后，KA线圈得电吸合，HL₃亮，再按下SB₂后，KM线圈能得电吸合且自锁，故障排除。

（2）交流接触器KM线圈得电吸合后，按停止按钮SB₁无效，也就是说停止不了，此时即使断开控制回路断路器QF₂也无效，在断开QF₂几分钟后交流接触器KM自行释放。此故障通常为交流接触器KM铁心极面有油污或极面脏造成延时释放。解决方法很简单，将交流接触器拆开，用干布加细砂纸清除动、静铁心极面污物即可。

✢ 电路接线（图305）

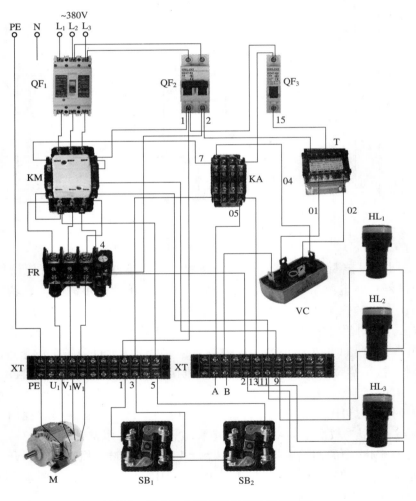

图305 防止抽水泵空抽保护电路接线图

电路 147　电接点压力表自动控制电路

✤ 应用范围

本电路适用于对生产、生活用的补水罐进行补水控制。

✤ 工作原理（图306）

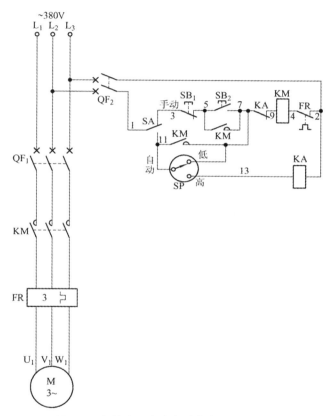

图306　电接点压力表自动控制电路原理图

本电路的工作原理较为简单，请读者自行分析。

✤ 常见故障及排除方法

（1）在手动位置时，无需按下启动按钮SB$_2$（5–7），直接启泵。遇到此故障，可送电听配电箱内是否有接触器吸合动作响声，若无，原因为KM触点粘连，机械部分卡住、铁芯极面脏释放缓慢；若有，则为启动按钮SB$_2$损坏后触点断不开，有碰线现象出现，如7#线与1#线、3#线、5#线相碰等。通过现场检查为3#线脱落碰到7#线端子上所致，恢复接线后，故障排除。

（2）在自动控制时，压力很低，一启泵就停止，重复出现。此故障为并联在电接点压力表公共线与低端线之间的KM辅助常开触点（7–11）闭合不了所致，也就是说，自动时无自锁回路，在压力下限时，能启泵，一旦压力稍微升高，SP公共端与低端就断开，切断KM线圈回路。经检查为KM辅助常开触点（7–11）端子上的11#线脱落了，恢复接线后，故障排除。

✤ 电路接线（图307）

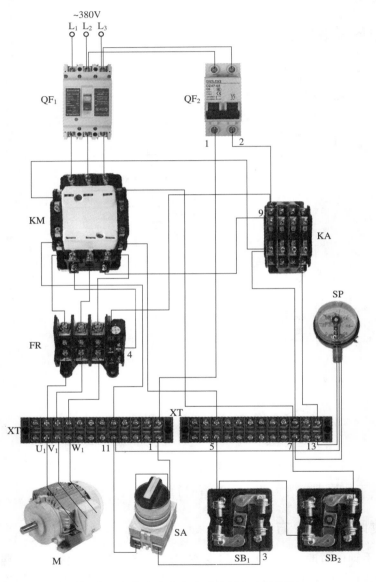

图307　电接点压力表自动控制电路接线图

电路 148　电动机间歇运转控制电路（一）

✤ 应用范围

本电路适用于断续运转的设备，如搅拌机等。

✤ 工作原理（图308）

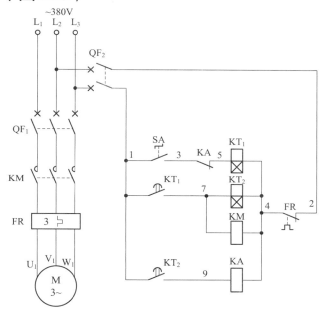

图308　电动机间歇运转控制电路（一）原理图

工作时，合上转换开关SA（1-3），此时电动机不会启动运转，其原因是得电延时时间继电器KT$_1$延时时间未到仍处于断开状态，交流接触器KM线圈得不到控制电源而不能工作。此时得电延时时间继电器KT$_1$线圈得电吸合并开始延时，此时间为电动机的停止时间。

当得电延时时间继电器KT$_1$延时时间（即间歇时间）到达时，KT$_1$得电延时闭合的常开触点（1-7）闭合，交流接触器KM和另一只得电延时时间继电器KT$_2$线圈同时得电吸合工作，KM三相主触点闭合，电动机得电启动运转。而得电延时时间继电器KT$_2$又开始延时（此时间是电动机的运转时间），经KT$_2$一段时间延时后，KT$_2$得电延时闭合的常开触点（1-9）闭合，中间继电器KA线圈得电吸合，KA常闭触点（3-5）断开，切断了得电延时时间继电器KT$_1$线圈回路电源，KT$_1$线圈断电释放，交流接触器KM以及得电延时时间继电器KT$_2$线圈也断电释放，中间继电器KA线圈也断电释放，电路恢复原始状态，KM三相主触点断开，电动机失电停止运转。如此重复完成间歇运转。

✤ 常见故障及排除方法

（1）合上SA，电路无反应。此故障可能原因是SA断路，KA常闭触点断路，热继电器FR常闭触点断路。应检查断路点并排除。

（2）合上SA，电动机不转，配电箱内只有时间继电器KT₁吸合动作。首先检查KT₁延时时间是否调整得过长。若不过长，用万用表测量KT₁延时闭合的常开触点是否正常。若触点断路，可更换触点。

（3）合上SA，电动机运转不停，不做间歇运行。配电箱内KT₁、KT₂、KM线圈吸合，中间继电器KA不动作，故障原因可能是KT₂延时闭合的常开触点断路，KT₂延时时间调整过长（失控），中间继电器KA线圈断路。可用万用表检查故障点并排除。

（4）合上SA，电动机运转不停。观察到配电盘内KT₁、KM线圈吸合，KT₂、KA线圈不工作。其故障可能是KT₂线圈断路所致，可用替换法排除。

（5）合上SA，电动机不运转，配电箱内中间继电器KA吸合。此故障为KT₂延时常开触点断不开所致。更换KT₂延时常开触点后，电路即可恢复正常工作。

（6）合上SA，电动机不运转，配电箱内KT₁、KT₂、KA工作循环正常，但KM线圈不吸合。此故障一般为交流接触器KM线圈断路所致，检查更换该线圈即可恢复正常工作。

（7）合上SA，电动机间歇运行，但有时间歇停机时间过长，且有一定的规律。应检查KT₁、KT₂设定的延时时间是否符合要求。若符合，故障一般为电动机出现过载使热继电器FR常闭触点动作（热继电器复位方式设置为自动复位）或热继电器FR电流设定得太小出现频繁跳闸所致。检查故障所在并加以排除。

✦ 电路接线（图309）

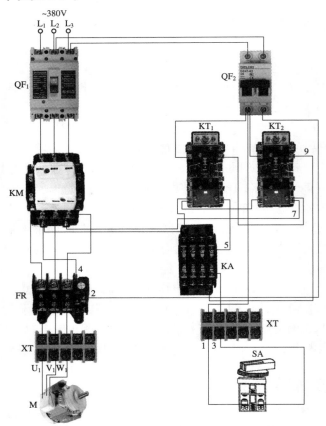

图309 电动机间歇运转控制电路（一）接线图

电路 149 电动机间歇运转控制电路（二）

✦ 应用范围

本电路适用于断续运转的设备，如搅拌机等。

✦ 工作原理（图310）

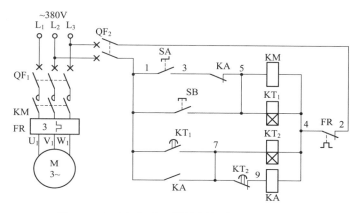

图310 电动机间歇运转控制电路（二）原理图

工作时，合上控制转换开关SA（1-3），此时交流接触器KM、得电延时时间继电器KT$_1$线圈得电吸合工作，KM三相主触点闭合，电动机得电启动运转。同时，KT$_1$开始延时，KT$_1$的延时时间为电动机的运转时间。

经KT$_1$一段时间延时后（即运转时间），KT$_1$得电延时闭合的常开触点（1-7）闭合，使中间继电器KA、得电延时时间继电器KT$_2$线圈得电吸合且KA常开触点（1-7）闭合自锁，KA常闭触点（3-5）断开，切断了交流接触器KM、得电延时时间继电器KT$_1$线圈回路电源，KM三相主触点断开，电动机失电停止运转。同时，得电延时时间继电器KT$_2$线圈得电吸合后开始延时（其延时时间为电动机停止运转时间）。

经KT$_2$一段时间延时后，KT$_2$得电延时断开的常闭触点（7-9）断开，切断了中间继电器KA线圈回路电源，KA线圈断电释放，其串联在KM、KT$_1$线圈回路中的常闭触点（3-5）恢复原始状态，此时KM、KT$_1$线圈重新得电吸合，KM三相主触点又闭合，电动机又得电启动运转了，重复上述过程，从而实现电动机的间歇运转。

按下点动按钮SB（1-5）的时间即交流接触器KM线圈的吸合时间，KM三相主触点闭合，电动机得电点动运转。

✦ 常见故障及排除方法

（1）合上SA，电路中只有交流接触器KM动作，电动机一直运转不停，不做间歇运行。从电气原理图中可以看出，若只有KM得电吸合工作，而时间继电器KT$_1$线圈未吸合工作，其他电气元件及动作就无法进行，应重点检查KT₁线圈是否断路。

（2）合上SA无反应，按动SB点动按钮，电路动作正常。此故障原因很简单，通常为开关SA断路或中间继电器KA常闭触点断路或两者均有问题。用万用表检查并排除。

（3）合上SA，KM、KT₁、KT₂吸合动作，中间继电器KA没有反应不工作，电动机一直运转不停，不能做间歇运行。从电路原理图上可以看出，只有KT₂延时断开的常闭触点接触不良或中间继电器KA线圈断路才会出现KA不工作，使电路出现不循环现象。检查并排除故障。

（4）合上SA，电路运转延时正常，间歇停止时间极短，严重不对称，也就是说，运转几秒后瞬时停顿又运转了，再经几秒后瞬时停顿又运转了。此故障为中间继电器KA没有自锁所致。

✛ 电路接线（图311）

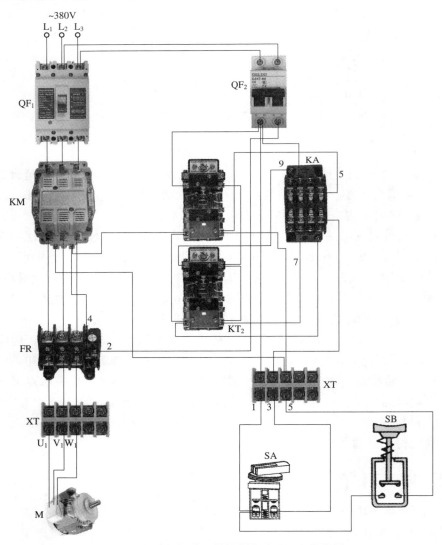

图311　电动机间歇运转控制电路（二）接线图

电路 150　短暂停电自动再启动电路（一）

✛　应用范围

本电路适用于电厂、玻璃厂、纺织厂等非常重要的设备上使用。

✛　工作原理（图312）

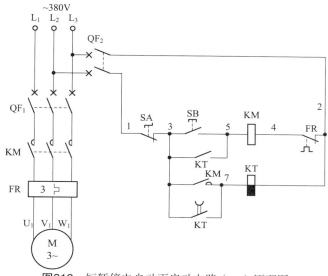

图312　短暂停电自动再启动电路（一）原理图

电源正常时，按下启动按钮SB（3-5），交流接触器KM、失电延时时间继电器KT线圈均得电吸合且KT不延时瞬动常开触点（3-5）闭合自锁，KM三相主触点闭合，电动机得电正常运转。

在停止时需注意的是，断开停止转换开关SA（1-3）的时间必须要大于KT的设定时间，否则会出现自动再启动控制。

当供电出现短暂停电又恢复正常时，在停电的瞬间，交流接触器KM、失电延时时间继电器KT线圈均断电释放，同时KT开始延时。若在KT的设定延时时间内恢复供电，KT失电延时断开的常开触点（3-7）仍处于闭合状态，又重新使KT线圈得电吸合，并使交流接触器KM线圈得电吸合，KM三相主触点闭合，电动机重新得电继续运转工作。

当供电出现停电时间过长（超出了KT的设定时间）时，KT失电延时断开的常开触点（3-7）断开，即使再来电，也因不能形成回路而无法进行自动再启动控制。

✛　常见故障及排除方法

（1）按下SB，电动机为点动运行状态，无自锁。除相关连线脱落外有三种故障可造成上述现象：一是按下SB，KM线圈得电吸合，失电延时时间继电器KT线圈也得电吸合且KT能自锁，而KM不能自锁，则判断为KT并联在SB启动按钮上的瞬动常开触点损坏；二是按下SB，KM线圈得电吸合，而失电延时时间继电器KT线圈不动作，则判断为KT线圈损坏或KM辅助常开触点损坏（或KT线圈与KM辅助常开触点均损坏）；三是按下SB，KM、KT线圈均得电吸合，松开SB后均断电释放，则判断为KT失电延时断开的常开触点损坏。

（2）一合上QF₂，未按下SB，KM立即吸合，此故障为KT不延时瞬动常开触点熔焊或断不开所致。

（3）在停止转换开关SA断开电路很长时间（已超出了KT的延时设置时间）后，再接通SA，无需按下SB，电动机自动启动运转。此故障有可能是以下原因所致：SB短路，KT不延时瞬动常开触点断不开，KM辅助常开触点断不开，KT延时断开的常开触点断不开。最常见的故障原因是KT延时断开的常开触点失控。

✦ 电路接线（图313）

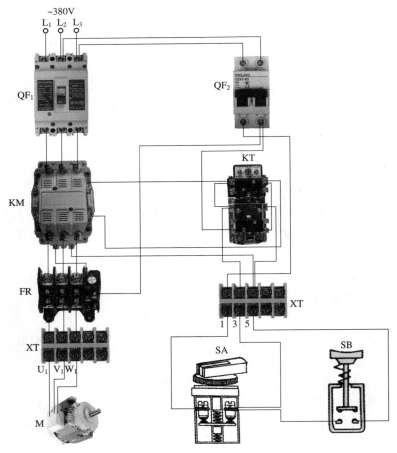

图313　短暂停电自动再启动电路（一）接线图

电路 151 短暂停电自动再启动电路（二）

✤ 应用范围

本电路适用于电厂、玻璃厂、纺织厂等非常重要的设备上使用。

✤ 工作原理（图314）

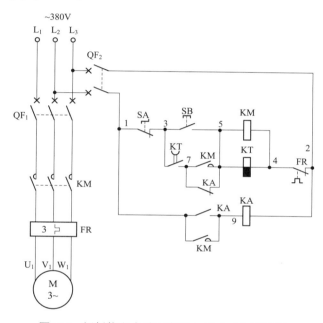

图314　短暂停电自动再启动电路（二）原理图

正常工作时，按下启动按钮SB（3-5），交流接触器KM、失电延时时间继电器KT线圈同时吸合且KT失电延时断开的常开触点（3-7）瞬时闭合，与同时闭合的KM辅助常开触点（5-7）共同组成自锁回路，KM辅助常开触点（1-9）闭合，使中间继电器KA线圈得电吸合且KA常开触点（1-9）闭合自锁，为停电恢复供电做准备。实际上，当按下启动按钮SB（3-5）时，KM、KT、KA三只线圈均得电工作，KM三相主触点闭合，电动机得电运转工作。

当需要正常停止时，可将转换开关SA（1-3）旋至断开位置，此时，交流接触器KM、失电延时时间继电器KT线圈均断电释放，KM三相主触点断开，电动机失电停止运转。虽然控制回路KM、KT线圈断电释放，但由于中间继电器KA线圈仍吸合不释放，所以其并联在交流接触器KM辅助常开自锁触点（5-7）上的KA常闭触点（5-7）一直处于常开状态（在不断电状态下），使KM、KT能正常工作，不会出现任何不安全因素，达到理想的控制目的。

控制回路的电动机启动后，交流接触器KM、中间继电器KA、失电延时时间继电器KT线圈均得电吸合且KT失电延时断开的常开触点（3-7）立即闭合，与同时闭合的KM辅助常开触点（5-7）共同自锁KM、KT线圈回路，而中间继电器KA线圈在KM辅助常开触点（1-9）的作用下得电吸合动作，KA常开触点（1-9）闭合自锁，如果此时出现断电现象（非人为操作停机），KM、KT、KA线圈均断电释放，KA并联在KM辅助常开自锁触点（5-7）上的常闭触点（5-7）恢复常闭，为再启动提供条件。同时，KT失电延时断开的常开触点（3-7）延时恢复常开状态，在KT延时恢复过程中（也就是KT设定的延时时间内，即生产工艺所要求的延时时间）电网又恢复正常供电，则控制电源通过转换开关SA（1-3）、失电延时时间继电器KT失电延时断开的常开触点（3-7）（此时仍闭合未断开）、中间继电器KA常闭触点（5-7）、失电延时时间继电器KT线圈、热继电器FR常闭触点（2-4）至电源形成回路，KM、KT线圈重新得电吸合且KM辅助常开触点（5-7）闭合自锁，同时KA线圈也在KM辅助常开触点（1-9）的作用下得电吸合且KA常开触点（1-9）闭合自锁，KM三相主触点闭合，电动机重新启动运转工作。

无论按下启动按钮SB（3-5）还是短暂停电恢复供电后的自启动，交流接触器KM线圈都会得电吸合，KM串联在中间继电器KA线圈回路中的辅助常开触点（1-9）将闭合，使中间继电器KA线圈得电吸合且KA常开触点（1-9）闭合自锁起来，这样，KA线圈就会在电源正常的情况下不受启动、停止的限制，会一直吸合着，电路有电记忆。

✤ 常见故障及排除方法

（1）不能进行停电再来电自启动。可能原因是中间继电器KA触点熔焊或中间继电器铁心极面有油污造成其延时释放。从图315可以看出，只有中间继电器KA不释放，KA并联在交流接触器KM自锁常开触点（5-7）上的常闭触点（5-7）处于断开状态，使自启动回路断路。

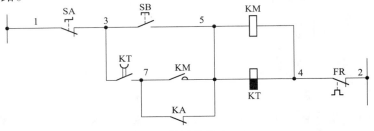

图315　常见故障（一）

另外一个原因是KT设置时间极短，可将延时时间根据需要适当延长一些。这种故障与上述故障很容易区分，主要观察中间继电器KA的动作情况，这里不再介绍，请读者自行分析。

（2）电动机为点动运转。可能是KT延时断开的常开触点（3-7）、KM辅助常开自锁触点（5-7）中任意一个或两个未闭合或相关自锁回路连线断路所致。用万用表检查即可排除。

（3）电路停止后断开停止按钮SA（1-3），欲重新启动电动机，无需按SB（3-5），电动机便能自启动。此故障为中间继电器线圈回路断路所致，检查并排除相关故障。

（4）电动机运转后出现断续工作，即运转一会儿，停一会儿，再运转一会儿，再停一会儿，而运转时间比停的时间长。此故障原因为连线错误并且电动机过载设置在自动复位状态，如图316所示。

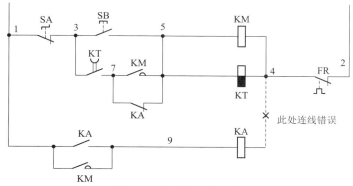

图316　常见故障（二）

　　按下启动按钮SB，KM、KT、KA线圈均得电吸合且分别自锁，倘若此时电动机出现过载（热继电器FR复位方式又设定在自动状态），热继电器FR动作断开控制回路电源，此时KT开始延时，在KT延时时间内，热继电器FR冷却后常闭触点恢复常闭，KM、KT、KA线圈重新得电吸合且分别自锁，导致出现上述现象。检查接线，将错误之处恢复正确即可。

✦ 电路接线（图317）

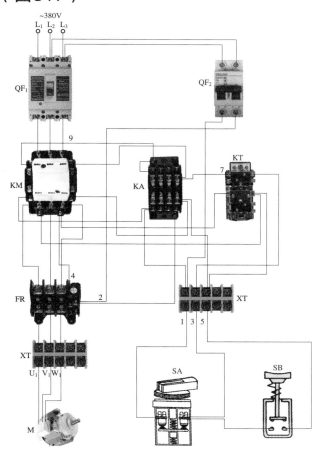

图317　短暂停电自动再启动电路（二）接线图

电路 152　正反转控制器控制电动机间歇运转电路

✛ 应用范围

本电路适用于洗衣设备。

✛ 工作原理（图318）

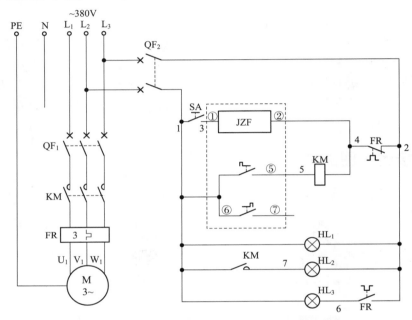

图318 正反转控制器控制电动机间歇运转电路原理图

首先合上主回路断路器QF₁、控制回路断路器QF₂，指示灯HL₁亮，说明电路有电，电路处于热备用状态，为电路工作提供准备条件。

合上转换开关SA（1-3），JZF型正反转控制器①、②脚被加上工作电源使其工作，其⑤、⑥脚间歇断续输出（注意⑤、⑥脚输出状态相反），交流接触器KM线圈间歇吸合、断开、吸合、断开……从而控制电动机进行间歇运转。在交流接触器KM线圈接通时，其相应的指示灯HL₂亮，说明电动机已工作。

✛ 常见故障及排除方法

（1）合上主回路断路器QF₁、控制回路断路器QF₂，电源指示灯HL₁亮，合上转换开关SA后，电动机不运转。根据上述故障结合电气原理图可以分析，指示灯HL₁亮，说明电源正常；一合上转换开关SA，正反转控制器应该工作，若JZF正反转损坏，那么交流接触器KM线圈就不能得电吸合，电动机也就无法运转。另外，转换开关SA（1-3）损坏闭合不了，交流接触器KM线圈损坏热继电器FR控制常闭触点（2-4）损坏或过载动作了，也会出现上述情况。经检查是JZF正反转控制器损坏不能工作所致。更换新

JZF正反转控制器后试之，JZF的⑤脚有输出，交流接触器KM线圈就会得电吸合，KM三相主触点闭合，电动机得电运转；经延时后，JZF的⑤脚无输出，交流接触器KM线圈就会断电释放，KM三相主触点断开，电动机失电停止运转。再待延时后，重复上述动作，实现电动机断续运转。在电动机运转时指示灯HL₂亮，说明电动机运转工作。至此，电路恢复正常，故障排除。

（2）合上转换开关SA后，JZF正反转控制器工作正常，但电动机不运转工作。根据上述故障结合电气原理图分析，转换开关SA（1-3）是好的，热继电器FR控制常闭触点（2-4）也是好的；其故障原因可能为控制器上的端子⑥与1#线松动脱落，交流接触器KM线圈损坏，以及与此电路相关的1#线、4#线、5#线有松动脱落。经检查，是控制器上的端子⑥与1#线松动脱落而致。重新接好松动脱落连接线后试之，电路恢复正常，故障排除。

✛ 电路接线（图319）

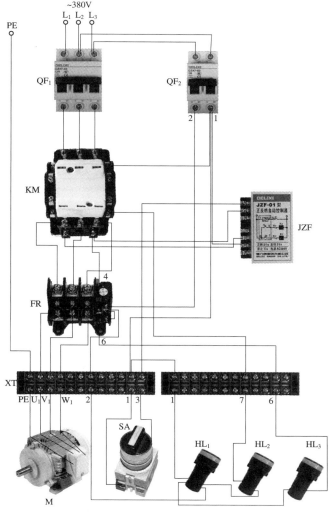

图319　正反转控制器控制电动机间歇运转电路接线图

电路 153 两台电动机联锁控制电路

✤ 应用范围

本电路适用于大型空调、生产流水线等。

✤ 工作原理（图320）

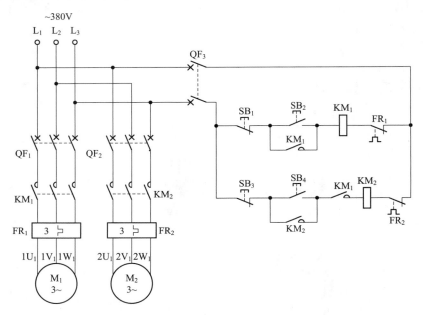

图320 两台电动机联锁控制电路原理图

启动时，必须先按下启动按钮SB_2（若不按下SB_2而直接按下SB_4，则操作无效），交流接触器KM_1线圈得电吸合且KM_1辅助常开触点闭合自锁，其三相主触点闭合，电动机M_1得电启动运转。同时交流接触器KM_1串联在KM_2线圈回路中的辅助常开触点闭合，为KM_2工作提供准备条件（实际上就是利用KM_1的辅助常开触点来完成顺序启动）。再按下启动按钮SB_4，此时，交流接触器KM_2线圈也吸合且KM_2辅助常开触点闭合自锁，其三相主触点闭合，电动机M_2得电启动运转。

停止时有以下两种方式。

（1）按顺序停止：先按下SB_3，停止交流接触器KM_2，使电动机M_2先停止运转；再按下SB_1，停止交流接触器KM_1，从而停止电动机M_1。

（2）同时停止：停止时直接按下SB_1，交流接触器KM_1、KM_2线圈同时断电释放，各自的三相主触点均断开，两台电动机M_1、M_2同时失电停止工作。

✤ 常见故障及排除方法

（1）电动机M_1未转，按启动按钮SB_4，电动机M_2能启动运转。此故障原因可能是交流接触器KM$_1$串联在KM$_2$线圈回路中的辅助常开触点损坏断不开或根本没接。此时观察配电箱内的交流接触器，若KM$_1$、KM$_2$均吸合，则说明KM$_1$主回路有故障或电动机M$_1$主回路断路器QF$_1$动作跳闸了。若KM$_1$未吸合、KM$_2$吸合了，则说明KM$_1$辅助常开触点有故障或根本未接上。

（2）按启动按钮SB$_2$，交流接触器KM$_1$能吸合，不能自锁。此故障原因主要是交流接触器KM$_1$自锁回路有故障，如自锁触点损坏或自锁线脱落。

（3）按第一台电动机启动按钮SB$_2$，KM$_1$、KM$_2$同时吸合，两台电动机M$_1$、M$_2$同时得电运转；按停止按钮SB$_1$，M$_1$、M$_2$同时停止运转。此故障主要原因是5#线与9#线碰线短路所致。

（4）按第二台电动机停止按钮SB$_3$，电动机M$_2$不能停止，按SB$_1$，则电动机M$_1$、M$_2$能同时停止运转。此故障可能原因是电动机M$_2$停止按钮SB$_1$损坏短路，不能断开KM$_2$线圈回路电源，电动机M$_2$不能停止工作。另外，若5#线与9#线短路碰线也会出现上述现象。

✤ 电路接线（图321）

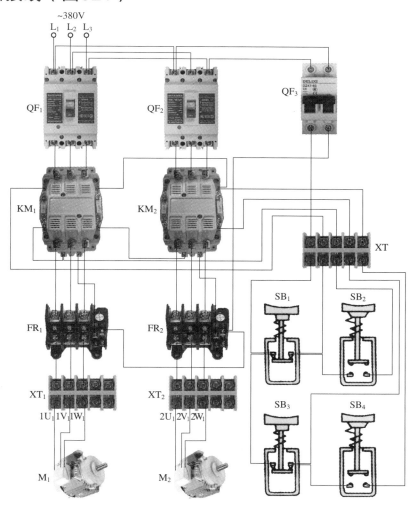

图321　两台电动机联锁控制电路接线图

电路 154 效果理想的顺序自动控制电路

✛ 应用范围

本电路简单巧妙，可用于纺织、空调等有特殊要求的启动从前向后、停止从后向前的控制。

✛ 工作原理（图322）

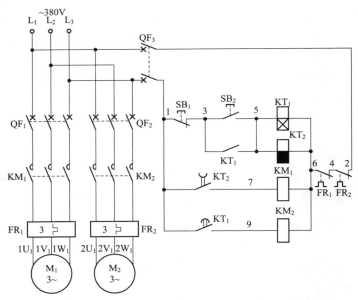

图322 效果理想的顺序自动控制电路原理图

启动时，按下启动按钮SB_2（3-5），得电延时时间继电器KT_1和失电延时时间继电器KT_2线圈同时得电吸合且KT_1不延时瞬动常开触点（3-5）闭合自锁，KT_1开始延时。此时，KT_2失电延时断开的常开触点（1-7）立即闭合，接通了交流接触器KM_1线圈回路电源，交流接触器KM_1线圈得电吸合，KM_1三相主触点闭合，辅机电动机M_1得电启动运转；经得电延时时间继电器KT_1一段时间延时后，KT_1得电延时闭合的常开触点（1-9）闭合，将交流接触器KM_2线圈回路电源接通，KM_2三相主触点闭合，主机电动机M_2得电启动运转。从而完成启动时先启动辅机M_1，再延时自动启动主机M_2。

停止时，按下停止按钮SB_1（1-3），得电延时时间继电器KT_1、失电延时时间继电器KT_2线圈均断电释放且KT_2开始延时，KT_1得电延时闭合的常开触点（1-9）断开，切断了交流接触器KM_2线圈回路电源，KM_2线圈断电释放，KM_2三相主触点断开，主机电动机M_2失电停止运转；经失电延时时间继电器KT_2一段时间延时后，KT_2失电延时断开的常开触点（1-7）恢复常开，切断了交流接触器KM_1线圈回路电源，KM_1线圈断电释放，KM_1三相主触点断开，辅机电动机M_1失电停止运转。从而实现在停止时先停止主机后再延时自动停止辅机。

✤ 常见故障及排除方法

（1）只有辅机工作，主机不工作。首先观察配电箱内电气元件动作情况，若得电延时时间继电器KT$_1$线圈不吸合，则是因为KT$_1$损坏而使延时闭合的常开触点不闭合，造成交流接触器KM$_2$线圈不能得电吸合工作，从而导致主机M$_2$不工作。若得电延时时间继电器KT$_1$线圈得电吸合，则故障为KT$_1$延时闭合的常开触点损坏或交流接触器KM$_2$线圈断路。用万用表测出故障器件并修复即可。

（2）一合上控制断路器QF$_3$，辅机M$_1$不需启动操作就运转，按停止按钮无反应。若从控制回路分析，则此故障为失电延时时间继电器KT$_2$的失电延时断开的常开触点粘连断不开所致，只要更换KT$_2$延时触点即可排除故障；若从主回路分析，则此故障的原因为交流接触器KM$_2$主触点粘连；若从器件自身故障分析，则此故障为机械部分卡住或铁心极面有油污所致。遇到上述故障时只需更换交流接触器即可。

✤ 电路接线（图323）

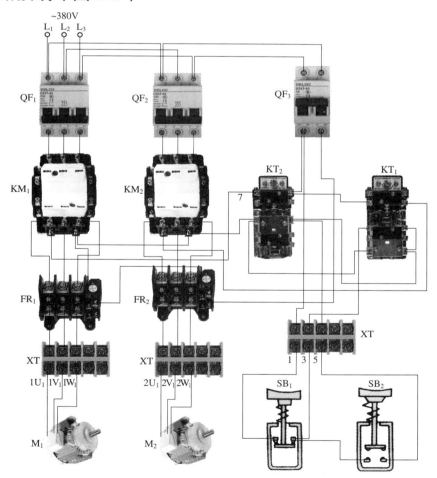

图323　效果理想的顺序自动控制电路接线图

电路 155 两台电动机自动轮流控制电路（一）

✦ 应用范围

本电路适用于水厂、电厂等重要部门的用水设备控制。

✦ 工作原理（图324）

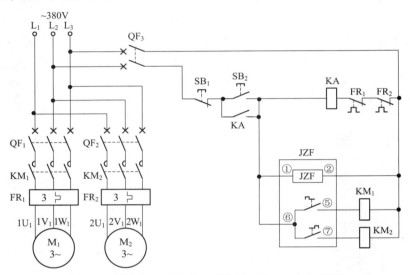

图324 两台电动机自动轮流控制电路（一）原理图

启动时，按下启动按钮SB$_2$，中间继电器KA线圈得电吸合且KA常开触点闭合自锁，为控制回路提供工作条件。这时JZF正反转控制器①、②端通入380V电源工作。JZF正反转控制器⑤、⑥接通，交流接触器KM$_1$线圈得电吸合，KM$_1$三相主触点闭合，电动机M$_1$得电启动运转。经JZF正反转控制器一段时间延时后，JZF正反转控制器⑤、⑥断开，交流接触器KM$_1$线圈断电释放，KM$_1$三相主触点断开，电动机M$_1$失电停止运转。再经JZF正反转控制器一段时间延时后，JZF正反转控制器⑥、⑦接通，交流接触器KM$_2$线圈得电吸合，KM$_2$三相主触点闭合，电动机M$_2$得电启动运转。再经JZF正反转控制器一段时间延时后，JZF正反转控制器⑥、⑦断开，交流接触器KM$_2$线圈断电释放，KM$_2$三相主触点断开，电动机M$_2$失电停止运转。再经JZF正反转控制器一段时间延时后，JZF正反转控制器⑤、⑥接通，交流接触器KM$_1$线圈又重新得电吸合，KM$_1$三相主触点又闭合，电动机M$_1$又重新得电启动运转，如此循环下去，从而完成两台电动机自动轮流控制。

✦ 常见故障及排除方法

（1）启动时，按启动按钮SB$_2$，电路无任何反应，两台电动机M$_1$、M$_2$不能轮流运转。从电气原理图上可以看出，启动时，只有中间继电器KA线圈得电吸合且自锁后，JZF正反转自动控制器才能工作，才会自动轮流控制两只交流接触器KM$_1$或KM$_2$线圈回路电源，KM_1或KM_2线圈得电吸合，KM_1或KM_2各自的三相主触点闭合，电动机M_1或M_2得电运转；电动机M_1运转一段时间后再停止一段时间，然后电动机M_2运转一段时间后再停止一段时间，这样M_1、M_2周而复始轮流工作。通过上述情况分析，故障原因可能是启动按钮SB_2损坏闭合不了，停止按钮SB_1损坏断路，中间继电器KA线圈损坏断路，热继电器FR_1控制常闭触点损坏断路，热继电器FR_2控制常闭触点损坏断路，以及上述各故障器件上的连接线有松动脱落现象。经检查是热继电器FR_2控制常闭触点损坏断路所致。更换新热继电器后，试之，按启动按钮SB_2，中间继电器KA线圈能得电吸合且KA常开触点闭合自锁，给JZF正反转控制器提供工作电源，控制器⑤脚控制电动机M_1，控制器⑦脚控制电动机M_2，两台电动机M_1、M_2均能各自定时轮流运转。至此，电路恢复正常，故障排除。

（2）电动机M_1能定时断续运转，电动机M_2却一直运转不停。断开控制回路断路器QF_3后，电动机M_2仍继续运转不能停止。从上述故障分析，故障可能是交流接触器KM_2三相主触点熔焊断不开，交流接触器KM_2可动部分机械卡住，交流接触器KM_2铁心极面有油污造成其延时释放（延时时间长短不一）。经检查是交流接触器KM_2可动部分机械卡住，更换新交流接触器后试之，电动机M_2会轮流定时运转，至此，故障排除。

✦ 电路接线（图325）

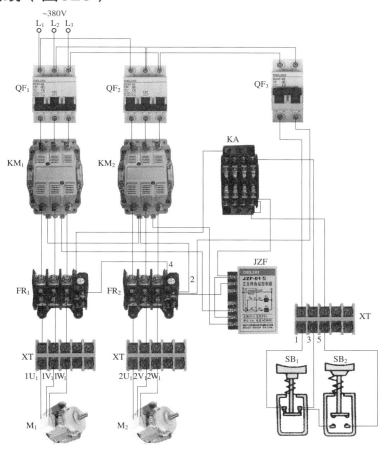

图325　两台电动机自动轮流控制电路（一）接线图

电路 156 两台电动机自动轮流控制电路（二）

✦ 应用范围

本电路适用于水厂、电厂等重要部门的用水设备控制。

✦ 工作原理（图326）

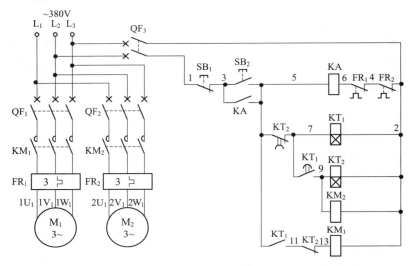

图326 两台电动机自动轮流控制电路（二）原理图

工作时，按下启动按钮SB$_2$（3-5），中间继电器KA线圈得电吸合且KA常开触点（3-5）闭合自锁，为电路工作提供电源。此时，得电延时时间继电器KT$_1$线圈得电吸合并开始延时。KT$_1$不延时瞬动常开触点闭合，接通了交流接触器KM$_1$线圈回路电源，KM$_1$线圈得电吸合，KM$_1$三相主触点闭合，电动机M$_1$先得电启动运转。经KT$_1$一段时间延时后，KT$_1$得电延时闭合的常开触点（7-9）闭合，接通了得电延时时间继电器KT$_2$和交流接触器KM$_2$线圈回路电源，得电延时时间继电器KT$_2$和交流接触器KM$_2$线圈得电吸合，KT$_2$开始延时；KT$_2$不延时瞬动常闭触点（11-13）断开，切断交流接触器KM$_1$线圈回路电源，KM$_1$线圈断电释放，KM$_1$三相主触点断开，电动机M$_1$失电停止运转。同时KM$_2$三相主触点闭合，电动机M$_2$得电启动运转。经KT$_2$一段时间延时后，KT$_2$得电延时断开的常闭触点（5-7）断开，切断了得电延时时间继电器KT$_1$线圈回路电源，KT$_1$线圈断电释放，KT$_1$所有触点恢复原始状态。KT$_1$得电延时时间继电器线圈又重新得电吸合且开始延时，KT$_1$不延时瞬动常开触点（5-11）闭合，接通了交流接触器KM$_1$线圈回路电源，KM$_1$线圈得电吸合，KM$_1$三相主触点闭合，电动机M$_1$又重新得电启动运转，如此循环下去，实现两台电动机自动轮流控制。

✦ 常见故障及排除方法

（1）启动时，按启动按钮SB$_2$无效，两台电动机M$_1$、M$_2$不能自动轮流运转。根据上述故障情况结合电气原理图分析，要想让两台电动机M₁、M₂能轮流运转，必须先让中间继电器KA线圈得电吸合且自锁后，方能给KT₁、KT₂、KM₂、KM₁线圈提供工作电源，才能实现两台电动机M₁、M₂自动轮流运转。所以此故障原因为启动按钮SB₂常开触点（3-5）闭合不了，停止按钮SB₁常闭触点（1-3）损坏断路闭合不了，中间继电器KA线圈损坏，热继电器FR₁控制常闭触点（4-6）动作了或损坏闭合不了，热继电器FR₂控制常闭触点（2-4）动作了或损坏闭合不了。经检查是热继电器FR₂控制常闭触点（2-4）过载动作了，手动复位后试之，电路恢复正常，故障排除。

（2）电动机M₁一直运转工作，电动机M₂无法运转。根据上述故障情况结合电气原理图分析，只有得电延时闭合的常开触点（7-9）损坏闭合不了，才会出现上述现象。为什么呢？因为电动机M₁能启动运转，说明得电延时时间继电器KT₁线圈是得电工作的，它的不延时瞬动常开触点（5-11）闭合了，否则交流接触器KM₁线圈是不会得电吸合了，电动机M₁是不会得电运转工作的。只有得电延时闭合的常开触点（7-9）损坏，才会使交流接触器KM₂和得电延时时间继电器KT₂线圈不能得电吸合，也就不会使电动机M₂得电运转，所以电动机M₁会一直运转不停。经检查，确为得电延时闭合的常开触点（7-9）损坏闭合不了所致。更换得电延时时间继电器后试之，电路恢复正常，故障排除。

✦ 电路接线（图327）

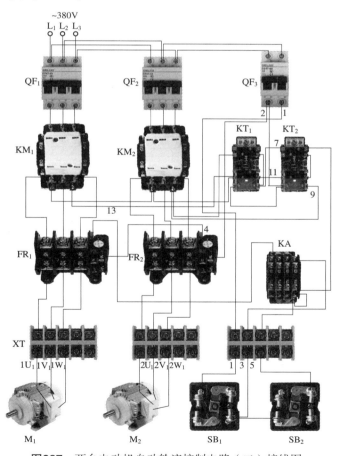

图327　两台电动机自动轮流控制电路（二）接线图

电路 157　两台电动机自动轮流控制电路（三）

✦ 应用范围

本电路适用于水厂、电厂等重要部门的用水设备控制。

✦ 工作原理（图328）

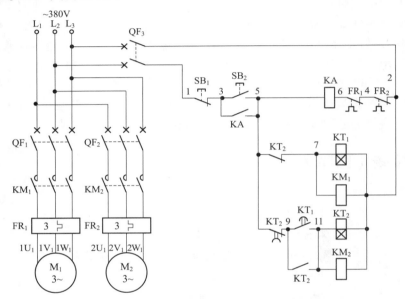

图328　两台电动机自动轮流控制电路（三）原理图

　　启动时，按下启动按钮SB₂（3-5），中间继电器KA线圈得电吸合且KA常开触点（3-5）闭合自锁，交流接触器KM₁和得电延时时间继电器KT₁线圈得电吸合，KT₁开始延时，KM₁三相主触点闭合，电动机M₁先得电启动运转。经KT₁一段时间延时后，KT₁得电延时闭合的常开触点（9-11）闭合，接通交流接触器KM₂和得电延时时间继电器KT₂线圈回路电源，KT₂不延时瞬动常开触点（9-11）闭合自锁，KT₂开始延时，KT₂不延时瞬动常闭触点（5-7）断开，切断得电延时时间继电器KT₁和交流接触器KM₁线圈回路电源，KM₁线圈断电释放，KM₁三相主触点断开，电动机M₁失电停止运转；同时KM₂三相主触点闭合，电动机M₂后得电启动运转。经KT₂一段时间延时后，KT₂得电延时断开的常闭触点（5-9）断开，切断了得电延时时间继电器KT₂和交流接触器KM₂线圈回路电源，KT₂、KM₂线圈断电释放，KM₂三相主触点断开，电动机M₂失电停止运转。在KT₂线圈断电释放的同时，KT₂不延时瞬动常闭触点（5-7）恢复常闭，使得电延时时间继电器KT₁和交流接触器KM₁线圈又重新得电吸合，KM₁三相主触点闭合，电动机M₁又重新得电启动运转。如此循环，实现两台电动机自动轮流控制。

❖ 常见故障及排除方法

（1）启动时，按启动按钮SB₂后，中间继电器KA线圈能得电吸合且自锁，但电动机M₁、M₂不能自动轮流工作。根据上述故障结合电气原理图分析，故障可能为2#线、5#线、7#线松动脱落，得电延时时间继电器KT₂的得电不延时瞬动常闭触点（5-7）损坏断路，得电延时时间继电器KT₁线圈损坏，交流接触器KM₁线圈损坏，首先对上述各故障部位进行检查，经检查是得电延时时间继电器KT₂的不延时瞬动常闭触点（5-7）损坏断路。更换得电延时时间继电器后，故障排除。

（2）当交流接触器KM₂线圈得电吸合后，电动机M₂短路保护断路器QF₂即动作跳闸。此故障原因为交流接触器KM₂下端松动碰线，热继电器FR₂三相热元件短路，电动机M₂绕组短路损坏，以及主回路连接导线有相碰短路现象。经检查是热继电器FR₂三相热元件短路所致。更换热继电器FR₂后，试之，故障排除。

❖ 电路接线（图329）

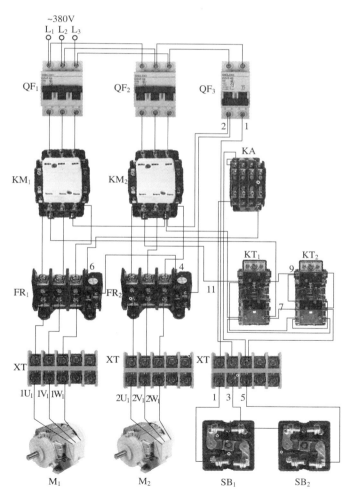

图329　两台电动机自动轮流控制电路（三）接线图

电路 158   两台电动机自动轮流控制电路（四）

✤ 应用范围

本电路适用于水厂、电厂等重要部门的用水设备控制。

✤ 工作原理（图330）

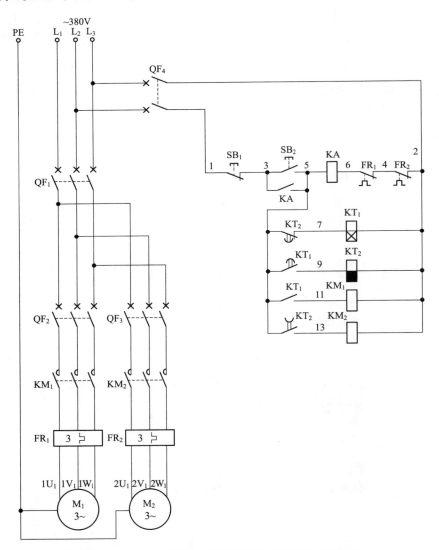

图330　两台电动机自动轮流控制电路（四）原理图

　　首先合上主回路断路器QF₁、控制回路断路器QF₂，为电路工作提供准备条件。

　　启动时，按下启动按钮SB₂，其常开触点（3-5）闭合，接通中间继电器KA线圈回路电源，中间继电器KA线圈得电吸合且KA常开触点（3-5）闭合自锁，为控制回路工作提供电源准备。

当KA常开触点（3-5）闭合后，接通了得电延时时间继电器KT₁线圈回路电源，得电延时时间继电器KT₁线圈得电吸合并开始延时。KT₁不延时瞬动常开触点（5-11）闭合，使交流接触器KM₁线圈得电吸合，KM₁三相主触点闭合，电动机M₁得电启动运转。经KT₁一段时间延时后，KT₁得电延时闭合的常开触点（5-9）闭合，接通了失电延时时间继电器KT₂线圈回路电源，KT₂线圈得电吸合，KT₂失电延时闭合的常闭触点（5-7）立即断开，切断得电延时时间继电器KT₁线圈回路电源，KT₁线圈断电释放，KT₁不延时瞬动常开触点（5-11）恢复常开，交流接触器KM₁线圈断电释放，KM₁三相主触点断开，电动机M₁失电停止运转。同时，KT₁得电延时闭合的常开触点（5-9）恢复常开，切断失电延时时间继电器KT₂线圈回路电源，KT₂线圈断电释放并开始延时。KT₂失电延时断开的常开触点（5-13）立即闭合，接通交流接触器KM₂线圈回路电源，使交流接触器KM₂线圈得电吸合，KM₂三相主触点闭合，电动机M₂得电启动运转。经KT₂一段时间延时后，KT₂失电延时断开的常开触点（5-13）断开，切断交流接触器KM₂线圈回路电源，KM₂线圈断电释放，KM₂三相主触点断开，电动机M₂失电停止运转。KT₂失电延时闭合的常闭触点（5-7）恢复常闭，又将得电延时时间继电器KT₁线圈回路接通，KT₁线圈得电吸合，KT₁开始延时，KT₁不延时瞬动常开触点（5-11）闭合，又重新接通了交流接触器KM₁线圈回路电源，使交流接触器KM₁线圈重新得电吸合，KM₁三相主触点闭合，电动机M₁又重新得电启动运转。如此循环，完成两台电动机自动轮流控制。

停止时，无论两台电动机处于何种状态，只要按下停止按钮SB₁，其常闭触点（1-3）断开，切断中间继电器KA线圈回路电源，KA线圈断电释放，解除自锁，也切断了整个控制回路电源，使电路停止工作，两台电动机均处于停止状态。

✦ 常见故障及排除方法

（1）启动时，按启动按钮SB₂，中间继电器KA、得电延时时间继电器KT₁和交流接触器KM₁线圈均得电吸合且KA自锁，KM₁三相主触点闭合，电动机M₁启动运转。但电动机M₁一直运转不停，电动机M₂也不工作。根据以上故障结合电气原理图分析，既然KT₁、KM₁线圈都工作，但经KT₁延时也进行不了下一步，故障很有可能出在KT₁得电延时闭合的常开触点（5-9）损坏闭合不了，失电延时时间继电器KT₂线圈损坏，与此电路相关的5#线、9#线、2#线松动脱落。经检查是KT₁得电延时闭合的常开触点（5-9）损坏所致。更换得电延时时间继电器后，试之，电路恢复正常，故障排除。

（2）当失电延时断开的常开触点（5-13）闭合，交流接触器KM₂线圈得电吸合后，电动机M₂不转，发出"嗡嗡"响声。根据上述情况分析，故障为三相电源缺相。经检查是交流接触器KM₂三相主触点中的L₃相闭合不了所致。更换新交流接触器后，试之，电动机M₂恢复正常运转，故障排除。

✦ 电路接线（图331）

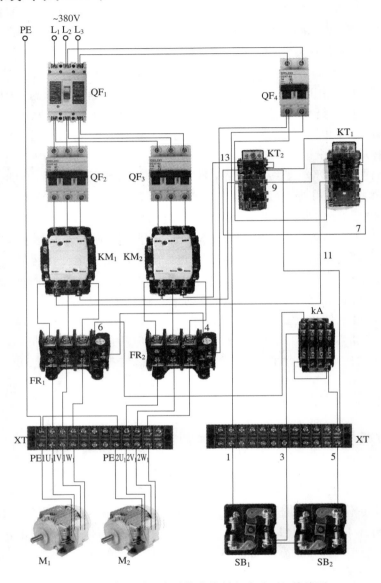

图331 两台电动机自动轮流控制电路（四）接线图

电路 159　两台电动机手动顺序启动、逆序停止控制电路

✛ 应用范围

　　本电路适用于生产线或专用设备的特殊要求控制，如纺纱机，要求启动时先启动吸风机，然后再启动主机；而停止时先停止主机，再停止吸风机。

✛ 工作原理（图332）

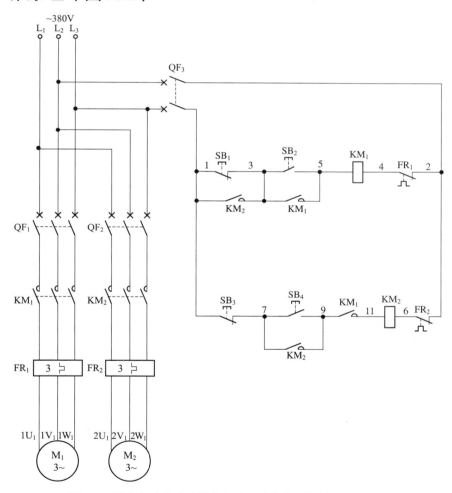

图332　两台电动机手动顺序启动、逆序停止控制电路原理图

　　顺序启动时，因交流接触器KM_1辅助常开触点（9-11）串联在交流接触器KM_2线圈回路中，所以只有KM_1线圈先得电吸合后，方可对KM_2线圈进行操作。启动时，按下第一台电动机M_1启动按钮SB_2，其常开触点（3-5）闭合，使交流接触器KM_1线圈得电吸合

且KM₁辅助常开，触点（3–5）闭合自锁，KM₁三相主触点闭合，第一台电动机M₁先得电启动运转。与此同时，KM₁串联在KM₂线圈回路中的辅助常开触点（9–11）也闭合，为允许对第二台电动机M₂进行启动操作做准备。再按下第二台电动机M₂启动按钮SB₄，其常开触点（7–9）闭合，使交流接触器KM₂线圈得电吸合且KM₂辅助常开触点（7–9）闭合自锁，KM₂三相主触点闭合，第二台电动机M₂后得电启动运转了。与此同时，KM₂并联在第一台电动机停止按钮SB₁上的辅助常开触点（1–3）闭合，将停止按钮SB₁给短接了起来，使其无法对电动机M₁进行停止操作，从而完成顺序手动启动操作。

逆序停止时，只有解除并联在SB₁上的KM₂辅助常开触点（1–3），方能对电动机M₁进行停止操作。停止时，先按下第二台电动机M₂停止按钮SB₃，其常闭触点（1–7）断开，使交流接触器KM₂线圈断电释放，KM₂三相主触点断开，第二台电动机M₂先失电停止运转。与此同时，KM₂并联在SB₁上的辅助常开触点（1–3）断开，解除对SB₁的短接作用，允许对第一台电动机M₁进行停止操作。再按下第一台电动机M₁停止按钮SB₁，其常闭触点（1–3）断开，使交流接触器KM₁线圈断电释放，KM₁三相主触点断开，第一台电动机M₁后失电停止运转，从而完成逆序手动停止操作。

✤ 常见故障及排除方法

（1）电动机M₁启动运转后，欲启动电动机M₂时，按SB₄无效。根据以上故障结合电气原理图分析，既然电动机M₁已启动运转，说明交流接触器KM₁线圈是吸合的且KM₁的一组辅助常开触点（3–5）闭合能自锁。从电气原理图中可以看出，KM₁的另一组串联在交流接触器KM₂线圈回路中的常开触点（9–11）闭合不了，也就无法给KM₂线圈回路提供条件，所以，KM₁辅助常开触点（9–11）损坏，会使KM₂线圈无法进行操作，电动机M₂也无法得电启动运转。另外，停止按钮SB₁（1–7）损坏闭合不了，电动机M₂启动按钮SB₄（7–9）损坏闭合不了，交流接触器KM₂线圈损坏，热继电器FR控制常闭触点（2–6）已过载动作或损坏断路，均会使电动机M₂的启动控制回路无法操作。经检查是交流接触器KM₁辅助常开触点（9–11）损坏所致。更换交流接触器KM₁辅助常开触点后试之，电路恢复正常，故障排除。

（2）电动机M₁、M₂启动运转后，欲停止电动机M₁时，无需按逆序从后向前停止，即先停止电动机M₂后，再停止电动机M₁，而是直接按第一台电动机M₁停止按钮SB₁即可。根据上述故障情况结合电气原理图分析，在正常情况下，由于第二台电动机M₂启动运转后，控制电动机M₂的交流接触器KM₂的一组并联在第一台电动机M₁停止按钮SB₁（1–3）上的辅助常开触点（1–3）闭合了，将第一台电动机停止按钮SB₁（1–3）给短接了起来，使停止按钮SB₁无法操作，SB₁操作无效。所以，上述故障无疑是交流接触器KM₂并联在第一台电动机M₁停止按钮上的常开触点（1–3）损坏闭合不了所致。更换新交流接触器KM₂辅助常开触点后，试之，电路恢复正常，故障排除。

⟡ 电路接线（图333）

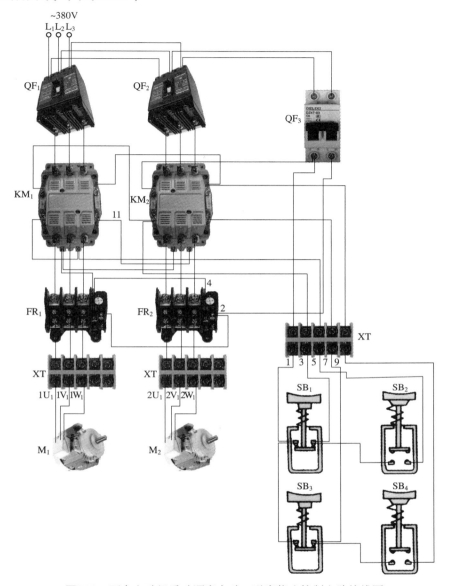

图333　两台电动机手动顺序启动、逆序停止控制电路接线图

电路 160 两台电动机顺序启动、任意停止 控制电路（一）

✤ 应用范围

本电路适用于生产线或专用设备的特殊要求控制，如纺纱机，要求启动时先启动吸风机，然后再启动主机；而停止时先停止主机，再停止吸风机。

✤ 工作原理（图334）

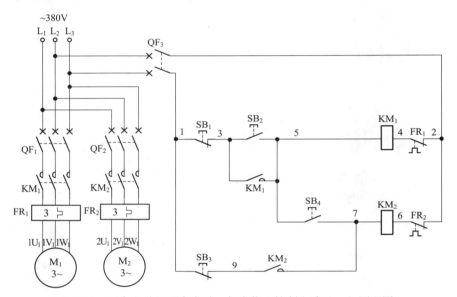

图334 两台电动机顺序启动、任意停止控制电路（一）原理图

顺序启动时，先按下电动机M_1启动按钮SB_2（3-5），交流接触器KM_1线圈得电吸合且KM_1辅助常开触点（3-5）闭合自锁，KM_1三相主触点闭合，电动机M_1先得电启动运转。因电动机M_2的控制回路电源接在KM_1自锁辅助常开触点（3-5）的后面，所以KM_1自锁辅助常开触点（3-5）闭合后才允许对电动机M_2的控制回路进行操作。按下电动机M_2启动按钮SB_4（5-7），交流接触器KM_2线圈得电吸合且KM_2辅助常开触点（7-9）闭合自锁，KM_2三相主触点闭合，电动机M_2后得电启动运转。

停止时，不分先后，可任意进行停止操作。当按下停止按钮SB_1（1-3）时，交流接触器KM_1线圈断电释放，KM_1三相主触点断开，电动机M_1失电停止运转。当按下停止按钮SB_3时，交流接触器KM_2线圈断电释放，KM_2三相主触点断开，电动机M_2失电停止运转。

✤ 常见故障及排除方法

（1）启动时，按下第一台电动机启动按钮SB_2（3-5）后，电动机M_1、M_2同时得电启动运转。停止时，按SB_1（1-3）或SB_3（1-9）无效，同时按下SB_1和SB_2能同时停止电动机M_1、M_2。根据以上故障结合电气原理图分析，此故障原因可能是由于电路中的5#线与7#线两线相碰连在一起了。当5#线与7#线碰在一起时，按启动按钮SB_2（3-5），交流接触器KM_1和KM_2线圈均得电吸合且KM_1辅助常开触点（3-5）、KM_2辅助常开触点（7-9）均自锁，就无法实现两台电动机M_1、M_2顺序启动。而停止时，由于5#线与7#线相碰在一起了，KM_1、KM_2两只线圈同时出现两路自锁且并联起来，这样，就无法对电动机M_1或M_2实现任意停止控制；两只停止按钮SB_1、SB_2同时按下时，电动机M_1、M_2能同时停止下来。经检查，确为5#线与7#线相碰所致。将相碰的5#线与7#线处理好，试之，电路恢复正常，故障排除。

（2）两台电动机顺序启动正常，但停止时，按第一台电动机M_1的停止按钮SB_1，停止第二台电动机M_2；按第二台电动机M_2的停止按钮SB_3，停止第一台电动机M_1。从上述故障情况集合电气原理图分析，此故障是由于停止按钮SB_1上的3#线与停止按钮SB_3上的9#线相互接混了，即停止按钮SB_1上的3号线误接到9#线上了，停止按钮SB_3上的9#线误接到3#线上了。经检查，确为停止按钮SB_1、SB_3接线有误。将接线恢复正确后试之，按停止按钮SB_1能停止电动机M_1，按停止按钮SB_3能停止电动机M_2。至此，电路恢复正常，故障排除。

✦ 电路接线（图335）

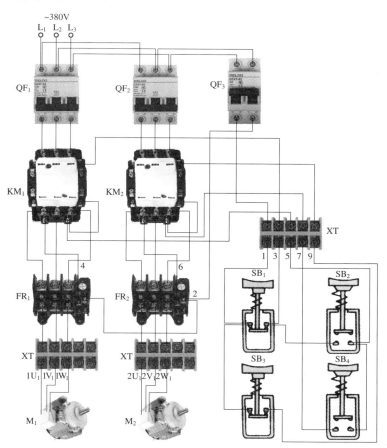

图335　两台电动机顺序启动、任意停止控制电路（一）接线图

电路 161 两台电动机顺序启动、任意停止 控制电路（二）

✥ 应用范围

本电路适用于生产线、冶金、纺织行业。

✥ 工作原理（图 336）

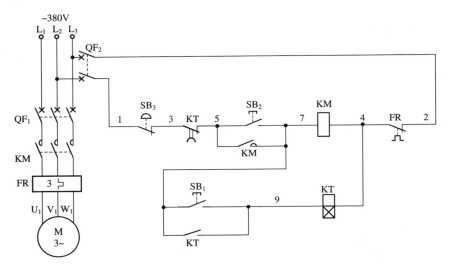

图336 两台电动机顺序启动、任意停止控制电路（二）原理图

因 KM₂ 线圈的启动回路中串联了一组 KM₁ 辅助常开触点（9–11），所以只有按顺序先让 KM₁ 工作后，方可对 KM₂ 进行操作。

启动时，先按下电动机 M₁ 启动按钮 SB₂（3–5），交流接触器 KM₁ 线圈得电吸合且 KM₁ 辅助常开触点（3–5）闭合自锁，KM₁ 三相主触点闭合，电动机 M₁ 先得电启动运转。在 KM₁ 线圈得电吸合后，KM₁ 串联在 KM₂ 线圈启动回路中的辅助常开触点（9–11）闭合，为 KM₂ 线圈工作做准备。然后再按下电动机 M₂ 启动按钮 SB₄（7–9），交流接触器 KM₂ 线圈得电吸合且 KM₂ 辅助常开触点（7–11）闭合自锁，KM₂ 三相主触点闭合，电动机 M₂ 后得电启动运转。至此，完成从前向后顺序手动启动控制。

按下电动机 M₁ 停止按钮 SB₁（1–3），交流接触器 KM₁ 线圈断电释放，KM₁ 三相主触点断开，电动机 M₁ 失电停止运转。

按下电动机 M₂ 停止按钮 SB₃（1–7），交流接触器 KM₂ 线圈断电释放，KM₂ 三相主触点断开，电动机 M₂ 失电停止运转。

✤ 常见故障及排除方法

（1）可任意对两台电动机进行单独启停操作。此故障原因为KM_1串联在KM_2启动回路中的辅助常开触点（9-11）损坏断不开，9#线与11#线碰在一起了。经检查为KM_1辅助常开触点损坏所致。更换新的辅助常开触点后，试之，一切正常，故障排除。

（2）电动机M_2控制回路工作正常，电动机M_1启动运转工作正常，但停止时，按停止按钮SB_1（1-3）无效，断开QF_2，能实现停止。此故障为停止按钮SB_1损坏断不开，1#线与3#线相碰，3#线脱落后又与1#线碰在一起了。经检查为停止按钮SB_1损坏断不开所致，更换新的停止按钮后，故障排除。

✤ 电路接线（图337）

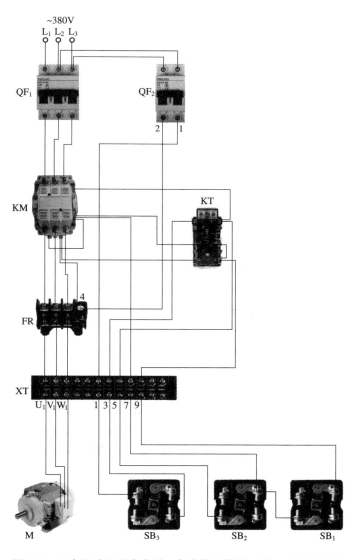

图337　两台电动机顺序启动、任意停止控制电路（二）接线图

电路 162 主回路、控制回路均顺序控制的两台 电动机顺序启动控制电路

✦ 应用范围

　　本电路适用于生产线或专用设备的特殊要求控制，如纺纱机，要求启动时先启动吸风机，然后再启动主机；而停止时先停止主机，再停止吸风机。

✦ 工作原理（图338）

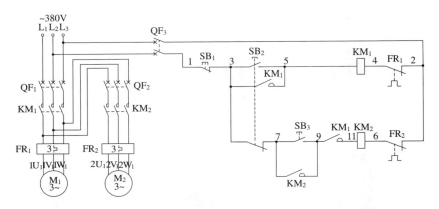

图338 主回路、控制回路均顺序控制的两台电动机顺序启动控制电路原理图

　　从主回路看，电动机M_2接在电动机M_1控制交流接触器KM_1后面，因此只有在电动机M_1通过KM_1实现启动运转后，电动机M_2才能通过KM_2实现启动运转，从而完成主回路顺序控制。

　　从控制回路看，交流接触器KM_1的一组辅助常开触点（9-11）串联在交流接触器KM_2线圈回路中，也就是说KM_1必须先吸合工作，才允许KM_2工作，否则无法进行控制，从而实现控制回路顺序控制。

　　顺序启动时，必须先按下第一台电动机M_1启动按钮SB_2，其常闭触点（3-7）断开，常开触点（3-5）闭合，交流接触器KM_1线圈得电吸合且KM_1辅助常开触点（3-5）闭合自锁，KM_1三相主触点闭合，电动机M_1先得电启动运转。当第一台电动机M_1启动运转之后，也就是说KM_1的一组串联在第二台电动机M_2控制用交流接触器KM_2线圈回路中的辅助常开触点此时已闭合，为第二台电动机M_2启动操作提供条件。再按下第二台电动机M_2启动按钮SB_3（7-9），交流接触器KM_2线圈得电吸合且KM_2辅助常开触点（7-9）闭合自锁，KM_2三相主触点闭合，第二台电动机M_2后得电启动运转，从而实现顺序启动控制。

　　停止时，按下停止按钮SB_1（1-3），交流接触器KM_1和KM_2线圈均断电释放，KM_1和KM_2各自的三相主触点断开，电动机M_1、M_2同时失电停止运转。

✤ 常见故障及排除方法

（1）启动时，同时按下SB$_2$和SB$_3$时，两台电动机能同时得电启动运转。根据以上情况结合电气原理图分析，此故障是第一台电动机M$_1$启动按钮SB$_2$串接在交流接触器KM$_2$线圈回路中的常闭触点（3–7）损坏断不开所致。更换新启动按钮SB$_2$后试之，电路恢复正常，故障排除。

（2）启动时，按第一台电动机M$_1$启动按钮SB$_2$，第一台电动机M$_1$不运转；按第二台电动机M$_2$启动按钮SB$_3$，第二台电动机M$_2$也不运转。经检查是交流接触器KM$_1$三相主触点中有两相损坏闭合不了所致。更换交流接触器KM$_1$后，试之，电动机M$_1$、M$_2$能顺序启动运转，至此，电路恢复正常，故障排除。

✤ 电路接线（图339）

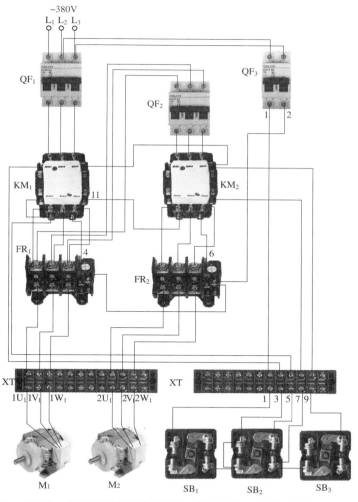

图339　主回路、控制回路均顺序控制的两台电动机顺序启动控制电路接线图

电路 163 两条传送带启动、停止控制电路（一）

✤ 应用范围

适用于矿上、电厂、粮库、港口用的传送带设备控制。

✤ 工作原理（图340）

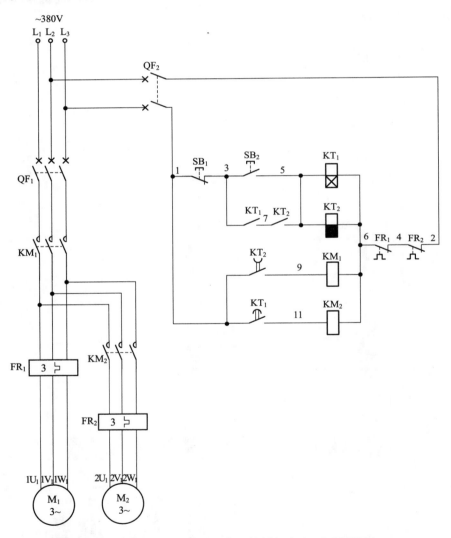

图340 两条传送带启动、停止控制电路（一）原理图

顺序启动时，按下启动按钮SB₂（3-5），得电延时时间继电器KT₁和失电延时时间继电器KT₂线圈均得电吸合且KT₁、KT₂的两组不延时瞬动常开触点（3-7、5-7）闭合串联自锁，KT₁开始延时；KT₂失电延时断开的常开触点（1-9）立即闭合，接通交流接触

器KM_1线圈回路电源，KM_1线圈得电吸合，KM_1三相主触点闭合，传送带电动机M_1先得电启动运转。经KT_1一段时间延时后，KT_1得电延时闭合的常开触点（1–11）闭合，接通交流接触器KM_2线圈回路电源，KM_2线圈得电吸合，KM_2三相主触点闭合，传送带电动机M_2也得电启动运转，从而完成启动时，先启动传送带电动机M_1，再自动启动传送带电动机M_2，从前向后顺序进行启动控制。

逆序停止时，按下停止按钮SB_1（1–3），得电延时时间继电器KT_1和失电延时时间继电器KT_2线圈均断电释放且KT_2开始延时。同时，KT_1得电延时闭合的常开触点（1–11）断开，切断了交流接触器KM_2线圈回路电源，KM_2线圈断电释放，KM_2三相主触点断开，传送带电动机M_2先失电停止运转。经KT_2一段时间延时后，KT_2失电延时断开的常开触点（1–9）断开，切断交流接触器KM_1线圈回路电源，KM_1线圈断电释放，KM_1三相主触点断开，传送带电动机M_1也随后失电停止运转，从而完成停止时，先停止传送带电动机M_2，再自动停止传送带电动机M_1，从后向前逆序进行停止控制。

✜ 常见故障及排除方法

（1）启动时，按启动按钮SB_2（3–5），得电延时时间继电器KT_1和失电延时时间继电器KT_2线圈均能得电吸合，但两台传送带电动机M_1、M_2均不运转。根据上述故障结合电气原理图分析，既然两只时间继电器KT_1、KT_2线圈均能得电吸合且KT_1、KT_2相串联的两只不延时瞬动常开触点（3–7、5–7）闭合自锁，但KT_2失电延时断开的常开触点（1–9）未闭合，那么交流接触器KM_1线圈就不会得电吸合，KM_1三相主触点不能闭合，传送带电动机M_1不能得电启动运转。首先应怀疑出故障的是KT_2失电延时断开的常开触点（1–9）闭合不了，交流接触器KM_1线圈损坏，或与此相关的1#线、9#线、6#线有松动脱落现象。经检查，是交流接触器KM_1线圈损坏所致。更换新交流接触器KM_1后，传送带电动机M_1能得电运转。再经KT_1延时后，KT_1得电延时闭合的常开触点（1–11）闭合，交流接触器KM_2线圈得电吸合，KM_2三相主触点闭合，传送带电动机M_2也得电运转工作，至此，电路恢复正常，故障排除。

（2）传送带电动机M_1启动运转后，传送带电动机M_2不能运转。根据上述故障结合电气原理图分析，得电延时时间继电器KT_1、失电延时时间继电器KT_2、交流接触器KM_1线圈均能得电吸合，说明上述器件都已工作了。但是如果得电延时闭合的常开触点（1–11）损坏未闭合，那么交流接触器KM_2线圈也就不会得电吸合，KM_2三相主触点就不会闭合，传送带电动机M_2就不会得电运转工作。交流接触器KM_2线圈损坏，或与此相关的1#线、6#线、11#线有松动脱落现象也会导致传送带电动机M_2不能得电吸合工作。假如交流接触器KM_2线圈能得电吸合，那么传送带电动机M_2不能运转的原因是交流接触器KM_2三相主触点损坏所致。经检查，是KT_1得电延时闭合的常开触点（1–11）损坏所致。更换得电延时时间继电器后，电路恢复正常，传送带电动机M_2也能得电运转了，故障排除。

✛ 电路接线（图341）

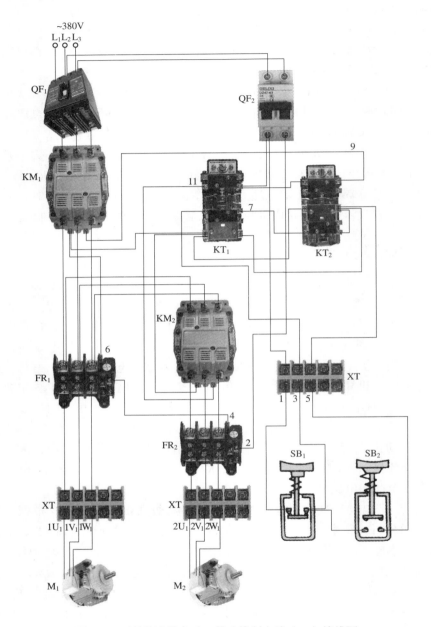

图341 两条传送带启动、停止控制电路（一）接线图

电路 164 　两条传送带启动、停止控制电路（二）

❖ **应用范围**

适用于矿上、电厂、粮库、港口用的传送带设备控制。

❖ **工作原理（图342）**

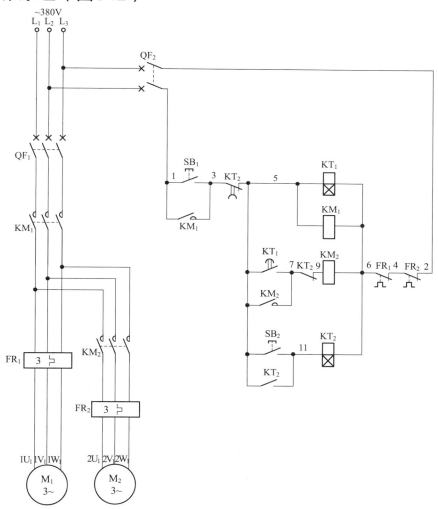

图342　两条传送带启动、停止控制电路（二）原理图

顺序启动时，按下启动按钮SB₁（1-3），得电延时时间继电器KT₁和交流接触器KM₁线圈得电吸合且KM₁辅助常开触点（1-3）闭合自锁，KM₁三相主触点闭合，第一台传送带电动机M₁先得电启动运转。与此同时，KT₁开始延时，经KT₁一段时间延时后，KT₁得电延时闭合的常开触点（5-7）闭合，接通了交流接触器KM₂线圈回路电源，KM₂线圈得电吸合且KM₂辅助常开触点（5-7）闭合自锁，KM₂三相主触点闭合，第二台传送带电动机M$_2$后得电启动运转。至此，完成从前向后自动顺序启动控制。

逆序停止时，按下停止按钮SB$_2$（5-11），得电延时时间继电器KT$_2$线圈得电吸合且KT$_2$不延时瞬动常开触点（5-11）闭合自锁，KT$_2$不延时瞬动常闭触点（7-9）断开，切断了交流接触器KM$_2$线圈回路电源，KM$_2$线圈断电释放，KM$_2$三相主触点断开，第二台传送带电动机M$_2$先失电停止运转。与此同时，KT$_2$开始延时。经KT$_2$一段时间延时后，KT$_2$得电延时断开的常闭触点（3-5）断开，切断了得电延时时间继电器KT$_1$和交流接触器KM$_1$线圈回路电源，KT$_1$和KM$_1$线圈断电释放，KM$_1$三相主触点断开，第一台传送带电动机M$_1$后失电停止运转。至此，完成从后向前自动逆序停止控制。

✤ 常见故障及排除方法

（1）顺序启动时，按启动按钮SB$_2$（1-3），得电延时时间继电器KT$_1$和交流接触器KM$_1$线圈能得电吸合且自锁，KM$_1$三相主触点闭合，但传送带电动机M$_1$不运转。经KT$_1$延时后，交流接触器KM$_2$线圈也能吸合，KM$_2$三相主触点闭合，传送带电动机M$_2$能得电运转工作。从上述故障结合电气原理图分析，整个顺序启动控制过程一切正常。问题出在传送带电动机M$_1$回路中，从电气原理图中可以看出，第二台传送带电动机M$_2$既然能正常运转，那么主回路中QF$_1$、KM$_1$三相主触点、KM$_2$三相主触点、热继电器FR$_2$热元件均正常，故障原因是热继电器FR$_1$热元件损坏断路，传送带电动机M$_1$绕组损坏，以及从KM$_1$三相主触点下端至传动带电动机M$_1$端子上的连线有松动脱落现象。经检查，是热继电器FR$_1$热元件三相中有两相损坏断路所致。更换热继电器后试之，传送带电动机M$_1$恢复正常运转，故障排除。

（2）传送带电动机M$_1$、M$_2$顺序延时启动运转后，欲停止时，一按停止按钮SB$_2$（5-11），得电延时时间继电器KT$_2$能得电吸合且自锁，但传送带电动机M$_2$不能先逆序停止，而经KT$_2$一段时间后，KT$_1$、KT$_2$、KM$_1$、KM$_2$线圈均断电释放，传送带电动机M$_1$、M$_2$同时失电停止运转。从上述情况结合电气原理图分析，在停止时，按下停止按钮SB$_2$，得电延时时间继电器KT$_2$线圈能得电吸合且自锁，此时KT$_2$不延时瞬动常闭触点（7-9）损坏断不开，也就断不开交流接触器KM$_2$线圈回路电源，那么传送带电动机M$_2$就不能逆序先停止运转。再经KT$_2$一段时间延时后，KT$_2$得电延时断开的常闭触点（3-5）断开，也就将KM$_1$、KM$_2$、KT$_1$、KT$_2$线圈均断电释放，KM$_1$、KM$_2$各自的三相主触点均断开，传送带电动机M$_1$、M$_2$同时失电停止运转。所以，此故障为KT$_2$不延时瞬动常闭触点（7-9）损坏断不开所致。更换得电延时时间继电器KT$_2$后，试之，传送带电动机M$_2$能先停止运转，再延时使传送带电动机M$_1$也停止运转。至此，电路恢复正常，故障排除。

❖ **电路接线（图343）**

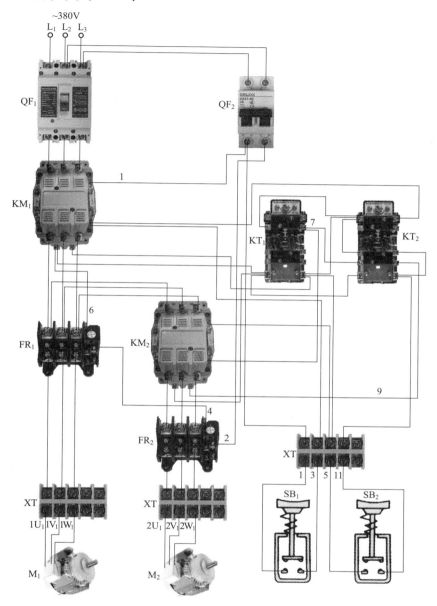

图343　两条传送带启动、停止控制电路（二）接线图

电路 165 具有定时功能的启停电路

✦ 应用范围

本电路适用于任何定时控制电路，如水泵、风机、空调、生产设备。

✦ 工作原理（图344）

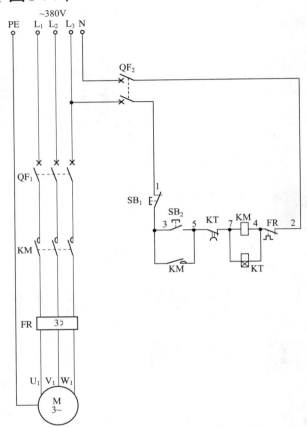

图344 具有定时功能的启停电路原理图

启动时，按下启动按钮SB₁（3-5），接通了交流接触器KM、得电延时时间继电器KT线圈回路电源，交流接触器KM线圈得电吸合且KM辅助常开触点（3-5）闭合自锁，KM三相主触点闭合，电动机得电启动运转；同时，得电延时时间继电器KT也得电工作并开始延时，经KT设定延时时间后，KT得电延时断开的常闭触点（5-7）断开，切断了交流接触器KM线圈及KT回路电源，KM线圈断电释放，KM三相主触点断开，电动机失电停止运转，从而实现手动启动、定时自动停机控制。

✦ 常见故障及排除方法

（1）电动机启动、停止正常，但定时无法停机。从故障情况结合电气原理图分析，故障原因是得电延时时间继电器KT线圈损坏，得电延时断开的常闭触点（5-7）损坏断不开，与此电路相关的5#线与7#线相碰在一起了。经检查，是得电延时断开的常闭触点（5-7）损坏断不开所致。更换得电延时时间继电器后，试之，定时电路工作正常，故障排除。

（2）启动时，按启动按钮SB₂（3-5），电路无反应，电动机不能启动运转。根据故障情况分析，并用螺丝刀顶一下交流接触器KM可动机械部分，交流接触器KM线圈得电吸合且能自锁，KM三相主触点闭合，电动机得电启动运转。可能故障原因为启动按钮SB₂损坏闭合不了，与此电路相关的3#线、5#线有松动脱落现象。经检查，是接在启动按钮SB₂上的3#线松动脱落了所致。更换启动按钮后，试之，启动恢复正常，故障排除。

✤ 电路接线（图345）

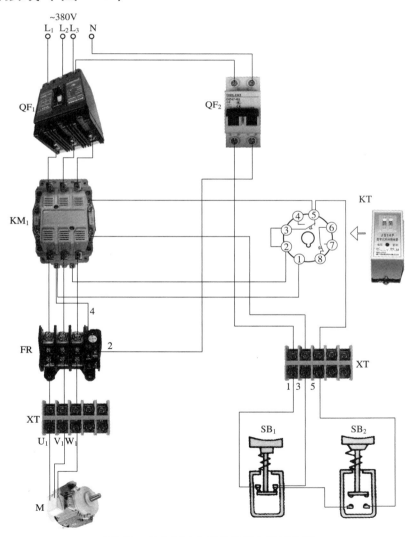

图345　具有定时功能的启停电路接线图

电路 166 电动机延时开机控制电路（一）

✤ 应用范围

本电路适用于对生产设备进行延时开机控制，如车床、空调、纺织机械。

✤ 工作原理（图346）

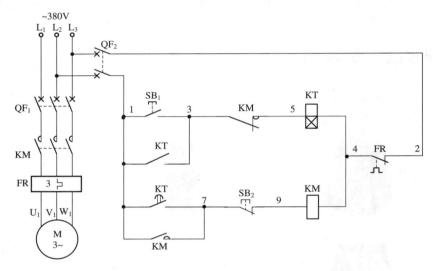

图346 电动机延时开机控制电路（一）原理图

启动时，按下启动按钮SB₁，其常开触点（1–3）闭合，接通得电延时时间继电器KT线圈回路电源，KT线圈得电吸合且KT不延时瞬动常开触点（1–3）闭合自锁，KT开始延时。经KT一段时间延时后，KT得电延时闭合的常开触点（1–7）闭合，接通交流接触器KM线圈回路电源，KM线圈得电吸合且KM辅助常开触点（1–7）闭合自锁，KM三相主触点闭合，电动机得电启动运转，从而实现延时开机控制。在KM线圈得电吸合后，KM的一组辅助常闭触点（3–5）断开，切断得电延时时间继电器KT线圈回路电源，KT线圈断电释放，KT所有触点恢复原始状态，为停止控制做准备。

停止时，按下停止按钮SB₂，其常闭触点（7–9）断开，切断交流接触器KM线圈回路电源，KM线圈断电释放，KM三相主触点断开，电动机失电停止运转。

✤ 常见故障及排除方法

启动时，按启动按钮SB₁（1–3），得电延时时间继电器KT线圈得电吸合且自锁。经KT延时后，交流接触器KM线圈不能得电吸合，电动机不能得电启动运转。根据以上情况结合电气原理图分析，故障可能为得电延时闭合的常开触点（1–7）损坏闭合不了，停止按钮SB₁（7–9）损坏断路，交流接触器KM线圈损坏。经检查是停止按钮SB₁

（7-9）损坏断路所致。更换停止按钮后试之，电路恢复正常，故障排除。

✦ 电路接线（图347）

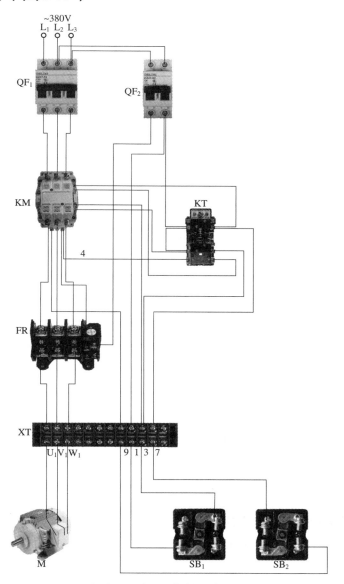

图347 电动机延时开机控制电路（一）接线图

电路 167 电动机延时开机控制电路（二）

✤ 应用范围

本电路适用于任何延时对生产设备进行开机控制，如车床、空调、纺织机械。

✤ 工作原理（图348）

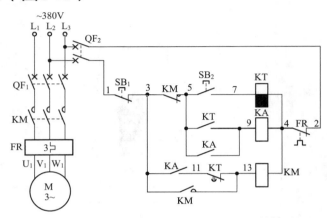

图348 电动机延时开机控制电路（二）原理图

延时开机时，按下启动按钮SB₂（5-7），失电延时时间继电器KT线圈得电吸合，KT失电延时闭合的常闭触点（11-13）立即断开，使交流接触器KM线圈回路不能得电，为延时开机提供条件。与此同时，KT的一组不延时瞬动常开触点（5-9）闭合后又断开，中间继电器KA线圈得电吸合且KA常开触点（5-9）闭合自锁，KA的另一组常开触点（3-11）闭合，为延时开机提供条件。松开启动按钮SB₂（5-7）后，失电延时时间继电器KT线圈断电释放，KT不延时瞬动常开触点（5-9）断开，KT开始延时。经KT一段时间延时后，KT失电延时闭合的常闭触点（11-13）恢复原始常闭状态，此时，交流接触器KM线圈得电吸合且KM辅助常开触点（3-13）闭合自锁，KM三相主触点闭合，电动机得电启动运转，从而实现延时开机控制。在KM线圈得电吸合后，KM的一组辅助常闭触点（3-5）断开，使中间继电器KA线圈断电释放，KA所有触点恢复原始状态。

停止时，按下停止按钮SB₁（1-3），交流接触器KM线圈断电释放，KM三相主触点断开，电动机失电停止运转。

✤ 常见故障及排除方法

（1）启动时，按下启动按钮SB₂（5-7），失电延时时间继电器KT线圈得电吸合，KT不延时常开触点（5-9）闭合，使中间继电器KA线圈得电吸合且KA的一组常开触点（5-9）闭合，KA的另一组常开触点（3-11）闭合，但交流接触器KM线圈不能得电吸合，电动机不能启动运转。根据以上故障结合电气原理图分析，此故障可能为KA常开触点（3-11）损坏闭合不了，KT失电延时闭合的常闭触点（11-13）损坏断路，交流接触器KM线圈损坏，与此电路相关的3#线、11#线、13#线、4#线有松动脱落现象。经检查是失电延时闭合的常闭触点（11-13）损坏断路所致。更换新的常闭触点后，松开启动按钮SB₂，失电延时时间继电器KT线圈断电释放，并开始延时。经KT一段时间延时后，KT失电延时闭合的常闭触点（11-13）闭合，使交流接触器KM线圈得电吸合且自锁，KM三相主触点闭合，电动机得电启动运转。至此，电路恢复正常，故障排除。

（2）启动时，按启动按钮SB₂后又松开，只有失电延时时间继电器KT线圈吸合后又断电释放，其他中间继电器KA、交流接触器KM都不工作，电动机不运转。从上述故障结合电气原理图分析，要想交流接触器KM线圈得电吸合，必须让中间继电器KA的一组常开触点（3-11）闭合才能工作；而KA线圈工作则必须让失电延时时间继电器KT的不延时瞬动常开触点（5-9）闭合，KA线圈才会得电吸合。因此，故障可能原因为KT不延时瞬动常开触点（5-9）损坏闭合不了，中间继电器KA线圈损坏，与此电路相关的5#线、9#线、4#线松动脱落。经检查是中间继电器KA线圈损坏所致。更换中间继电器KA后试之，电路恢复正常，故障排除。

✢ 电路接线（图349）

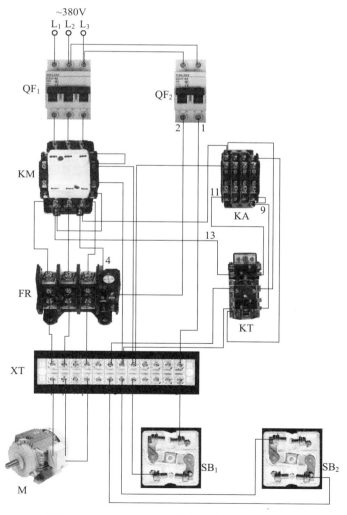

图349　电动机延时开机控制电路（二）接线图

电路 168 电动机延时开机控制电路（三）

✧ 应用范围

本电路适用于对生产设备进行延时开机控制，如车床、空调、纺织机械。

✧ 工作原理（图350）

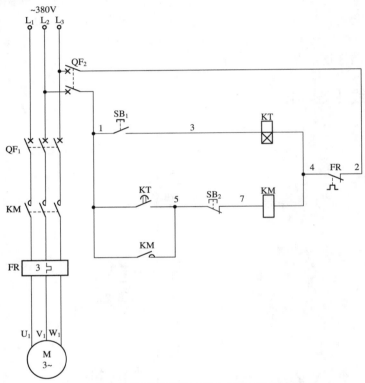

图350 电动机延时开机控制电路（三）原理图

启动时，按住启动按钮SB₁不放手，超出设定时间（通常设定为5秒钟）后，得电延时时间继电器KT线圈得电吸合，KT开始延时。经KT一段时间延时后（设定时间），KT得电延时闭合的常开触点（1-5）闭合，接通交流接触器KM线圈回路电源，KM线圈得电吸合且KM辅助常开触点（1-5）闭合自锁，KM三相主触点闭合，电动机得电启动运转，从而实现延时开机控制。当电动机启动运转后，松开按钮SB₁，得电延时时间继电器KT线圈断电释放，KT触点恢复原始状态，为停止控制做准备。

停止时，按下停止按钮SB₂，其常闭触点（5-7）断开，切断交流接触器KM线圈回路电源，KM线圈断电释放，KM三相主触点断开，电动机失电停止运转。

✧ 常见故障及排除方法

（1）启动时，长时间按住按钮SB₁（1-3），得电延时时间继电器KT线圈得电吸合且开始延时。但超出KT延时时间后，交流接触器KM线圈不能得电吸合，电动机不能启动运转。根据以上故障结合电气原理图分析，故障可能为得电延时时间继电器KT的得电延时闭合的常开触点（1–5）损坏闭合不了，停止按钮SB$_2$（5–7）损坏断路，交流接触器KM线圈损坏，与此电路相关的1#线、5#线、7#线、4#线有松动脱落现象。经检查是停止按钮SB$_2$（5–7）损坏断路所致。更换停止按钮SB$_2$后试之，电路恢复延时开机，至此，故障排除。

（2）合上主回路断路器QF$_1$、控制回路断路器QF$_2$后，交流接触器KM线圈就得电吸合，电动机得电启动运转。根据以上故障结合电气原理图分析，因合上QF$_2$时能听到交流接触器KM线圈的吸合动作声响，所以判断KM没有可动部分卡住或主触点熔焊问题。故障可能为KT得电延时闭合的常开触点（1–5）损坏断不开，交流接触器KM辅助常开触点（1–5）损坏断不开了。经检查是交流接触器KM辅助常开触点（1–5）损坏断不开所致。更换新交流接触器KM辅助常开触点后试之，电路恢复正常，故障排除。

✣ **电路接线（图351）**

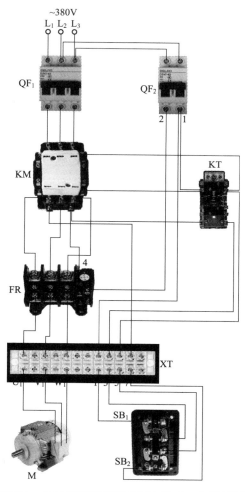

图351　电动机延时开机控制电路（三）接线图

电路 169 电动机延时关机控制电路（一）

❖ 应用范围

本电路适用于空调、大型制冷设备的冷却风机等。

❖ 工作原理（图352）

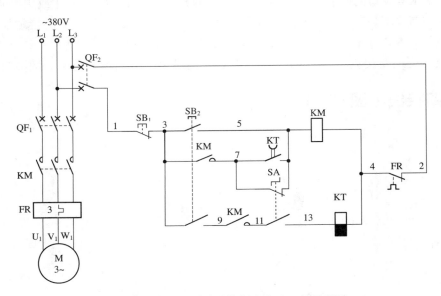

图352 电动机延时关机控制电路（一）原理图

启动时，先将停止用转换开关SA置于动作状态，再按下启动按钮SB₂，其一组常开触点（3-5）闭合，接通交流接触器KM线圈回路电源，KM线圈得电吸合，KM三相主触点闭合，电动机得电启动运转。

停止时，将转换开关SA恢复原始状态，失电延时时间继电器KT线圈断电释放，KT开始延时。经KT一段时间延时后，KT失电延时断开的常开触点（5-7）断开，切断了交流接触器KM线圈回路电源，KM线圈断电释放，KM三相主触点断开，电动机失电停止运转，从而实现延时关机控制。

❖ 常见故障及排除方法

（1）停止时，将转换开关SA恢复原状不能实现自动延时关机，则必须将紧急停机按钮SB₁按下时，方可实现停机。经检查是KT的一组失电延时断开的常开触点（5-7）损坏断不开所致，所以即使KT线圈失电动作延时，由于其触点损坏断不开，也就切不断交流接触器KM线圈回路电源，KM线圈会一直得电吸合着，KM三相主触点仍闭合，电动机运转不停。更换新失电延时时间继电器后试之，电路恢复正常，故障排除。

（2）启动正常，但电动机运转几十秒钟后自动停机，很有规律。根据以上故障情况结合电气原理图分析，故障为KT不延时瞬动常开触点（3-9）损坏闭合不了。更换新失电延时时间继电器后试之，故障排除。

✤ **电路接线（图353）**

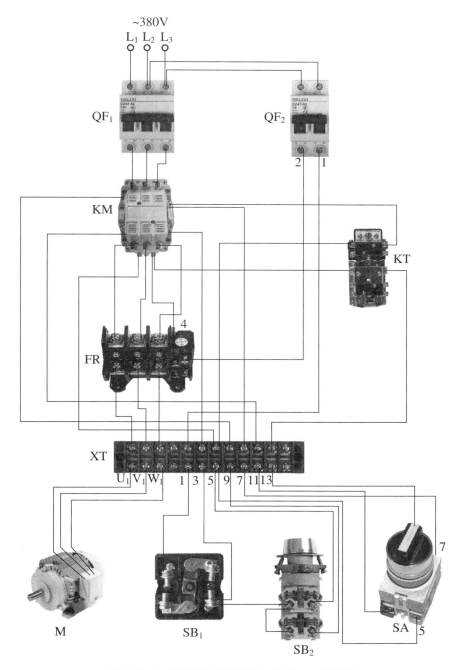

图353　电动机延时关机控制电路（一）接线图

电路 170 电动机延时关机控制电路（二）

✛ 应用范围

本电路适用于空调、大型制冷设备的冷却风机等。

✛ 工作原理（图354）

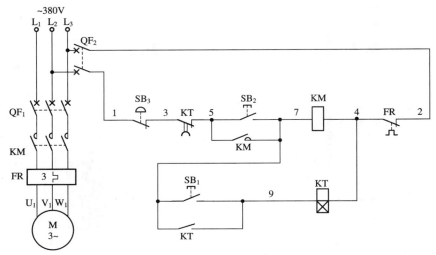

图354 电动机延时关机控制电路（二）原理图

启动时，按下启动按钮SB$_2$，其常开触点（5–7）闭合，接通交流接触器KM线圈回路电源，KM线圈得电吸合且KM辅助常开触点（5–7）闭合自锁，KM三相主触点闭合，电动机得电启动运转。因延时关机控制回路电源接在交流接触器自锁触点之后，KM线圈已得电吸合，为延时关机提供条件。

在电动机得电启动运转后，若需进行延时关机控制，则按下停止按钮SB$_1$，其常开触点（7–9）闭合，接通得电延时时间继电器KT线圈回路电源，KT线圈得电吸合且KT不延时瞬动常开触点（7–9）闭合自锁，KT开始延时。经KT一段时间延时后，KT得电延时断开的常闭触点（3–5）断开，切断交流接触器KM和得电延时时间继电器KT线圈回路电源，KM和KT线圈均断电释放，KM三相主触点断开，电动机失电停止运转，从而实现延时关机控制。

图354中，SB$_3$为紧急停止按钮，可作为不延时紧急停止用。

✛ 常见故障及排除方法

（1）启动时，按住启动按钮SB$_2$，交流接触器KM线圈不能正常吸合自锁，而是噪声大，跳动不止，不能正常工作。根据上述故障结合电气原理图分析，可断定是交流接触器KM铁心上的短路环损坏，交流接触器线圈电压不符，交流接触器线圈电压偏低。经检查是交流接触器KM铁心上的短路环损坏所致，更换新交流接触器后，试之，交流接触器吸合正常，故障排除。

（2）电动机启动、停止正常，但按定时启动按钮SB₁无效。根据以上情况结合电气原理图分析，电动机启动、停止正常，说明交流接触器KM线圈及自锁回路均正常，故障出在定时电路中。可先用短接线将7#线与9#线短接起来，若此时得电延时时间继电器KT线圈能得电吸合且KT不延时瞬动常开触点（7-9）闭合自锁，就说明故障是停止按钮SB₁（7-9）损坏闭合不了，与此电路相关的7#线、9#线松动脱落。若用短接线将7#线与9#线短接起来后，得电延时时间继电器KT线圈无反应，就说明故障是得电延时时间继电器KT线圈损坏，与此电路相关的7#线、9#线、4#线有松动脱落的。经检查是接在SB₁上的7#线松动脱落所致。恢复接好7#线后试之，KT线圈能得电吸合且自锁并延时，延时后，能切断交流接触器KM线圈回路，KM线圈断电释放，KM三相主触点断开，电动机失电停止运转。至此，电路恢复正常，故障排除。

✛ 电路接线（图355）

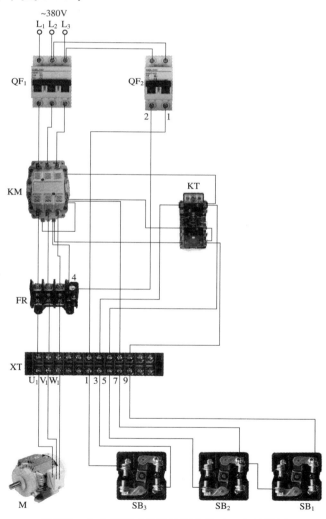

图355　电动机延时关机控制电路（二）接线图

电路 171　电动机延时关机控制电路（三）

✦ 应用范围

本电路适用于空调、大型制冷设备的冷却风机等。

✦ 工作原理（图356）

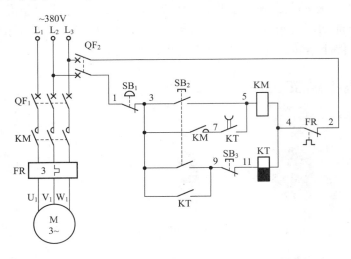

图356　电动机延时关机控制电路（三）原理图

启动时，按下启动按钮SB₂，其一组常开触点（3-5）闭合，接通了交流接触器KM线圈回路电源，KM线圈得电吸合且KM辅助常开触点（3-7）闭合自锁。与此同时，SB₂的另一组常开触点（3-9）闭合，接通失电延时时间继电器KT线圈回路电源，KT线圈得电吸合，KT不延时瞬动常开触点（3-9）闭合自锁。这样，KT失电延时断开的常开触点（5-7）也立即闭合，与已闭合的KM辅助常开触点（3-7）串联共同自锁KM线圈回路，KM三相主触点闭合，电动机得电启动运转。

电路中，KT线圈得电吸合后为延时关机提供准备条件。当电动机启动运转后，若需延时关机，则按下停止按钮SB₃，其常闭触点（9-11）断开，切断失电延时时间继电器KT线圈回路电源，KT线圈断电释放，KT开始延时。在KT延时时间内，电动机仍继续运转。经KT一段时间延时后，KT失电延时断开的常开触点（5-7）断开，切断交流继电器KM线圈回路电源，KM线圈断电释放，KM三相主触点断开，电动机失电停止运转，从而实现延时关机控制。

电路中，SB₁为紧急停机用，也可作为不延时直接停机用。

✦ 常见故障及排除方法

（1）启动时，按启动按钮SB₂，交流接触器KM线圈能得电吸合、释放，但为点动操作，电动机为断续点动运转。根据上述情况结合电气原理图分析，故障出在失电延时时间继电器KT的失电延时断开的常开触点（5-7）损坏闭合不了，交流接触器KM辅助常开触点（3-5）损坏闭合不了，SB₂启动按钮的一组常开触点（3-9）闭合不了，停止按钮SB₃断路损坏，失电延时时间继电器KT线圈损坏，与此电路相关的3#线、5#线、7#线、9#线、11#线、4#线松动脱落了。经检查是停止按钮SB₃（9-11）损坏断路所致。更换停止按钮SB₃后试之，电路恢复正常，故障排除。

　　（2）电动机启动停止正常，延时关机也正常，但紧急停机时按紧急停机按钮SB₁无效。根据上述情况结合电气原理图分析，故障为紧急停机按钮SB₁损坏断路，与此电路相关的1#线与3#线相碰短路了。经检查为紧急停机按钮SB₁损坏所致。更换SB₁后试之，电路恢复正常，故障排除。

✦ 电路接线（图357）

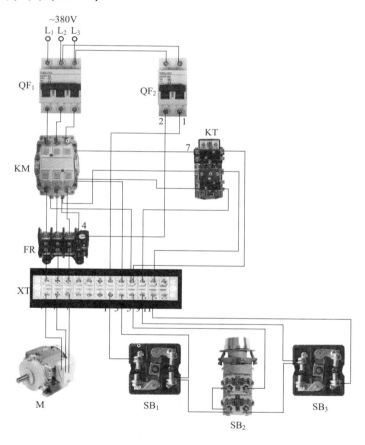

图357　电动机延时关机控制电路（三）接线图

电路 172 电动机延时开机、延时关机控制电路（一）

✦ 应用范围

本电路适用于除湿机，专用设备所配风机的控制，专用供暖设备。

✦ 工作原理（图358）

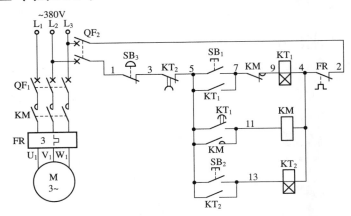

图358 电动机延时开机、延时关机控制电路（一）原理图

按下启动按钮SB$_1$（5-7），得电延时时间继电器KT$_1$线圈得电吸合且KT$_1$不延时瞬动常开触点（5-7）闭合自锁，KT$_1$开始延时。经KT$_1$一段时间延时后，KT$_1$得电延时闭合的常开触点（5-11）闭合，使交流接触器KM线圈得电吸合且KM辅助常开触点（5-11）闭合自锁，KM三相主触点闭合，电动机得电启动运转，从而实现延时开机。在交流接触器KM线圈得电吸合后，KM的一组辅助常闭触点（7-9）断开，切断得电延时时间继电器KT$_1$线圈回路电源，KT$_1$线圈断电释放，KT$_1$得电延时闭合的常开触点（5-11）恢复原始常开状态。

在电动机启动运转后，需延时关机则按下停止按钮SB$_2$（5-13），得电延时时间继电器KT$_2$线圈得电吸合且KT$_2$不延时瞬动常开触点（5-13）闭合自锁，KT$_2$开始延时。经KT$_2$一段时间延时后，KT$_2$得电延时断开的常闭触点（3-5）断开，切断交流接触器KM和KT$_2$自身控制线圈电源，KM和KT$_2$线圈均断电释放，KM三相主触点断开，电动机失电停止运转，从而实现延时停机。

若因工作需要或应急停机时，按下紧急停止按钮SB$_3$（1-3）即可实现。

✦ 常见故障及排除方法

（1）延时开机时，按启动按钮SB$_1$（5-7），得电延时时间继电器KT$_1$线圈能得电吸合且能自锁，但交流接触器KM线圈不能得电吸合，电动机不运转。从上述故障情况结合电气原理图分析，故障为KT得电延时闭合的常开触点（5-11）损坏不能延时闭合，交流接触器KM线圈损坏，与此电路相关的5#线、11#线、4#线松动脱落了。经检查是交流接触器KM线圈损坏。更换交流接触器线圈后试之，电路恢复正常，能实现延时开机，故障排除。

（2）延时关机时，按停止按钮SB$_2$（5-13），得电延时时间继电器KT$_2$线圈能得电吸合且能自锁，但切不断交流接触器KM线圈回路电源，电动机不能停止运转。从上述故障情况结合电气原理图分析，故障为得电延时断开的常闭触点（3-5）损坏断不开，3#线与5#线相碰短路了。经检查是KT得电延时断开的常闭触点（3-5）损坏所致。更换新得电延时时间继电器后试之，延时关机控制恢复正常，故障排除。

✤ 电路接线（图359）

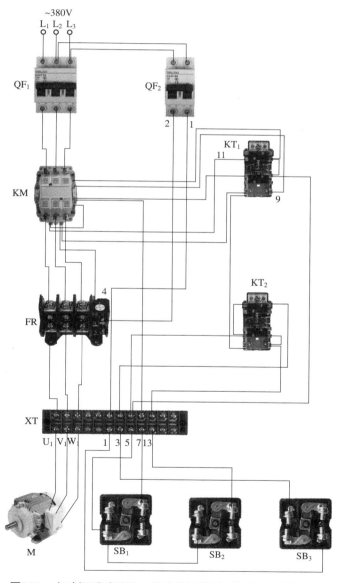

图359　电动机延时开机、延时关机控制电路（一）接线图

电路 173　电动机延时开机、延时关机控制电路（二）

✦ 应用范围

本电路适用于除湿机，专用设备所配风机的控制，专用供暖设备。

✦ 工作原理（图360）

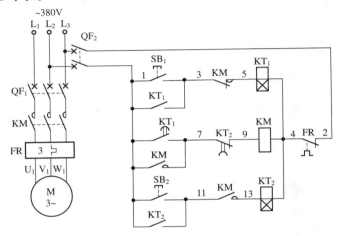

图360　电动机延时开机、延时关机控制电路（二）原理图

启动时，按下启动按钮SB$_1$（1–3），得电延时时间继电器KT$_1$线圈得电吸合且KT$_1$不延时瞬动常开触点（1–3）闭合自锁，KT$_1$开始延时。经KT$_1$一段时间延时后，KT$_1$得电延时闭合的常开触点（1–7）闭合，使交流接触器KM线圈得电吸合且KM的一组辅助常开触点（1–7）闭合自锁，KM三相主触点闭合，电动机得电启动运转，从而实现延时开机控制。

在电动机启动运转后，欲延时关机，则按下停止按钮SB$_2$（1–11），得电延时时间继电器KT$_2$线圈得电吸合且KT$_2$不延时瞬动常开触点（1–11）闭合自锁，KT$_2$开始延时。经KT$_2$一段时间延时后，KT$_2$得电延时断开的常闭触点（7–9）断开，使交流接触器KM线圈断电释放，KM三相主触点断开，电动机失电停止运转，从而实现延时关机控制。

✦ 常见故障及排除方法

（1）按下启动按钮SB$_1$后，电动机只是转动了一下就停止了，为点动运转。根据以上故障情况结合电气原理图分析，故障所在为KM辅助常开触点（1–7），与此电路相关的1#线、7#线有松动脱落现象。经检查，确为交流接触器KM辅助常开触点（1–7）损坏闭合不了所致。更换交流接触器KM辅助常开触点后试之，电路恢复正常，故障排除。

（2）按下启动按钮SB$_1$后，电动机得电启动运转，欲停止，按停止按钮SB$_2$无效，电动机无法停止下来。根据以上故障情况结合电气原理图分析，故障为停止按钮SB₂损坏闭合不了，KM辅助常开触点（11–13）损坏断不开，得电延时时间继电器KT₂线圈损坏，与此电路相关的1#线、11#线、13#线、4#线有松动脱落现象。经检查是KM辅助常开触点（11–13）损坏闭合不了所致。更换常开触点后，电路恢复正常，故障排除。

✦ 电路接线（图361）

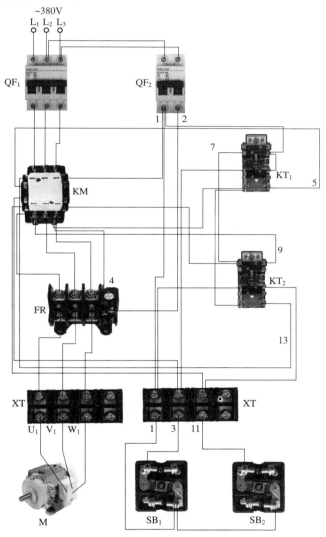

图361 电动机延时开机、延时关机控制电路（二）接线图

电路 174 电动机延时开机、延时关机控制电路（三）

❖ 应用范围

本电路适用于除湿机；专用设备所配风机的控制；专用供暖设备。

❖ 工作原理（图362）

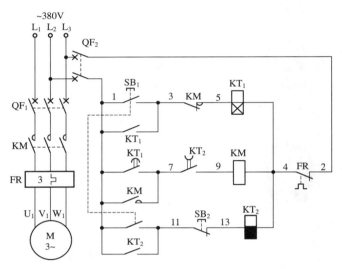

图362 电动机延时开机、延时关机控制电路（三）原理图

按下启动按钮SB$_1$，其一组常开触点（1-3）闭合，接通得电延时时间继电器KT$_1$线圈回路电源，KT$_1$线圈得电吸合且KT$_1$不延时瞬动常开触点（1-3）闭合自锁，KT$_1$开始延时。经KT$_1$一段时间延时后，KT$_1$得电延时闭合的常开触点（1-7）闭合，接通交流接触器KM线圈回路电源，KM线圈得电吸合且KM辅助常开触点（1-7）闭合自锁，KM三相主触点闭合，电动机得电启动运转，从而实现延时开机控制。

电动机启动运转后，需延时关机，按下停止按钮SB$_2$（11-13），切断失电延时时间继电器KT$_2$线圈回路电源，KT$_2$线圈断电释放，KT$_2$开始延时。经KT$_2$一段时间延时后，KT$_2$失电延时断开的常开触点（7-9）断开，切断交流接触器KM线圈回路电源，KM线圈断电释放，KM三相主触点断开，电动机失电停止运转，从而实现延时关机控制。

❖ 常见故障及排除方法

（1）电动机延时开机正常，但不能延时关机。根据上述故障情况结合电气原理图分析，故障可能原因为停止按钮SB$_2$常闭触点（11-13）损坏断不开，KT$_2$失电延时断开的常开触点（7-9）损坏断不开。经检查是KT$_2$失电延时断开的常开触点（7-9）损坏断不开所致。更换失电延时时间继电器后试之，延时停机恢复正常，故障排除。

（2）延时开机时，按启动按钮SB$_1$，交流接触器KT$_1$能得电吸合且自锁，但交流接触器KM线圈不能得电吸合，电动机不运转。根据以上故障情况结合电气原理图分析，按下启动按钮SB₁后，若只有KT₁线圈能得电吸合且自锁，那么故障可能是启动按钮SB₁的另一组常开触点（1–11）损坏闭合不了，停止按钮SB₂损坏断路，失电延时时间继电器KT₂线圈损坏，与此电路相关的1#线、11#线、13#线、4#线有松动脱落现象。按下启动按钮SB₁后，若KT₁、KT₂线圈均能得电吸合且能分别进行自锁，那么故障可能是KT₁得电延时闭合的常开触点（1–7）损坏闭合不了，失电延时断开的常开触点（7–9）损坏闭合不了，交流接触器KM线圈损坏，与此电路相关的1#线、7#线、9#线、4#线有松动脱落现象。经检查是KT₂失电延时断开的常开触点（7–9）损坏闭合不了所致。更换失电延时时间继电器后，试之，电路恢复正常，故障排除。

✛ 电路接线（图363）

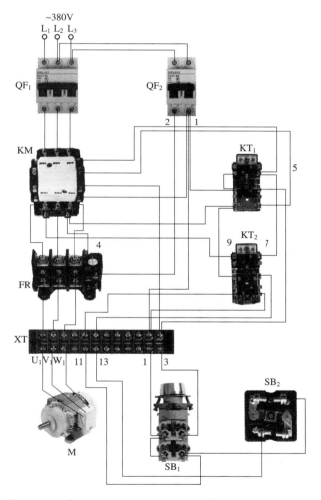

图363　电动机延时开机、延时关机控制电路（三）接线图

电路 175 电动机延时开机、延时关机控制电路（四）

✦ 应用范围

本电路适用于除湿机；专用设备所配风机的控制；专用供暖设备。

✦ 工作原理（图364）

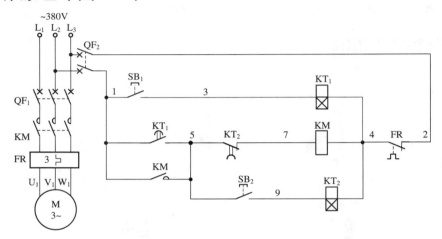

图364 电动机延时开机、延时关机控制电路（四）原理图

启动时，长时间按住启动按钮SB₁不放手，其常开触点（1-3）闭合，得电延时时间继电器KT₁线圈得电吸合并开始延时。经KT₁一段时间延时后，KT₁得电延时闭合的常开触点（1-5）闭合，接通交流接触器KM线圈回路电源，KM线圈得电吸合且KM辅助常开触点（1-5）闭合自锁，KM三相主触点闭合，电动机得电启动运转；当电动机启动运转后，可松开启动按钮SB₁，KT₁线圈断电释放，KT₁所有触点恢复原始状态，从而完成延时开机控制。

当电动机启动运转后，若需延时关机，则长时间按下停止按钮SB₂不放手，其常开触点（5-9）闭合，得电延时时间继电器KT₂线圈得电吸合并开始延时。经KT₂一段时间延时后，KT₂得电延时断开的常闭触点（5-7）断开，切断交流接触器KM线圈回路电源，KM线圈断电释放，KM三相主触点断开，电动机失电停止运转。当电动机停止运转后，也就是KM线圈断电释放后，得电延时时间继电器KT₂线圈也随之断电释放，其触点恢复原始状态，从而完成延时关机控制。

✦ 常见故障及排除方法

（1）延时开机时，长时间按下启动按钮SB₁（1-3），得电延时时间继电器KT₁线圈能得电吸合，但超出KT₁延时时间后，交流接触器KM线圈仍不吸合，电动机不能启动运转。根据以上故障情况结合电气原理图分析，故障可能是KT₁得电延时闭合的常开触点（1-5）损坏不能闭合了，KT₂得电延时断开的常闭触点（5-7）损坏断路，交流接触器KM线圈损坏，与此电路相关的1#线、5#线、7#线、4#线有松动脱落现象。经检查是KT$_2$得电延时断开的常闭触点（5–7）损坏断路所致。更换得电延时时间继电器后试之，电路恢复正常，电动机启动运转了，至此，故障排除。

（2）电动机延时开机正常，电动机已启动运转，但是不能进行延时关机操作。根据以上故障结合电气原理图分析，既然电动机能得电运转，说明交流接触器KM线圈回路中只有三种（接触器自身原因不算）原因才会使其不能断电释放，即KT$_2$失电延时断开的常闭触点（5–7）损坏断不开，KT$_2$自身损坏不延时，KT$_2$得电延时断开的常闭触点（5–7）两端的5#线、7#线相碰短路了。经检查，是得电延时时间继电器KT$_2$自身损坏不能进行延时所致。更换新品后试之，电路恢复正常，故障排除。

✥ 电路接线（图365）

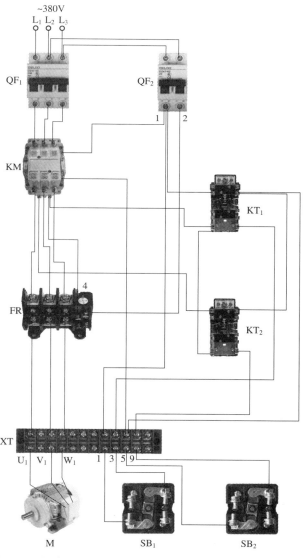

图365　电动机延时开机、延时关机控制电路（四）接线图

电路 176 自动往返循环控制电路（一）

✦ 应用范围

本电路适用于任何自动往返控制的设备，如纺织用磨刀机等。

✦ 工作原理（图366）

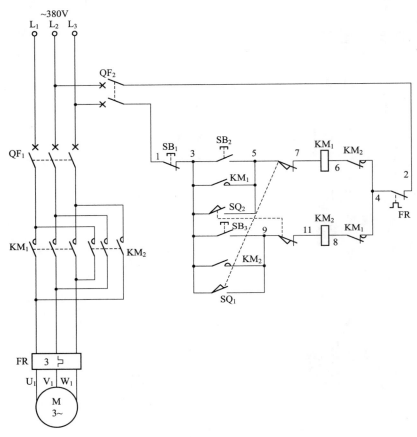

图366 自动往返循环控制电路（一）原理图

　　正转启动时，按下正转启动按钮SB$_2$（3—5），正转交流接触器KM$_1$线圈得电吸合且KM$_1$辅助常开触点（3—5）闭合自锁，KM$_1$三相主触点闭合，电动机得电正转运转，拖动工作台向左移动。同时KM$_1$串联在KM$_2$线圈回路中的辅助常闭触点（4—8）断开，起到互锁保护作用。

　　正转停止时，按下停止按钮SB$_1$（1—3），正转交流接触器KM$_1$线圈断电释放，KM$_1$三相主触点断开，电动机失电停止运转，拖动工作台向左移动停止。

　　反转启动时，按下反转启动按钮SB$_3$（3—9），反转交流接触器KM$_2$线圈得电吸合且KM$_2$辅助常开触点（3—9）闭合自锁，KM$_2$三相主触点闭合，电动机得电反转运转，拖动工作台向右移动。同时KM$_2$串联在KM$_1$线圈回路中的辅助常闭触点（4–6）断开，起到互锁保护作用。

反转停止时，按下停止按钮SB$_1$（1–3），反转交流接触器KM$_2$线圈断电释放，KM$_2$三相主触点断开，电动机失电停止运转，拖动工作台向右移动停止。

自动往返控制时，按下正转启动按钮SB$_2$（3–5），正转交流接触器KM$_1$线圈得电吸合且KM$_1$辅助常开触点（3–5）闭合自锁，KM$_1$三相主触点闭合，电动机得电正转运转，拖动工作台向左移动。当工作台向左移动到位时，碰块触及左端行程开关SQ$_1$，SQ$_1$的一组常闭触点（5–7）断开，切断正转交流接触器KM$_1$线圈回路电源，KM$_1$三相主触点断开，电动机失电正转停止运转，工作台向左移动停止；与此同时，SQ$_1$的另外一组常开触点（3–9）闭合，接通了反转交流接触器KM$_2$线圈回路电源，KM$_2$线圈得电吸合且KM$_2$辅助常开触点（3–9）闭合自锁，KM$_2$三相主触点闭合，电动机得电反转运转，拖动工作台向右移动（在碰块离开行程开关SQ$_1$后，SQ$_1$恢复原始状态）。当工作台向右移动到位时，碰块触及右端行程开关SQ$_2$，SQ$_2$的一组常闭触点（9–11）断开，切断反转交流接触器KM$_2$线圈回路电源，KM$_2$三相主触点断开，电动机失电反转停止运转，工作台向右移动停止；与此同时，SQ$_2$的另外一组常开触点（3–5）闭合，接通了正转交流接触器KM$_1$线圈回路电源，KM$_1$线圈得电吸合且KM$_1$辅助常开触点（3–5）闭合自锁，KM$_1$三相主触点闭合，电动机得电又正转运转了，拖动工作台向左移动（在碰块离开行程开关SQ$_2$后，SQ$_2$恢复原始状态）……如此循环，完成自动往返控制。

自动往返停止时，按下停止按钮SB$_1$（1–3），切断正转交流接触器KM$_1$或反转交流接触器KM$_2$线圈回路电源，正转交流接触器KM$_1$或反转交流接触器KM$_2$线圈断电释放，KM$_1$或KM$_2$各自的三相主触点断开，电动机失电，正转或反转停止运转，拖动工作台停止工作。

✢ 常见故障及排除方法

（1）正转运转正常，当工作台位置碰块碰到行程开关SB$_1$时，正转交流接触器KM$_1$线圈不能断电释放，导致不能停机造成事故。此故障除交流接触器自身故障外，主要是行程开关SB$_1$损坏所致。

（2）正转运转正常，当工作台位置碰块碰到行程开关SB$_1$时，正转交流接触器KM$_1$线圈断电释放，而反转交流接触器KM$_2$线圈不吸合，电动机无法拖动工作台反向移动。此故障原因为行程开关SQ$_1$常开触点闭合不了，行程开关SQ$_2$常闭触点断路，反转交流接触器KM$_2$线圈断路，正转交流接触器KM$_1$串联在反转交流接触器KM$_2$线圈回路的互锁触点断路。

（3）正转或反转均无法启动操作（操作回路电源正常）。此故障原因通常为停止按钮SB$_1$断路或热继电器FR常闭触点损坏断路。

（4）反转运转到位后，正转动一下后便停止了，不能往返循环下去。此故障通常为正转交流接触器KM$_1$自锁触点损坏所致。

（5）正转运转正常，当转换到反转时（交流接触器KM$_2$吸合），电动机"嗡嗡"响不转。此故障是反转交流接触器KM$_2$主触点有一相闭合不了造成缺相运行，解决方法是修复缺相的主触点。

✤ 电路接线（图367）

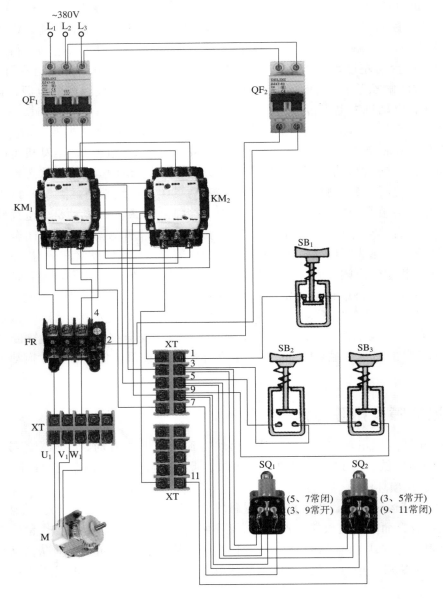

图367 自动往返循环控制电路（一）接线图

电路 177　自动往返循环控制电路（二）

✤ 应用范围

本电路适用于任何自动往返控制的设备，如纺织用磨刀机等。

✤ 工作原理（图368）

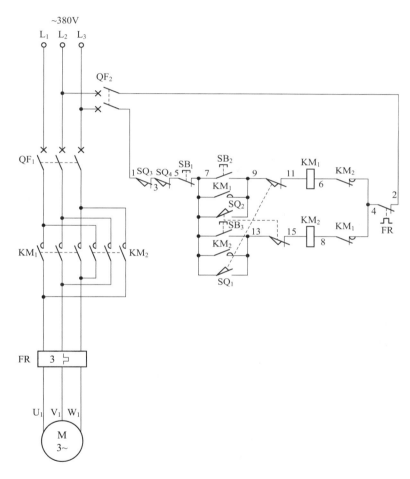

图368　自动往返循环控制电路（二）原理图

请读者在电路176的基础上自行分析本电路的工作原理。

✤ 常见故障及排除方法

（1）正转工作时（交流接触器KM$_1$线圈吸合工作），工作台向左移动到位时不停止运转也不换向，工作台移动至终端极限时才停止。此故障是行程开关SQ$_1$损坏或挡铁碰不到行程开关SQ$_1$所致。检查行程开关SQ$_1$及重调挡铁即可解决。

（2）正转工作时（交流接触器KM₁线圈吸合工作），工作台向左移动到位不停止运转也不换向，工作台直冲至终端不停机而造成事故。此故障的主要原因是挡铁松动碰不到行程开关SQ₁、SQ₃，正转交流接触器KM₁铁心极面有油污而造成延时释放，正转交流接触器KM₁机械部分卡住，正转交流接触器KM₁触点粘连。按故障原因检查故障部位及器件，更换并修复。

❖ 电路接线（图369）

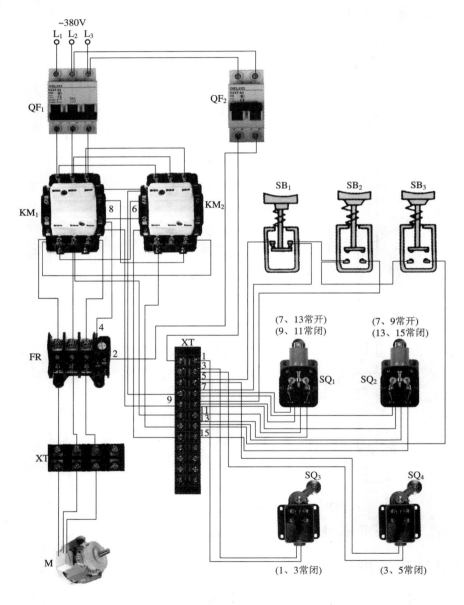

图369　自动往返循环控制电路（二）接线图

电路 178　自动往返循环控制电路（三）

❖ **应用范围**

本电路适用于任何自动往返控制的设备，如纺织用磨刀机等。

❖ **工作原理（图370）**

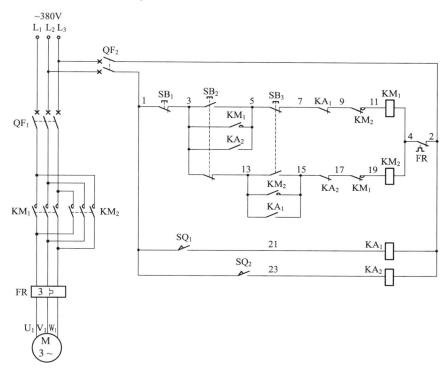

图370　自动往返循环控制电路（三）原理图

首先合上主回路断路器QF_1、控制回路断路器QF_2，为电路工作提供准备条件。

启动时，可任意按下正转启动按钮SB_2或反转启动按钮SB_3进行启动操作。倘若按下正转启动按钮SB_2，接通交流接触器KM_1线圈回路电源，交流接触器KM_1线圈得电吸合且KM_1辅助常开触点（3–5）闭合自锁，KM_1三相主触点闭合，电动机得电正转启动运转，拖动工作台向左移动。当工作台向左移动到位后，碰块压合行程开关SQ_1时，SQ_1动作转态，SQ_1常开触点（1–21）闭合，接通中间继电器KA_1线圈回路电源，使中间继电器KA_1线圈得电吸合，KA_1常闭触点（7–9）断开，切断KM_1线圈的回路电源，KM_1线圈断电释放，KM_1三相主触点断开，电动机失电正转运转停止。与此同时，中间继电器KA_1常开触点（13–15）闭合，接通交流接触器KM_2线圈回路电源，交流接触器KM_2线圈得电吸合且KM_2辅助常开触点（13–15）闭合自锁，电动机得电反转启动运转，拖动工作台向右移动。当电动机向右移动到位后，碰块压合行程开关SQ_2时，SQ_2常开触点（1–23）闭合，接通中间继电器KA_2线圈回路电源，使中间继电器KA_2线圈得电吸合，KA_2常闭触点

（15-17）断开，切断KM$_2$线圈回路电源，KM$_2$线圈断电释放，KM$_2$三相主触点断开，电动机失电反转停止运转。如此循环，实现工作台自动往返控制。

✤ 常见故障及排除方法

电动机启动运转正常，拖动工作台移动，当工作台向左移动到位后，电动机不能停止运转。通过以上故障结合电气原理图分析，故障可能为行程开关SQ$_1$损坏闭合不了，中间继电器KA线圈损坏，与此电路相关的1#线、21#线、2#线松动脱落了。经检查，是中间继电器KA$_1$线圈断路损坏了。更换中间继电器KA$_1$后试之，电路恢复正常，故障排除。

✤ 电路接线（图371）

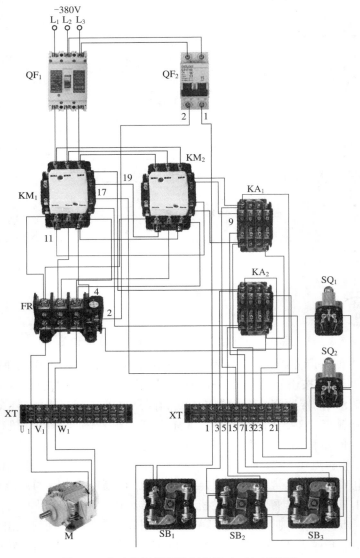

图371 自动往返循环控制电路（三）接线图

电路 179　仅用一只行程开关实现自动往返控制电路

✦ 应用范围

　　本电路适用于任何自动往返控制的设备，如纺织用磨刀机等。

✦ 工作原理（图372）

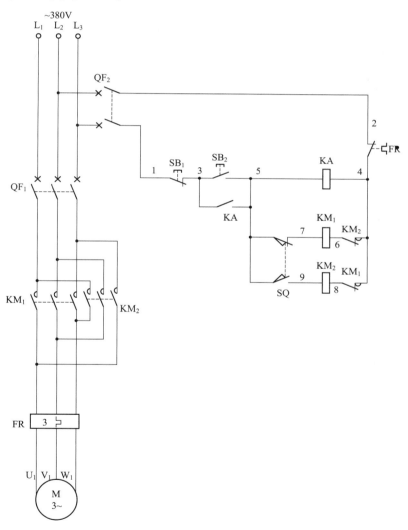

图372　仅用一只行程开关实现自动往返控制电路原理图

　　正转启动时，按下启动按钮SB_2（3-5），接通中间继电器KA线圈回路电源，中间继电器KA线圈得电吸合且KA常开触点（3-5）闭合自锁，为自动往返控制提供控制电源做准备。此时，行程开关SQ常闭触点（5-7）闭合，接通了正转交流接触器KM_1线圈回路电源，KM_1线圈得电吸合，KM_1三相主触点闭合，电动机得电正转启动运转，拖动工作台向左移动。当工作台向左移动碰触到行程开关SQ时，SQ动作转态，SQ的一组常闭触点（5-7）断开，切断了正转交流接触器KM_1线圈回路电源，正转交流接触器KM_1线圈断电释放，KM_1三相主触点断开，电动机正转停止运转；与此同时，SQ的另一组常开触点（5-9）闭合，接通了反转交流接触器KM_2线圈回路电源，反转交流接触器KM_2线圈得电吸合，KM_2三相主触点闭合，电动机得电反转启动运转，拖动工作台向右移动。当工作台向右移动碰触到行程开关SQ时，SQ动作转态，SQ触点恢复原始状态，此时SQ的一组常开触点（5-9）断开，切断了反转交流接触器KM_2线圈回路电源，反转交流接触器KM_2线圈断电释放，KM_2三相主触点断开，电动机反转运转停止，拖动工作台向右移动停止；而正转交流接触器KM_1线圈在行程开关SQ的另一组常闭触点（5-7）的作用下又得电吸合，KM_1三相主触点闭合，电动机得电正转启动运转，又拖动工作台向左移动，如此这般循环下去。

停止时，按下停止按钮SB_1（1-3），切断中间继电器KA线圈回路电源，中间继电器KA线圈断电释放，切断控制回路交流接触器KM_1或KM_2线圈回路电源，KM_1或KM_2线圈断电释放，KM_1或KM_2各自的三相主触点断开，电动机失电停止运转。

✣ 常见故障及排除方法

（1）交流接触器KM_1线圈得电吸合正常，电动机正转运转（拖板向左移动），但左边到位碰块碰到行程开关SQ时，交流接触器KM_1线圈断电释放，电动机停止工作，不能实现反转运转。此故障原因为行程开关SQ常开触点损坏，交流接触器KM_1互锁常闭触点损坏开路，交流接触器KM_2线圈断路等。

（2）交流接触器KM_1线圈得电吸合正常，电动机正转运转（拖板向左移动），但左边到位后不能停止运转而造成事故。此故障原因为行程开关SQ常闭触点断不开，碰块松动碰不到行程开关，交流接触器KM_1铁心极面有油污而造成释放缓慢或不释放，交流接触器KM_1触点粘连或机械部分卡住。

（3）按启动按钮SB_2，手一松开电动机就停止运转。观察配电箱内电气元件的动作情况，若中间继电器KA线圈不吸合则为KA线圈损坏；若KA线圈吸合则为KA自锁触点损坏。

✥ 电路接线（图373）

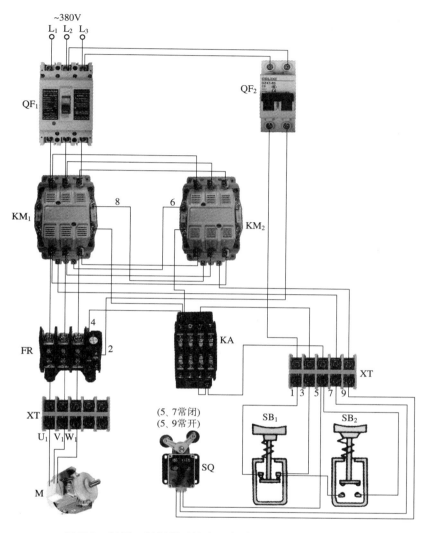

图373　仅用一只行程开关实现自动往返控制电路接线图

电路 180　电动机正反转防飞弧启停控制电路

✦ 应用范围

本电路适用范围较广，如纺织、机械加工、生产流水线、冶金、制造以及农业生产等。

✦ 工作原理（图374）

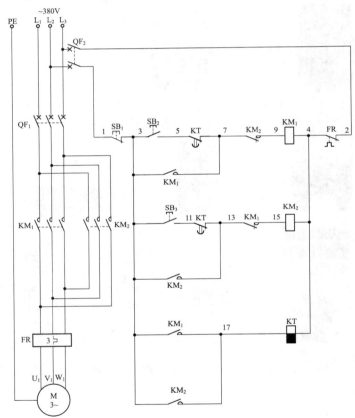

图374　电动机正反转防飞弧启停控制电路原理图

正转启动时，按下正转启动按钮SB₂，其常开触点（3–5）闭合，接通交流接触器KM₁线圈回路电源，交流接触器KM₁线圈得电吸合且KM₁的一组辅助常开触点（3–7）闭合自锁；KM₁辅助常闭触点（13–15）断开，起互锁作用；KM₁三相主触点闭合，电动机得电正转启动运转。与此同时，KM₁的另一组辅助常开触点（3–17）闭合，接通失电延时时间继电器KT线圈回路电源，失电延时时间继电器KT线圈得电吸合，KT分别串联在正转启动按钮SB₂回路中的常闭触点（5–7）、反转启动按钮SB₃回路中的常闭触点（11–13）均立即断开，为按下停止按钮SB₁（1–3）后再延时几秒钟后恢复原始状态做准备，也就是说，在按下停止按钮SB₁后，换作SB₂或SB₃按钮无效，必须待KT几秒钟延时后，方可进行操作，起到防飞弧作用。

反转过程与正转类似，请读者自行分析。

✥ 常见故障及排除方法

正转、反转任意启停操作，无任何转向启动延时限制。从故障情况结合电气原理图上可以看出，此故障原因为正转交流接触器KM₁辅助常开触点（3–17）损坏闭合不了，反转交流接触器KM₂辅助常开触点（3–17）损坏闭合不了，失电延时时间继电器KT线圈损坏，KT的一组失电延时闭合的常闭触点（5–7）损坏断不开，KT的另一组失电延时闭合的常闭触点（11–13）损坏断不开，与此电路相关的5#线、7#线短路了，与此电路相关的11#线、13#线短路了，与此电路相关的3#线、17#线、4#线有松动脱落现象。经检查是接在失电延时时间继电器KT线圈一端的4#线脱落了。将脱落的4#线接好后试之，电路恢复正常，故障排除。

✥ 电路接线（图375）

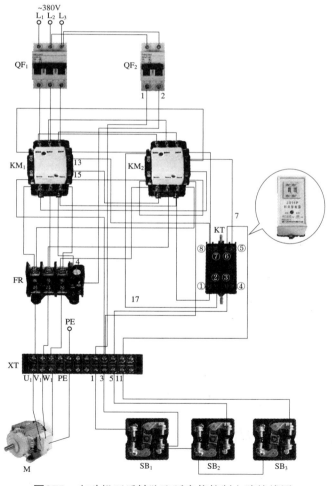

图375　电动机正反转防飞弧启停控制电路接线图

电路 181 多条皮带运输原料控制电路

✦ 应用范围

本电路适用于矿山、电厂、粮库、港口用的传送带设备控制。

✦ 工作原理（图376）

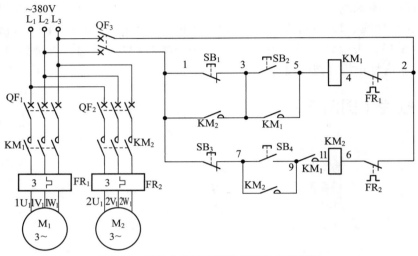

图376 多条皮带运输原料控制电路原理图

按下启动按钮SB_2后，交流接触器KM_1线圈得电吸合且KM_1辅助常开触点闭合自锁，KM_1三相主触点闭合，使电动机M_1得电启动运转，第一条皮带首先开始工作。由于KM_1线圈得电吸合，KM_1自锁辅助常开触点闭合，维持KM_1线圈的继续吸合，另一组KM_1的辅助常开触点也闭合，为KM_2线圈电源回路的接通做好了准备，这时只要操作人员按下SB_4，第二条皮带便可投入运行。按下启动按钮SB_4后，交流接触器KM_2线圈得电吸合且KM_2辅助常开触点闭合自锁，KM_2三相主触点闭合，使电动机M_2得电启动运转，第二条皮带也开始工作。

与此同时，为了操作程序上的需要，KM_2辅助常开触点闭合并短接了停止按钮SB_1，从而为先停止电动机M_2、再停止电动机M_1控制回路进行必要的联锁限制。

在停止运输皮带时，只要先按下停止按钮SB_3使交流接触器KM_2线圈断电释放，即可解除停止按钮的短接线路。当M_2停止运转后，操作停止按钮SB_1，才可使电动机M_1停止运转，从而实现按预定的程序控制电动机的启停，做到正常有序地工作。

✦ 常见故障及排除方法

（1）启动时，电动机M_1先启动运转，然后再启动电动机M_2，启动顺序正常。但停止时，无需先停止电动机M_2后再停止电动机M_1，即电动机M_1可随意停止。此故障为电动机M₂控制回路交流接触器KM₂并联在电动机M₁控制回路停止按钮SB₁上的辅助常开触点损坏不能闭合所致。因为KM₂辅助常开触点不能闭合，所以不能将SB₁停止按钮短接起来，无法对SB₁实施控制。更换KM₂辅助常开触点后，故障排除。

（2）电动机M₁启动后，按启动按钮SB₄无效，电动机M₂无法启动。此故障原因为电动机M₂停止按钮SB₃损坏，电动机M₂启动按钮损坏，KM₁串联在KM₂线圈回路中的常开触点损坏，KM₂线圈断路，热继电器FR常闭触点损坏，检查上述各器件找出故障点，从维修经验上看，KM₁串联在KM₂线圈回路中的常开触点闭合不了的可能性最大，应重点检查。

✤ 电路接线（图377）

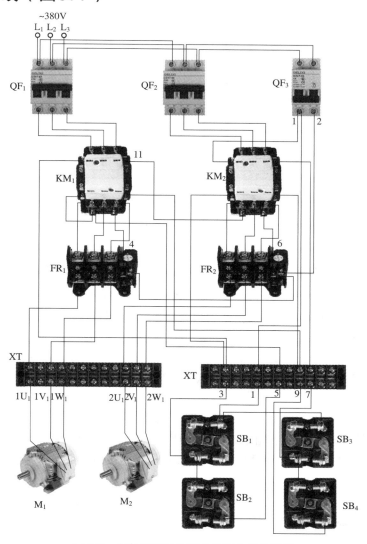

图377　多条皮带运输原料控制电路接线图

电路 182　GYD 系列空压机气压自动开关控制电路

✦ 应用范围

本电路适用于各种空气压缩机。

✦ 工作原理（图378）

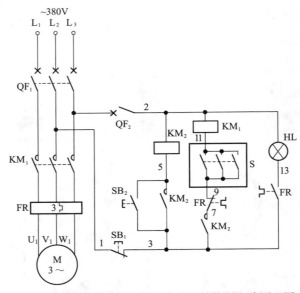

图378　GYD系列空压机气压自动开关控制电路原理图

合上断路器QF_1、QF_2，按下启动按钮SB_2，接通交流接触器KM_2线圈回路电源，交流接触器KM_2线圈得电吸合且自锁，KM_2串联在交流接触器KM_1线圈回路中的常开触点KM_2闭合，为KM_1线圈工作提供电源准备。当气压开关S动作时，通过S的通、断动作直接控制交流接触器KM_1线圈的吸合与断开，从而使电动机完成自动启动或停止。若所控电动机功率较小时，可去掉所有控制装置将气压开关S直接与电动机绕组串联，但没有过载保护装置，请使用者选用时参考。为保证安全，最好采用保护装置。图378中，HL为电动机过载指示灯。

若需人为停止时，按下停止按钮SB_1，切断交流接触器KM_2及正在工作的KM_1线圈回路电源，KM_2和KM_1线圈断电释放，KM_1和KM_2各自的触点断开，电动机失电停止运转，空压机停止打气。

✦ 常见故障及排除方法

（1）启动时，按下启动按钮SB_2（3–5），交流接触器KM_2线圈得电吸合且自锁，但空压机电动机不运转。根据以上故障结合电气原理图分析，故障原因可能为KM_2辅助常开触点（3–7）损坏闭合不了，热继电器FR控制常闭触点（7–9）损坏闭合不了或动作断开了，气压开关S损坏或压力调整不当，与此电路相关的3#线、7#线、9#线、11#线、2#线有松动脱落了，交流接触器KM_1三相主触点至少有两相闭合不了，热继电器FR三相热元件损坏两相，压缩机电动机绕组损坏，KM_1三相主触点以下的连接导线有两根松动或断路。经检查是热继电器FR控制常闭触点（7-9）损坏闭合不了所致。更换热继电器后试之，电路恢复正常，故障排除。

（2）启动时，按下启动按钮SB_2，空压机电动机就转动一下，为点动状态。根据以上故障结合电气原理图分析，在按下启动按钮SB_2时，交流接触器KM_2线圈得电吸合，但不能自锁，说明故障为KM_2辅助常开触点（3-5）损坏闭合不了，与此电路相关的3#线、5#线松动脱落了。经检查是KM_2辅助常开触点（3-5）损坏所致。更换新交流接触器后试之，电路恢复正常，故障排除。

✛ 电路接线（图379）

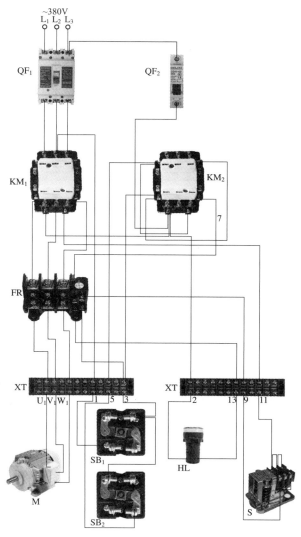

图379　GYD系列空压机气压自动开关控制电路接线图

电路 183 低电压情况下交流接触器启动电路（一）

✛ 应用范围

本电路适用于电源电压偏低的环境。

✛ 工作原理（图380）

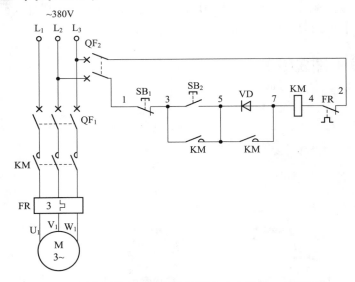

图380 低电压情况下交流接触器启动电路（一）原理图

当电网电压偏低时，就会造成交流接触器线圈不能吸合，本电路中因加入了一只整流二极管，启动时可采用直流启动，交流吸合保持。

首先合上主回路断路器QF_1、控制回路断路器QF_2，为电路工作提供准备条件。

低压启动时，按下启动按钮SB_2，其常开触点（3-5）闭合，接通交流接触器KM线圈回路电源，交流接触器KM线圈在整流二极管VD（5-7）的作用下通入脉动直流电源而吸合，KM三相主触点闭合，电动机得电启动运转。

在KM线圈得电吸合后，KM的两组辅助常开触点（3-5、5-7）均闭合，一组起自锁（3-5）作用，另一组将整流二极管VD（5-7）短接起来，以防止长时间通入直流电而烧毁线圈。这样，交流接触器KM线圈就会可靠地吸合工作，KM三相主触点仍然闭合，电动机仍得电正常运转工作。

停止时，按下停止按钮SB_1，其常闭触点（1-3）断开，切断交流接触器KM线圈回路电源，交流接触器KM线圈断电释放，KM三相主触点断开，电动机失电停止运转。

✛ 常见故障及排除方法

（1）按启动按钮SB_2无反应，用螺丝刀顶一下交流接触器KM可动部分，KM能吸合且KM辅助常开触点（3-5）能闭合自锁。此故障原因可能为启动按钮SB$_2$（3-5）损坏或整流二极管VD断路。用万用表电阻挡测量SB$_2$、VD，将有故障的更换掉即可。

（2）按动启动按钮SB$_2$（3-5），交流接触器不能可靠吸合，电磁噪声很大。此故障原因可能是整流二极管VD短路（电源电压低时出现电磁线圈吸力不足，造成电磁噪声）或交流接触器铁心上的短路环损坏。若整流二极管损坏则更换一只相同新品；若交流接触器铁心上的短路环损坏则更换一只同型号的交流接触器。

❖ 电路接线（图381）

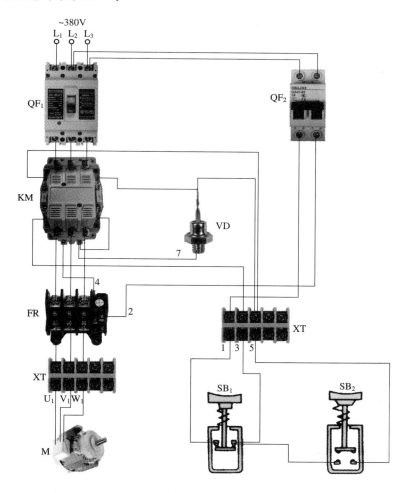

图381　低电压情况下交流接触器启动电路（一）接线图

电路 184 低电压情况下交流接触器启动电路（二）

✛ 应用范围

本电路适用于电源电压偏低的环境。

✛ 工作原理（图382）

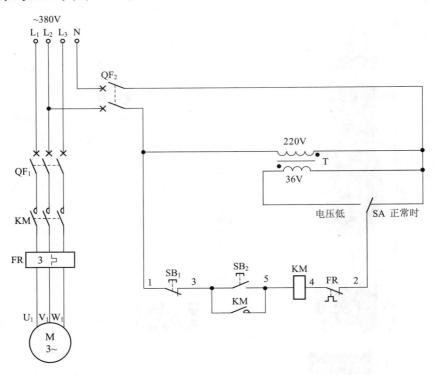

图382 低电压情况下交流接触器启动电路（二）原理图

启动时，按下启动按钮SB₂，交流接触器KM线圈得电吸合且KM辅助常开触点闭合自锁，KM三相主触点闭合，电动机得电正常运转。

当供电电压过低时，将选择开关SA置于"电压低"位置。这时，变压器T的初、次级绕组为同名端连接，其电压为初级、次级电压之和，此电压大于供电电压，足以使交流接触器KM线圈吸合而正常工作。

停止时，按下停止按钮SB₁，交流接触器KM线圈断电释放，KM辅助常开触点断开，解除自锁；KM三相主触点断开，电动机失电停止运转。

✛ 常见故障及排除方法

（1）SA置于"正常"时，电动机启动、停止正常；SA置于"电压低"时，电动机启动操作无效。根据上述故障结合电气原理图分析，故障可能为变压器一次侧或二次侧绕组损坏，选择开关SA损坏，变压器二次侧同名端连接有误。经检查是变压器二次侧两根线接错了所致。恢复变压器正确接线后试之，电路工作正常，故障排除。

（2）启动时，按启动按钮SB₂无反应，交流接触器KM线圈不能得电吸合，电动机不转。现场检查发现控制回路断路器QF₂跳闸了，试合QF₂，一合即跳，合不上。根据以上故障结合电气原理图分析，故障极有可能是变压器绕组烧毁，可闻到配电箱内有烧焦异味。经检查发现是变压器一次侧绕组烧坏短路所致。撤掉变压器一次端子电源试之，QF₂能送上，说明故障就是变压器绕组烧毁短路了。更换新变压器后试之，电路工作正常，故障排除。

✤ 电路接线（图383）

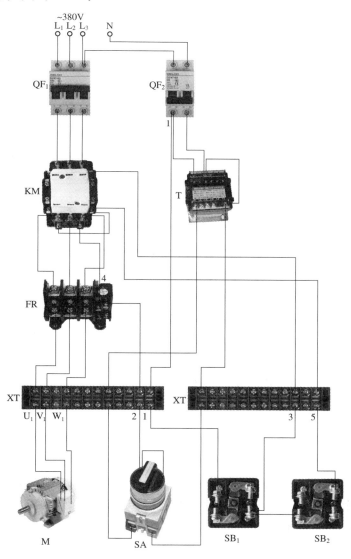

图383　低电压情况下交流接触器启动电路（二）接线图

电路 185 电动门控制电路（一）

✛ 应用范围

本电路适用于电动门、升降机、卷扬机、大型窗帘控制等。

✛ 工作原理（图384）

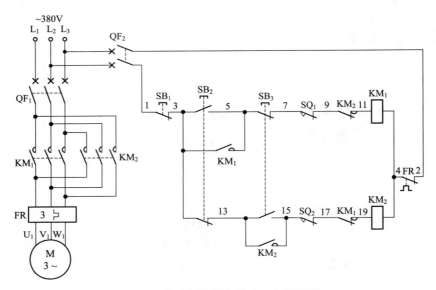

图384 电动门控制电路（一）原理图

开门时，按下开门启动按钮SB₂，首先SB₂的一组常闭触点（3–13）断开，起互锁作用；SB₂的另一组常开触点（3–5）闭合，使交流接触器KM₁线圈得电吸合且KM₁辅助常开触点（3–5）闭合自锁，KM₁辅助常闭触点（17–19）断开，起互锁作用；KM₁三相主触点闭合，电动机得电正转启动运转，电动门开始缓慢打开。当电动门全部打开到位碰触到限位开关SQ₁时，SQ₁常闭触点（7–9）断开，切断交流接触器KM₁线圈回路电源，KM₁线圈断电释放，KM₁三相主触点断开，电动机失电停止运转，电动门打开到位停止。按下开门启动按钮SB₂后，若需中途停止，按下停止按钮SB₁即可实现。

关门时，按下关门启动按钮SB₃，首先SB₃的一组常闭触点（5–7）断开，起到互锁作用；SB₃的另一组常开触点（13–15）闭合，使交流接触器KM₂线圈得电吸合且KM₂辅助常开触点（13–15）闭合自锁，KM₂辅助常闭触点（9–11）断开，起到互锁作用；KM₂三相主触点闭合，电动机得电反转启动运转，电动门开始缓慢关闭。当电动门全部关闭到位碰触到限位开关SQ₂时，SQ₂常闭触点（15–17）断开，切断交流接触器KM₂线圈的回路电源，KM₂线圈断电释放，KM₂三相主触点断开，电动机失电停止运转，电动门关闭到位停止。按下关门启动按钮SB₃后，若需中途停止，按下停止按钮SB₁即可实现。

✢ 常见故障及排除方法

（1）开门时，按开门启动按钮SB₂，电动机正转运转正常，但开门至终点极限时，也就是碰触到终点行程开关SQ₁时，电动机仍运转不停。此故障可能原因是行程开关SQ₁（7–9）损坏断不开，碰块碰不到行程开关，行程开关内7#线、9#线相碰短路，交流接触器KM₁铁心上有油污出现延时释放，交流接触器机械部分卡死，交流接触器三相主触点熔焊了。经检查是碰块螺丝松动碰不到行程开关所致。紧固碰块松动螺丝后试之，开门终点到位自动停止，至此，电路恢复正常，故障排除。

（2）开门正常，关门时，按关门启动按钮SB₃，操作无效，电动机不转，无法关门。根据上述故障结合电气原理图分析，故障可能为开门启动按钮的常闭触点（3–13）损坏断路，关门启动按钮SB₃常开触点（13–15）损坏闭合不了，关门终点保护行程开关SQ₂（15–17）损坏断路，交流接触器KM₁辅助常闭触点（17–19）损坏断路，交流接触器KM₁线圈损坏，与此电路相关的3#线、13#线、15#线、17#线、19#线、4#线有松动脱落现象。经检查是交流接触器KM₁线圈上的19#线松动虚接所致。重新拧紧松动的19#线后试之，电路恢复正常，故障排除。

✢ 电路接线（图385）

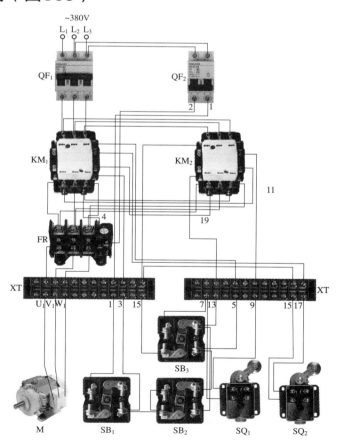

图385　电动门控制电路（一）接线图

电路 186 电动门控制电路（二）

✛ 应用范围

本电路适用于电动门、升降机、卷扬机、大型窗帘控制等。

✛ 工作原理（图386）

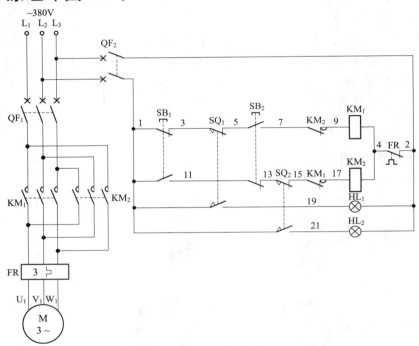

图386 电动门控制电路（二）原理图

需开门时，按住开门启动按钮SB₂不放，SB₂的一组常闭触点（11-13）断开，起到互锁作用；SB₂的另一组常开触点（5-7）闭合，使交流接触器KM₁线圈得电吸合，KM₁辅助常闭触点（15-17）断开，起到互锁作用；KM₁三相主触点闭合，电动机得电正转启动运转，电动伸缩门开始打开。当伸缩门完全打开至限位位置时，挡块碰触开门限位开关SQ₁，SQ₁动作转态，SQ₁的一组常闭触点（3-5）断开，切断了交流接触器KM₁线圈的回路电源，KM₁线圈断电释放，KM₁三相主触点断开，电动机失电停止运转，伸缩门打开到位停止。

需关门时，按住关门启动按钮SB₁不放，SB₁的一组常闭触点（1-3）断开，起到互锁作用；SB₁的另一组常开触点（1-11）闭合，使交流接触器KM₂线圈得电吸合，KM₂辅助常闭触点（7-9）断开，起到互锁作用；KM₂三相主触点闭合，电动机得电反转启动运转，电动伸缩门开始进行关闭。当伸缩门完全关闭至限位位置时，挡块碰触关门限位开关SQ₂，SQ₂动作转态，SQ₂的一组常闭触点（13-15）断开，切断了交流接触器KM₂线圈的回路电源，KM₂线圈断电释放，KM₂三相主触点断开，电动机失电停止运转，伸缩门关闭到位停止。

✤ 常见故障及排除方法

（1）开门到位时，行程开关SQ₁被压下，电动机仍运转不停（打滑），但指示灯HL₁亮。根据上述故障结合电气原理图分析，故障可能为行程开关SQ₁的一组常闭触点（3-5）损坏断不开。经检查确为行程开关SQ₁的一组常闭触点熔焊在一起断不开了。更换行程开关SQ₁后试之，电路恢复正常，故障排除。

（2）关门到位时，行程开关SQ₂被压下，电动机停止运转。但指示灯HL₁、HL₂均亮。根据以上故障结合电气原理图分析，故障可能为HL₁、HL₂指示灯的19#线、21#线短路（或相碰）了。经检查确为19#线与21#线破皮相连短路了所致。将导线破皮处做恢复绝缘处理后试之，指示灯HL₁灭，HL₂亮，电路恢复正常，故障排除。

✤ 电路接线（图387）

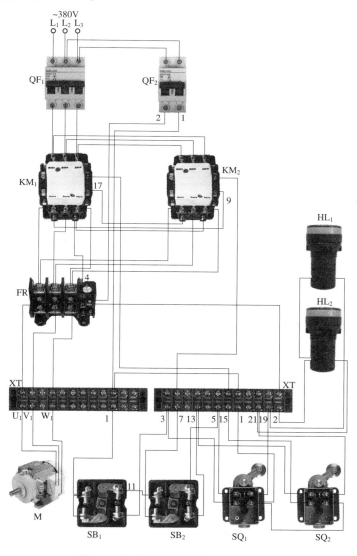

图387 电动门控制电路（二）接线图

电路 187 卷扬机控制电路（一）

✦ 应用范围

本电路适用于卷扬机、升降机、塔机等。

✦ 工作原理（图388）

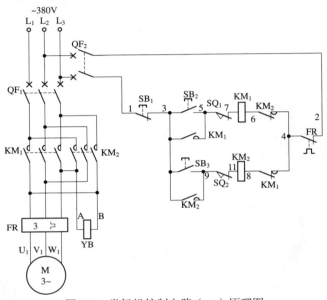

图388 卷扬机控制电路（一）原理图

首先合上主回路断路器QF_1、控制回路断路器QF_2，为电路工作提供准备条件。

正转控制时，按下上升（正转）启动按钮SB_2，其常开触点（3-5）闭合，接通交流接触器KM_1线圈回路电源，交流接触器KM_1线圈得电吸合且KM_1辅助常开触点（3-5）闭合自锁，KM_1三相主触点闭合，电磁抱闸线圈得电，抱闸打开，电动机得电正转启动运转，带动装置上升。欲停止时，则按下停止按钮SB_1，其常闭触点（1-3）断开，切断交流接触器KM_1线圈回路电源，交流接触器KM_1线圈断电释放，KM_1三相主触点断开，电动机失电停止运转且电磁抱闸线圈断电，抱闸抱住电动机转轴进行制动。当电动机得电正转运转后，将带动装置上升，倘若装置上升至极限位置时，碰块触动上升限位开关SQ_1，SQ_1常闭触点（5-7）断开，切断正转交流接触器KM_1线圈回路电源，使KM_1线圈断电释放，KM_1三相主触点断开，电动机及电磁抱闸失电停止运转且抱闸抱住电动机转轴进行制动。

反转控制时，按下下降（反转）启动按钮SB_3，其常开触点（3-9）闭合，接通交流接触器KM_2线圈回路电源，交流接触器KM_2线圈得电吸合且KM_2辅助常开触点（3-9）闭合自锁，KM_2三相主触点闭合，电磁抱闸线圈得电，抱闸打开，电动机得电反转启动运转，带动装置下降。欲停止时，则按下停止按钮SB_1，其常闭触点（1-3）断开，切断交流接触器KM₂线圈回路电源，交流接触器KM₂线圈断电释放，KM₂三相主触点断开，电动机失电停止运转且电磁抱闸线圈断电，抱闸抱住电动机转轴进行制动。当电动机得电反转运转后，将带动装置下降，倘若装置下降至极限位置时，碰块触动下降限位开关SQ₂，SQ₂常闭触点（9–11）断开，切断反转交流接触器KM₂线圈回路电源，使KM₂线圈断电释放，KM₂三相主触点断开，电动机及电磁抱闸失电停止运转，并且抱闸抱住电动机转轴进行制动。

✤ 常见故障及排除方法

（1）下降超出极限位置，不能自动停机。此故障为下降限位开关SQ₂损坏或碰块碰不上限位开关SQ₁所致。检查碰块及限位开关SQ₂是否有问题，若SQ₂损坏则更换行程开关；若碰块碰不上则调整碰块位置，排除故障。

（2）下降操作正常，而上升为点动操作。原因为上升交流接触器KM₁自锁回路发生故障。检查KM₁自锁回路触点是否断路，若断路不能闭合，则需更换自锁触点。

✤ 电路接线（图389）

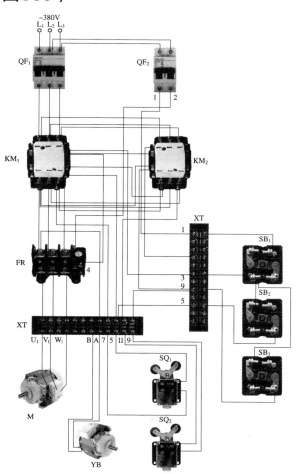

图389　卷扬机控制电路（一）接线图

电路 188　卷扬机控制电路（二）

❖ 应用范围

本电路适用于卷扬机、升降机、塔机等。

❖ 工作原理（图390）

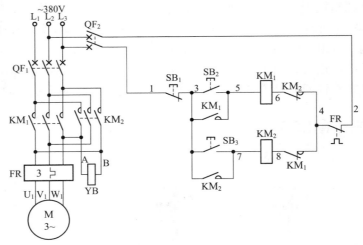

图390　卷扬机控制电路（二）原理图

　　提升时，按下正转启动按钮SB_2（3–5），正转交流接触器KM_1线圈得电吸合且KM_1辅助常开触点（3–5）闭合自锁，KM_1三相主触点闭合，电动机及电磁抱闸YB线圈同时通电，电磁衔铁被吸合到铁心上，衔铁通过停挡压在制动杆上迫使制动杆移动，使制动器闸瓦松开，电动机得电正转启动运转，拖动装置上升。

　　提升过程中需停止时，按下停止按钮SB_1（1–3），正转交流接触器KM_1线圈断电释放，KM_1三相主触点断开，电动机失电停止运转，同时电磁抱闸YB线圈断电，制动器在弹簧的作用下使衔铁离开铁心，制动器闸瓦抱住电动机转轴进行刹车，拖动装置停止上升。

　　下降时，按下反转启动按钮SB_3（3–7），反转交流接触器KM_2线圈得电吸合且KM_2辅助常开触点（3–7）闭合自锁，KM_2三相主触点闭合，电动机及电磁抱闸YB线圈同时通电，电磁衔铁被吸合到铁心上，衔铁通过停挡压在制动杆上迫使制动杆移动，使制动器闸瓦松开，电动机得电反转启动运转，拖动装置下降。

　　下降过程中需停止时，按下停止按钮SB_1（1–3），反转交流接触器KM_2线圈断电释放，KM_2三相主触点断开，电动机失电停止运转，同时电磁抱闸YB线圈断电，制动器在弹簧的作用下使衔铁离开铁心，制动器闸瓦抱住电动机转轴进行刹车，拖动装置下降停止。

✤ 常见故障及排除方法

（1）正转或反转均没有制动，电磁抱闸线圈YB动作。此故障为电磁抱闸机械部分未调整好所致。故障排除方法是重新调整电磁抱闸机械部分，使其在YB线圈断电后能可靠刹住设备。

（2）无论正转还是反转均没有制动，电磁抱闸无反应。此故障为电磁抱闸线圈YB烧毁断路所致。查出烧毁原因，更换一只新的电磁抱闸线圈即可。

（3）正转正常，反转为点动。此故障为反转自锁回路的KM$_2$辅助常开触点闭合不了所致。由于KM$_2$自锁辅助常开触点断路，从而使反转电路变为点动操作。故障排除方法是更换KM$_2$自锁辅助常开触点。

✤ 电路接线（图391）

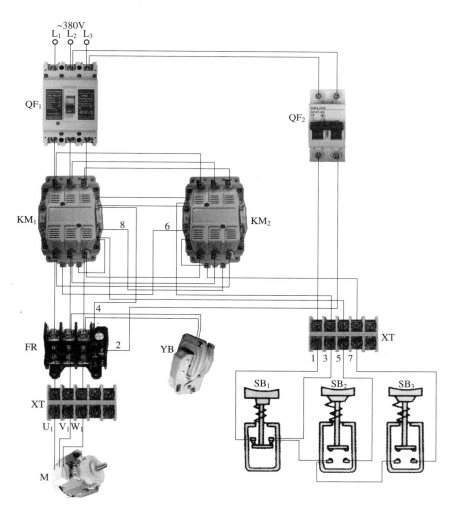

图391 卷扬机控制电路（二）接线图

电路 189　得电延时头配合接触器控制电抗器降压启动电路

✦ 应用范围

本电路适用于220V/380V（△形/Y形）的电动机不能采用Y形/△形方式启动的电路。

✦ 工作原理（图392）

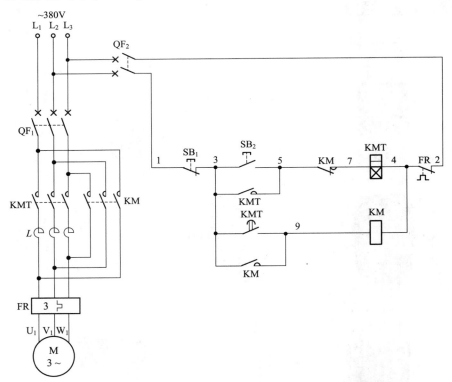

图392　得电延时头配合接触器控制电抗器降压启动电路原理图

启动时，按下启动按钮SB_2（3-5），带得电延时头的交流接触器KMT线圈得电吸合且KMT辅助常开触点（3-5）闭合自锁，同时，KMT开始延时，KMT三相主触点闭合，电动机串电抗器L进行降压启动。经过KMT一段时间延时后，电动机的转速升至接近额定转速，KMT得电延时闭合的常开触点（3-9）闭合，接通了交流接触器KM线圈的回路电源，KM线圈得电吸合且KM辅助常开触点（3-9）闭合自锁，KM辅助常闭触点（5-7）断开，切断了KMT线圈的回路电源，KMT线圈断电释放，KMT三相主触点断开，切断降压启动电抗器L的电源；与此同时，KM三相主触点闭合，电动机得电全压运转。

✤ 常见故障及排除方法

（1）启动时，按启动按钮SB$_2$（3-5），带得电延时头的交流接触器KMT线圈能得电吸合且自锁，电动机串电抗器L降压启动，但一直处于降压启动状态，不能转为全压正常运转。根据以上故障结合电气原理图分析，故障原因为KMT的得电延时头损坏未闭合（3-9），交流接触器可动部分没有将延时头联动好，交流接触器KM线圈损坏，与此电路相关的3#线、9#线、4#线有松动脱落现象。经检查是得电延时头KMT损坏断路所致。因为得电延时头损坏，就接通不了交流接触器KM线圈回路电源，KM线圈不会得电吸合，也就切不断带得电延时头的交流接触器KMT线圈回路，所以KMT线圈会一直得电吸合着，电动机会一直处于串电抗器L启动状态。更换得电延时头后试之，交流接触器KM线圈能得电吸合且自锁，KM三相主触点闭合，电动机得电全压运转。与此同时，KM的辅助常闭触点（5-7）断开，切断KMT线圈回路电源，KMT线圈断电释放，KMT三相主触点断开，KMT撤出运行。至此，电路恢复正常，故障排除。

（2）启动正常，经KMT延时后，交流接触器KM线圈能得电吸合且自锁，也能将KMT线圈回路切断，但电动机启动后不能转为全压运转而停止。根据以上故障结合电气原理图分析，故障在主回路中，即交流接触器KM三相主触点中有两相以上损坏闭合不了了，KM三相主触点上端或下端有两相出现松动、脱落、虚接现象。经检查是KM三相主触点损坏断路所致。更换交流接触器后试之，恢复全压正常运转，故障排除。

✤ 电路接线（图393）

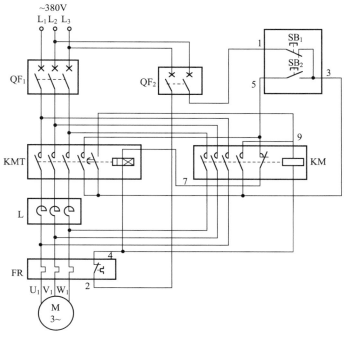

图393　得电延时头配合接触器控制电抗器降压启动电路接线图

电路 190　得电延时头配合接触器完成延边三角形降压启动控制电路

✤ 应用范围

本电路适用于对大容量电动机的操作。

✤ 工作原理（图394）

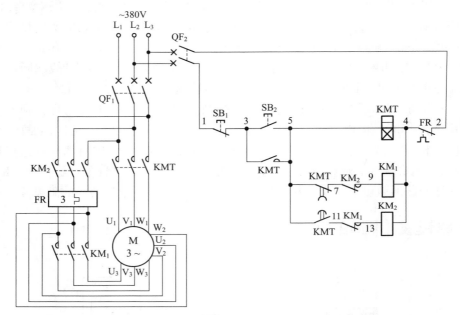

图394　得电延时头配合接触器完成延边三角形降压启动控制电路原理图

启动时，按下启动按钮SB₂（3–5），带得电延时头的交流接触器KMT和交流接触器KM₁线圈均得电吸合，且KMT辅助常开触点（3–5）闭合自锁，KMT开始延时。KM₁辅助常闭触点（11–13）断开，起互锁保护作用。此时，KMT和KM₁各自的三相主触点闭合，电动机绕组连接成延边三角形进行降压启动。当电动机的转速逐渐升高后，也就是KMT的延时时间结束，KMT得电延时断开的常闭触点（5–7）断开，切断KM₁线圈回路电源，KM₁线圈断电释放，KM₁三相主触点断开，解除电动机绕组延边三角形连接；同时KMT得电延时闭合的常开触点（5–11）闭合，接通了交流接触器KM₂线圈回路电源，KM₂线圈得电吸合，KM₂三相主触点闭合，电动机绕组接成三角形正常运转。

停止时，按下停止按钮SB₁（1–3），带得电延时头的交流接触器KMT和交流接触器KM₂线圈均断电释放，KMT和KM₂各自的三相主触点均断开，电动机失电停止运转。

✤ 常见故障及排除方法

（1）启动时，按启动按钮SB₂（3-5），带得电延时头的交流接触器KMT线圈能得电吸合且自锁，交流接触器KM₁线圈也得电吸合，KMT、KM₁各自的三相主触点均闭合，电动机不转。经KMT一段时间延时后，交流接触器KM₁线圈断电释放，KM₁三相主触点断开；交流接触器KM₂线圈得电吸合，KM₂三相主触点闭合，电动机得电立即全压启动，但全压启动时电流很大，启动过程失败。根据以上故障结合电气原理图分析，故障出在主回路中的交流接触器KM₁三相主触点至少有两相以上损坏断路，KM₁三相主触点的上端或下端连线至少有两根松动、虚接、脱落现象。因KMT、KM₂各自的三相主触点能正常工作，说明主回路中的KMT、KM₂各自的三相主触点正常，而延边三角形启动用交流接触器KM₁三相主触点损坏就造成电动机延边三角形启动时电动机不能启动。更换交流接触器KM₁后试之，延边三角形启动正常，故障排除。

（2）电动机启动正常，但在KMT延时后，KM₁仍工作，无法转为三角形正常全压运转。按下停止按钮SB₁后，交流接触器KM₁好像仍处于吸合工作状态。为确定是控制回路故障还是交流接触器自身故障，可再断开控制回路断路器QF₂试之，若断开QF₂后，交流接触器KM₁仍好像处于吸合工作状态，说明是交流接触器自身故障。无非是以下三个原因，一是交流接触器铁心极面有油污延时释放，二是交流接触器可动机械部分卡住断不开，三是交流接触器三相主触点熔焊断不开。经检查是交流接触器KM₁三相主触点熔焊所致。更换新品后试之，电动机延边三角形启动正常，并能自动转换到正常全压运转。至此，电路恢复正常，故障排除。

✤ 电路接线（图395）

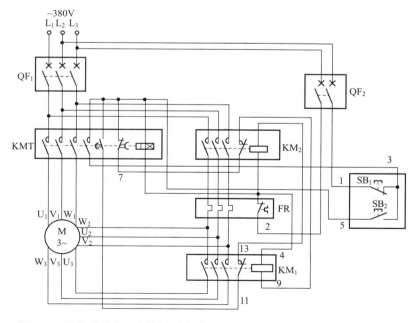

图395　得电延时头配合接触器完成延边三角形降压启动控制电路接线图

电路 191 得电延时头配合接触器完成双速电动机自动加速控制电路

✤ **应用范围**

本电路适用于机床、消防排烟风机。

✤ **工作原理（图396）**

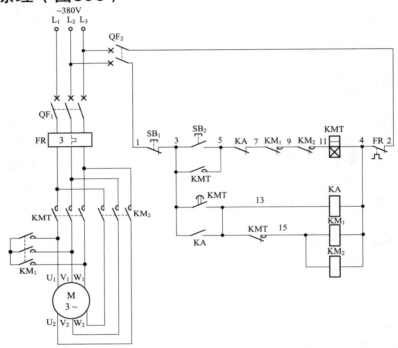

图396 得电延时头配合接触器完成双速电动机自动加速控制电路原理图

启动时，按下启动按钮SB₂（3-5），带得电延时头的交流接触器KMT线圈得电吸合且KMT辅助常开触点（3-5）闭合自锁，KMT辅助常闭触点（13-15）断开，起互锁作用；KMT三相主触点闭合，电动机绕组接成△形低速运转。在KMT线圈得电吸合后，KMT开始延时。经KMT一段时间延时后，KMT得电延时闭合的常开触点（3-13）闭合，使中间继电器KA线圈得电吸合，KA常开触点（3-13）闭合自锁，KA常闭触点（5-7）断开，切断了KMT线圈的回路电源，KMT线圈断电释放，KMT三相主触点断开，电动机绕组△形连接解除，电动机低速运转停止；与此同时，交流接触器KM₁和KM₂线圈均得电吸合，KM₁和KM₂各自的辅助常闭触点（7-9、9-11）断开，起互锁作用；KM₁、KM₂各自的三相主触点闭合，电动机绕组接成2Y形，电动机由低速自动加速到高速运转。

停止时，按下停止按钮SB₁（1-3），交流接触器KM₁和KM₂线圈断电释放，KM₁和KM₂各自的三相主触点断开，电动机失电停止运转。

✢ 常见故障及排除方法

（1）电动机三角形低速运转正常，但不能自动加速到高速运转。根据以上故障结合电气原理图分析，故障可能为中间继电器KA常开触点（3-13）损坏不能闭合自锁，或与此电路相关的3#线、13#线松动脱落了。经检查是中间继电器KA常开触点（3-13）损坏所致。更换中间继电器后试之，电路恢复正常，故障排除。

（2）电动机低速三角形接法运转正常，高速时电动机2Y形接法不运转，但其控制回路中的中间继电器KA、交流接触器KM₁和KM₂线圈均吸合工作。从上述故障结合电气原理图分析，故障可能为主回路KM₁或KM₂各自的三相主触点损坏，电动机2Y形绕组损坏，以及与KM₁、KM₂主触点相连接的导线有虚接、松动、脱落现象。经检查是交流接触器KM₁三相主触点中的两相损坏闭合不了所致。更换交流接触器KM₁后试之，电路恢复正常，故障排除。

✢ 电路接线（图397）

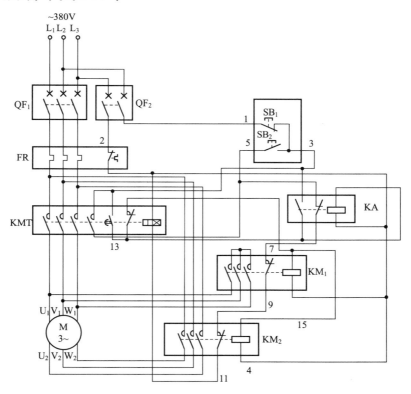

图397　得电延时头配合接触器完成双速电动机自动加速控制电路接线图

电路 192　得电延时头配合接触器式继电器完成开机预警控制电路

✛ 应用范围

本电路适用于大型生产设备、生产流水线。

✛ 工作原理（图398）

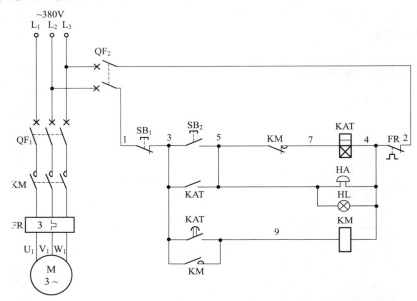

图398　得电延时头配合接触器式继电器完成开机预警控制电路原理图

开机时，按下启动按钮SB₂（3-5），带得电延时头的接触器式继电器KAT线圈得电吸合且KAT常开触点（3-5）闭合自锁，KAT开始延时。此时，预警电铃HA响，预警灯HL亮，以告知此机正在进行开机。经过KAT一段时间延时后，KAT得电延时闭合的常开触点（3-9）闭合，接通了交流接触器KM线圈回路电源，KM线圈得电吸合且KM辅助常开触点（3-9）闭合自锁，KM三相主触点闭合，电动机得电启动运转。与此同时，KM串联在KAT线圈的回路中的辅助常闭触点（5-7）断开，切断了KAT线圈回路电源，KAT线圈断电释放，KAT所有触点恢复原始状态，预警电铃HA停止鸣响，预警灯HL熄灭。

停机时，按下停止按钮SB₁（1-3），交流接触器KM线圈断电释放，KM三相主触点断开，电动机失电停止运转。

✛ 常见故障及排除方法

（1）启动时，按启动按钮SB₂（3-5），带得电延时头的接触器或继电器KAT得电吸合且自锁，但预警电铃HA不响、预警灯HL不亮。此时KAT开始延时，经KAT延时后，KAT得电延时闭合的常开触点（3-9）闭合，交流接触器KM线圈得电吸合，KM三相主触点闭合，电动机得电启动运转。从上述故障结合电气原理图分析，故障原因可能为接在HA、HL上的5#线或4#线有松动脱落现象，另外预警电铃HA和预警灯HL同时损坏也会出现上述现象，但是两只器件同时损坏的可能性不大。经检查是接在HA、HL上的5#线脱落所致。将脱落的5#线恢复原位接好后试之，预警电铃HA响和预警灯HL亮，电路恢复正常，故障排除。

（2）启动时，手按启动按钮SB₂（3-5），预警电铃HA响、预警灯HL亮；松开SB₂后，预警电路HA停响，预警灯HL熄灭，电动机不能延时自动得电启动运转。根据上述故障结合电气原理图分析，在按启动按钮SB₂时可认为是点动操作，故障原因可能为带得电延时头的接触器式继电器KAT的常开触点（3-5）不能闭合自锁，与此电路相关的3#线、5#线有松动、脱落现象。经检查是KAT常开触点（3-5）损坏闭合不了，不能自锁KAT线圈回路，所以为点动预警。更换带得电延时头的接触器式继电器KAT后试之，电路预警正常，延时后自动接通交流接触器KM线圈电源，KM线圈得电吸合且自锁，KM三相主触点闭合，电动机得电启动运转。至此，电路恢复正常，故障排除。

✦ 电路接线（图399）

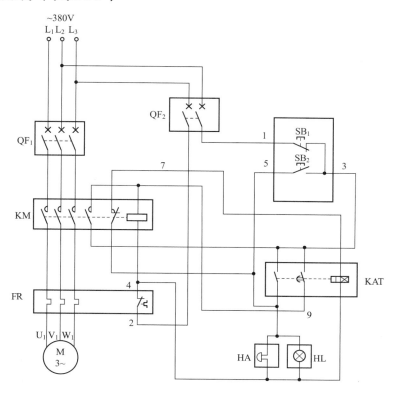

图399　得电延时头配合接触器式继电器完成开机预警控制电路接线图

电路 193　失电延时头配合接触器控制电动机单向能耗制动电路

✦ 应用范围

本电路适用于任何制动控制。

✦ 工作原理（图400）

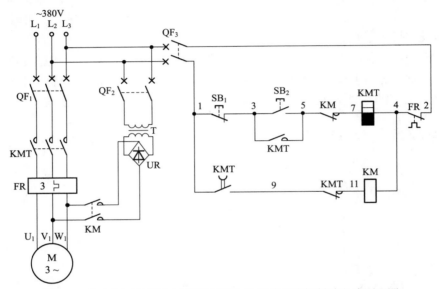

图400　失电延时头配合接触器控制电动机单向能耗制动电路原理图

　　启动时，按下启动按钮SB₂（3-5），接通了带失电延时头的交流接触器KMT线圈回路电源，KMT线圈得电吸合且KMT辅助常开触点闭合自锁。在KMT线圈得电时，首先KMT串联在交流接触器KM线圈回路中的辅助常闭触点（9-11）先断开，切断KM线圈的回路电源，起到互锁保护作用；KMT失电延时断开的常开触点（1-9）立即闭合，为停止时能耗制动做准备。此时KMT三相主触点闭合，电动机得电启动运转。

　　能耗制动时，按下停止按钮SB₁（1-3），切断了带失电延时头的交流接触器KMT线圈回路电源，KMT线圈断电释放，KMT开始延时，KMT三相主触点断开，电动机失电但仍靠惯性继续转动。当KMT线圈断电释放时，KMT串联在交流接触器KM线圈回路中的互锁保护辅助常闭触点（9-11）恢复常闭，接通了KM线圈回路电源，KM线圈得电吸合，KM三相主触点闭合，接通通入电动机绕组内的直流电源，使电动机绕组内产生一静止制动磁场，电动机在静止制动磁场的作用下被迅速制动停止。经KMT一段延时后，KMT失电延时断开的常开触点（1-9）断开，切断了KM线圈回路电源，KM线圈断电释放，KM三相主触点断开，解除了通入电动机绕组内的直流电源，能耗制动结束。

❖ 常见故障及排除方法

（1）电动机启动运转后，停止时，电动机处于自由停机状态，无制动，不能迅速制动停机。从配电箱内看在按下停止按钮SB₁（1-3）之前，配电箱内的带失电延时头配合接触器KMT是工作的；在按下停止按钮SB₁时，KMT线圈断电释放并开始延时，交流接触器KM是工作的，但电动机失电，无制动。根据上述故障结合电气原理图分析，故障为制动断路器QF₂动作跳闸了，电源变压器损坏，整流器UR损坏，交流接触器KM主触点损坏闭合不了，以及与制动电路相关的导线有松动脱落现象。经检查是制动断路器QF₂跳闸了，合上QF₂后试之，制动电路恢复正常，电动机能耗制动效果理想，故障排除。

（2）电动机运转过程中常常出现过载停机现象。开始怀疑是机械设备出现问题，负荷增大，造成电动机过载停机。经检查，一切正常，用钳形电流表测电动机电流低于铭牌值。再仔细检查发现，是热继电器电流值设置过小所致，电流重新设置后，试之，电动机工作正常，故障排除。

❖ 电路接线（图401）

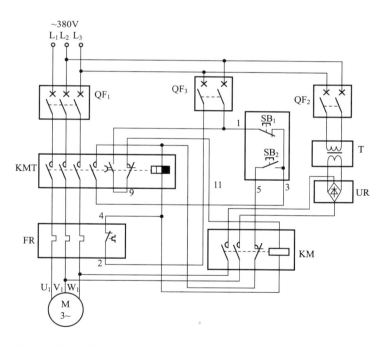

图401　失电延时头配合接触器控制电动机单向能耗制动电路接线图

电路 194 电动机串电抗器启动自动控制电路

✦ **应用范围**

本电路适用于220V/380V（△形/Y形）的电动机不能采用Y形/△形方式启动的电路。

✦ **工作原理（图402）**

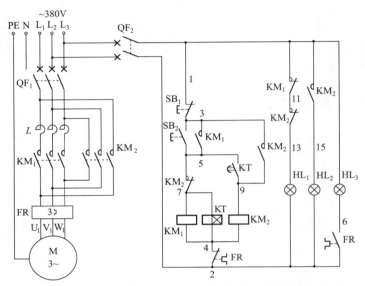

图402 电动机串电抗器启动自动控制电路原理图

启动时，按下启动按钮SB₂（3-5），交流接触器KM₁和得电延时时间继电器KT线圈均得电吸合，KM₁辅助常开触点（3-5）闭合自锁，KM₁三相主触点闭合，将电抗器L串入电动机绕组进行降压启动；同时KM₁辅助常闭触点（1-11）断开，指示灯HL₁灭，说明电动机正在进行降压启动。与此同时，得电延时时间继电器KT开始延时。随着电动机转速的逐渐升高，经过KT一段时间延时后，KT得电延时闭合的常开触点（5-9）闭合，接通交流接触器KM₂线圈回路电源，KM₂线圈得电吸合，KM₂串联在KM₁、KT线圈回路中的辅助常闭触点（5-7）断开，切断KM₁、KT线圈回路电源，KM₁、KT线圈断电释放，KM₁三相主触点断开，切断电抗器L，电动机绕组失电但仍靠惯性继续转动；同时KM₂辅助常闭触点（11-13）断开，指示灯HL₁灭，KM₂辅助常开触点（3-9）闭合自锁，KM₂三相主触点闭合，电动机通入三相交流380V电源全压运转，同时KM₂辅助常闭触点（11-13）断开，指示灯HL₁灭，KM₂辅助常开触点（1-15）闭合，指示灯HL₂亮，说明电动机已自动转为全压运转了。该电路在完成降压启动后，仅有交流接触器KM₂线圈继续得电吸合，KM₁、KT线圈被切除，节约了KM₁、KT线圈所消耗的电能。

停止时，按下停止按钮SB₁（1-3），交流接触器KM₂线圈断电释放，KM₂三相主触点断开，电动机脱离三相交流380V电源而停止运转，同时指示灯HL$_2$灭、HL$_1$亮，说明电动机已失电停止运转。

电路中，FR为过载热继电器，当电动机发生过载时，FR热元件发热弯曲，推动其控制触点动作，其控制常闭触点（2-4）断开，切断交流接触器KM$_2$线圈回路电源，KM$_2$线圈断电释放，KM$_2$三相主触点断开，电动机失电停止运转。同时FR控制常开触点（2-6）闭合，接通了过载指示灯HL$_3$的回路电源，HL$_3$亮，说明电动机已过载。

✤ 常见故障及排除方法

（1）启动时，一按启动按钮SB$_2$，交流接触器KM$_1$、KM$_2$，得电延时时间继电器KT同时工作。电动机得以全压不能降压启动，电动机也无法启动运转。此故障为得电延时时间继电器KT的一组得电延时闭合的常开触点（5-9）损坏断不开或5#线与9#线相碰在一起所致。经检查是得电延时闭合的常开触点（5-9）损坏。更换新得电延时时间继电器后，故障排除。

（2）过载指示灯HL$_3$常亮。若电动机运转正常，也没有出现过载停机，但过载指示灯HL$_3$常亮，说明热继电器FR的一组常开触点（2-6）损坏断不开，或2#线、4#线或6#线相碰在一起了。经检查为6#线与4#线相碰。恢复正确接线后，过载指示灯HL$_3$灭，故障排除。

✤ 电路接线（图403）

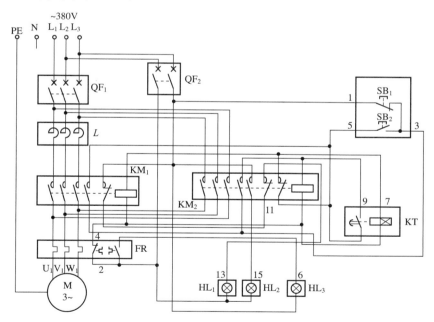

图403　电动机串电抗器启动自动控制电路接线图

电路 195 往返循环自动回到原位停止控制电路

✦ 应用范围

本电路适用于机械加工、纺织行业。

✦ 工作原理（图404）

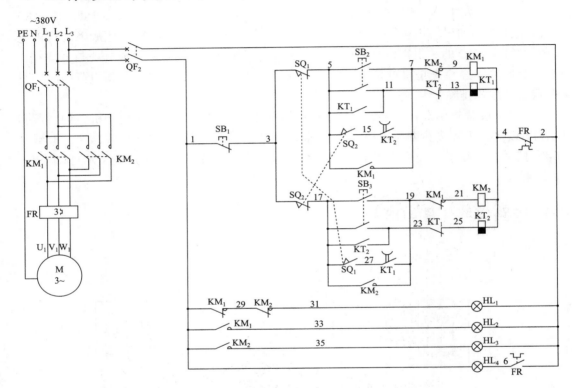

图404 往返循环自动回到原位停止控制电路原理图

工作台向左移动时，按下工作台左移启动按钮SB$_2$，SB$_2$的一组常开触点（5–11）闭合，失电延时时间继电器KT$_1$线圈得电吸合且KT$_1$不延时瞬动常开触点（5–11）闭合自锁，同时KT$_1$失电延时断开的常开触点（19–27）立即闭合，为限制继续往返循环做准备；在按下SB$_2$的同时，SB$_2$的另一组常开触点（5–7）闭合，交流接触器KM$_1$线圈得电吸合且自锁，KM$_1$三相主触点闭合，电动机得电正转运转，带动工作台向左移动，与此同时KM$_1$辅助常闭触点（19–21）先断开，起到互锁保护作用。

当工作台向左移动到位时，行程开关SQ$_1$被撞块触动压合，此时SQ$_1$的一组常闭触点（3–5）断开，交流接触器KM$_1$、失电延时时间继电器KT$_1$线圈均断电释放，KM$_1$三相主触点断开，电动机失电正转停止运转；与此同时，KT$_1$开始延时（设定延时时间为3s）。在行程开关SQ$_1$被撞块触动压合的同时，SQ$_1$的另一组常开触点（17–27）闭合，与正在延时还未断开的KT_1失电延时断开的常开触点（19–27）形成闭合回路，交流接触器KM_2线圈得电吸合且自锁，KM_2三相主触点闭合，电动机得电反转运转，带动工作台向右移动，与此同时，KM_2辅助常闭触点（7–9）先断开，起到互锁保护作用。

经KT_1一段时间（仅3s左右）延时后，KT_1失电延时断开的常开触点（19–27）断开，保证工作台回到原位后不再进行循环控制做先前准备。也就是说，在SQ_1被触动后3s，KT_1失电延时断开的常开触点（19–27）就必须先断开。

当工作台返回到位时，行程开关SQ_2被撞块触动压合，此时SQ_2的一组常闭触点（3–17）断开，交流接触器KM_2线圈断电释放，KM_2三相主触点断开，电动机失电反转停止运转，从而使工作台停止移动。

在行程开关SQ_2被撞块触动压合的同时，SQ_2的另一组常开触点（5–15）闭合，为下次循环做准备。

至此，工作台左移再返回到位自动停止控制结束。

工作台向右移动时，按下工作台右移启动按钮SB_3，SB_3的一组常开触点（17–23）闭合，失电延时时间继电器KT_2线圈得电吸合且KT_2不延时瞬动常开触点（17–23）闭合自锁，同时KT_2失电延时断开的常开触点（7–15）瞬时闭合，为限制继续往返循环做准备；在按下SB_3的同时，SB_3的另一组常开触点（17–19）闭合，交流接触器KM_2线圈得电吸合且自锁，KM_2三相主触点闭合，电动机得电反转运转，带动工作台向右移动，与此同时辅助常闭触点（7–9）先断开，起到互锁保护作用。

当工作台向右移动到位时，行程开关SQ_2被撞块触动压合，此时SQ_2的一组常闭触点（3–17）断开，交流接触器KM_2、失电延时时间继电器KT_2线圈均断电释放，KM_2三相主触点断开，电动机失电反转停止运转；与此同时，KT_2开始延时（设定延时时间为3s内）。在行程开关SQ_2被撞块触动压合的同时，SQ_2的另一组常开触点（5–15）闭合，与正在延时还未断开的KT_2失电延时断开的常开触点（7–15）形成闭合回路，交流接触器KM_1线圈得电吸合且自锁，KM_1三相主触点闭合，电动机得电正转运转，带动工作台向左移动，与此同时，KM_1串联在KM_2线圈回路中的辅助常闭触点（19–21）先断开，起到互锁保护作用。

经KT_2一段时间（仅3s左右）延时后，KT_2失电延时断开的常开触点（7–15）断开，保证工作台回到原位后不再进行循环控制。也就是说在SQ_2被触动后3s内，KT_2失电延时断开的常开触点（7–15）就必须先断开。

当工作台返回到位时，行程开关SQ_1被撞块触动压合，此时SQ_1的一组常闭触点（3–5）断开，交流接触器KM_1线圈断电释放，KM_1三相主触点断开，电动机失电正转停止运转，从而使工作台停止移动。在行程开关SQ_1被撞块触动压合的同时，SQ_1的另一组常开触点（17–27）闭合，为下次循环做准备。

至此，工作台右移再返回到位，自动停止控制结束。

✤ 常见故障及排除方法

（1）指示灯HL_2始终不亮。此故障为HL_2指示灯损坏，交流接触器KM_1辅助常开触点（1–33）损坏闭合不了，与此电路相关的1#线、2#线、33#线有脱落现象。经检查是

2#线脱落。将2#线接在相应位置后，试之，故障排除。

（2）按正转启动按钮SB₂，电动机正转运转，工作台向左移动也正常；但工作台向左移动到位后，电动机立即停止，工作台不能向右自动返回到原位。故障原因为行程开关SQ₁的一组常开触点（17–27）损坏闭合不了，失电延时时间继电器KT₁的失电延时断开的常开触点（19–27）损坏，与此电路相关的17#线、27#线、19#线脱落。经检查为行程开关SQ₁常开触点上的17#线脱落所致。将脱落的17#线接好后，试之，一切正常，故障即可排除。

✦ 电路接线（图405）

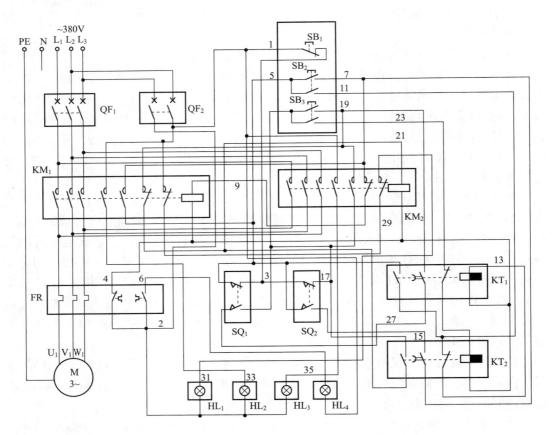

图405 往返循环自动回到原位停止控制电路接线图

电路 196　**电动机固定转向控制电路**

✤ 应用范围

　　本电路适用于任何不允许改变三相电源相序的场合，如电梯、消防泵、消防卷帘等。

✤ 工作原理（图406）

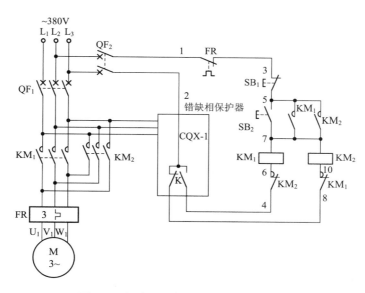

图406　电动机固定转向控制电路原理图

　　首先合上主回路断路器QF_1、控制回路断路器QF_2，为电路工作提供准备条件。

　　正相序时，CQX-1动作，其内部继电器K动作，K常闭触点（2-8）断开，常开触点（2-4）闭合，此时按下启动按钮SB_2（5-7），交流接触器KM_1线圈得电吸合且KM_1辅助常开触点（5-7）闭合自锁，KM_1三相主触点闭合，电动机得电（正相序）运转，拖动设备正常工作。

　　逆相序时，CQX-1不动作，其内部继电器K恢复原始状态，K常闭触点（2-8）恢复常闭，此时按下启动按钮SB_2（5-7），交流接触器KM_2线圈得电吸合且KM_2辅助常开触点（5-7）闭合自锁，KM_2三相主触点闭合，电动机得电（因电网已反相序，再通过KM_2将反相序纠正过来，即反反得正，又成为正相序了）正常运转，拖动设备正常工作。

✤ 常见故障及排除方法

　　（1）正转启停正常，反转为点动工作。从原理图中可以看出，正转和反转各自的一组辅助常开触点（5-7、5-7）是交流接触器KM_1和交流接触器KM_2各自的自锁触点。从故障现象看，正转启停正常，说明KM_1辅助常开触点（5-7）正常，那么KM_2为点动工作，就是KM$_2$缺少自锁回路。说明KM$_2$辅助常开触点（5–7）损坏闭合不了，接在KM$_2$辅助常开触点两端的5#线或7#线有脱落现象。经检查为KM$_2$辅助常开触点（5–7）损坏闭合不了所致。更换KM$_2$辅助常开触点后，故障排除。

（2）交流接触器KM$_1$或KM$_2$动作均正常，电源相序改变了，但电动机转向也改变了，不能纠正错误相序问题。从原理上分析，控制回路正常，问题出在主回路的KM$_2$三相主触点连线上，也就是说，KM$_2$三相主触点连线未倒相所致。这样，电源相序正确时，交流接触器KM$_1$工作，电动机得电正转（固定转向）运转，当电源相序改变后，交流接触器KM$_2$工作，由于KM$_2$主回路未倒相，所以电动机的转向也就改变了，起不到固定转向作用，还可能出现机械事故。经检查，确为KM$_2$三相主触点上的连线未倒相所致。KM$_2$三相主触点连线倒相后，试之，故障排除。也就是说，无论电源相序如何改变，电动机的转向始终不变，起到固定转向控制作用。

✛ 电路接线（图407）

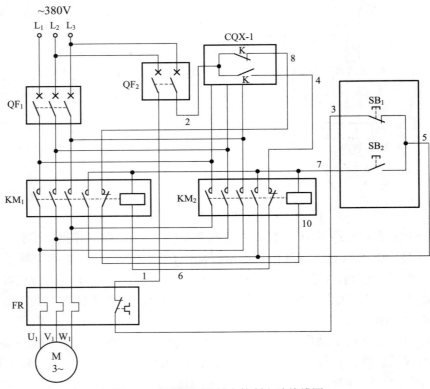

图407 电动机固定转向控制电路接线图

电路 197　用 SAY7-20X/33 型复位式转换开关实现电动机正反转连续运转控制电路

✧ 应用范围

本电路适用于任何正反转控制装置。

✧ 工作原理（图408）

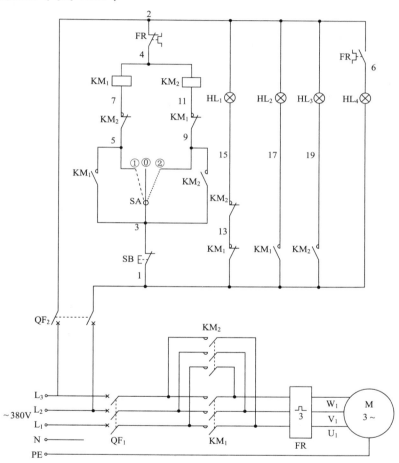

图408　用SAY7-20X/33型复位式转换开关实现电动机正反转连续运转控制电路原理图

将复位式转换开关SA旋至一挡后再松手，SA复位，交流接触器KM₁线圈得电吸合，KM₁辅助常开触点（3-5）闭合自锁，KM₁三相主触点闭合，电动机得电正转启动运转；串联在反转回路中的KM₁辅助常闭触点（9-11）断开，起互锁作用。同时，KM₁辅助常闭触点（1-3）断开，停止兼电源指示灯HL₁灭；KM₁辅助常开触点（1-17）闭合，正转运转指示灯HL₂亮，说明电动机已正转启动运转了。

反转时，先按下停止按钮SB（1-3），再将复位式转换开关SA旋至二挡（3-9）后松手即可。

✥ 常见故障及排除方法

（1）复位式转换开关SA旋至正转位置时正常，但旋至反转位置时，复位式转换开关SA不能复位。此故障是很明显的转换开关机械故障，没有修复价值，只能更换新的SAY7-20X/33型复位式转换开关。

（2）无论停止还是正转、反转，电源及停止指示灯HL₁无变化，始终是亮的。从原理图中可以看出，正转交流接触器KM₁的一组辅助常闭触点（1-13）和反转交流接触器KM₂的一组辅助常闭触点（13-15）串联后再与电源及停止指示灯HL₁串联，两只串联的KM₁、KM₂辅助常闭触点同时损坏的可能性不大，可以不考虑。那么故障只有一个，就是1#线与15#线碰在一起短接了。经检查，证明了此现象，将1#线与15#线分别接好后，故障排除。

✥ 电路接线（图409）

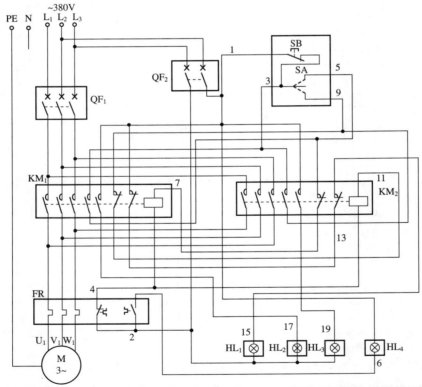

图409　用SAY7-20X/33型复位式转换开关实现电动机正反转连续运转控制电路接线图

电路 198　拖板到位准确定位控制电路

✤ 应用范围

本电路适用于生产线、车床等。

✤ 工作原理（图410）

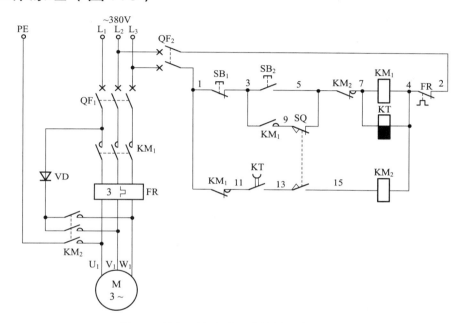

图410　拖板到位准确定位控制电路原理图

拖板启动时，按下启动按钮SB_2，其常开触点（3-5）闭合，接通交流接触器KM_1和失电延时时间继电器KT线圈回路电源，KM_1和KT线圈得电吸合，KM_1辅助常闭触点（1-11）断开，起互锁作用；KM_1辅助常开触点（3-9）闭合自锁；KM_1三相主触点闭合，电动机得电启动运转，带动拖板工作。与此同时，KT失电延时断开的常开触点（11-13）闭合，为制动回路接通及延时断开做准备。

当拖板移动到位时，碰触到行程开关SQ，其常闭触点（5-9）断开，切断交流接触器KM_1和KT线圈回路电源，KM_1和KT线圈断电释放，KM_1辅助常开触点（3-9）断开，解除自锁；KM_1三相主触点断开，电动机失电停止运转（但会存在微小的惯性）。此时KM_1辅助常闭触点（1-11）闭合，解除互锁，同时KT开始延时。当拖板移动到位碰触到行程开关SQ后，其常开触点（13-15）闭合，接通交流接触器KM_2线圈回路电源，KM_2线圈得电吸合，KM_2辅助常闭触点（5-7）断开，起互锁作用；KM_2三相主触点闭合，将直流电源接入电动机绕组中，产生一静止磁场，电动机被迅速能耗制动停止下来，达到拖板准确定位控制。经KT一段时间延时后，KT失电延时断开的常开触点（11-13）断开，切断交流接触器KM_2线圈回路电源，KM_2线圈断电释放，KM_2三相主触点断开，切断通入电动机绕组中的直流能耗制动电源，能耗制动过程结束。

✛ 常见故障及排除方法

（1）电动机无制动。此故障原因为交流接触器KM₁的一组辅助常闭触点（1–11）损坏闭合不了，失电延时时间继电器KT线圈损坏不工作，失电延时时间继电器KT的失电延时断开的常开触点损坏闭合不了，行程开关SQ的一组常开触点（13–15）损坏闭合不了，交流接触器KM₂线圈损坏不工作，整流二极管VD损坏，KM₂三相主触点损坏，1#线、11#线、13#线、15#线、4#线以及主回路制动相关连线有松动或脱落现象。经检查，为交流接触器KM₂线圈损坏断路所致。更换KM₂线圈后，故障排除。

（2）拖板到位不能自动停止，但按下停止按钮SB₁时能手动停止。此故障为行程开关SQ常闭触点（5–9）损坏断不开，拖板没有碰触到行程开关SQ，5#线与9#线相碰了。经检查是行程开关固定螺丝松动，拖板没有碰触到行程开关SQ所致。

✛ 电路接线（图411）

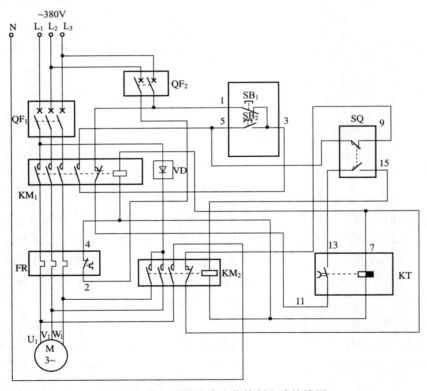

图411 拖板到位准确定位控制电路接线图

电路 199　保密开机控制电路

✦ 应用范围

本电路适用于对安全要求很高的设备，如机械加工行业的切板机、印刷行业的切纸机等。

✦ 工作原理（图412）

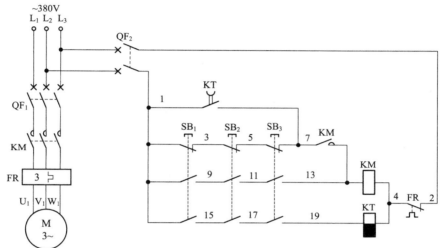

图412　保密开机控制电路原理图

启动时，必须将三只按钮SB$_1$、SB$_2$、SB$_3$全部同时按下，其常闭触点（1–3、3–5、5–7）全部断开，其常开触点（1–9、9–11、11–13、1–15、15–17、17–19）全部闭合，交流接触器KM和失电延时时间继电器KT线圈均得电吸合，KT失电延时断开的常开触点（1–7）立即闭合，KM辅助常开触点（7–13）闭合，将KM线圈回路连接成过渡自锁回路，此时，将按下的按钮SB$_1$、SB$_2$、SB$_3$同时松开，失电延时时间继电器KT线圈断电释放，KT开始延时，在松开三只按钮后，其所有触点恢复原始状态，其三只常闭触点将失电延时断开的常开触点（1–7）短接了起来，仍与KM辅助常开触点（7–13）形成正常自锁回路，经KT一段时间（1s）延时后，KT失电延时断开的常开触点（1–7）断开，为按下任意一只按钮实现停止提供条件。在KM线圈得电吸合时，KM三相主触点闭合，电动机得电启动运转。

停止时，可按下任意一只按钮（SB$_1$或SB$_2$或SB$_3$），其常闭触点（1–3、3–5、5–7）断开，切断KM自锁回路，KM线圈断电释放，KM三相主触点断开，电动机失电停止运转。

✦ 常见故障及排除方法

（1）启动时，同时按下三只按钮SB$_1$、SB$_2$、SB$_3$，交流接触器KM线圈得电吸合；

松开三只按钮SB₁、SB₂、SB₃，交流接触器KM线圈断电释放，电动机为点动运转。从原理图上可以看出，只有失电延时时间继电器KT线圈得电吸合后，其失电延时断开的常开触点（1–7）闭合，才能实现三只按钮SB₁、SB₂、SB₃松开后，先进行过渡自锁，并延时自行断开。根据以上情况分析，故障出在三只按钮串联的三组常开触点上，失电延时时间继电器KT线圈断路损坏，失电延时时间继电器的失电延时断开的常开触点损坏不起作用，与此电路相关的1#线、15#线、7#线、17#线、19#线、4#线有脱落现象。经检查是失电延时时间继电器的失电延时断开的常开触点损坏闭合不了所致。更换新的失电延时时间继电器后，故障排除。

（2）电动机启动运转后，按任意停止按钮SB₁或SB₂或SB₃，交流接触器KM线圈不能断电释放，用手拉下控制回路断路器QF₂后，交流接触器KM线圈立即断电释放，电动机失电停止运转。将QF₂合上，控制回路无任何反应。根据上述情况分析，三只按钮相串联的三组常闭触点全部损坏断不开的可能性不大，可以不考虑。故障原因为失电延时时间继电器KT的失电延时断开的常开触点损坏粘在一起断不开，与此电路有关的1#线、7#线相碰在一起了。经检查，是失电延时时间继电器失电延时断开的常开触点损坏了断不开所致。更换新的失电延时时间继电器后，故障排除。

✛ 电路接线（图413）

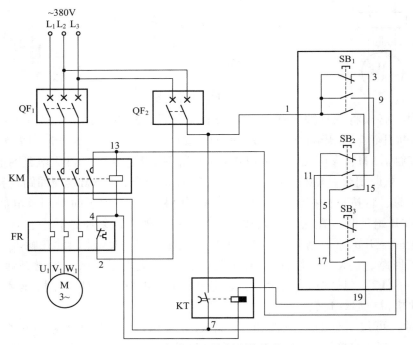

图413 保密开机控制电路接线图

电路 200　空调机组循环泵延时自动停机控制电路

✦ 应用范围

本电路适用于空调机组、空调用循环泵的控制。

✦ 工作原理（图414）

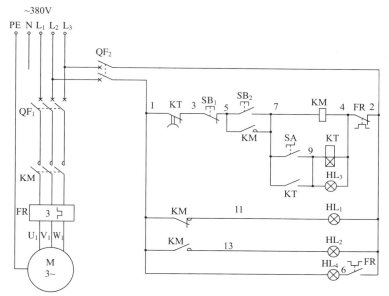

图414　空调机组循环泵延时自动停机控制电路原理图

按下启动按钮SB$_2$（5-7），交流接触器KM线圈得电吸合，KM辅助常开触点（5-7）闭合自锁，KM三相主触点闭合，电动机得电启动运转。同时，KM辅助常闭触点（1-11）断开，指示灯HL$_1$灭；KM辅助常开触点（1-13）闭合，指示灯HL$_2$亮，说明循环泵已启动运转了。

按下停止按钮SB$_1$（3-5），交流接触器KM线圈断电释放，KM三相主触点断开，电动机失电停止运转。同时，KM辅助常开触点（1-13）断开，指示灯HL$_2$灭；KM辅助常闭触点（1-11）闭合，指示灯HL$_1$亮，说明循环泵已停止运转。

若循环泵在运转后需定时自动停机，可将复位式转换开关SA置于闭合状态后松手（又恢复到原始常开状态）。此时，得电延时时间继电器KT线圈得电，KT不延时瞬动常开触点（7-9）闭合自锁，KT开始延时。同时，延时指示灯HL$_3$亮，说明开始定时停机了。经KT一段时间延时后，KT得电延时断开的常闭触点（1-3）断开，切断交流接触器KM和得电延时时间继电器KT线圈的回路电源，KM、KT线圈断电释放，KM三相主触点断开，电动机失电停止运转。同时，指示灯HL$_2$、HL$_3$灭，HL$_1$亮，说明循环泵定时停机了。HL$_4$为电动机过载指示灯，当电动机过载时被点亮。

✛ 常见故障及排除方法

（1）循环泵启动运转后，将复位式转换开关SA置于闭合状态后松手，得电延时时间继电器得电自锁工作（器件上的LED灯亮），但无法实现自动定时停机。其故障原因为得电延时时间继电器KT的得电延时断开的常闭触点（1–3）损坏断不开，得电延时时间继电器KT自身器件损坏（只通电指示，不延时），与此相关的连接线1#线、3#线相碰短接了。经检查为得电延时时间继电器损坏不工作，更换新器件后，故障排除。

（2）指示灯HL₁和HL₂同时亮，同时灭。从原理图可以看出，只有指示灯HL₂左边的13#线从交流接触器KM辅助常开触点上脱落后碰到了11#线上，才会出现上述现象。经检查，确实是13#线脱落掉在11#线上，恢复接线后，故障排除。

✛ 电路接线（图415）

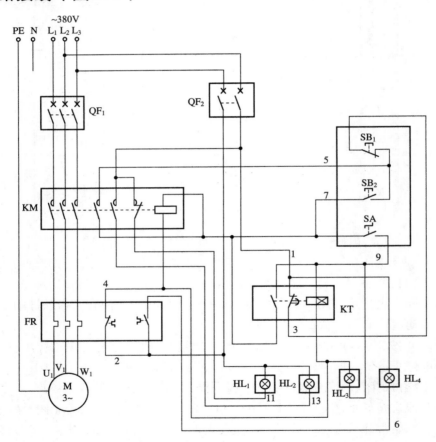

图415　空调机组循环泵延时自动停机控制电路接线图

科 学 出 版 社
科龙图书读者意见反馈表

书　　名 _____

个人资料

姓　　名：_____　年　　龄：_____　联系电话：_____

专　　业：_____　学　　历：_____　所从事行业：_____

通信地址：_____　邮　　编：_____

E-mail：_____

宝贵意见

◆ 您能接受的此类图书的定价

　　20 元以内□　30 元以内□　50 元以内□　100 元以内□　均可接受□

◆ 您购本书的主要原因有(可多选)

　　学习参考□　教材□　业务需要□　其他_____

◆ 您认为本书需要改进的地方(或者您未来的需要)

_____

_____

◆ 您读过的好书(或者对您有帮助的图书)

_____

_____

◆ 您希望看到哪些方面的新图书

_____

_____

◆ 您对我社的其他建议

_____

_____

_____

　　　谢谢您关注本书！您的建议和意见将成为我们进一步提高工作的重要参考。我社承诺对读者信息予以保密，仅用于图书质量改进和向读者快递新书信息工作。对于已经购买我社图书并回执本"科龙图书读者意见反馈表"的读者，我们将为您建立服务档案，并定期给您发送我社的出版资讯或目录；同时将定期抽取幸运读者，赠送我社出版的新书。如果您发现本书的内容有个别错误或纰漏，烦请另附勘误表。

回执地址：北京市朝阳区华严北里 11 号楼 3 层

　　　　　　科学出版社东方科龙图文有限公司电工电子编辑部(收)

　　　　　　邮编：100029